Lehrbuch
der
pathologischen Anatomie
der
Haus-Säugethiere

von

Dr. E. F. Gurlt,

Professor an der Königlichen Thierarzneischule in Berlin.

Nebst

einem Anhange,

welcher

die Beschreibung der bei den Haus-Säugethieren vorkommenden Eingeweidewürmer enthält.

Erster Theil.

Mit vier Steinabdrücken und sechs Kupfertafeln.

Berlin, 1831.

Gedruckt und verlegt bei G. Reimer.

Vorrede.

Der Unterricht in der pathologischen Anatomie, den ich in jedem Winter in der hiesigen Thierarzneischule ertheile, erforderte einen Leitfaden, damit die Aufmerksamkeit der Zuhörer durch das bisher nothwendige Nachschreiben weniger gestört werde. Ich entschloss mich daher zur Herausgabe eines Lehrbuches der pathologischen Anatomie der Haus-Säugethiere, dessen erster Theil hier vorliegt. Dieser enthält die Schilderung der erworbenen Missbildungen, und nur einiger solcher angeborner Missbildungen, die man bei sonst regelmässig gebildeten und oft schon völlig erwachsenen Thieren antrift, und die zur leichteren Unterscheidung von ähnlichen krankhaften Gebilden nothwendig angegeben werden mussten. Die Lehre von den Missgeburten und den angebornen Missbildungen der einzelnen Körpertheile wird der zweite Theil dieses Werkes enthalten, der hoffentlich in kurzer Zeit diesem ersten Theile folgen wird.

Ueber die Art der Behandlung des vorliegenden Gegenstandes erlaube ich mir noch die Bemerkung zu machen, dass ich stets den Zweck vor

Augen hatte, die praktische Thierheilkunde nach Kräften fördern zu helfen; daher habe ich mich nicht darauf beschränkt, nur das anzuführen und zu beschreiben, was man bei dem an einer Krankheit, oder Verletzung gestorbenen Thiere findet, sondern ich habe durch Aufnahme mehrerer Krankheitsgeschichten mit gleichzeitiger Angabe des Sections-Befundes auch einige Beiträge zur Erweiterung der Diagnostik, die in der Thierheilkunde bekanntlich der schwierigste Theil ist, zu geben mich bemüht.

Die meisten brauchbaren Materialien fand ich in den Schriften französischer Thierärzte, indem von ihnen der Werth und der directe Nutzen der pathologischen Anatomie für die praktische Heilkunde fast allgemein anerkannt wird, und weil ihre, den dortigen Thierarzneischulen mitgetheilten, Beobachtungen in den Jahresberichten durch den Druck bekannt gemacht werden. Manchen schätzenswerthen Beitrag erhielt ich von ehemaligen Zöglingen der hiesigen Thierarzneischule, und viele interessante Beobachtungen mögen auch von den deutschen Thierärzten gemacht, aber wohl nicht zur allgemeinen Kenntniss gebracht worden seyn.

Berlin, im September 1831.

Gurlt.

Inhalt des ersten Theiles.

Erklärung

der Abbildungen zum ersten Theile der pathologischen Anatomie der Haus - Säugethiere.

Tab. I.

Fig. 1. Scirrhus aus der Vorhaut eines Pferdes.
1. 1. Die weisse, feste Masse, in welcher
2. 2. die kleinern, begrenzten Massen liegen; diese enthalten eine gelbliche, weiche Substanz, die sich zur Krebsjauche auflöst.

Fig. 2. Eine Warze (*Verruca*) vom Euter einer Kuh.

Fig. 3. Diese Warze aufgeschnitten; auf der Schnittfläche zeigt sich eine ganz ebene Substanz, mit kleinen Blutgefässen.

Fig. 4. Ein Rückenwirbel vom Pferde, dessen Dornfortsatz bei einem Widerrüstschaden völlig abgestorben, und durch einen neuen Knochen-Cylinder ersetzt ist.
1. 1. Die neue Knochensubstanz, auf der Oberfläche uneben.
2. Die Höhle des neuen Knochen-Cylinders.
3. Der gesunde Körper des Wirbels.

Fig. 5. Ein Theil des abgestorbenen Dornfortsatzes (Sequester); er ist sehr leicht und porös.

Fig. 6. Derselbe Rückenwirbel, von hinten gesehen.
1. Die untere Fläche,
2. die hintere Fläche des gesunden Körpers,
3. 3. die schiefen Fortsätze,
4. 4. die neue, in viele Zacken ausgehende Knochensubstanz

Fig. 7 a. Das obere Ende des linken gebrochenen Vorderarmes eines Pferdes.
1. der Ellenbogenhöcker,
2. das obere Stück der Speiche, beide noch gesund;
3. 3 die neue Knochenmasse, welche von der alten Beinhaut ausgegangen ist.

Fig. 7 b. Der untere Theil desselben Vorderarmes.
1. Die alte, gebrochene Speiche, welche glatt abgeschliffen ist;
2. die Röhre derselben, durch neue Knochenmasse ausgefüllt;
3. 3 die neue Knochenmasse, welche wie eine Scheide den alten Knochen umgiebt.

Tab. II.

Fig. 1. Das rechte, völlig abgestorbene Schulterblatt eines Pferdes, von der äussern Seite gesehen.
- a. Das Schulterblatt, welches von
- b. b. der neu erzeugten Knochensubstanz fast ganz eingeschlossen ist; diese enthält
- c. c. Löcher (*Cloacae s. Foramina grandia*), durch welche die Knochenjauche ausfloss.
- d. der Schulterblattknorpel, der sich vom alten Schulterblatte getrennt hat. und mit der Knochenhaut auf die neue Masse übergegangen ist.

Fig. 2. Dasselbe Schulterblatt, von der innern Seite gesehen.
- a. Der Schulterblattknorpel,
- b. das Schulterblatt,
- c. die Stellen, wo die Auflösung schon begonnen hat;
- d. d. die neue Knochensubstanz,
- e. e. die Löcher in derselben.

Fig. 3. Dasselbe Schulterblatt, von unten und vorn gesehen.
- a. a. Der Knochenring, welcher sich von dem mittleren Theile der Gelenkgrube getrennt hat (ob durch die äussere Gewalt, oder erst, nachdem das Schulterblatt abgestorben war? ist nicht gewiss). und mit der neu gebildeten Knochensubstanz verbunden ist.
- b. die Schulterhöhe oder Schulterbeule,
- c. die neue Knochensubstanz.

Fig. 4. Der Vorderfuss einer Kuh, mit enormer Knochenwucherung, halbe Naturgrösse.
- a. Das Schienbein (*os metacarpi*), welches am obern Ende noch von gesunder Beschaffenheit ist, aber am untern Ende mit
- b. b. dicken Lagen neuer Knochensubstanz bedeckt ist.
- c. c. Die neue Knochenmasse schliesst die Zehenglieder völlig ein, und macht sie natürlich unbeweglich; nur
- d. d. die Hufbeine sind noch zum grössern Theile frei.

Fig. 5. Derselbe Fuss (ohne Schienbein), von oben gesehen.
- a. a. Die noch gesunden Gelenkflächen der Fesselbeine;
- b. b. Löcher zum Durchgange der Beugesehnen,
- c. c. die neue Knochensubstanz.

Tab. III.

Fig. 1. Ein Theil des Zwölffingerdarmes vom Pferde, von der innern Seite (die Schleimhaut) dargestellt.

a. Ein vergrösserter Schleimbalg, mit einer kleinen Oeffnung, in welchem die 1 a. und 1 b. dargestellten Steinchen enthalten waren.

b. Ein zweiter vergrsösserter Schleimbalg, der aber keine Oeffnung hatte, und in welchem noch ein Steinchen enthalten ist.

Fig. 1 a. } Steinchen aus dem Balge a; sie sind weissgelb-
Fig. 1 b. } lich und vieleckig.

Fig. 2. Ein Stück der entzündeten Leber des Pferdes; die zwischen den Drüsenkörnern liegende Substanz ist hellgelb, die Drüsenkörner selbst sind dunkler gelb, und ins Grünliche spielend.

Fig. 3. Der rechte Hinterschenkel eines am Hautwurme (*Malleus farciminosus*) leidenden Pferdes, von der innern Seite, und zum dritten Theile verjüngt.

Es ist die zweite Schicht der kranken Lymphgefässe, nämlich die unter der sehnigen Schenkelbinde, dargestellt.

a. Gesunde Lymphgefässe, welche aus

b. den Leistendrüsen kommen.

c—c. Die durch Entzündung verdickten und veränderten Lymphgefässe, welche eine gelbe, krümliche Masse enthalten.

d—d. Die Wurmbeulen, ausgedehnte Stellen der Lymphgefässe.

e. e. Die gesunde innere Hautvene;

f. die innere Hautarterie, und

g. ein Zweig des innern Hautnervens.

Fig. 4. Ein Stück eines kranken Lymphgefässes vom Pferde, in natürlicher Grösse.

a. a. Die dicke Wand des Gefässes,

b. b. die verdickten Klappen.

Tab. IV.

Fig. 1. Die Geschlechtstheile eines einjährigen Kalbes, mit einem grossen Scheiden-Polypen; in halber Naturgrösse, von unten dargestellt.

1. 1. Die Eierstöcke,

2. 2. die Muttertrompeten,

3. 3. die breiten Mutterbänder,

4. 4. die Gebärmutterhörner, in welchen Sonden stecken;

5—5. die aufgeschnittene Mutterscheide,

6—6. der Polyp, welcher am Halse der Gebärmutter festsitzt, übrigens ganz frei in der Scheide liegt.

Fig 2. Dieselben Theile von oben gesehen.

1. 1. Die Gebärmutterhörner,

2—2. die aufgeschnittene Mutterscheide,

3\. 3. der **Polyp**, welcher die Scheide nach oben gedrängt hat und bei

4\. eingeschnitten ist, wo man viele durchgeschnittene Blutgefässe bemerkt.

Fig. 3. **Der Obertheil eines Pferdekopfes mit einem Nasenpolypen, von unten gesehen;** halbe Naturgrösse.

a. der harte Gaumen (der weiche Gaumen ist abgeschnitten),

b. die rechte,

c. die linke Choane, in welcher

d. der **Polyp** mit einem Stiele befestigt ist, und von wo er sich in der Rachenhöhle ausgebreitet hat.

Fig. 4. **Derselbe Polyp, von vorn gesehen.**

a. die rechte Nasenhöhle,

b. der **Polyp**.

Fig. 5. **Der von oben durchschnittene Kehlkopf, mit einem Polypen, von einer Kuh;** halbe Naturgrösse.

a. Der Kehldeckel,

b. b. der Ringknorpel,

c. c. die Giesskannenknorpel,

d. der **Polyp**, welcher die Stimmritze völlig verschlossen hat.

Tab. V.

Fig. 1. *Filaria lacrymalis*, Männchen }
Fig. 2. — — Weibchen } in Naturgrösse; aus d. Ausführungsgängen der Thränendrüsen d. Pferdes (das Kopfende ist links).

Fig. 3. Das Vordertheil des Weibchens, vergrössert; der Mund (rechts), Schlund und Magen, ein Theil des Darmes, die Vulva (am untern Rande) und die Scheide sind sichtbar.

Fig. 4. Das Hintertheil des Weibchens, vergrössert; enthält einen Theil der Eierleiter, des Darmes und vor der Schwanzspitze (links) den After.

Fig. 5. Das Hintertheil des Männchens von der Bauchseite gesehen, vergrössert; der einfache Penis ist durch den After hervorgestreckt.

Fig. 6. Eier und junge Würmer von *F. lacrymalis*, vergrössert.

Fig. 7. *Filaria papillosa*, Männchen }
Fig. 8. — — Weibchen } Naturgr., aus der Bauchhöhle des Pferdes (das Kopfende links).

Fig. 9. Das Vordertheil des Weibchens, vergrössert; um den Mund sind sechs, am Halse vier Wärzchen sichtbar; durch die Vulva ist die Scheide und der zweihörnige Uterus vorgefallen, von Eiern und jungen Würmern umgeben.

Fig. 10. Das Schwanzende des Weibchens, vergrössert; es ist stumpf und enthält den kleinen After (am rechten Ende).

Fig. 11. Das Schwanzende des Männchens, vergrössert; es macht eine Schraubenwindung, hat durchsichtige Randflügel und an der untern Seite den einfachen Penis, mit schmaler Vorhaut.

Fig. 12. Die Eier von *F. papillosa*, vergrössert.

Fig. 13. *Oxyuris curvula*, jung. Männchen } Naturgr. aus d. Dick-
Fig. 14. — — altes Weibchen } darme des Pferdes.
Fig. 15. — — alt. Weibchen mit sehr lang. Schwanze.

Bei 13. u. 15 ist das Kopfende links, bei 14. rechts.

Fig. 16. Das Weibchen, vergrössert; der Mund (links), Schlund und Darm, die Vulva in der vordern, der After an der hintern Hälfte des Körpers sind sichtbar.

Fig. 17. Das vergrösserte Schwanzende des (jungen) Männchens, an welchem das hintere Ende des Darmes mit dem After, aus dem der Penis hervorragt, sichtbar ist.

Fig. 18. Die vergrösserten Eier.

Fig. 19. *Trichocephalus crenatus*, Männchen } Naturgr., aus d. Dick-
Fig. 20. — — Weibchen } darme d. Schweines.

Fig. 21. Das vergrösserte Kopfende (der Mund links).

Fig. 22. Das Schwanzende des Weibchens, vergrössert; die hintern Windungen der Eierleiter, das Ende des Mastdarmes und der After (am rechten Ende) sind daran sichtbar.

Fig 23. Das vergrösserte Männchen; im vorderen (dünnen) Theile ist der Darm, im hintern dicken Theile sind die gewundenen Saamengefässe sichtbar, und am stumpfen Schwanzende ragt die trichterförmige Scheide des Penis hervor.

Fig. 24. Das Schwanzende des Männchens, vergrössert; die trichterförmige Scheide des Penis ist noch von einem glockenförmigen Schwanzbeutel umgeben.

Fig. 25. Die vergrösserten Eier, mit kleinen Knötchen an den Enden.

Fig. 26. *Trichocephalus affinis*, Männchen } Naturgr., aus d. Dick-
Fig. 27. — — Weibchen } darme des Schafes.

Fig. 28. Das Schwanzende des Männchens, vergrössert; der lange, gewundene Penis hat eine birnförmige Scheide (Vorhaut).

Fig. 29. Die Eier, vergrössert.

Fig. 30. *Trichocephalus depressiusculus*, Männchen } Naturgr., aus
Fig. 31. — — Weibchen } d. Blindarme des Hundes.

Fig. 32. Das vergrösserte Männchen (aus Bremser's icon. helminth. copirt); an dem dicken Schwanzende ragt der lange, mit einer Scheide versehene Penis hervor.

Fig. 33. Das vergrösserte Weibchen, wo nahe am vordern Ende des dicken Theiles die Vulva, am hintern Ende der After angedeutet ist.

Fig. 34. Die vergrösserten Eier, mit Knötchen an den Enden.

Fig. 35. *Spiroptera megastoma* Männchen
Fig. 36. — — Weibchen
} Naturgr., aus den vergrössert. Schleimbälgen d. Pferde-Magens (das Kopfende bei 35. rechts, bei 36. links).

Fig. 37. Das Weibchen, vergrössert; der Kopf (links) ist zweilippig, am untern Rande des vordern Drittheiles ist die Vulva, nahe vor dem hintern Ende der After sichtbar.

Fig. 38. Das Kopfende, stärker vergrössert, um die manchettenförmig hervorgedrängte Schlundhaut, den langen Schlund und Magen darzustellen.

Fig. 39. Das Schwanzende des Männchens, stark vergrössert; der Penis ragt zwischen den beiden herabgebogenen Flügelhäuten hervor.

Fig. 40. Die Eier, vergrössert.

Tab. VI.

Fig. 1. *Spiroptera megastoma var. major*, aus der Höhle des Pferdemagens, Männchen.

Fig. 2. Das Weibchen davon, beide in Naturgrösse (das Kopfende links).

Fig. 3. Das Hintertheil des Weibchens vergrössert, der After etwas vor der Schwanzspitze.

Fig. 4. Junge Würmer, vergrössert.

Fig. 5. *Spiroptera sanguinolenta*, Männchen
Fig. 6. — — Weibchen
} Naturgr. aus Knoten v. Magen des Hundes (Kopf am rechten Ende).

Fig. 7. Das Schwanzende des Männchens, mit schmalen Randflügeln, und doppelter Ruthe, vergrössert.

Fig. 8. Das vergrösserte Kopfende, mit Wärzchen um d. Mund.

Fig. 9. Das vergrösserte Schwanzende des Weibchens; Vulva und After liegen nahe hinter einander, und sind durch kleine Eindrücke angedeutet.

Fig. 10. Die vergrösserten Eier desselben.

Fig. 11. *Spiroptera strongylina*, Männchen
Fig. 12. — — Weibchen
} Naturgr., aus dem Magen d. Schweines (Kopf bei 11. rechts, bei 12. links).

Fig. 13. Das Kopfende, vergrössert.

Fig. 14. Das Schwanzende des Männchens, mit breiten Randflügeln, und einfacher, sehr langer Ruthe; vergrössert.

Fig. 15. Das Schwanzende des Weibchens, vergrössert; an der Schwanzspitze der After, vor diesem die Vulva.

Fig. 16. Die vergrösserten Eier dieses Wurmes.

Fig. 17. *Strongylus cernuus*, Männchen
Fig. 13. — — Weibchen
Naturgrösse, aus dem Dünndarme d. Schafes. (Kopf links).

Fig. 19. Das stark vergrösserte Kopfende, mit unregelmässiger Mundöffnung, hornigen Lippen und weitem Schlunde.

Fig. 20. Das vergrösserte, etwas spitzige Schwanzende des Weibchens, an welchem der After sichtbar ist.

Fig. 21. Das vergrösserte Schwanzende des Männchens, an welchem der doppelte Penis nicht vorgestreckt ist, der Schwanzbeutel ist fast zweilappig.

Fig. 22. Die vergrösserten Eier.

Fig. 23. *Strongylus tetracanthus var. major*, Männchen
Fig. 24. — — — — Weibchen
Fig. 25. — — *var. minor*, Männchen
Fig. 26. — — — — Weibchen
Naturgr. aus dem Grimmd. des Pferdes.

Fig. 27. Das Kopfende mit den vier hervorstehenden Spitzen, von oben gesehen; vergrössert.

Fig. 28. Das vergrösserte Kopfende, von vorn gesehen, wo die vier Spitzen verkürzt erscheinen, aber die Zähnchen um die Mundöffnung sichtbar sind.

Fig. 29. Das vergrösserte Schwanzende des Weibchens, an welchem Vulva und After dargestellt sind, dieser der Schwanzspitze näher.

Fig. 30. Das vergrösserte Schwanzende des Männchens, mit doppelter, langer Ruthe.

Fig. 31. Das vergrösserte Schwanzende eines Weibchens, welches in der Begattung begriffen war; die Schwanzspitze ist nach oben gebogen, um die geschwollene Vulva ist ein dunkler Rand, wo der Schwanzbeutel des Männchens angesaugt gewesen ist.

Fig. 32. Die vergrösserten, ovalen Eier.

Fig. 33. *Strongylus armatus var. major*, Männchen
Fig. 34. — — — — Weibchen
Fig. 35. — — — — in Begattung.
Naturgr., aus d. Dickdarm. d. Pferd.; bei 34. 35. Kopf links.

Fig. 36. Der vergrösserte Kopf, mit horniger Mundblase und schräg stehenden, spitzigen Zähnen; von vorn gesehen.

Fig. 37. Das vergrösserte Schwanzende des Männchens, mit dreilappigem Schwanzbeutel und doppelter Ruthe.

Fig. 38. Das vergrösserte Schwanzende des Weibchens, mit grosser, aufgetriebener Vulva, wie sie nach der Begattung ist.

Fig. 39. Die vergrösserten Eier.

Fig. 40. *Strongylus armatus var. minor*, Männchen } Naturgr., aus d. Gekrösarter. d. Pferd. (Kopf links)
Fig. 41. — — — — Weibchen }

Fig. 42. *Strongylus armatus*, Männchen } Naturgr., aus d. Dickdarme des Esels.
Fig. 43. — — Weibchen }

Fig. 44. *Strongylus paradoxus*, Männchen } Naturgr., aus d. Luftröhrenäst. d. Schweines (Kopf rechts).
Fig. 45. — — Weibchen }

Fig. 46. Das Kopfende, vergrössert; der Mund ist mit drei kleinen Knötchen besetzt.

Fig. 47. Das Schwanzende des Weibchens, vergrössert; die Vulva ist nahe vor dem After, beide in einem Hökkerchen.

Fig. 48. Das vergrösserte Schwanzende des Männchens, mit doppelter, langer Ruthe.

Fig. 49. Junge Würmer, vergrössert.

Fig. 50. *Strongylus micrurus*, Männchen } Naturgr., aus d. Luftröhrenästen d. Esels. (Kopf rechts).
Fig. 51. — — Weibchen }

Fig. 52. Das Kopfende mit drei Knötchen am Munde; vergrössert.

Fig. 53. Das vergrösserte Schwanzende des Weibchens; nur der After ist sichtbar.

Fig. 54. Das Schwanzende des Männchens von der Rückenseite, mit doppelter, aber nicht hervorgestreckter Ruthe. Schwanzbeutel klein.

Tab. VII.

Fig. 1. *Strongylus Filaria*, Männchen } Naturgr., a. d. Bronchien des Schafes (bei 1. Kopf rechts, bei 2. oben).
Fig. 2. — — Weibchen }

Fig. 3. Das Kopfende, vergrössert (die Mundöffnung links).

Fig. 4. Das Schwanzende des Männchens, vergrössert; die doppelte Ruthe ist nicht vorgestreckt.

Fig. 5. Das Schwanzende des Weibchens, vergrössert; Vulva und After, dieser am weitesten nach hinten, sind sichtbar (die Eier sind fehlerhaft gezeichnet).

Fig. 6. Die Eier dieses Wurmes, vergrössert.

Fig. 7. *Strongylus hypostomus*, Männchen } Naturgr., a. d. Dickdarme des Schafes. (Kopf bei 7. links, b. 8. rechts).
Fig. 8. — — Weibchen }

Fig. 9. Das stark vergrösserte Kopfende, mit vielen nach innen gekehrten Zähnchen.

Fig. 10. Das Schwanzende des Männchens, mit doppelter Ruthe; stark vergrössert.

Fig. 11. Das schwach vergrösserte Schwanzende des Weibchens, an welchem die Vulva und der After nahe hinter einander liegen.

Fig. 12. Die vergrösserten Eier.

Fig. 13. *Strongylus contortus*, Männchen
Fig. 14. — — Weibchen
Fig. 15. — — i. d. Begattung
} in Naturgrösse; a. d. Labmagen d. Schafes (Kopf links b. 13 u. 14).

Fig. 16. Das Kopfende mit sehr kleinem und mit drei Knötchen umgebenen Munde; vergrössert

Fig. 17. Das vergrösserte Schwanzende des Männchens, an dessen Schwanzblase zwei grosse, ein kleiner Lappen und der doppelte Penis sichtbar sind.

Fig. 18. Das vergrösserte Schwanzende des Weibchens, bei dem Vulva und After angedeutet sind.

Fig. 19. Die Eier desselben Wurmes, vergrössert.

Fig. 20. *Strongylus dentatus*, Männchen
Fig. 21. — — Weibchen
} in Naturgr., aus dem Darme d. Schweines. (Kopf links.)

Fig. 22. Das Schwanzende d. Männchens, mit kleinem Schwanzbeutel und doppelter Ruthe; vergrössert.

Fig. 23. Das Weibchen, vergrössert; der mit zurückgebogenen Zähnchen besetzte Mund, die Randflügel am Kopfe, (links), die Vulva und der After unweit der Schwanzspitze, sind daran zu bemerken.

Fig. 24. Die vergrösserten Eier desselben.

Fig. 25. *Strongylus Gigas*, Weibchen; in Naturgrösse. Der sehr kleine Kopf ist nach unten, der grössere After nach oben gekehrt, etwa 2 Zoll vom Kopfe entfernt befindet sich an der Bauchseite die Vulva.

Fig. 26. Das vergrösserte Kopfende, mit sechs flachen Wärzchen um die Mundöffnung.

Fig. 27. Das Schwanzende des Männchens, vergrössert; der ungetheilte Schwanzbeutel schliesst den After ein, aus welchem der dünne Penis hervorragt.

Fig. 28. Junge Würmer, vergrössert.

Fig. 29. *Strongylus trigonocephalus*, Männchen
Fig. 30. — — Weibchen
} Naturgrösse; aus Knoten vom Magen d. Hundes.

(Kopf links; das Männchen ist zu dünn dasgestellt.)

Fig. 13. Das Vordertheil des Weibchens von der Bauchseite, vergrössert. Der Mund mit dreieckiger Lippe (links), der weite Schlund und Darm, und im hintern Drittheile der Figur die Vulva mit der Scheide und den Eierleitern sind dargestellt.

Fig. 32. Die vergrösserten Eier.
Fig. 33. Das Schwanzende des Männchens, mit lappigem Schwanzbeutel und einfacher Ruthe; vergrössert.
Fig. 34. Das Schwanzende des Weibchens, vergrössert, die Bauchseite oben.

Fig. 35. *Strongylus radiatus*, Männchen } Naturgr., aus dem
Fig. 36. — — Weibchen } Darme des Rindes (Kopf links).

Fig. 37. Das Kopfende, }
Fig. 38. Das Schwanzende des Männchens, } vergrössert.
Fig. 39. Das Schwanzende des Weibchens, }

Fig. 40. *Strongylus filicollis*, Männchen } Naturgrösse; aus dem
Fig. 41. — — Weibchen } Dünndarme d. Schafe (Kopf links).

Fig. 42. Das Männchen, vergrössert (Kopf links).
Fig. 43. Das Kopfende, mit zwei Randflügeln; vergrössert.
Fig. 44. Das Schwanzende des Männchens, mit zweilappigem Schwanzbeutel und einfacher Ruthe; vergrössert.
Fig. 45. Das Schwanzende des Weibchens, von der Bauchseite, mit sichtbarem After (rechts); vergrössert.
Fig. 46. Die vergrösserten Eier.

Fig. 47. *Strongylus venulosus*, Männchen } Naturgrösse, aus d.
Fig. 48. — — Weibchen } Darme der Ziege (Kopf links).

Fig. 49. Das Kopfende, }
Fig. 50. Das Schwanzende des Männchens, } vergrössert.
Fig. 51. Das Schwanzende des Weibchens, }

Tab. VIII.

Fig. 1. *Ascaris lumbricoides*, Männchen } Naturgr., a. d. Dünn-
Fig. 2. — — Weibchen } darme d. Schweines. (Kopf links).

Bei dem Weibchen ist die Vulva in der gürtelförmigen Vertiefung sichtbar.

Fig. 4. Die vergrösserten Eier.
Fig. 5. *Ascaris megalocephala*, Weibchen } Naturgr., aus d. Dünn-
Fig. 6. — — Männchen } darme des Pferdes. (Kopf links bei 5., rechts bei 6.).

Bei dem Weibchen ist die Vulva in dem Gürtel, der After vor der Schwanzspitze, bei dem Männchen die doppelte Ruthe vor der Schwanzspitze sichtbar.

Fig. 7. Der Theil des Weibchens, welcher die Vulva enthält, und von welchem die zweihörnige Gebärmutter ausgeht; vergrössert.
Fig. 8. Der Kopf mit den drei Knötchen, jedes mit einem Anhange, von vorn gesehen und vergrössert.

Fig. 9. Das Schwanzende des Männchens mit dem doppelten, auch im Leibe getrennten Penis, vergrössert.
Fig. 10. Die vergrösserten Eier.
Fig. 11. *Ascaris marginata*, Männchen } Naturgrösse; aus dem
Fig. 12. — — Weibchen } Dünndarme d. Hundes.
(Kopf rechts bei 11. links bei 12.)
Fig. 13. } Zwei Kopfenden, an welchen die Randflügel ver-
Fig. 14. } schieden geformt sind; vergrössert.
Fig. 15. Die vergrösserten Eier.
Fig. 16. *Ascaris Mystax*, Männchen } Naturgr.; aus dem Dünn-
Fig. 17. — — Weibchen } darme der Katze. (Kopf am rechten Ende.)
Fig. 18. Das Schwanzende des Männchens, mit doppelter Ruthe, vergrössert.
Fig. 19. Das Kopfende, mit breiten Randflügeln, vergrössert.
Fig. 20. Die Eier dieses Wurmes, vergrössert.
Fig. 21. *Echinorhynchus Gigas*, Weibchen in Naturgrösse; am schmalen Ende ist die Vulva.
Fig. 22. *E. Gigas*, Männchen in Naturgr., mit dem Rüssel eingebohrt; am hintern Ende ist die glockenförmige Vorhaut.
Fig. 23. Das Kopfende, mit dem Hakenrüssel, vergrössert (nach Bremser).
Fig. 24. Die Eier des Wurmes, vergrössert.
Fig. 25. *Amphistoma conicum*, Naturgr.; vom Rinde (Mund links).
Fig. 26. Derselbe vergrössert; am schmalen Ende ist der Mund, hinter ihm das Geschlechtswärzchen, am breiten Ende die Sauggrube.
Fig. 27. Das Vordertheil desselben Wurmes, vergrössert; das Geschlechtswärzchen ist hervorgetreten.
Fig. 28. Die vergrösserten Eier.
Fig. 29. *Distoma hepaticum* in Naturgrösse, von der Bauchseite; aus der Gallenblase des Rindes (Mund rechts).
Fig. 30. Derselbe Wurm vom Pferde, von der Rückenseite, um die gefässartige Verbreitung der Därme zu sehen.
Fig. 31. Zwei junge Würmer vom Rinde.
Fig. 32. Das Vordertheil eines erwachsenen Wurmes vergrössert; oben die Mundöffnung, die zu einem trichterförmigen Schlunde führt, dann folgt die schraubenförmig gewundene Ruthe, an deren Grunde rechts die Vulva liegt; unter dieser die Sauggrube.
Fig. 33. Die vergrösserten Eier.
Fig. 34. *Distoma Conus*, Naturgrösse; aus der Leber der Katze (Mund links).
Fig. 35. Derselbe vergrössert, und von der Bauchseite gesehen. Links an der Zeichuuug ist der Mund, auf diesen folgt der Schlund und der doppelte, bis nach hinten (rechts) reichende Darm. In der Gabelthei-

lung liegt das Ende der Scheide, welche die Sauggrube umgiebt, hinter welcher die Windungen des mit Eiern angefüllten Uterus liegen. Im hintern (rechten) Theile liegen drei Hoden, zwischen welchen das Saamengefäss hindurchgeht, um sich nahe am Ende in eine Saamenblase zu erweitern, und als Ruthe zu endigen. An den Rändern liegen die Eierstöcke, von welchen zwei Gänge (schwarz angedeutet) in die Mitte zum Uterus führen.

Fig. 36. Die vergrösserten Eier diese Wurmes.

Fig. 37. *Distoma lanceolatum*, Naturgrösse; aus den Lebergängen des Rindes (Mund links).

Fig. 38. Derselbe vergrössert und von der Bauchseite gesehen. Vorn (hier links) der Mund, auf welchen Schlund, Magen und der doppelte Darm folgen; im Winkel der Därme liegt der Penis, und hinter diesem die Sauggrube; hinter dieser drei Hoden, von welchen der letzte zum Theil gedeckt ist, an der rechten Seite derselben läuft das Saamengefäss nach vorn. Den grösseren Theil nehmen die Windungen des mit dunklen und helleren Eiern gefüllten Uterus ein, die Vulva ist nicht sichtbar; an beiden Rändern die Eierstöcke, von deren vorderen Enden zwei eierführende Gefässe zum Uterus gehen.

Fig 39. *Distoma alatum*, in Naturgr.; aus dem Zwölffingerdarme des Hundes (Mund rechts).

Fig. 40. Derselbe vergrössert. Rechts der Mund, zwischen zwei Spitzen der Flügelhaut, die zum Theil den Bauch deckt; dann folgt Schlund und doppelter Darm (welcher gedeckt wird). Zwischen beiden Därmen liegt der Penis, zu welchem zwei Saamengefässe führen, die aus den beiden länglichen, in der Mitte des Leibes liegenden Hoden kommen, und in der Gabeltheilung der Saamengefässe liegt die Sauggrube. Im Hinterleibe (an der Zeichnung links) liegen die Windungen des Uterus, mit grossen Eiern angefüllt, und ein getheiltes Gefäss, welches von den punktförmigen Eierstöcken von beiden Rändern des Leibes kommt, und zum Uterus führt; am meisten nach hinten (links) ist die ovale Vulva.

Tab. IX.

Fig. 1. *Taenia plicata* in Naturgrösse; aus dem Dünndarme des Pferdes. Es ist das vordere Stück mit dem Kopfe, das Mittelstück und das Schwanzende dargestellt.

Fig. 2. Die vergrösserten, reifen Eier.

Fig. 3 *Taenia perfoliata* in Naturgrösse; aus dem Dickdarme des Pferdes (Kopf rechts).

Fig. 4. Das Kopfende, vergrössert.
Fig. 5. Ein Glied des Körpers, vergrössert.
Fig. 6. Die reifen Eier, vergrössert.
Fig. 7. *Taenia mamillana*, das Kopfende, vergrössert.
Fig. 8. Die unreifen Eiergruppen von T. serrata.
Fig. 9. *Taenia serrata*, Naturgrösse; aus dem Dünndarme des Hundes (Kopf oben und links).
Fig. 10. Das Kopfende desselben, vergrössert; man sieht drei Saugmünde und den Hakenkranz.
Fig. 11. *Taenia mamillana*, in Naturgrösse, aus dem Dünndarme des Pferdes (Kopf oben).
Fig. 12. *Taenia cucumerina* in einzelnen Stücken, in natürlicher Grösse (Kopf links und oben); aus dem Dünndarme des Hundes.
Fig. 13. Das vergrösserte Kopfende desselben, an welchem der Rüssel eingezogen ist.
Fig. 14. Dasselbe, mit vorgestrecktem Rüssel.
Fig. 15. Einige Glieder mit reifen Eiern an den aufgetriebenen Stellen, Naturgrösse.
Fig. 16. Gruppen von reifen, vergrösserten Eiern.
Fig. 17. *Taenia crassicollis* in Naturgrösse, aus dem Dünndarme der Katze (Kopf links).
Fig. 18. Das Kopfende desselben, mit starkem Haken-Rüssel; vergrössert.
Fig. 19. Gruppen unreifer Eier, vergrössert.
Fig. 20. *Taenia elliptica*, in einzelnen Stücken von natürlicher Grösse (Kopf oben, rechts gekehrt); aus dem Dünndarme der Katze.
Fig. 21. Das vesgrösserte Kopfende desselben, mit vorgestrecktem, fast birnförmigem Rüssel.
Fig. 22. Dasselbe mit eingezogenem Rüssel.
Fig. 23. Gruppen unreifer Eier, vergrössert.

Tab. X.

Fig. 1. *Taenia expansa* in einzelnen Stücken, in natürlicher Grösse (Kopf oben und links); aus dem Dünndarme des Schafes.
Fig. 2. Das vergrösserte Kopfende desselben.
Fig. 3. *Taenia denticulata* in natürlicher Grösse; aus dem Dünndarme des Rindes.
Fig. 4. Das Kopfende desselben, vergrössert.
Fig. 5. *Pentastoma taenioides* in Naturgrösse; aus den Stirnhöhlen des Hundes. Der Kopf ist oben, im Leibe sieht man den geschlängelten Eierschlauch.
Fig. 6. Das Vordertheil desselben, vergrössert; aus jeder Oeffnung tritt ein Häkchen hervor.
Fig. 7. Die vergrösserten Eier dieses Wurmes.

Fig. 8. *Pentastoma denticulatum*, Naturgrösse; aus den kranken Gekrösdrüsen der Ziege (Kopf oben).

Fig. 9. Derselbe vergrössert. Aus der mittlern Oeffnung treten zwei, aus jeder der seitlichen drei Häkchen hervor, von welchen aber der obere und mittlere nur einen Doppelhaken bilden.

Fig. 10. *Cysticercus fistularis*, Naturgrösse; vom Bauchfellüberzuge der Leber des Pferdes (Kopf oben, aber eingezogen).

Fig. 11. *Cysticercus tenuicollis*, Naturgrösse; vom Bauchfelle des Schafes (der Kopf ist ebenfalls eingezogen).

Fig. 12. Der Kopf desselben, mit einem Hakenkranze und drei Saugmünden; vergrössert (nach Bremser).

Fig. 13. *Cysticercus cellulosae*, noch in dem Balge eingeschlossen.

Fig. 14. — — der Wurm ohne Balg, aber mit eingezogenem Kopfe und Halse, in natürlicher Grösse; vom Schwein.

Fig. 15. Der Kopf, mit einem Hakenkranze und drei sichtbaren Saugmünden; vergrössert (nach Bremser).

Fig. 16. *Coenurus cerebralis*, aus dem Gehirn des Schafes; in natürlicher Grösse. Die Schwanzblase ist unverletzt.

Fig. 17. Ein Theil der Schwanzblase mit drei Würmern, wovon zwei die mit einem Hakenkranze versehenen Köpfe vorgestreckt haben, dem dritten ist der Kopf abgeschnitten; vergrössert (nach Bremser).

Fig. 18. Ein Balg, welcher *Echinococcus veterinorum* einschliesst.

Fig. 19. *Echinococcus veterinorum*, mehrere stark vergrösserte Würmer (nach Bremser).

Einleitung.

Die pathologische oder praktische (d. h. auf die praktische Heilkunde angewandte) Anatomie lehrt die Kenntniss der Organisation des thierischen Körpers im krankhaften Zustande, und der angebornen abnormen Bildungen; sie umfasst daher vorzugsweise die Untersuchung der festen Theile, indem die krankhaft veränderten Flüssigkeiten des thierischen Körpers durch die Chemie zu untersuchen sind. Iedessen werden doch die Abweichungen angegeben, wenn von den Theilen die Rede ist, welche sie bereiten oder nur enthalten, weil häufig bei Krankheiten der Absonderungsorgane auch die von ihnen bereitete Flüssigkeit fehlerhaft beschaffen ist.

Diese Wissenschaft, welche in der Thierheilkunde bis jetzt noch ganz vernachlässigt worden ist, steht in nächster Beziehung zur Semiotik, Nosologie und Chirurgie, und in sofern durch die pathologische Anatomie das Wesen mancher Krankheit erst richtig erkannt wird, auch zur Therapie, überhaupt ist sie also ein wesentlicher Theil der praktischen Heilkunde. Nicht minder wichtig ist sie für die polizeiliche und gerichtliche Thierheilkunde, weil sie zur richtigen Würdigung des Sections-Befundes Anleitung giebt.

Auch die Anatomie und Physiologie entlehnt manche Erläuterung, oder Bestätigung aus der Untersuchung der durch Krankheit veränderten Theile, oder der angebornen Missbildungen.

Eine Literatur der pathologischen Anatomie der Thiere besteht bis jetzt nicht, sondern die Materialien dazu sind in den Schriften über Thierheilkunde überhaupt zerstreut, und die wenigen Goldkörner unter so viel Schlacken verborgen, dass es in der That nicht leicht ist, sie gehörig zu sondern und brauchbar zu machen.

Otto (Handbuch der pathologischen Anatomie des Menschen und der Thiere. Breslau 1814. 8. — Lehrbuch der pathologischen Anatomie des Menschen und der Thiere. Erster Band. Berlin 1830. 8.) ist der Einzige von den Schriftstellern über pathologische Anatomie des Menschen, welcher auch auf die Thiere Rücksicht genommen hat.

Erste Abtheilung.

Von den Fehlern der thierischen Organisation im Allgemeinen.

Erstes Kapitel.

Von den veränderten physischen Eigenschaften.

§. 1.

Die Organe des thierischen Körpers erleiden Veränderungen in ihren physischen Eigenschaften (oft auch in ihrer chemischen Mischung), und zwar in Beziehung auf ihre Zahl, Lage, Form, Grösse, Continuität, Verbindung, Consistenz, Farbe, Textur, und durch die Entstehung neuer krankhafter Gebilde; nicht selten ist auch das in den hohlen Organen Enthaltene von abweichender Beschaffenheit. In diesen Beziehungen müssen also alle Theile untersucht werden, um über die Entstehung derselben, und über die Folgen für den ganzen Organismus Aufschluss zu erhalten.

Die Fehler der thierischen Organisation sind entweder schon vor der Geburt vorhanden, also angeboren (*Vitia congenita*), oder sie sind erst nach der Geburt entstanden oder erworben (*Vitia acquisita*). Die ersten haben ihren Grund theils in wirklicher Krankheit, wie z. B. der Wasserkopf, oder in einer fehlerhaften Richtung und Energie der bildenden Kraft, wodurch die meisten Missgeburten entstehen. Die erworbenen Fehler hingegen, von welchen in diesem ersten Theile des Werkes die Rede seyn wird, entstehen entweder durch krankhafte Thätigkeit der Organe, die durch qualitativ oder quantitativ veränderte Ernährung bedingt ist, oder durch äussere Gewalt, wodurch der Zusammenhang aufgehoben und die Lage der Theile verändert werden kann.

§. 2.

Ein Organ kann in mehreren der oben angegebenen Beziehungen krank oder fehlerhaft beschaffen seyn, und das eine ist häufiger krank als das andere. Manche Organisationsfehler sind durch die Gattung, zu welcher das Thier gehört, durch Körperconstitution, Geschlecht, Alter, Lebensweise und Klima bedingt und modificirt. So haben z. B. mehrere Krankheiten der Haut und der Schleimhäute bei jeder Thiergattung einen eigenthümlichen, oder doch in mancher Beziehung verschiedenen Character; Thiere mit einer schwächlichen Körperconstitution leiden häufiger an Krankheiten, als robuste; bei dem weiblichen Geschlechte kommen die Leistenbrüche, ausser bei der Hündin, nicht vor, weil die Bauchringe geschlossen sind; alte Thiere leiden weit häufiger an Steifigkeit oder Starrheit der Organe, weil die Ablagerung des phosphorsauren Kalkes in die Weichgebilde grösser ist, als bei jungen Thieren; die Lebensweise und die Art der ökonomischen Benutzung der Thiere bedingt ebenfalls manche Krankheiten, so leiden z. B. die grossen Hausthiere, die eigentlichen Lastthiere, an Quetschungen der Haut durch die Geschirre, die bei den kleinern nicht vorkommen; endlich bringt das Klima, und namentlich die Witterung in den verschiedenen Jahreszeiten, eigenthümliche Krankheiten oder Modificationen des Characters solcher Krankheiten, die in jeder Jahreszeit vorkommen, hervor.

§. 3.

Die Zahl der Theile des thierischen Körpers kann grösser, oder kleiner seyn, als sie im Normalzustande gefunden wird; ja es können einzelne Theile ganz fehlen. Die Abweichungen in dieser Beziehung beruhen also auf ursprünglichen Bildungsfehlern, denn die absichtliche, oder zufällige Zerstöhrung, oder Entfernung einzelner Theile von einem Körper, der bei der Geburt alle besass, kann nicht hierher gerechnet werden, auch wird man in diesem Falle ihr früheres Daseyn immer mehr oder weniger deutlich bezeichnet finden, namentlich durch Narben, oder durch das Vorhandenseyn solcher Theile, die mit dem nun fehlenden in unmittelbarem Zusammenhange standen.

Bei dem erwachsenen und übrigens regelmässig gebildeten Thiere sind es nur die Zähne, welche in der Zahl abweichen, indem einige mehr, oder einige weniger vorkommen, als das Thier in diesem Lebensalter zu haben pflegt. Die Zähne sind periodisch entstehende und sich wieder vom Körper trennende Organe, und sind in dieser Beziehung der Oberhaut und den Haaren zu vergleichen, welche ebenfalls dem Wechseln unterworfen sind.

§. 4.

Die Ortsveränderung der Theile oder die regelwidrige Lage (***Dislocatio s. Situs alienus***), ohne Trennung des natürlichen Zusammenhanges, kann nur bei solchen Organen stattfinden, welche im Normalzustande beweglich sind, wobei gewöhnlich die zur Verbindung dienenden Theile gedehnt werden.

Es giebt verschiedene Grade der Ortsveränderung; zum ersten gehören die Fälle, wo Eingeweide ihre Höhle zwar nicht verlassen haben, aber doch den Ort, den sie gewöhnlich inne haben, nicht mehr einnehmen, z. B. Verschlingung der Därme, Einschiebung eines Darmstückes in ein anderes u. s. w. Ein zweiter Grad der Ortsveränderung ist der, wenn ein Knochen aus seiner Gelenkhöhle getreten oder verrenkt ist, oder wenn ein ganzes Eingeweide oder nur ein Theil desselben durch eine natürliche, oder zufällig entstandene Oeffnung der Höhle, in welcher es gelegen hat, herausgetreten ist; sind die hervorgetretenen Theile noch verhüllt und liegen sie nicht blos, so nennt man den Zustand Eingeweidebruch (*Hernia*), liegen sie aber frei zu Tage, so wird dies Eingeweidevorfall (*Prolapsus*) genannt, und dieser kann bei solchen hohlen Eingeweiden nur durch Umstülpung (*Inversio*) geschehen, wenn sie durch die nach aussen gehende Oeffnung hervortreten, z. B. der Mastdarm, die Mutterscheide, Gebärmutter, Harnblase. Ein dritter Grad der regelwidrigen Lage besteht in einer fehlerhaften Richtung des Theiles, z. B. Verkrümmung der Wirbelsäule, schiefe, oder umgekehrte Stellung der Zähne u. d. m.

Da durch die regelwidrige Lage der Organe eine oft lebensgefährliche Stöhrung in ihrer Verrichtung verursacht wird, so ist die Erkennung derselben am lebenden Thiere von höchster Wichtigkeit für den Praktiker.

§. 5.

Die Fehler der Form (*Deformitates*) sind meist angeboren; die erworbenen sind immer in einer Krankheit des Organes, besonders in der Erzeugung von Aftergebilden in der Substanz begründet.

Die Abweichungen in Ansehung der Grösse der Theile sind von doppelter Art, d. h. die Organe sind zu gross (*magnitudo adaucta*), oder sie sind zu klein (*magnitudo imminuta*).

Der Umfang eines Organes ist vermehrt durch eine Zunahme der Substanz, aus welcher es besteht (*Hypertrophia*), wobei die Verrichtung nicht immer gestöhrt, sondern im Gegentheil oft gesteigert ist. Dieses vermehrte Wachsthum scheint schon in der ursprünglichen Anlage begründet zu seyn; z. B. eine grosse Leber, grosse Milz, Herz u. s. w. — Die krankhafte Vergrösserung erfolgt aber auch durch Ablagerung einer fremdartigen, oder doch der ursprünglichen nicht ganz gleichen Substanz in die Zwischenräume des Gewebes, und bei den Knochen auch an die freien Flächen, durch äussere Anheftung von Aftergebilden, und dann noch durch Ueberfüllung mit Blut; wobei die natürlichen Verrichtungen mehr oder weniger gestöhrt sind. — Endlich gehört noch die Ausdehnung hohler Organe, durch Vermehrung ihres Inhaltes, oder durch Entwickelung von Luft in ihren Höhlen, hierher. Die Schlaffheit des Gewebes beraubt die Organe des Widerstandes, den sie oft leisten würden, wenn ihre Textur von besserer Beschaffenheit wäre. Auch diese Vergrösserung ist der Verrichtung sehr nachtheilig und wird häufig die Veranlassung zur Zerreissung.

Die Abnahme des Umfanges oder das Schwinden (*Atrophia s. Tabes*) wird durch mangelhafte Ernährung der Organe bedingt, und ist oft durch den anhaltenden Druck eines andern Theiles verursacht; selbst durch den anhaltenden Druck weicher Theile auf harte, werden diese zum Schwinden gebracht, z. B. durch die Wasserblase im Gehirn entsteht das Schwinden der Schädelknochen. Wenn den hohlen Eingeweiden, oder den Ausführungsgängen ihr ausdehnender normaler Inhalt fehlt, so ziehen sie sich zusammen und die Höhle wird kleiner, bisweilen völlig geschlossen.

Am Darmkanale sind oft einzelne Stellen sehr verengt und der übrige Theil hat seinen gewöhnlichen Umfang; hier scheint eine krampfhafte Zusammenziehung die Ursache zu seyn, da man an den Darmhäuten nichts Krankhaftes findet, ausser dass sie wegen der stärkeren Zusammenziehung dichter sind.

§. 6.

Die **Continuität** oder der natürliche Zusammenhang der Theilchen eines Ganzen, also eines Organes, wird aufgehoben, indem sie durch äussere Gewalt getrennt werden. Hierher gehören die Wunden der Weichgebilde, die Knochenbrüche u. d. m., welche ganz gesunde Organe eben so gut betreffen, wie solche, die durch fehlerhafte Consistenz schon dazu disponirt sind. Im letzten Falle findet auch eine Zerreissung der hohlen Eingeweide leicht statt, selbst wenn die ausdehnende Kraft nicht grösser, als gewöhnlich ist.

§. 7.

Die Verbindung eines Organes mit einem andern, oder die Contiguität der Theile kann vermindert oder vermehrt seyn; ersteres wenn das verbindende Gewebe erschlafft, oder gewaltsam gedehnt ist, was zur Veränderung der Lage Anlass giebt, z. B. bei der Verrenkung der Knochen. Die Verbindung eines Theiles mit einem benachbarten, die im Normalzustande nicht besteht, kann nur durch die Entstehung eines Bindemittels bewirkt werden, was sehr häufig nach exsudativen Entzündungen durch die ausgeschwitzte plastische Lymphe geschieht, oder bei den Knochen durch neu erzeugte Knochenmaterie. Hierher gehörige Beispiele sind: die Verwachsung der Lungen mit dem Rippenfelle, die Verwachsung der vordern Fläche der Leber mit dem Bauchfellüberzuge an der hintern Fläche des Zwerchfelles, die Verwachsung des Gelenkfortsatzes mit seiner Gelenkhöhle u. s. w. Die hohlen Eingeweide verlieren durch Verwachsung ihrer Wände die Höhlen.

§. 8.

Die Consistenz oder Dichtigkeit der Organe, oder der Grad des innern Zusammenhanges der Elementartheilchen (Mollekülen) erleidet eine zweifache Veränderung, sie ist nämlich über das Gewöhnliche vermehrt, oder vermindert.

Die krankhaft vermehrte Consistenz kommt sowohl an den festen, als auch bei den flüssigen Theilen vor, und ist bei jenen hauptsächlich in einer Verminderung des Wassers (Serum's) begründet, so dass die festen Elementartheilchen nun näher zusammenrücken, und dadurch auch die Cohaerenz oder Festigkeit gesteigert wird. Nicht selten wird sie auch durch Ablagerung fester Substanzen in die weicheren Organe herbeigeführt, z. B. bei der Verhärtung nach einer Entzündung, oder durch die Ablagerung erdiger Stoffe, namentlich des phosphorsauren Kalkes, — die regelwidrige Verknöcherung. Die Flüssigkeiten werden durch fehlerhafte Mischung ihrer Bestandtheile consistenter, z. B. das Blut, die Galle, der Speichel, die Milch u. m. a.

Die verminderte Consistenz zeigt sich als Mürbigkeit der harten, und als Weichheit und Schlaffheit der fest-weichen Theile, und ist theils in der durch Krankheit veränderten Textur, z. B. in der Entzündung und Erweichung des Knochengewebes, theils in der fehlerhaften Ernährung durch ein zu wässeriges, oder in seiner Mischung sonst fehlerhaftes Blut begründet; daher kommt sie in cachektischen, typhösen und fauligen Krankheiten sehr oft an den Eingeweiden, bei anhaltendem Starrkrampfe an den Muskeln vor.

§. 9.

Die regelwidrige Färbung eines Theiles ist entweder in dem Vorhandenseyn eines im Normalzustande ihm fehlenden färbenden Stoffes begründet, oder in qualitativer, oder quantitativer Abweichung des Stoffes, welcher dem Theile die Farbe giebt, und endlich in dem Fehlen des im Normalzustande färbenden Stoffes.

Ein Beispiel für den ersten Fall findet sich in der Gelbfärbung verschiedener Organe in der Gelbsucht, da dieser Färbestoff ursprünglich nur in der Galle vorkommt. Ein anderes findet man in der russigen Färbung (Melanosen) mancher Theile, hauptsächlich der schwarzen Knoten in der Haut, indem man dieses schwarze Pigment im gesunden Zustande nur an der Aderhaut und Regenbogenhaut findet.

Das rothe Blut giebt vielen Theilen des Körpers die gesunde Farbe; ist dieses aber in seiner Qualität fehlerhaft, z. B. zu dunkel, so erhalten auch die Theile eine dunklere Farbe, z. B. die Schleimhäute im Milzbrande. Wird das gesunde Blut den Organen in zu grosser Menge zugeführt, so werden sie mehr geröthet, z. B. in der Entzündung; ist aber der Zufluss desselben zu gering und hat das Blut zugleich eine wässerige Beschaffenheit, so werden die Theile blass; in der Bleichsucht.

Der Mangel des gewöhnlich den Theil färbenden Stoffes spricht sich in dem Bleichwerden der Haare, in der weissen Iris der sogenannten Glasaugen der Pferde, in der rothen Regenbogen- und Aderhaut der weissen Kaninchen (Kakerlaken) aus.

In Kadavern sind oft Theile regelwidrig gefärbt, die es bei dem lebenden Thiere nicht waren, aber immer nur solche, die mit einem im gesunden Körper enthaltenen Farbestoffe in unmittelbarer Berührung, oder mit seinen Behältern, also in mittelbarer Berührung stehen. Die färbenden Flüssigkeiten, wie Blut und Galle, dringen durch die häutigen Behälter, daher sind Herz und Blutgefässe an ihrer innern Fläche, diese bisweilen, auch an der äussern roth gefärbt; der an der Leber liegende Magen und Darm erhält beim Pferde oft dieselbe Farbe, indem das Blut durch die Pfortader und Hohlvene hindurchdringt, und bei Thieren mit einer Gallenblase werden die angrenzenden Theile von der durchdringenden Galle gelb gefärbt. Die grüne Farbe der in Fäulniss übergehenden thierischen Theile scheint von der Entstehung der Priestley'schen Materie herzurühren.

§. 10.

Die Fehler der Textur in den Organen des thierischen Körpers bestehen entweder in der Umwandelung der normalen Substanz in eine abnorme (krankhafte Metamorphose), oder in der Bildung einer neuen Substanz, welche die normale verdrängt, oder sich mit ihr vermischt (Afterbildungen), und endlich in dem aus Umwandelung und neuer Bildung gemischten Zustande.

Es kommen zwar in allen Theilen des Körpers Texturveränderungen vor, aber in solchen, in welchen kein Stoffwechsel stattfindet, namentlich in den hornigen Anhängen der Lederhaut, also in der Oberhaut, den Haaren, Hufen, Klauen, Hörnern, können diese nur von der fehlerhaften Beschaffenheit des Absonderungsorganes (der Lederhaut) ausgehen.

Die vorhandenen Texturfehler sind zwar aus der mangelhaften, oder häufig ganz aufgehobenen Verrichtung des Organes, welches daran leidet, bisweilen zu erkennen, aber noch bestimmter, wenn das kranke Organ vor Augen liegt. Die Art der Abweichung ist hingegen, besonders in den gemischten Zuständen, oft sehr schwer zu beurtheilen, selbst bei den einfacheren Afterbildungen ist das Urtheil verschiedener Beobachter oft sehr verschieden.

§. 11.

Die Ursachen der Texturveränderungen liegen immer in einer krankhaften inneren Thätigkeit der Organe, indem durch innere, d. h. im thierischen Körper entstandene, oder durch äussere Veranlassung der Stoffwechsel verändert ist. Es können nämlich einem Organe Stoffe zugeführt werden, die es sich nicht anzueignen vermag, oder es können ihm Stoffe entzogen werden, die es nicht wieder ersetzen kann, oder es wird der chemische Prozess so übermächtig, dass das Gleichgewicht zwischen Bildung und Zerstöhrung, worin ja der gesunde Ernährungsprozess besteht, aufgehoben ist, und dass die Zerstöhrung vorherrschend wird. Im ersten Falle wird das Organ mit fremdartigen, oder doch in ihrer Zusammensetzung demselben nicht ähnlichen Stoffen belastet, es wird oft grösser, schwerer, fester, und das normale Gewebe verliert sich in dem fredenm Stoffe, oder wird durch ihn, wenn er auf jenes Kosten wuchert, ganz verdrängt. Werden einem Organe Stoffe entzogen, die es nicht wieder zu ersetzen vermag, verliehrt z. B. der Knochen seinen phosphorsauren Kalk, so wird er wieder Knorpel, was er ursprünglich war, ehe die Menge dieses Salzes bis zu seiner Erhärtung in ihm abgesetzt wurde, und das Organ verliert also die physischen Eigenschaften seiner Textur. — Im dritten Falle endlich, wenn der Chemismus zu mächtig wird, tritt entweder ein gänzlicher Stillstand in der Ernährung ein, und das Organ wird theilweise, oder ganz zerstöhrt; oder die Ernährung ist so verändert, dass dem Gewebe des Organes die meisten ihm zukommenden Eigenschaften abgehen. Ein hierher gehöriges Beispiel findet man an den Nieren, deren Substanz bis auf die häutigen Theile ganz verschwunden ist, ohne dass dem Zuflusse und Rückflusse des Blutes ein Hinderniss gesetzt ist.

§. 12.

Von den Krankheiten, welche am häufigsten Texturveränderungen hervorbringen, ist es besonders die Entzündung (*Inflammatis s. Phlegmasia*). Sie giebt sich am lebenden Thiere durch Schmerz, erhöhte Wärme, Röthe und Geschwulst des kranken Theiles zu erkennen, am todten Thiere werden aber natürlich nur die beiden letzten Erscheinungen wahrgenommen.

Die Entzündungsröthe entsteht dadurch, dass zu dem Organe, dessen Nerven vorher krankhaft gereizt sind, eine grössere Menge Blut und schneller als gewöhnlich, hinfliesst, wodurch auch die Haargefässe so mit Blut angefüllt, oder eigentlich überfüllt, und von demselben ausgedehnt werden, dass, da der Rückfluss durch die Venen nicht so schnell erfolgen kann, eine Stockung entsteht, mithin der leidende Theil mehr Blut enthält und folglich auch auffallender roth gefärbt erscheint. Man behauptet zwar, dass es ausser den blutführenden Haargefässen auch noch andere kleine Gefässe gäbe, die kein rothes Blut führen (die sogenannten *Vasa decolora*), und die nun bei der Entzündung auch mit (rothem) Blute angefüllt würden (die Verirrung der Säfte bei den Alten), wodurch die Röthe vermehrt würde; allein ich bezweifle deren Existenz, indem ich mich durch das Microscop vielfältig überzeugt habe, dass auch an den Stellen, wo das unbewaffnete Auge keine Spur von einer rothen Farbe, noch viel weniger von einem Blutgefässe bemerkt, z. B. in dem Gekröse lebender Mäuse, oder in den Flughäuten und Ohren lebender Fledermäuse, wirkliches Blut führende Gefässe verlaufen, die aber ein so kleines Strömchen enthalten, dass es dem Lichte den Durchgang gestattet und nicht roth, sondern geblich erscheint. Reizt man aber die Theile (namentlich die Haut der Ohren, oder die Flughaut der Fledermaus) so wird das vorher nur gelblich erscheinende Strömchen immer mehr roth, weil nun das Gefässchen mehr Blut aufzunehmen gezwungen ist.

Die Röthe des entzündeten Theiles wird noch dadurch vermehrt, dass Blut in das umgebende Zellgewebe, oder in das Parenchym des Organes aus den Gefässen tritt, entweder durch Zerreissung der Wände, oder durch Erschlaffung derselben, so dass sie nun einem Theile ihres Inhaltes den Austritt gestatten. Auch bilden sich bei anhaltenden Entzündungen ganz neue Gefässe, die aber zur Vermehrung der Entzündungsröthe nur wenig beitragen, da sie erst aus dem ergossenen Blute entstehen, dann mit den schon vorhandenen sich verbinden und den neuen Gebilden als Ernährungsgefässe dienen.

Es ist aber sehr unsicher allein aus der im Leichnam vorgefundenen Röthe der Theile auf eine im Leben zugegen gewesene Entzündung zu schliessen, wenn es nicht möglich war, z. B. bei der Entzündung von Eingeweiden, oder weil das lebende Thier nicht beobachtet werden konnte, die characteristischen Zeichen dieser Krankheit wahrzunehmen. Die Haargefässe, sowohl die arteriellen, als auch die venösen, sind nach manchen anderen Krankheiten fast eben so wie bei der Entzündung mit Blut angefüllt, und ich weiss nur zwei anatomische Unterscheidungsmerkmale, die ich freilich auch nicht für ganz unzweideutig halte, anzuführen, nämlich die, dass nach einer Entzündung die Injectionsmasse nicht in die Haargefässe eindringt, weil das Blut in ihnen geronnen ist und sich nicht forttreiben lässt, und dass die Haargefässe in feine schon mit unbewaffneten Augen, oder bei schwacher Vergrösserung sichtbare Büschel ausgehen, die sich bis in die kleinen, punctförmigen Extravasate verfolgen lassen; wenn hingegen bei den sogenannten passiven Congestionen nur die Haargefässe ohne jene Büschel zu sehen sind, weil das Blut nicht so weit vorgedrungen ist. —

Die Entzündungsgeschwulst, welche am lebenden Thiere oft beträchtlich und mehr oder weniger gespannt ist, wird am todten Thiere entweder gar nicht mehr, oder doch sehr vermindert angetroffen, weil sie nicht allein durch die Anhäufung des Blutes in dem entzündeten Theile, sondern auch durch die ausdehnende Kraft der Wärme bedingt ist; nur die Auflockerung des Gewebes ist bisweilen noch deutlich bemerkbar.

§. 13.

Alle Theile des thierischen Körpers, mit Ausnahme der hornigen Gebilde der Haut, können von der Entzündung ergriffen werden, einige leiden aber häufiger, andere seltener, was zum Theil von dem grösseren Reichthum an Nerven und Gefässen, zum Theil aber davon abhängt, dass einige wegen der unmittelbaren Berührung mit der Aussenwelt häufiger nachtheiligen Einwirkungen ausgesetzt sind, wie die Haut, Lungen, der Magen und Darm. Die Entzündung ist entweder umschrieben, d. h. genau begrenzt, oder sie ist ausgebreitet, und sie kann daher einen kleineren, oder grösseren Theil, auch das ganze Organ einnehmen, und mehrere Organe zu gleicher Zeit befallen. — Ihr Character ist ebenfalls mehrfach verschieden, je nachdem sie in einem vorher gesundem Organe durch mechanische oder chemische Reizung desselben plötzlich entsteht — reine oder hypersthenische Entzündung, — oder wenn sie durch einen eigenthümlichen Krankheitsreiz hervorgerufen wird — specifische Entzündung, z. B. rheumatische, catarrhalische u. d. m. Die sogenannte asthenische Entzündung ist eine solche, die ein schon in seiner Thätigkeit geschwächtes Organ, oder einen geschwächten Körper überhaupt befällt, wobei das kranke Organ nicht wie ein vorher gesundes reagiren kann, d. h. an dem die Erscheinungen im Leben nicht mit der Heftigkeit sich zeigen.

Nach der Dauer unterscheidet man die schnell verlaufende oder hitzige Entzündung (*Inflammatio acuta*) und die langsamer verlaufende (*I. chronica*). Die acute Entzündung ist im kräftigen Lebensalter, und in den reizbaren Organen z. B. im Gehirn, den Lungen, dem Magen und Darm, den serösen Häuten häufiger; die chronische bei älteren Thieren und in den weniger reizbaren Theilen, z. B. im Zellgewebe, in mehreren Drüsen; auch findet hier ein Unterschied in der Thierspecies statt, Pferde und Hunde leiden mehr an acuten, Schafe und Rinder mehr an chronischen Entzündungen.

§. 14.

Die Folgen oder Ausgänge der Entzündung sind verschieden, wenn die Zertheilung (***Resolutio***), entweder durch die Naturkräfte, oder durch Heilmittel, nicht erreicht wird; diese ist aber erreicht, wenn die characteristischen Erscheinungen der Entzündung verschwinden und das kranke Organ zu seiner normalen Thätigkeit zurückkehrt, ohne Veränderungen in seinen physischen Eigenschaften erlitten zu haben.

Die Ausgänge sind: die Ausschwitzung, Eiterung *),

*) Otto (Lehrb. d. path. Anat. B. I. S. 51) zählt zu den Ausgängen der Entzündung auch noch die Erweichung und Auflokkerung (*Emollitio*) des Gewebes. Wenn auch bei der Entzündung der Organe die Auflockerung ihres Gewebes nicht zu verkennen ist, so hört die Krankheit nicht damit auf, oder geschieht dies, so hat das Organ von seiner Lebenskraft so viel

Verhärtung und Brand; die, mit Ausnahme des Brandes, in der eigenthümlich veränderten Beschaffenheit des arteriellen Blutes, welches in dem entzündeten Theile zu verweilen gezwungen ist, begründet zu seyn scheinen.

§. 15.

Ausschwitzung (*Exsudatio*) ist die Absonderung einer bald mehr wässerigen, trüben, sehr übelriechenden Flüssigkeit, bald mehr consistenten eiweissartigen, gelblichen, oder gelblich grauen Substanz, die in das Gewebe der Organe, oder an den freien Oberflächen derselben ergossen und abgesetzt werden. Die mehr consistente Masse, die bei ihrer Entstehung ebenfalls flüssig ist, aber bald fester wird, nennt man gerinnbare plastische oder bildsame Lymphe (*Lympha coagulabilis s. plastica*), weil sie sich zu mehr oder weniger festen Faden, oder Membranen verdichtet, die Organe zusammenklebt und endlich ziemlich fest mit benachbarten Theilen verbindet, nach und nach eigene Gefässe erhält, und nun das ganze Leben des Thieres hindurch bleibt. Die Heilung der Wunden durch die erste Vereinigung geschieht durch diese plastische Lymphe (exsudative oder adhäsive Entzündung).

Oft findet die Ausschwitzung in beiden Formen statt, besonders in dem langsameren Verlaufe der Krankheit, oft ist die festere Ausschwitzung allein vorhanden, wie bei der Entzündung der Haut, der Muskeln u. a., oft zeigt sich nur die trübe Flüssigkeit, und zwar am häufigsten bei Entzündung der serösen Häute, die ja überhaupt der Absonderung wegen da sind, und es entsteht die sogen. hitzige Wassersucht (*Hydrops acutus*).

§. 16.

Die Eiterung oder Eiterbildung (*Suppuratio s. Pyogenia*) tritt nur bei einem höheren Grade der Entzündung ein, jedoch in dem einen Organe früher, in

verlohren, dass es sich nicht selbstständig behaupten kann und dem Chemismus unterliegt; daher dürfte diese Erweichung vielmehr als eine Modification des Brandes anzusehen sein.

dem andern später, und an manchen Theilen kommt sie höchst selten vor. Sie besteht in der Absonderung einer gelblich-weissen, dem Milchrahm an Consistenz ähnlichen, keinen auffallenden Geruch (nur den gewöhnlichen thierischen) verbreitenden, und die benachbarten gesunden Stellen desselben Organes nicht anätzenden, also milden Flüssigkeit, dem Eiter (*Pus*), welcher von einem, aus plastischer Lymphe gebildeten und reichlich mit kleinen Blutgefässen versehenen, eigenthümlichen, temporären Absonderungsorgane, von Meckel*) mit einer einfachen Drüse verglichen, erzeugt wird. Dieses Eiter-bereitende Organ stellt entweder eine offene Fläche dar, wie bei den eiternden Wunden, oder bildet einen geschlossenen Sack und wird Eiterbeule oder Eitergeschwulst (*Abscessus s. Apostema*) genannt. Dass der Eiter eine aus dem Blute bereitete Flüssigkeit ist, und nicht durch Auflösung des Gewebes der Organe entsteht, wird jetzt nicht mehr bezweifelt.

Die Verschwärung (*Ulceratio*) oder die Entstehung eines Geschwüres (*Ulcus*) unterscheidet sich von der Eiterung dadurch, dass jene in einem krankhaften Vegetationsprocesse begründet ist, der durch verschiedenartige Krankheitsmaterien herbeigeführt seyn kann, und dass die Absonderungsfläche immer mehr oder weniger vertieft erscheint, weil sie nur durch Substanzverlust, vermittelst erhöhter Absorption, entstanden ist. Sondert das Geschwür den milden Eiter ab, so nennt man es ein reines; sondert es hingegen eine ätzende, zerstöhrende Flüssigkeit ab, so wird es ein unreines genannt.

Der Eiter hat nicht immer die oben angeführten Eigenschaften, und ist überhaupt nach den Theilen, in welchen die Eiterung besteht, verschiedenartig; dann ist er oft dünnflüssiger, wässriger, wenn die absondernde Thätigkeit durch schädlich einwirkende Umstände ver-

*) Handb. der patholog. Anatomie. B. II. Abth. 2. S. 36.

ändert, und besonders geschwächt wird; oder wenn in dem Körpertheile der Stoffwechsel schon ursprünglich träge ist, z. B. in den Knochen und Knorpeln. Hört aber die productive Thätigkeit ganz auf, so tritt der Chemismus hervor, das Organ wird an der Stelle zerstört, und die daraus hervorgehende, höchst feindlich auf die gesunden Theile einwirkende Flüssigkeit wird Jauche (*Ichor s. Sanies*) genannt. Man muss mithin einen Unterschied zwischen schlechtem Eiter und Jauche machen; wenn sich beide im Aeussern auch oft sehr gleichen, so entstehen sie doch aus sehr verschiedenen Ursachen, und die Erzeugung des schlechten Eiters kann oft sehr bald in gute Eiterung, die Jauchebildung aber nie in Eiterbildung umgewandelt werden, ausser wenn die abgestorbenen Theile ganz entfernt werden und nun ein neuer Zustand herbeigeführt wird.

§. 17.

Sehr oft, ja fast gewöhnlich ist mit der Eiterbildung auch die Bildung der Fleischwärzchen (*Granulatio*) gleichzeitig vorhanden, doch hängt diese nicht unbedingt von jener ab. Nachdem auf der entzündeten Stelle die Ausschwitzung von einer dünnen Lage plastischer Lymphe, die entweder schon Eiter absondert, oder (in seltenen Fällen) es noch nicht thut, erfolgt ist, entstehen kleine, rothe, erhabene Punkte, die ein körniges Ansehen haben, anfangs einzeln stehen, sich aber nach und nach vereinigen, und dann eine zusammenhängende Oberfläche haben.

Diese Fleischwärzchen sind sehr reich an Blutgefässen, welche sie von ihrem mütterlichen Boden erhalten, weshalb sie auch bei geringen Verletzungen leicht und verhältnissmässig stark bluten. Sie haben ebenfalls die Eigenschaft, Eiter abzusondern, und dieser scheint ihnen wieder als schützende Decke, gleichsam wie eine Salbe, gegen feindliche Einflüsse zu dienen; sie sind dem jungen Zellstoffe zu vergleichen, der zum Ersatz der verlohrengegangenen Substanz bestimmt ist, denn bei Verletzungen ohne Substanzverlust, und wo die Wundränder genau zusammengehalten werden, entstehen sie nicht. Auf den zuerst entstandenen Fleischwärzchen bilden sich neue, während die ersten sich immer mehr verdichten, und dies dauert so lange fort, bis der Blutzufluss geringer wird, die Eiterung aufhört und dann auch die zuletzt entstandenen Fleischwärzchen sich zu einer Haut verdichten und die Narbe (*Cicatrix*) bilden.

Bisweilen geschieht dies, ehe sie noch die gesunde Fläche des Organs erreicht haben, und die Narbe wird vertieft, bisweilen aber wachsen sie auch über die Fläche hinaus, und die Narbe wird wulstig.

Werden die Fleischwärzchen durch örtliche Reizung, oder durch Krankheitsstoffe zu einem üppigen Wachsthume angeregt, wobei sie schnell über die gesunde Fläche hervortreten und gewöhnlich schlechten Eiter absondern, so werden sie wildes Fleisch (*Caro luxurians*) genannt.

In der Höhle der Eitergeschwulst entstehen nicht eher Fleischwärzchen, als bis sie geöffnet und der Eiter entleert ist, bis sie also einem Geschwüre gleicht.

§. 18.

Die Verhärtung (*Induratio*) ist die Folge der Ausschwitzung von plasticher Lymphe in das Gewebe des entzündeten Theiles, und erscheint dann, wenn die ergossene Materie organisch geworden ist, d. h. wenn sie Blutgefässe erhalten hat und nun mit dem Organe fortbesteht. Sie kommt folglich nur in den Weichgebilden vor, die dadurch grösser, fester und schwerer, in ihrer normalen Verrichtung gestört, aber nie zerstört werden, wodurch sich die Verhärtung von manchen Aftergebilden, namentlich den Knoten und dem Scirrhus sehr bestimmt unterscheidet, indem diese entweder die normale Substanz nur verdrängen, oder durch die in ihnen entstandene Flüssigkeit wirklich zerstören. Die Verknöcherung rechne ich nicht hieher, da sie immer die Knorpelbildung voraussetzt, und daher ein mehr gesteigerter Bildungsprozess ist.

§. 19.

Der Brand oder kalte Brand (*Sphacelus*) besteht in dem Absterben des entzündeten Theiles, indem die Blutgefässe ihm kein Blut mehr zuführen und die Nerventhätigkeit aufgehört hat, mithin die ganze Ernährung aufgehoben ist. Es wird nähmlich der vorher noch heftig entzündete Theil kalt, gefühllos, missfarbig, auf der Oberfläche erheben sich Bläschen, die mit Jauche gefüllt sind, und bei den Weichgebilden beginnt die chemische Zerstörung entweder nur an der Grenze zwischen der gesunden und kranken Stelle, oder der abgestorbene Theil wird ganz in Jauche aufgelöst. Bei den härteren Theilen, Knochen und Knorpeln, wird der abgestorbene Theil weisser, oder ganz schwarz, trennt sich oft von dem gesunden, ohne aufgelöst zu werden, indessen erfolgt auch nicht selten die jauchige Auflösung.

Dieser hier geschilderte Vorgang kann natürlich nur dann stattfinden, wenn der Brand solche Organe ergriffen hat, die zur Erhaltung des Lebens nicht unumgänglich nothwendig sind, und zwar einen nicht zu grossen Theil derselben, denn bei dem Brande auf grossen Flächen, z. B. der Haut, oder an mehreren Knochen zugleich, wird der Tod schon früher durch Erschöpfung herbeigeführt.

An der Grenze des noch lebendigen und des abgestorbenen Theiles entsteht eine neue Entzündung, und in Folge dieser tritt die Ausschwitzung plastischer Lymphe ein, welche zur Erzeugung der Fleischwärzchen und des Eiters auf die §. 17. angegebene Art Gelegenleit giebt, so dass der verlohren gegangene Theil bei den Weichgebilden durch ein dichtes Zellgewebe, bei den Knochen durch eine unregelmässige Knochenmasse ersetzt wird.

Die Veranlassungen zu diesem gefährlichsten Ausgange der Entzündung sind verschiedenartig, im Allgemeinen aber wirken alle dahin, dass die Gefässthätigkeit in dem entzündeten Theile gehemmt wird, was am häufigsten durch Beengung der Entzündungsgeschwulst geschieht, z. B. durch den Druck zu enger oder zu fest angelegter Verbandstücke beim Anglisiren der Pferde, oder auch bei natürlicher Beengung des Fusses durch den Huf.

Zweites Kapitel.

Von den neuen regelwidrigen Bildungen

§. 20.

Die neuen regelwidrigen Bildungen haben ihren Grund in einer fehlerhaften organischen, oder chemischen Thätigkeit des thierischen Körpers, und ihre Producte gehören nicht zur naturgemässen Zusammensetzung desselben, oder der einzelnen Organe; sie sind daher mehr oder weniger nachtheilig. Man kann sie füglich in organische und anorganische eintheilen, und zu den ersten die Aftergebilde und Eingeweidewürmer, zu den andern die Steine und Concremente zählen.

I. Von den Aftergebilden.

§. 21.

Die Aftergebilde (***Pseudorgana s. Pseudoplasmata***) entstehen im Gewebe der Organe durch eine fehlerhafte Bildungsthätigkeit, weil ihnen Stoffe zugeführt werden, die ihrer Zusammensetzung mehr oder weniger fremd sind, und die sie sich daher nicht anzueignen vermögen. Die Aftergebilde sind entweder mit dem normalen Gewebe innig verbunden, gehen unmerklich in dasselbe über, oder sie sind scharf begrenzt und oft durch eigene Hüllen (Bälge) von ihm geschieden, aber doch durch die Blutgefässe, wenigstens im Anfange, mit ihm zusammenhängend. — Da sie gewöhnlich über die Oberfläche des Organes hervorragen, oder dasselbe auftreiben, so nennt man sie im Allgemeinen Geschwülste (*Tumores s. Phymata*) und bezeichnet den Character eines jeden durch ein hinzugefügtes Wort, z. B. Balg-Geschwulst, Knoten-Geschwulst u. s. w.

Nicht in allen Organen kommen Aftergebilde vor, und ihr Erscheinen ist in verschiedenen Theilen nicht gleich häufig, sie sind namentlich am häufigsten in den Absonderungsorganen; auch sind einige nur auf bestimmte Gewebe beschränkt, z. B. die Polypen auf die Schleimhäute.

Ihrem Character nach sind die Aftergebilde entweder nur mechanisch hinderlich, nämlich durch Druck auf die Theile, oder sie verdrängen die normale Substanz der Organe, und schwächen also dessen Thätigkeit; oder sie zerstören die Umgebungen, wenn sie selbst in ihrer Structur zerstört sind, und erzeugen durch Uebertragung auf gesunde Organe in diesen sich wieder.

Man nimmt folgende Arten an: Balggeschwülste, Fettgeschwülste, Knoten, Melanosen, Fleischgeschwülste, Polypen und Knotengeschwülste *).

§. 22.

Die Balggeschwülste oder Sackgeschwülste (*Tumores cystici s. Cystides*) sind überall geschlossene, gewöhnlich runde Bälge, welche die in ihnen enthaltene Masse absondern, daher früher vorhanden seyn müssen, als diese. Der Balg hat eine verschiedene Stärke, und auch eine verschiedene Textur, was schon aus dem verschiedenartigen Inhalte hervorgeht. Sie entstehen nur im Zellgewebe und an den serösen Häuten,

*) Ueber die Aftergebilde der Haut s. §. 66. ff.

denn die an den Schleimhäuten bisweilen vorkommenden haben ebenfalls ihren Ursprung in dem Zellstoffe an der rauhen Fläche der Schleimhaut, und dringen nach und nach durch sie hindurch bis an die glatte Fläche. Sie verdrängen bisweilen die Substanz des Organes, an welchem sie sich gebildet haben, und werden nur dadurch, oder überhaupt durch Druck nachtheilig.

Nach dem Inhalte unterscheidet man:

1. Die Wasserbälge oder serösen Bälge (*Hydatides s. Cystides serosae*), welche in dünnen, durchscheinenden Bälgen eine wasserhelle, oder gelbliche seröse Flüssigkeit enthalten, am häufigsten an den serösen Häuten, besonders am Bauchfelle vorkommen, und eine verschiedene Grösse erreichen. Sie hängen mit der serösen Haut genau zusammen, wenn sie erst entstanden und noch klein sind; ihr Zusammenhang mit dieser Haut ist aber lockerer und oft ganz aufgehoben, wenn sie länger bestanden haben und grösser geworden sind.

2. Die Breigeshwulst oder Grützgeschwulst, Grützbeutel (*Atheroma*) hat einen beträchtlich dickeren Balg, und sondert eine gelbliche, breiige, oft in kleinen Klümpchen zusammenhängende Masse ab, die vorzugsweise aus Eiweisstoff besteht. Sie entsteht im Zellgewebe unter der Haut, auch an anderen Stellen des Körpers, wo das Zellgewebe reichlich vorkommt.

3. Die Honiggeschwulst (*Meliceris*) hat ebenfalls einen dicken Balg, der aber nach innen netzähnliche Vorsprünge bildet, die beinahe der innern Fläche der Herzohren gleichen. Ihr Inhalt ist eine gelbliche, zähe aber noch flüssige Masse, von der Consistenz des Honigs, und besteht aus einem mehr flüssigen Eiweisstoffe. Auch diese Balggeschwulst kommt nur im Zellgewebe vor, und besonders am Halse, zwischen ihm und der Luftröhre.

Alle Balggeschwülste können nur durch völlige Ausrottung des Balges geheilt werden, denn wenn man blos ihren Inhalt entfernt, so sondert der Balg, nachdem er sich geschlossen hat, dieselbe Substanz bald wieder ab.

Von den Haarbälgen ist weiter unten bei der regelwidrigen Erzeugung von Haaren, und von den Synovialbälgen bei den Synovialhäuten das Nähere angeführt.

§. 23.

Die Fettgeschwulst oder Speckgeschwulst (*Lipoma s. Steatoma*) wird zwar gewöhnlich auch zu den Balggeschwülsten gezählt, da aber das Fett hier nicht Product des Balges ist, und da dieser überhaupt nur zufällig aus dem benachbarten Zellgewebe, oder aus der serösen Haut, wenn die Geschwulst in den Höhlen des Körpers entsteht, gebildet wird, so habe ich sie von den Balggeschwülsten getrennt.

Die Fettgeschwulst kann überall da entstehen, wo im gesunden Zustande Fett abgelagert wird, also unter der Haut, im Gekröse, im Netze, an dem Sacke der Bauchhaut, am Herzen u. s. w.; aber sie kommt auch an andern Theilen vor, wo dies nicht der Fall ist, z. B. zwischen der Muskel- und serösen Haut des Darmes, zwischen der Muskel- und Schleimhaut desselben und der Harnblase, an welchen Stellen dann das Fett regelwidrig erzeugt ist.

Im Anfange verhält sie sich wie das Fett überhaupt, nur ist sie etwas derber, als dieses. Später verknöchert entweder der Balg, das in ihm enthaltene Fett verschwindet, und statt seiner findet sich eine dünnflüssige, stinkende Materie; oder mit der Verknöcherung des Balges findet eine so starke Ablagerung von phosphorsaurem und kohlensaurem Kalke in das Fettgewebe statt, dass die ganze Geschwulst nun wie eine Versteinerung aussieht, die häufig an dem grossen Netze, oder am Gekröse an einem Stiele (der aus einer durch Dehnung entstandenen Verlängerung der serösen Haut besteht) hängend, bei Pferden gefunden wird.

§. 24.

Die Knoten, Scropheln oder Tuberkeln (*Nodi, Scrophulae s. Tubercula*) sind weiss-gelbliche, mehr oder weniger genau begrenzte, gewöhnlich runde Aftergebilde, die in den meisten Organen des Körpers vorkommen, namentlich sehr oft und zahlreich in den Lungen, den serösen Häuten, der Leber, Milz, den Nieren, den Schleimhäuten. Bei ihrem Entstehen sind sie von dem normalen Gewebe noch nicht scharf gesondert, zeigen sich als gelbweisse Stelleu, die sich nach und nach mehr erheben, begrenzen und abrunden. Die Textur der Knoten ist überall gleichförmig, sie bestehen aus einer festen, dem schneidenden Instrumente nur mässigen Widerstand leistenden Masse, bisweilen ist sie jedoch knorpelhart und lässt sich in kleine, unregelmässige Stückchen zerdrücken. In den Organen, wo die Knoten von Zellgewebe umgeben sind, erhalten sie von diesem einen dünnen Balg, und die an den serösen Häuten entstandenen erhalten von diesen einen Ueberzug. Nicht selten wird ihnen so viel phosphorsaurer und kohlensaurer Kalk zugeführt, dass sie vollständig verknöchern. In der Grösse variiren die Knoten, man findet sie nämlich von der Grösse eines Hirse-, oder Hanfkornes, bis zu der einer Wallnuss, und auch noch grösser.

Nach Lassaigne enthalten:

	Lungenknoten. *)	Leberknoten.
Thierische Materie	40,0	50,0
Phosphorsauren Kalk	35,0	45,0
Kohlensauren Kalk	9,0	4,0
Im Wasser lösliche Salz	16,0	1,0
	100,0	100,0.

Wenn die Knoten einige Zeit hindurch in dem beschriebenen Zustande vegetirt haben, so erweichen sich die nicht verknöcherten von innen her zu einer gelb-

*) Vergl. unten §. 296.

lichen, dicken, breiigen, oft kleine Stückchen enthaltenden Masse, die dem Eiter etwas ähnlich ist, und leidet das Organ, in welchem die Knoten vorkommen, an einer fauligen Krankheit, so ist die Substanz grünlich und höchst übelriechend. Ich kann die Meinung Anderer, dass diese Erweichng die Folge von der Entzündung des Knotens sey, nicht theilen, sondern glaube vielmehr, dass der Knoten, nachdem er die höchste Vegetationsstufe erreicht hat, abstirbt und den Gesetzen des Chemismus unterliegt, indem ein so gefässarmer Theil, dem auch die Nerven fehlen, sich nicht entzünden kann.

§. 25.

Die Melanose (*Melanosis*), welche bei den Thieren vorkommt, steht in der Mitte zwischen den Knoten nud der Fleischgeschwulst, und erscheint in zwei Hauptformen, nämlich als schwarze Knoten (*Melanosis tuberculosa*) und als schwarze Flecke (*Melan. maculosa*). Die schwarzen Knoten kommen am häufigsten im Zellgewebe der Haut, besonders um den After, die Geschlechtstheile, am Schwanze, und an anderen Stellen in den parenchymatösen Eingeweiden u. s. w., in verschiedener Grösse vor, und sind am häufigsten bei Pferden mit weissen Haaren beobachtet worden, entstehen aber auch bei Pferden mit dunkleren Haaren, auch bei Eseln, Maulthieren, dei dem Rindvieh und bei Hunden. Die schwarzen, oder schwarz-braunen Flecke findet man nur an den Schleimhäuten, an den fibrösen und bisweilen an den serösen Häuten; sie sind gewöhnlich nicht gross, immer platt und nur unmerklich über die Oberfläche erhaben.

Die schwarzen Knoten durchlaufen dieselben Perioden, wie die gemeinen Knoten, sie sind nämlich anfangs weiss, platt, erheben sich nach und nach, werden bräunlich und endlich ganz schwarz; sie verknöchern mit der Zeit, oder die Masse löst sich wie bei jenen auf. In der Textur unterscheiden sie sich von ihnen nur darin, dass sie deutliche Fächer enthalten, welche aus Blättchen und Fäden gebildet sind, und in welchen das schwarze Pigment mit der eigenen weichen Substanz liegt; das schwarze Pigment gleicht übrigens ganz dem der Aderhaut des Auges. Die schwarzen Flecke erhalten auch erst nach und nach diese Farbe, sie sind anfangs gelb, werden dann braun und endlich schwarz. — Beide Formen sind für das damit behaftete Thier wenig nachtheilig, die Knoten sind nur mechanische Hindernisse, verdrängen die Substanz der Organe, und von den Flecken kennt man bis jetzt noch keine besondern nachtheiligen Folgen. Wenn aber die Lymphdrüsen an mehreren Stellen des Körpers durch die Knoten degenerirt sind, so erfolgt Abzehrung, und sind die Lymphdrüsen an der Luftröhre dadurch vergrössert, so drücken sie diese zusammen, dass die Gefahr des Erstickens eintritt. Nach Gohier's*) Beobachtung vererbte ein mit schwarzen Knoten behafteter Schimmelhengst auf alle seine Nachkommen mit weissen Haaren diese Krankheit, alle die eine andere Farbe hatten, bekamen sie nicht.

§. 26.

Die Fleischgeschwulst (*Sarcoma*, *Sarcosis*, — *Encéphaloïde*) ist ein im lockeren Zellgewebe und in dem Parenchym einiger Eingeweide vorkommendes Aftergebilde, welches, besonders im lockeren Zellgewebe, oft einen enormen Umfang erreicht (die Grösse eines Menschenkopfes), die Substanz der Organe verdrängt, aber immer mehr oder weniger bestimmt begrenzt ist, und sich von der gesunden Substanz des Organes geschieden hält. Anfangs ist die Fleischgeschwulst dicht und fest, grauröthlich, bisweilen dunkelroth, auch erzeugen sich in selteneren Fällen mehr oder minder grosse Knochenkerne in ihr; sie hat wenige und kleine Blutgefässe, braucht daher lange Zeit um eine ansehnliche

*) Procès-verbal etc. etc. à l'école vétér. de Lyon 1809. cf. Annales de l'agricult. française. T. 40. p. 111.

Grösse zu erreichen, sie scheint nur durch die Masse zu belästigen und unter Umständen allerdings auch zu schaden, aber für sich keine gefährlichen Zufälle zu erregen. Nur wenn sie mechanisch, oder durch Einwirkung der atmosphärischen Luft gereizt wird, so erweicht die Geschwulst, bildet sich zu einem wuchernden, leicht blutenden Schwamme, indem die Gefässe erweitert und wie es scheint auch vermehrt sind, und erschöpft durch das schnelle Wachsthum die Kräfte des Thieres.

Im vorderen Mittelfellsraume, im Zellgewebe ausserhalb des Sackes der Bauchhaut, besonders in der Nierengegend und im Becken, in den Hoden und Eierstökken ist die Fleischgeschwulst bei verschiedenen Thiergattungen beobachtet worden.

Die Knochenspeckgeschwulst oder Knochenfleischgeschwulst, die schwammigen Auswüchse auf den fibrösen Gebilden gehören ebenfalls hierher, nur sind sie durch die Textur der Organe modificirt. — Das bei dem Menschen vorkommende Medullarsarkom (*S. medullare*) habe ich bei Thieren noch nicht gesehen.

§. 27.

Die Polypen (*Polypi*) und Schwämme (*Fungi*) gehören ihrer Natur nach auch zu den Fleischgeschwülsten, characterisiren sich aber dadurch, dass sie nur an den Schleimhäuten vorkommen.

Polypen nennt man die grösseren dieser Aftergebilde, die ihren Sitz unweit des Ueberganges der allgemeinen Bedeckung in die Schleimhaut haben, da wo die atmosphärische Luft freien Zutritt zu ihnen hat, namentlich in den Nasenhöhlen und den Nebenhöhlen, in der Rachenhöhle, im Kehlkopfe und im oberen Theile der Luftröhre, im After, in der Mutterscheide und Gebärmutter. — Man unterscheidet zwei Formen derselben, nämlich die festen oder sogenannten Fleischpolypen, und die weichen oder sogen. Schleimpolypen; jene haben ein dichtes Gewebe, sind von einer festen Haut umgeben, daher scharf begrenzt und immer über die freie Oberfläche der Schleimhaut erhaben, oft von beträchtlicher Grösse wo ihrem Wachsthume kein Hinderniss entgegensteht. Sie haben ihren Ursprung in dem Zellgewebe an der rauhen, nicht freien Fläche der Schleimhaut, gewöhnlich mit mehreren Wurzeln, drängen sich durch diese hindurch und nehmen dann erst an Umfang zu, daher sind sie am Grunde schmaler oder gestielt, bisweilen ist jedoch dieser Stiel so kurz, dass sie mit breiter Basis auf der Schleimhaut zu sitzen scheinen.

Die weichen Polypen haben eine mehr lockere Textur, keine bestimmte Form, und wachsen schneller, als die festen, zerstören die benachbarten Theile leichter durch die auf ihrer freien Oberfläche abgesonderte Feuchtigkeit, mehr aber noch durch Druck, welchem endlich sogar die Knochen weichen. —

Die Schwämme sind immer kleiner, als die Polypen, kommen an solchen Stellen der Schleimhäute vor, die von dem äusseren Umfange entfernter liegen, z. B. im Magen, Darmkanal, Nierenbecken, und sind übrigens in Textur und Dauer den Polypen gleich.

§. 28.

Die Knotengeschwulst oder der Krebs*) (*Scirrhus s. Cancer*) ist das gefährlichste von den Aftergebilden, weil es nicht allein das Organ, in welchem es seinen Sitz hat, zerstört, sondern auch andere Theile auf welche es durch Impfung, oder durch die Aufsaugung übergetragen wird, ergreift und verwüstet. Die Knotengeschwulst kommt primär nur in der Haut, Schleimhaut und in den zusammengehäuften Drüsen vor, kann aber, wie schon gesagt, auf alle Weichgebilde übertragen werden. Sie ist anfangs klein, hart, uneben, vergrössert sich im Um-

*) Otto (a. a. O. S. 71.) behauptet zwar, dass der Krebs bei den Thieren nicht vorkommt, allein durch mehrfache Untersuchungen bei den Hausthieren habe ich mich von der Unrichtigkeit der Behauptung überzeugt.

fange theils durch neue Bildung, theils durch Umwandelung der Substanz der Organe, erregt dem Thiere heftige Schmerzen und bringt auch bald eine blasse, endlich bleigraue Farbe der Haut, bei den Thieren mit durchsichtiger Oberhaut, hervor. Sie zeigt auf der Schnittfläche zwei Substanzen, nähmlich eine weisse feste, fibröse, welche Fächer und Zellen bildet, in welchen die zweite Substanz liegt, die mehr gelblich und weicher ist (Tab. 1. Fig. 1.). Diese letzte wird mit der Zeit ganz weich, und endlich flüssig, die Fächer werden zerstört, und die ganze Geschwulst bricht an einer Stelle auf, oder an mehreren zugleich, und ergiesst nun eine gelbliche, oder chokoladenfarbige Jauche, welche alle umgebende Theile zerstört und, durch die Lymphgefässe aufgesaugt, überall da eine neue Knotengeschwulst erzeugt, wohin sie geführt wird. Das nun entstandene Geschwür vergrössert sich im Umfange, dringt weniger in die Tiefe, und erhält keine Fleischwärzchen, wodurch der Substanzverlust ersetzt würde. Dieser Zustand heisst offener Krebs (*Cancer apertus*), und ist nun schwerer heilbar, weil in der Regel schon andere Organe von demselben ergriffen sind; denn nur durch schleunige Ausrottung desselben, oder noch besser durch Entfernung der noch nicht aufgebrochenen Knotengeschwulst, wo es des Ortes wegen möglich ist, kann das Leben des Thieres gerettet werden.

II. Von den Eingeweidewürmern.

§. 29.

Die Eingeweidewürmer (*Entozoa*) sind Thiere, welche nur im Körper anderer Thiere, theils in ihren Eingeweiden, theils in anderen Theilen entweder durch *Generatio aequivoca*, oder, einmal vorhanden, durch Fortpflanzung entstehen, ausserhalb ihres ursprünglichen Wohnortes aber in kurzer Zeit sterben und auch mit dem Thiere, in dessen Körper sie lebten, zu Grunde gehen.

Die Mehrzahl dieser Würmer führt zwar ein selbstständiges Leben, und nährt sich nur, wie andere Schmarotzer, von den Säften anderer Thiere, aber die ganze Familie der Blasenwürmer steht wie andere Aftergebilde mit dem Thierkörper in einem organischen Zusammenhange, daher reiht sie sich diesen an.

Da diese Würmer nicht bei allen, und namentlich nicht bei völlig gesunden Thieren vorkommen, so muss zu ihrer Entstehung und zu ihrem Gedeihen ein gewisser krankhafter Zustand der Organe vorhanden seyn, der freilich noch nicht überall mit Gewissheit nachzuweisen ist. Deshalb, und weil viele derselben mehr oder weniger auffallende Stöhrungen in der Gesundheit der Thiere, die sie bewohnen, hervorbringen, muss ihrer in der pathologischen Anatomie gedacht werden, wenn auch eine genauere Beschreibung in das Gebiet der Zoologie gehört. Da aber nicht Jedem, der sich mit Untersuchung und Heilung der Thierkrankheiten beschäftig, eine Sammlung von Eingeweidewürmern zu Gebote steht, so habe ich es nicht für überflüssig gehalten, die bei den Hausthieren vorkommenden in einem Anhange dieses Werkes zu beschreiben und abbilden zu lassen, und ich verweise daher auf diesen.

§. 30.

Ausser den Eingeweidewürmern kommen zwar auf und in dem thierischen Körper noch verschiedene andere Thiere aus den unteren Klassen vor, einige im vollkommenen Zustande, andere im unvollkommenen z. B. als Larven; da diese aber nur zufällig dahin gelangt sind, wo man sie findet, und da ihr Vorhandenseyn keine krankhafte Beschaffenheit des höheren Thieres voraussetzt (mit Ausnahme der Krätzmilben — *Acarus scabiei*, die nie auf gesunder Haut angetroffen werden), so glaube ich sie hier übergehen zu können.

III. Von den Steinen.

§. 31.

Die Steine (*Calculi*) sind anorganische Körper, die in den hohlen Eingeweiden aus thierischen Flüssigkeiten durch Crystallisation entstehen, indem diese abgesonderten Flüssigkeiten wegen eines fehlerhaften quantitativen Verhältnisses die Stoffe nicht mehr aufgelösst erhalten können, so dass alle, einzelne, oder nur einer sich aus dem Wasser abscheidet; oder die Flüssigkeit kann qualitativ fehlerhaft seyn, d. h. sie kann Stoffe enthalten, die ihr im gesunden Zustande fehlen, und die das Bestreben haben sich in concreter Form abzuscheiden.

Die physischen und chemischen Eigenschaften der Steine sind nach den Organen, und nach Verschiedenheit der Flüssigkeit, aus welcher sie entstanden sind, mannigfach; nur darin kommen alle überein, dass sie einen gewissen Grad von Härte besitzen, der bei einigen so gross ist, dass sie durch Schleifen einen Glanz erhalten. Die Zahl, in welcher sie vorkommen, ist ebenfalls sehr verschieden; sie sind gewöhnlich einzeln, wenn sie gross sind, oder wenn ihr Behälter eng ist; dagegen sind sie sehr zahlreich (bis 1000 und darüber) wenn sie klein sind, oder der Behälter geräumig ist. Alle sind für das damit behaftete Thier nachtheilig, indem sie entweder durch ihre Grösse und Schwere belästigen, ja sogar die Zerreissung der Eingeweide verursachen, oder indem sie die Ausführungsgänge verstopfen und dadurch vielerlei Beschwerden, oft den Tod unmittelbar herbeiführen.

Nach den Flüssigkeiten, aus welchen sich Steine bilden, und nach den Organen, wo sie vorkommen, unterscheidet man Speichelsteine, Gallensteine, Magen- und Darmsteine, und Harnsteine. Es werden aber auch manche andere harte Massen, die im thierischen Körper vorkommen, für Steine ausgegeben, die aber nur Verknöcherungen sind, also immer Knorpel,

pel, oder Faserstoff zur Grundlage haben, in welchen der phosphorsaure und kohlensaure Kalk in grösserer Menge abgesetzt worden ist; dahin gehören auch die sogenannten Venensteine.

§. 32.

Die Speichelsteine (*Calculi salivales*) sind gelblich-weiss, sehr hart, von unbestimmter Form und Grösse, oft nur einige Gran schwer, erreichen aber auch ein Gewicht von 20 Unzen und die Grösse einer Faust. Sie entstehen aus dem Speichel in den Ausführungsgängen der Speicheldrüsen des Pferdes, Esels, Maulthieres und des Rindes, bei den kleineren Hausthieren wurden sie bis jetzt noch nicht gefunden. Bisweilen reisst der Gang, und der Stein tritt in das benachbarte Zellgewebe, wohin auch Speichel fliesst, und wo der Stein sich nun vergrössert. Oft ist ein Haferkorn, oder eine Granne, oder ein Stückchen Stroh die Grundlage, um welche sich die Steinmasse ansetzt, doch können auch Steine ohne diese Grundlage entstehen.

Lassaigne*) untersuchte einen Speichelstein aus dem linken Stenon'schen Gange eines 6jährigen Pferdes, und fand:

Kohlensauren Kalk	84.
Phosphorsauren Kalk	3.
Thierische Materie	9.
Wasser	3.
	99. — Verlust. 1.

Derselbe untersuchte auch einen andern, ungefähr 18 Unzen schweren Speichelstein von einem Pferde, welcher enthielt:

Kohlensauren Kalk	86,0.
Phosphorsauren Kalk und Spuren von Eisenoxyd	3,0.

*) In Dupuy's Journal pratique de médecine vétérinaire .1826. Janvier. p. 45. et suiv.

Thierische Materie	6,4.
Auflöslichen Speichelstoff	1,0.
Wasser	3,6.
	100,0.

Ein dritter, von einer Kuh, enthielt dieselben Bestandtheile. Mit Ausnahme des Kochsalzes und des Natrons finden sich die Bestandtheile des Speichels in den Steinen wieder. Ein Speichelstein von einem Esel wurde von **Caventou**, und einer von einem Pferde von **Henry** untersucht, sie enthielten:

	vom Esel,	vom Pferde.
Kohlensaure Kalkerde	91,6.	85,52.
Kohlensaure Talkerde	—	7,56.
Phosphorsaure Kalkerde	4,8.	4,40.
Thierischen Stoff	3,6.	2,42.
Wasser	—	
	100,0.	99,90.

§. 33.

Die **Gallensteine** (*Calculi biliarii*) entstehen aus der Galle, sowohl in den Aesten und im Stamme des Lebergangges, als auch in der Gallenblase, häufig bei dem Rindvieh, viel seltener bei den übrigen Hausthieren. Sie sind sehr leicht, entweder dunkelgrün-braun, oder dunkelgelb-braun, leicht zerreiblich, verbreiten den Geruch nach Moschus, den auch die lange stagnirende Galle annimmt, und erregen einen bitteren Geschmack; im kalten Wasser sind sie nicht auflöslich. Man findet sie selten grösser als Taubeneier, gewöhnlich viel kleiner; der schwerste, den man bei einem Pferde fand, wog 4 Unzen 6 Drachmen.

Eine chemische Analyse derselben ist mir nicht bekannt.

§. 34.

Die **Eingeweidesteine** (*Calculi intestinales*) oder die **Magen- und Darmsteine** kommen im Magen des

Pferdes und Hundes, und im Dickdarme des Pferdes vor. Sie entstehen wahrscheinlich aus den von Nahrungsmitteln herrührenden Stoffen, haben oft einen fremden Körper, z. B. einen Knopf, Nagel, Häksel u. d. m. zur Grundlage, und sind verschiedenartig, sowohl an Farbe, Grösse, als auch an Cohärenz, und wahrscheinlich auch in ihrem chemischen Verhalten. Bei dem Pferde kenne ich sechs Varietäten, und eine siebente kommt bei dem Hunde vor.

1. Die röthlich-grauen Magensteine. Sie bestehen aus concentrischen Schichten, sind sehr fest, erreichen eine beträchtliche Grösse (5 — 6 Zoll im Durchmesser) und ein Gewicht bis zu 14 Pfd.; ihre Oberfläche ist glatt und glänzend.

2. Die blau-grauen Magensteine zeichnen sich nur durch die Farbe aus, gleichen übrigens den Vorigen; beide kommen einzeln bei dem Pferde vor.

3. Die weissen Magensteine des Hundes; sind geblich-weiss, haben das Ansehen der Speichelsteine und sind eckig; sie haben abgeschliffene Flächen, indem gewöhnlich mehrere zugleich vorkommen, und sind ebenfalls sehr fest.

4. Die gelb-braunen Darmsteine. Sie sind länglich, in der Mitte vertieft, haben auf der Oberfläche Krystalle und sind sehr fest; kommen einzeln vor.

5. Die grauen Darmsteine, in der Gestalt den Vorigen gleichend, haben eine glatte Oberfläche, bestehen aus concentrischen Schichten wie die röthlich-grauen Magensteine, und kommen auch nur einzeln vor.

6. Die bräunlichen Darmsteine sind fest, schwer, platt, und mehr oder weniger rund, haben zwei ebene, rauhe Flächen, und am Rande crystallinische Erhöhungen; sie sind gewöhnlich zahlreich vorhanden.

7. Die bläulichen Darmsteine sind leicht, rundlich, oder länglich, haben eine glatte Oberfläche, einen muscheligen Bruch, sind oft in der Mitte hohl und kommen in sehr grosser Zahl vor; ich fand einmal über 1000

Stück derselben. Auf den ersten Blick hält man sie für Flusssteinchen.

Diese Steine bestehen aus einem Doppelsalz von basisch phosphorsaurer Magnesia und Ammoniak, nebst etwas thierischer Materie und mechanisch beigemengtem Sande.

Reubold*) untersuchte einen solchen Stein von einem Müllerpferde, welches 10 grosse, jeden von der Grösse einer Faust und an 150 Stück kleinere, die zusammen über 10 Pfund wogen, im Grimmdarme hatte, und fand:

Neutrale phosphorsaure Magnesia	46,2.
Ammoniak	13,3.
Wasser	38,0.
Sand	1,3.
Thierische Theile	1,2.
	100,0.

Derselbe führt als wahrscheinlichen Grund der Entstehung dieser Steine den beständigen Genuss der Getreidehülsen (Kleie) an, weil diese phosphorsaure Magnesia enthalten. Ich halte dies auch für das Wahrscheinlichste, denn die Meinung, dass die mit der Kleie und dem sogenannten Steinmehle (dem zuerst nach dem Schärfen der Mühlsteine erhaltenen) verschluckte Kieselerde die Steinerzeugung bei den Müllerpferden begünstigen sollte, ist um deshalb weniger wahrscheinlich, weil die Steine einen so geringen Antheil an Kieselerde enthalten, und weil sehr oft Sand in den Eingeweiden gefunden wird, ohne dass Steine gebildet sind.

§. 35.

Die Harnsteine (*Calculi urinarii*) sind Niederschläge aus dem Harn und entstehen nach Berzelius**), entweder weil schwerlösliche Bestandtheile des Harns

*) In Geiger's Magazin für Pharmacie. B. XXIII. S. 34. ff.
**) Lehrbuch der Chemie. B. IV. Abth. 1. S. 388. ff.

von den Nieren in grösserer Menge gebildet werden, als der Harn aufgelöst halten kann; oder weil die Menge der freien Säure im Harn zu gering wird, um die phosphorsauren Erdsalze aufgelöst zu erhalten; oder endlich weil durch eine krankhafte Disposition die Nieren ungewöhnliche und im Harn schwerlösliche, sich sogleich absetzende Substanzen, z. B. oxalsauren Kalk, erzeugen. Die Harnconcretionen kommen bei allen Hausthieren in dem Nierenbecken, in der Harnblase, und bei einigen auch in Vertiefungen der Vorhaut vor, überhaupt also an Orten, wo der Harn kürzere, oder längere Zeit verweilt. Sie erscheinen in dreierlei Formen, nämlich: 1) als pulverförmige Niederschläge, die oft durch Schleim zusammengehalten werden; 2) als kleine Krystalle oder Gries, und 3) als Steine, von verschiedener Form und Grösse.

§. 36.

Die pulverförmigen Niederschläge gehen entweder mit dem Harne ab, und machen ihn trübe und milchig, oder in einzelnen Fällen setzen sie sich im Nierenbecken, besonders des Pferdes, ab, werden durch Schleim zusammengehalten, und bilden, getrocknet, blättrige Krusten, die sehr leicht sind, sich leicht zerreiben lassen und einen starken Geruch nach Urin besitzen. Dieser durch Schleim verdichtete Niederschlag hat eine braun-graue Farbe, und besteht wahrscheinlich aus kohlensaurer Kalkerde mit phosphorsaurer Ammoniak-Talkerde gemengt.

Der krystallinische Bodensatz oder der Gries findet sich in der Harnblase als eine locker zusammenhängende Masse, die aus kleinen weissen Krystallen gebildet ist, und aus phosphorsaurer Ammoniak-Talkerde besteht; bei Pferden und Schweinen nicht selten.

§. 37.

Die eigentlichen Harnsteine sind sowohl nach dem Orte ihres Ursprunges, als auch, und zwar hauptsächlich, nach ihren Bestandtheilen und nach ihrem Aeusseren verschieden. Die Nierensteine sind oft nach dem Nierenbecken geformt, die Blasensteine gewöhnlich oval, und wenn mehrere vorhanden sind, so schleifen sie sich gegenseitig ab, und haben dann mehrere Flächen und Kanten; die in der Vorhaut vorkommenden sind immer länglich, oder oval. Ihre Farbe ist entweder weiss, grau, gelblich, oder braun; die Oberfläche erdig, glatt und polirt, mit kleinen warzigen Auswüchsen, oder mit kleinen hervorstehenden Krystallkanten bedeckt; die Grösse variirt von der eines Hirsekorns bis zu der einer starken Mannesfaust und darüber, eben so verschieden ist das Gewicht. Auf der Durchschnittsfläche zeigt sich in der Mitte ein Kern, der mit Schichten von verschiedener Dicke und oft von ganz anderer Substanz umgeben ist; oft aber besteht der ganze Stein aus derselben Substanz, oder Kern und Schichten fehlen.

Man kennt folgende Arten:

1) die grau-braunen Nierensteine des Pferdes und Rindes, welche bei dem Pferde bisweilen eine beträchtliche Grösse und ein Gewicht von einem Pfunde erreichen, sind unregelmässig, zackig, auf der Oberfläche theils glatt, theils warzig, und bestehen nach Wurzer aus:

Kohlensaurer Kalkerde	92,2. oder	90,4. oder	83,7.
Phosphorsaurer Kalkerde u. Eisenoxyd	0,9.	0,6.	0,9.
Verhärtetem Schleim	2,1.	2,1.	7,6.
Thierischem Stoffe	3,1.	4,1.	5,1.
Aufgelöstem Schleim nebst salzsaurem Kali und Ammoniak	0,4.	0,5.	0,7.
Fettwachs, nebst Spuren von salzsaurem Kali und Ammoniak	0,2.	0,4.	0,2.
Wasser	1,1.	1,9.	1,8.
	100,0.	100,0.	100,0.

2. Die weisslichen, oder thongrauen Nierensteine des Hundes bestehen nach Lassaigne *) aus:

Harnsaurem Ammoniak	Harnsäure	58,0.
	Ammoniak	30,8.
Phosphorsaurer Kalkerde		10,1.
Oxalsaurer Kalkerde		1,1.
		100,0.

3. Die weissen, oder grauweissen Blasensteine des Pferdes, Hundes und Schweines, bei diesem auch in der Vorhaut vorkommend, sind leicht, wenig fest, mit und ohne concentrische Schichten, oft nur aus kleinen Krystallen zusammengesetzt, die sich leicht zerbröckeln lassen. Sie bestehen fast ganz aus phosphorsaurem Ammoniak-Talk und einem geringen Antheile von phosphorsaurem Kalk.

4. Die gelb-braunen, braun-grauen, oder weisslichen Blasensteine des Pferdes, Rindes und Schafes sind sehr fest, auf der Oberfläche mit warzigen, oder krystallinischen Erhöhungen versehen, oft an einigen Stellen glatt, haben gewöhnlich einen Kern, und sind aus concentrischen Schichten gebildet. Sie bestehen vorzugsweise aus kohlensaurem Kalk, der durch Farbestoffe des Urins verschieden gefärbt ist.

5. Die gelbbraunen Blasensteine des Hundes, welche sehr hart, auf der Oberfläche uneben (maulbeerförmig) sind, und aus oxalsaurer Kalkerde mit Spuren von phosphorsaurer Kalkerde bestehen.

6. Die gelblichen Blasensteine des Hundes, auf der Oberfläche glatt mit krystallinischem Ansehen, auf der Bruchfläche zeigt sich eine Verwachsung von kleinen, fettglänzenden Krystallen mit abgerundeten Kanten. Sie bestehen aus Blasensäure (*Cystin*) mit Spuren von phosphorsaurem Kalk, und kommen sehr selten vor.

7. Die weisslichen Harnröhrensteine der männlichen Wiederkäuer; sind klein, auf der Oberfläche

*) Im Recueil de médec. vétér. 1828. Juin. p. 317.

mehr oder weniger uneben, oft zackig, aus locker zusammenhängenden Schichten gebildet, und die von Schafen bestehen nach Lassaigne*) aus Kieselerde, thierischer Materie und Spuren von Eisenoxyd; die von Ochsen nach Wurzer**) aus:

Kieselerde	38,2.
Kohlensaurem Kalk	36,8.
Phosphorsaurem Kalk	6,2.
Thierischer Materie	13,8.
Eisenoxyd	1,8.
Wasser (und Verlust)	3,2.
	100,0.

IV. Von den Concrementen.

§. 38.

Die Concremente sind die in dem Magen und Darmkanale der Thiere zufällig, und ohne den bei den Steinen beobachteten chemischen Prozess, entstandenen fremdartigen Körper. Sie entstehen aus den zufällig in jene Organe gekommenen Stoffen, nämlich aus den vom eigenen Körper, oder von dem anderer Thiere abgeleckten Haaren, aus Sand, Futterstoffen u. d. m., oft aus mehreren zugleich, die durch Schleim zusammengeklebt, durch Wärme und durch die beständigen Bewegungen mit den Nahrungsmitteln so innig verwebt und verfilzt sind, dass sie rundliche, mehr oder weniger fest zusammenhängende Massen bilden.

Man nennt sie im Allgemeinen Haarbälle (*Aegagropili* — Gemskugeln), weil die meisten, namentlich bei den Wiederkäuern und dem Schweine vorkommenden nur aus Haaren bestehen.

*) Im Recueil de médec. vétér. 1830. Août. p. 445 et suiv.
**) Berzelius Lehrb. der Chemie B. IV. Abth. 1. S. 406.

Die im Blind- und Grimmdarme des Pferdes vorkommenden Concremente sind rund, auf der Oberfläche mit Erhöhungen und Vertiefungen versehen, oft ziemlich gross, von aschgrau-brauner Farbe, aus Nahrungsstoffen, Sand, Haaren und Schleim zusammengesetzt, daher um vieles leichter als die eben so grossen Magen- und Darmsteine.

Die Haarbälle des Rindviehes kommen gewöhnlich einzeln im Pansen, oder in der Haube vor, sind kugelig, oder cylindrisch, auf der Oberfläche eben, auf welcher entweder die zusammengefilzten Haare noch zu erkennen sind, oder diese sind mit einem schwarzen, glänzenden Ueberzuge versehen; sie haben gewöhnlich nicht mehr als etwa 2 Zoll Durchmesser. Bisweilen hat ein solcher Haarball einen festen Körper zur Grundlage, und er bildet dann eine hohle Kapsel.

Die Haarbälle des Schafes finden sich auch im Wanste und in der Haube, bestehen aber aus Wolle, und sind immer viel kleiner, etwa von 1 Zoll Durchmesser.

Die Borstenbälle der Schweine kommen nur im Dickdarme vor, sind länglich-cylindrisch, und bestehen aus Borsten und Futterstoffen, erhalten keinen glänzenden Ueberzug und werden einige Zoll lang und über einen Zoll dick.

Zweite Abtheilung.

Von den Fehlern der thierischen Organisation im Besonderen.

Drittes Kapitel.

Von den einfachen Organen.

I. Vom Zellgewebe.

§. 39.

Das Zellgewebe, welches die Haut mit den unter ihr liegenden Theilen verbindet, ist in manchen Fällen so straff, und enthält so wenig Feuchtigkeit, dass die Haut an den Theilen fester, als gewöhnlich, anliegt, mithin nicht verschoben werden kann. Dieser Zustand kommt bei der Abmagerung und bei manchen Krankheiten vor, beruht in zu geringer Absonderung des Serum's, womit auch Mangel an Fett verbunden ist.

Es tritt aber auch der entgegengesetzte Fall ein, wo nämlich in den Zellen zu viel Flüssigkeit angesammelt ist, und man nennt ihn Wassergeschwulst oder Teiggeschwulst (*Oedema*), wenn nur einzelne Stellen des Körpers solche Geschwülste, welche bei dem Drucke mit dem Finger die Vertiefung nicht sogleich wieder ausfüllen, enthalten; z. B. die Augenlieder, der Hals, die Brust, die Vorhaut, oder die Gliedmaassen u. m. a.

Ist die Wasseransammlung über den ganzen Körper verbreitet, und an den tiefsten Stellen am stärksten, so nennt man sie Haut-Wassersucht (*Anasarca s. Leucophlegmatia*), die indessen bei den Thieren äusserst selten vorkommt, weil sie diesen Zeitpunkt gewöhnlich nicht erleben. Die Wassergeschwülste kommen bei vielen Krankheiten vor, besonders bei den mit asthenischem Character, und sie verschwinden nach der Krankheit wieder, indem die Aufsaugung durch die zahlreichen Lymphgefässe der Haut wieder in das normale Verhältniss tritt. Die partielle Haut-Wassersucht findet man, zugleich mit Brust- und Bauch-Wassersucht, in der Bleichsucht oder Fäule der Schafe.

§. 40.

Die Ergiessung von Blut (*Sugillatio s. Effusio s. Ecchymosis*) in das Zellgewebe unter der Haut, und auch an andern Stellen des Körpers, wo viel Zellgewebe vorhanden ist, erfolgt nach Quetschungen und im höchsten Grade bei dem Milzbrande. Die in sehr kurzer Zeit, oft in einigen Stunden, entstandenen Geschwülste, von grösserem, oder kleinerem Umfange, die man Karbunkeln oder Anthrax-Beulen nennt, enthalten eine gelbe, gallertartige (sulzige) Masse, in welcher Blutstreifen zu erkennen sind, wodurch ihr wahrer Character deutlicher erkennbar wird. Ich bin nämlich der Meinung, dass ein Durchschwitzen des zur Zersetzung geneigten Blutes durch die Gefässwandungen erfolgt, und zwar anfangs nur des Serum's und Faserstoffes, später, bei zunehmender Krankheit, auch mit diesen ein Durchschwitzen des Cruor's.

Die Gründe für diese Meinung sind folgende:

1) Diese Ergiessungen kommen nur im Zellgewebe, oder an den serösen Häuten vor, also an Theilen, an welchen die Absonderung des Serum's auch im gesunden Zustande nur durch Durchschwitzung erfolgt.

2) Die oft sehr schnelle Entstehung der Karbunkeln kann man nicht der gewöhnlichen Absonderung des Serum's zuschreiben, noch viel weniger kann man sie für

Producte der Entzündung halten, weil sie keine Eigenschaft einer Entzündungsgeschwulst haben.

3) Die Masse selbst zeigt in manchen Fällen unverkennbar das Blut, wenn auch in vielen Fällen der grössere Theil gelblich und gallertartig ist.

4) Auch der Umstand, dass die Entstehung der Karbunkeln oft zur Genesung führt, spricht in sofern für die angeführte Meinung, weil das kranke Thier einen Theil seines kranken Blutes aus den Gefässen los wird, und nun wenigstens eine Verdünnung durch genossenes Getränk, oder eine Auffrischung durch guten Chylus erfolgen muss; daher nützt auch aus demselben Grunde ein Aderlass.

§. 41.

Die Luft- oder Windgeschwulst (*Emphysema s. Pneumatosis*) kommt im letzten Zeitraume bei den meisten typhösen Krankheiten vor, namentlich bei dem Milzbrande (rauschender Brand), in der Rinderpest u. m. a., und besteht in einer Entwickelung von Gas in den Zellen des Zellgewebes, wobei das Serum fast ganz fehlt. Es scheint als ob dieses Gas von der Zersetzung des Serum's herrühre, weil man es auch in den Höhlen findet, die mit serösen Häuten ausgekleidet sind. Das Erscheinen der Windgeschwülste ist also in diesen Fällen immer ein ungünstiges Zeichen; nur dann ist die Windgeschwulst, wenn sie bei Hautwunden durch das Eindringen der atmosphärischen Luft entsteht, ohne Gefahr für das Leben des Thieres.

§. 42.

Die Verhärtung des Zellgewebes (*Induratio telae cellulosae s. Scleremia s. Scleroma*) entsteht nach chronischen Entzündungen der Haut, nach oft wiederholter Reizung der Haut an derselben Stelle durch Haarseile, Fontanelle, oder ätzende Einreibungen, auch bei der veralteten Mauke der Pferde, ist daher am häufigsten an den Hinterschenkeln, und erstreckt sich vom Fessel- bis zum Kniegelenk. Der kranke Schenkel erhält einen beträchtlichen Umfang, welcher Umstand zu der unpassenden Benennung: Elephantenfuss, die Veranlassung gegeben hat; er kann in den Gelenken um so weniger gebeugt werden, je dicker er überhaupt schon geworden ist.

Die unter der Haut liegende Substanz ist weiss, fest wie Speck, und hat auch deshalb den Namen Speckgeschwulst erhalten; allein sie enthält kein Fett, sondern besteht grösstentheils aus Eiweisstoff, und von dem Zellgewebe ist keine Spur mehr zu unterscheiden. Die Zunahme dieser festen Masse scheint noch fort zu dauern, wenn selbst die krankhafte Reizung der Haut schon vorüber ist, daher erreicht sie einen enormen Umfang. Ausser den bei Pferden oft vorkommenden sehr dicken Hinterschenkeln, sah ich bei einem Pferde auf der Croupe eine Geschwulst die 70 Pfd. wog, und die durch öftere Einreibungen einer scharfen Salbe und durch Haarseile verursacht war. Die Haut am Schwanze eines Ochsen war durch viele Geschwülste, von der Grösse der Wallnüsse, aufgetrieben, so dass die Haare dadurch theils ausgefallen waren, theils aus einander gedrängt wurden *). Diese Krankheit scheint unheilbar zu seyn, denn die gänzliche Entfernung könnte nur bei kleinen Geschwülsten der Art mit gutem Erfolge ausführbar seyn, und eine Resorption ist nicht denkbar..

§. 43.

Im Zellgewebe unter der Haut leben auch einige schmarotzende Thiere, namentlich die Larven von *Oestrus* bei den Wiederkäuern, besonders beim Rinde, in seltenen Fällen auch bei Pferden, die auf der Weide gewesen sind **); die Fadenwürmer (*Filaria papillosa*)

*) Von dem Kreis-Thierartze Weber der zootom. Sammlung der Thierarzneischule überlassen.

**) Chabert, Flandrin et Huzard, instructions et observations sur les maladies des animaux domestiques. Nouv. edition. 1791. p. 286.

bei dem Pferde, indessen seltener hier, als in der Bauchhöhle; die Finnen (*Cysticercus cellulosae*) häufig bei Schweinen, selten auch bei fetten Hunden, wo ich sie fand. Von diesen Schmarotzern können nur die Oestrus-Larven bei dem lebenden Thiere erkannt werden, weil sie Beulen und endlich Geschwüre in der Haut bilden, wodurch sie allein schaden.

Mancherlei fremde Körper, die von aussen durch die Haut eingedrungen sind, werden durch die Muskelbewegung von einer Stelle zur andern fortgeschoben; bleiben sie aber an einer Stelle liegen, so werden sie von einem, aus dem benachbarten Zellgewebe gebildeten, Balge eingeschlossen.

§. 44.

Mehrere Arten von Balggeschwülsten (*Tumores cystici*), namentlich die Honig- und Breigeschwulst, haben ihren Sitz im Zellgewebe, jedoch nicht unmittelbar unter der Haut, sondern tiefer zwischen den Muskeln, oder überhaupt an Stellen, wo lockeres Zellgewebe ist.

Bei Kühen wurden einigemal Honiggeschwülste zwischen dem Halse und der Luftröhre gefunden, und in einem Falle war die Geschwulst so beträchtlich, dass sie mehr als 1 Pfd. Flüssigkeit enthielt, und das Athmen beschwerte *).

Die Breigeschwülste fand ich bei Pferden zwischen dem breiten Halstheile des Nackenbandes und dem grossen durchflochtenen Muskel, doch so, dass sie vor dem Wiederrüste zwischen den lockeren Fasern des Nackenbandes nach der andern Seite hindurch getreten waren. Eine enthielt ungefähr 10 Unzen eines gelben, dicken Breies; eine andere, die schon lange bestanden hatte, eine festere, gelbliche Substanz. Am lebenden Pferde wurde sie nur als eine schwache Hervorragung bemerkt,

*) Der Fall wurde mir von dem Kreis-Thierarzte Wiggers mitgetheilt, und das Präparat befindet sich in der Sammlung der Königl. Thierarzneischule.

und sie hat auch keine auffallende Störung bei der Bewegung des Halses hervorgebracht.

Die unter der Haut liegenden Schleimbeutel (***Bursae mucosae subcutaneae***) werden durch Quetschung entzündet, und wachsen dann zu mehr oder weniger grossen Geschwülsten an, indem sich zugleich in der Mitte eine Höhle bildet, welche Serum enthält. In einem späteren Zeitraume verschwindet aber auch diese Höhle, und die Geschwulst besteht aus vielen concentrischen Lagen. Die am Ellenbogenhöcker der Pferde oft vorkommenden, krankhaft vergrösserten Schleimbeutel nennt man Stollbeulen, weil sie oft durch Quetschung mit den Stollen des Hufeisens verursacht werden. Viele halten die Stollbeule für eine Balggeschwulst, was sie aber in der That nicht ist, obgleich beide im Aeussern viel Aehnlichkeit haben und auf gleiche Weise behandelt werden.

Es kommen aber auch an andern Stellen des Körpers den Stollbeulen ganz gleiche Geschwülste vor, namentlich am hintern Winkel des Unterkiefers, besonders bei Ochsen, am äussern Höcker des Hüftbeines, überhaupt an Stellen, wo die Haut-Schleimbeutel liegen. (Die Hühner- oder Elsteraugen an den Füssen der Menschen sind auch nur durch Entzündung vergrösserte und endlich verdickte Schleimbeutel.)

Die am oberen Ende des Sprungbeines bei Pferden vorkommende Geschwulst, die man Piephacke (franz. *Capelet*) nennt, halte ich auch nur für den durch Quetschung entzündeten und vergrösserten Schleimbeutel.

II. Von den serösen Häuten.

§. 45.

Die serösen Häute sind sehr dehnbar, besonders wenn die ausdehnende Kraft allmählich wirkt, was man bei der chronischen Wassersucht der verschiedenen Höhlen des Körpers oft findet; oder bei Eingeweidebrüchen, wenn nämlich einzelne Eingeweide aus ihrer Höhle durch ursprünglich vorhandene, und in diesem Falle nur erweiterte, oder durch gewaltsam hervorgebrachte Oeffnungen in der Wand der Höhle, hervortreten, wobei die seröse Haut sackförmig erweitert wird, und den Bruchsack bildet. Wenn aber die ausdehnende Kraft zu wirken aufgehört hat, z. B. wenn das Wasser entleert, oder der Bruch wieder eingebracht ist, so zieht sich auch die seröse Haut nach und nach wieder zusammen.

§. 46.

Die Wunden dieser Häute heilen durch Vernarbung, wenn nicht durch die eingedrungene atmosphärische Luft, oder andere, dem Organe fremdartige Dinge, eine so heftige Entzündung verursacht wird, die das Leben des Thieres aufs höchste gefährdet.

Verwachsung der einander zugewandten freien Flächen kommt nach exsudativen Entzündungen dieser Häute sehr oft vor, und zwar an einzelnen, kleinen Stellen, oder auf grösseren Flächen, wenn nämlich die anfangs weiche plastische Lymphe zu einer festen Membran, die der serösen Haut sehr ähnlich ist, und in Form von Fäden, Zellen, oder Häuten erscheint, sich zu verdichten Zeit hatte. Solche Verwachsungen findet man in allen drei Höhlen; am seltensten kommen sie zwischen der äussern Fläche des Gehirns und dem serösen Blatte der harten Hirnhaut, zwischen den Wänden der Gehirnkammern selbst vor; häufiger ist die Verwachsung des Herzens mit dem Herzbeutel, der Lungen mit der Rippenpleura, der Leber mit dem Zwerchfelle (besonders bei dem Pferde und Rinde), der Hoden mit der besondern Scheidenhaut, des grossen Netzes mit den Därmen, dem Zwerchfelle, oder mit dem Bauchringe; dagegen ist die Verwachsung der Därme unter einander und mit der Bauchwand sehr viel seltener. Dergleichen Verwachsungen stören die Freiheit der Bewegung des betroffenen

Organs,

Organs, und dadurch auch mehr oder weniger die Verrichtung.

§. 47.

Veränderung der Farbe wird bei manchen Krankheiten der serösen Häute bemerkt; die Gelbfärbung kommt in der Gelbsucht, besonders der Schafe und Hunde, vor, und die verschiedenen Grade von Intensität der Färbung scheinen von der mehr oder weniger saturirten Färbung des Blutserum's durch die Galle herzurühren, nach welcher auch die Verrichtung mehr, oder weniger gestört ist. — Bräunlich-schwarz (russig) sind einzelne Theile der Brust- oder Bauchhaut gefärbt, wenn das Thier an den schwarzen Knoten (*Melanosis*) leidet, doch wird auch diese Färbung beobachtet, wenn die schwarzen Knoten in der Haut fehlen. An den Gehirnhäuten fand ich die Russ-Farbe nur bei dem Rinde, aber als normalen Zustand, bei keinem Thiere als Krankheitsproduct. — Die rothe und roth-braune, oder schwarzrothe Farbe findet man bei typhösen und fauligen Krankheiten an der innern Haut des Herzens und der grossen Arterien, besonders der Lungen-Arterie, doch auch an andern serösen Häuten, namentlich am Magen und Darmkanale, und ich glaube, dass diese Färbung von dem durchgeschwitzten und in dem Gewebe der Haut gleichmässig verbreiteten Blute herrührt; daher ist auch das von ihnen abgesonderte Serum in diesen Krankheiten nicht selten blutig. Sie ist von der Entzündungsröthe dadurch zu unterscheiden, dass man selbst mit dem bewaffneten Auge keine einzelnen Gefässchen, oder büschelförmige Extravasate entdeckt, die man bei dieser immer findet. Die Blut-Extravasate entstehen an den serösen Häuten, nächst dem Zellgewebe, am leichtesten, weil, wie schon oben bemerkt, die Absonderung des Serum's in einem blossen Durchschwitzen besteht; die Extravasate erscheinen in Form von Streifen, Punkten, von kleinen, oder grossen Flecken.

§. 48

Die Textur-Veränderungen an den serösen Häuten sind immer durch örtliche Krankheit derselben bedingt, am häufigsten namentlich durch die Entzündung, welche einen kleinen Theil, oder auch die ganze seröse Haut einer Höhle ergreifen kann. Je nachdem nun die Entzündung beschränkt, oder mehr ausgebreitet ist, sind es auch die Textur-Veränderungen, welche in Auflokerung, oder in wirklicher Verdickung bestehen. Die acute Entzündung dieser Häute verläuft sehr schnell, so dass sie das Thier oft schon tödtet, ehe sie einen ihrer Ausgänge gemacht hat, und in diesem Falle ist die entzündete Haut vom Blute mehr, oder weniger stark geröthet, doch so, dass die kleinen Gefässe deutlich zu erkennen, und wenn auch Extravasate entstanden, sie bis an das Extravasat zu verfolgen sind. Ist aber der Verlauf der Krankheit nicht so stürmisch, d. h. dauert sie einige Tage, und wird nicht zertheilt, so macht sie den Ausgang in Ausschwitzung einer trüben, sehr übel riechenden Flüssigkeit, in welcher eine kleinere, oder grössere Masse plastischer Lymphe schwimmt, die auch locker an der serösen Haut anhängt. Die chronische Entzündung macht immer diesen Ausgang, und hier werden enorme, oft einige Zoll dicke Lagen dieser plastischen Lymphe erzeugt, was man bei den an der chronischen Lungenseuche gefallenen Rindern oft genug finden kann; oder ist die chronische Entzündung mehr beschränkt, so entstehen aus der plastischen Lymphe die §. 46. genannten falschen Häute, Fäden etc. Der Brand (d. h. das wirkliche Absterben des kranken Theiles) kommt an den serösen Häuten nur selten vor, etwa an dem im Bauchringe eingeklemmten Netze, oder wenn chemisch wirkende, und die Organisation störende Substanzen auf sie eingewirkt haben. Die Ausschwitzung jener trüben, übelriechenden Flüssigkeit, welcher Zustand auch hitzige Wassersucht (*Hydrops acutus*) genannt wird, tödtet die

Thiere immer, und zwar durch Erstickung, weil sie die Bewegung der Lungen erschwert und eine Resorption dieser fremdartigen Flüssigkeit (dass sie dem Körper fremdartig und feindlich ist, scheint durch den üblen Geruch angedeutet zu seyn) nicht geschieht.

In der chronischen Wassersucht (*Hydrops chronicus*), bei welcher das Serum nicht trübe, nicht übelriechend, sondern nur die Menge krankhaft vermehrt ist, sind die serösen Häute bisweilen aufgelockert und oft sehr blass.

§. 49.

Dem wassersüchtigen Zustande verwandt ist die Bildung der Wasserblasen (*Hydatides*), die überhaupt nur an den serösen Häuten und im Zellgewebe, also da wo Serum abgesondert wird, entstehen können. Diese Aftergebilde entstehen an der freien Fläche der serösen Häute, und bestehen entweder aus einer einfachen, dünnen Haut, wenn sie nur Serum enthalten (unbelebte Hydatiden), oder es schliesst eine feste, fast fibröse Haut einen Blasenwurm, dessen Schwanzblase ebenfalls Serum enthält, ein (belebte Hydatiden).

An der Lungenpleura des Rindes kommt der Hülsenwurm (*Echinococcus veterinorum*) vor, an der Bauchhaut der Schafe und Schweine der dünnhalsige Blasenschwanz (*Cysticercus tenuicollis* Rud.), bei dem Schweine und Hunde auch die Finne (*Cysticercus cellulosae* Rud.) und an dem Bauchfellüberzuge der Leber des Pferdes ist *Cysticercus fistularis* gefunden worden. An der Spinnwebenhaut des Gehirns und Rückenmarkes der Schafe entsteht der Vielkopf (*Coenurus cerebralis*), den man auch bei Pferden und Rindern gefunden hat; diese gemeinschaftliche, mit klarem Serum gefüllte Schwanzblase hat keine besondere Hülle, wie die übrigen Blasenwürmer, und weicht darin also ab.

Obgleich nicht von den serösen Häuten selbst entstehend, doch von ihrem Producte, dem Serum, ist der warzige Fadenwurm (*Filaria papillosa*) hier noch zu nennen, der in der Bauchhöle des Pferdes (in der Brusthöhle fand ich ihn nie) oft vorkommt, und zwar um so zahlreicher, je schlaffer die Thiere und je mehr sie zur Bauchwassersucht geneigt sind.

Ich halte sowohl die Wasserblasen, als auch die hier genannten Würmer für Producte einer eigenthümlichen krankhaften Thätigkeit der serösen Häute, und glaube nicht, das sie die Veranlassung zu neuen Krankheiten werden können, ausser wenn etwa die Zahl der Hydatiden oder Blasenwürmer so gross ist (man findet sie bisweilen zu Hunderten), dass die Eingeweide in ihrer Bewegung gestört werden.

§. 50.

Eine andere Art von Aftergebilden der serösen Häute, wenn auch nicht ihnen ausschliesslich zukommend, sind die Knoten (*Tubercula*), welche an der rauhen Fläche dieser Häute entstehen, aber an der glatten Fläche, von der Haut selbst überzogen, hervorragen. Sie sind von verschiedener Grösse, nämlich von der eines Hirsekornes an, bis zu der einer Wallnuss, und kommen nie einzeln, sondern immer mehr, oder weniger zahlreich vor. Die kleinsten findet man oft (nicht immer) in der Rotzkrankheit des Pferdegeschlechts (d. h. auch bei dem Esel und Maulthiere) an der Lungenpleura; die grösseren Knoten kommen an der Rippenpleura, auch an der Bauchhaut in der (sogenannten) Franzosenkrankheit des Rindviehes in unermesslicher Zahl vor; auch fand ich sie bei Pferden, Hunden und Katzen, am Brust- und Bauchfelle, zugleich mit Wassersucht. — Ich glaube, dass die an den serösen Häuten vorkommenden Knoten den Thieren dadurch verderblich werden, dass sie, wie Schmarotzer, auf Kosten des übrigen Körpers erzeugt und erhalten werden, woher auch die auf's höchste gestiegene Abmagerung des Körpers in diesem Falle zu erklären seyn dürfte.

§. 51.

Zu den Fehlern der Textur gehört endlich noch die Knorpel- und Knochenbildung in den serösen Häuten, die von manchen Schrifftstellern als Producte der Entzündung geschildert werden. Ich theile diese Meinung nicht, so wie ich auch nicht glauben kann, dass Hydatiden und Knoten durch Entzündung veranlasst werden, denn es lassen sich die Zeichen einer Entzündung bei der Entstehung dieser Gebilde niemals nachweisen. Die Knorpelbildung ist der primäre, die Knochenbildung der secundäre Zustand, denn es wird auch hier, wie überall, der Knorpel zum Knochen, wenn mehr phosphorsaurer Kalk in ihm abgelagert wird. Die Verknöcherung an den serösen Häuten beschränkt sich immer nur auf kleine Stellen, und ich fand sie bisher nur an dem Bauchhautüberzuge der Leber und Milz, wo sie auf die Verrichtung des Organs wahrscheinlich keinen störenden Einflusss hat.

Da an der rauhen Fläche der serösen Haut das Fett abgelagert wird, so geschieht es nicht selten, dass bei zu grosser Anhäufung desselben die Haut ausgedehnt und selbst sackförmig wird, worauf das zu einem festen Klumpen vereinigte, eingeschlossene Fett, eine Fettgeschwulst (*Lipoma*) bildet. Durch die Bewegung der Organe, namentlich am Herzen, am Darmkanale, am grossen Netze und Gekröse wird diese Fettgeschwulst auch in Bewegung gesetzt, die überziehende seröse Haut wird dadurch immer mehr gedehnt, zugleich gedreht, und so in einen dünnen Faden ausgezogen, der endlich abreisst. Am Gekröse werden diese gestielten Fettgeschwülste nicht selten die Ursache von Darmverschlingungen, die bei Pferden überhaupt nicht selten vorkommen.

III. Von den Synovialhäuten.

§. 52.

Eine zu starke Ausdehnung der Synovialhäute, namentlich der Gelenkkapseln, der Sehnenscheiden und Schleimbeutel kommt bei der Wassersucht derselben vor, die an den Kapselbändern Gelenkwassersucht (*Hydrarthros s. Hydrops articulorum*) und von den Thierärzten Gelenke-Galle genannt wird. Die Wassersucht der Sehnenscheiden nennen sie Sehnen Gallen und die der Schleimbeutel macht den Anfang der sogenannt. Stollbeulen und Piephacken. Durch Reizung der Synovialhäute, die sowohl von aussen durch Dehnung und Quetschung, als von innen durch Metastasen hervorgebracht werden kann, wird die Absonderung der Synovia vermehrt. Bei längerer Dauer des Uebels verdichtet sich die Synovia in den Sehnenscheiden, oft bis zur Konsistenz der Faserknorpel, und erhält dann den Namen Ganglien (*Ganglion*). Dies beobachtet man am meisten bei Pferden am Sprunggelenke und Fesselgelenke, und an den Sehnen der Fussbeuger, ferner an den Haut-Schleimbeuteln des Ellenbogens u. Sprunggelenkes. Wenn die Gelenk-Wassersucht und die Wassersucht der Sehnenscheiden noch neu und in nicht beträchtlichem Grade vorhanden sind, so werden sie oft geheilt; seltener die Wassersucht der Schleimbeutel.

§. 53.

Die Verletzungen dieser Häute bringen immer sehr heftige Entzündungen, und in Folge dieser nicht selten Verwachsung mit den eingeschlossenen Theilen hervor, worauf Steifigkeit des Gelenkes, oder Unbeweglichkeit der Sehne die natürliche Folge ist. Dasselbe wird durch Verknöcherung der Kapselbänder und Sehnenscheiden herbeigeführt, und zwar an solchen Theilen, wo durch anhaltenden Druck eine immerwährende Reizung besteht, namentlich an den Kapselbändern des Hinterhauptsbeines bei der Genickbeule, am Fesselgelenk bei dem sog. Stelzfusse der Pferde; aber auch ohne diese mechanischen Gelegenheitsursachen kommt die Verknöcherung vor.

Nach Verrenkungen der Knochen, mit Zerreissung ihres Kapselbandes, oder nach einfachen Knochenbrüchen, wenn die Vereinigung der Bruchenden nicht statt fand, bilden sich neue Kapselbänder, die aber den angebornen nie gleichkommen. Dies wird bei den Rippenbrüchen der grossen Hausthiere oft, bei den Verrenkungen dagegen seltener gefunden.

Sehr selten kommen in den Höhlen einzelner Synovialhäute knorpelähnliche Körperchen (*Chondroiden*) vor, welche aus der verdichteten, und weiter veränderten Synovia zu entstehen scheinen; ich fand sie einmal in einem Kniegelenke eines Pferdes. Auch in Lyon*) fand man sie, theils frei liegend, theils an Fäden an der innern Fläche des Kapselbandes hängend, und mit Fett umgeben. Sie störten die Bewegung sehr, und das Strichfeuer war ohne günstigen Erfolg.

IV. Von den fibrösen Häuten und Bändern.

§. 54.

Die fibrösen Häute sind da, wo sie mit serösen oder Synovialhäuten verbunden sind, wie an der harten Hirnhaut, dem Hezbeutel, den Scheidenhäuten des Hodens u. s. f., einer zu grossen Ausdehnung unterworfen, wenn die von ihnen eingeschlossene Flüssigkeit zu stark vermehrt ist; übrigens muss die Kraft langsam einwirken, indem sie beträchtlichen Widerstand zu leisten vermögen.

*) Procès-verbal etc, à l'école vétér de Lyon. 1815. cf. Annales de l'agricult. franç. T. 64. p. 14.

Eben so gehört auch zur Ausdehnung der Bänder eine beträchtliche Gewalt, und sind sie ohne Zerreissung erst gedehnt, so ziehen sie sich nur sehr unvollkommen wieder zusammen; wie man dies bei vollkommenen Verrenkungen der Knochen bemerkt.

Die in ihrem Zusammenhange, durch Zerreissung, oder durch Wunden, getrennten fibrösen Gebilde, besonders die Bänder, vereinigen sich nur langsam und dennoch unvollkommen, so dass bei geringer Gewalt wieder Zerreissung erfolgt. Die Bein- und Knorpelhaut machen jedoch Ausnahmen, indem diese, selbst bei Substanzverlust aus dem benachbarten Zellgewebe sich leicht wieder ergänzen.

Das Schwinden eines Bandes ensteht entweder in Folge eines schon vorhandenen Knochenleidens, oder ist eine selbstständige Krankheit. So fand Ziller*) bei einem Pferde, welches lange Zeit gehinkt hatte, den in der Gelenkpfanne befestigten kurzen Schenkel des runden Bandes so sehr geschwunden, dass er nur noch die Stärke eines Fadens hatte.

§. 55.

Die Entzündung ist in den fibrösen Hauten und Bändern selten, nur die harte Hirnhaut, die Bein- und Knorpelhaut werden, ihres grösseren Gefässreichthums wegen, besonders im jugendlichen Alter, von dieser Krankheit leichter ergriffen; an Bändern fand ich noch nie eine wahre Entzündung, obgleich deren Vorkommen nicht zu bezweifeln ist.

Dagegen sind andere Textur-Veränderungen, namentlich die Verknöcherung, die Auflockerung und Verjauchung nicht selten.

Die Verknöcherung findet man an dem Nackenbande des Pferdes, theils in einzelnen kleinen Kernen,

*) In Andre's und Elsner's ökonomischen Neuigkeiten 1831. N. 14. S. 112.

theils in grösseren Stücken; auch an anderen Bändern der Gelenke, besonders am Sprunggelenke bei dem Spat der Pferde, und an den fibrösen Häuten kommt dies vor, wodurch die Beweglichkeit der betreffenden Theile vermindert, oder ganz aufgehoben ist.

Die Auflockerung und endlich völlige Auflösung scheint keine ursprüngliche Krankheit der Bänder zu seyn, sondern sie wird wohl immer durch Knochenjauche, oder durch die zu einer ätzenden Jauche aufgelösten Weichgebilde verursacht; bei dem Pferde kommt dies am Nackenbande, nach Widerrüstfisteln, und an den Bändern des Hufbeines, bei dem Knochenfrasse dieses Theiles nicht selten vor, wobei sich abgestorbene Stücke ablösen, ohne aufgelöst zu seyn.

§. 56.

Von den bei dem Menschen vorkommenden Aftergebilden der fibrösen Organe kenne ich bei den Thieren keines, z. B. den Schwamm der harten Hirnhaut, denn die an der männlichen Ruthe des Pferdes und Hundes vorkommende Fleischgeschwulst scheint eher von dem eigenen Gewebe der Ruthe, als von dem fibrösen Ueberzuge und ihren nach innen fortgesetzten Faden auszugehen.

Die Gelbfärbung der fibrösen Häute ist bei Schafen und Hunden in der Gelbsucht, und die Schwarzfärbung bei den Melanosen der Pferde öfter beobachtet worden.

V. Von den Schleimhäuten.

§. 57.

Die Abweichungen der Schleimhäute in ihrer Lage, Gestalt und Grösse sind immer von der krankhaften Beschaffenheit der Organe, die sie auskleiden, oder zu deren Construction sie beitragen, abhängig, indem sie selbst keine besondere Organe bilden. Sie können beträchtlich ausgedehnt werden, daher bilden sie am Schlunde, Darme, oder an der Harnblase mehr oder weniger grosse, über das Organ hervorstehende Säcke, wenn die Muskelhaut gespalten ist, und in solchen Säcken häufen sich die Contenta bisweilen an, und stören die Verrichtung des Theiles. Die Verengerung der aus Schleimhäuten gebildeten Kanäle, z. B. der Harnleiter, Harnröhre, der Gallengänge u. s. w. geschicht gewöhnlich durch Verdickung, oder Auflockerung der Schleimhaut, die wohl immer durch Entzündung veranlasst sind. An der Schleimhaut der Lippen des Pferdes finde ich bisweilen einzelne Schleimbälge beträchtlich erweitert. Auch an der rechten Schleimhauthäfte des Pferdemagens kommt dies vor; s. u. vom Magen.

§. 58.

Trennung des Zusammenhanges entsteht in den Schleimhäuten, ausser bei Wunden, auch durch Geschwüre, namentlich in der Rotzkrankheit des Pferdegechlechts an der Schleimhaut der Nase, des Kehlkopfes und der Luftröhre, seltener bei andern Krankheiten an der des Magens und Darmkanals. Die Wiedervereinigung erfolgt nach Wunden sehr vollständig, und bei Geschwüren dann, wenn die krankhafte Absonderung aufgehört hat; die dabei entstehende Narbe ist fast immer sternförmig gefaltet, wenigstens fand ich dies immer nach dem Luftröhrenschnitt bei Pferden und Rindern, und nach der Heilung der Rotzgeschwüre. Die Schleimhaut des Schlundes wird auch durch verschlukte harte, und mit scharfen Ecken versehene Dinge verletzt, besonders bei Hunden durch Knochen.

Die Verwachsung der sich zugekehrten glatten Flächen einer Schleimhaut kommt, ausser in den Lungenzellen sehr selten vor, und wird nur durch Entzündung vermittelt. Die acute Entzündung dieser Häute verläuft immer langsamer, als die der serösen Häute, greift aber tiefer in das Leben ein und ist daher gefährlicher, obgleich sie nicht so leicht in Ausschwitzung übergeht, was hingegen häufiger bei der chronischen Entzündung beobachtet wird. Die Ausschwitzung der plastischen Lymphe erfolgt entweder an der freien Fläche, bildet sich zu falschen Membranen, und bewirkt auch die Verwachsung der Canäle, oder sie erfolgt in dem Gewebe der Haut selbst, wodurch diese mehr oder weniger verdickt wird. Die Eiterung tritt in den Schleimhäuten, ausser bei Geschwüren, nicht leicht ein, wenigstens ist es schwer hier den Eiter vom Schleim zu unterscheiden, und der Brand wird nur durch solche Stoffe bewirkt, die örtlichen Tod hervorzubringen im Stande sind, namentlich ätzende Dinge; übrigens kommt er bei bleibenden Verschlingungen des Darmes an der Schleimhaut vor, zugleich aber auch an den übrigen Darmhäuten. Ein eigentlicher, der Entzündung sehr nahe kommender, Krankheitszustand der Schleimhäute ist der Katarrh, in dessen erstem Stadium die Absonderung des Schleims unterdrückt ist, da sie hingegen im zweiten Stadium beträchtlich stark und der Schleim von eigenthümlicher Beschaffenheit ist. Die Krankheit kommt bei allen Hausthieren vor, aber bei jeder Species auf besondere Art modificirt, und mit Leiden anderer Organe complicirt.

Unter den Texturveränderungen ist noch die Verdickung und Verhärtung der Schleimhaut des Mastdarmes, bei unheilbarem Vorfalle desselben, zu nennen.

§. 59.

Die Veränderungen der normalen Farbe der Schleimhäute bestehen entweder in der Entfärbung, d. h. in einer ungewöhnlichen Blässe, wegen Mangel an Blut in demselben, oder in einer dunkelrothen Färbung, die von dem in das Gewebe ergossenen Venenblute herrührt; oder sie sind hochroth gefärbt in der Entzündung, und endlich werden sie in der Gelbsucht gelb, und an einzelnen Stellen durch Ablagerung von schwarzem Pigment schwärzlich gefärbt gefunden. Der erstgenannte Zustand ist bei vielen Krankheiten asthenischen Characters; die dunkelrothe Farbe hingegen wird bei fauligen und Anthrax - Krankheiten fast immer wahrgenommen, und nicht selten findet zugleich eine Blutergiessung zwischen der Schleimhaut und ihrer Umgebung statt, oder in die von der Schleimhaut ausgekleidete Höhle.

§. 60.

An Aftergebilden sind diese Häute sehr reich, und die eine Art, namentlich die Polypen, kommt ihnen ausschliesslich zu. Diese finden sich an solchen Orten, wo Raum für ihre Entwickelung ist, und wo die atmosphärische Luft Zutritt hat, nämlich in der Nasen-, Rachen- und Kieferhöhle, im Kehlkopfe und in der Luftröhre, im Endstücke des Mastdarmes, in der Gebärmutter und Mutterscheide. Dagegen kommen im Magen, Darm, im Nierenbecken und in der Harnblase Aftergebilde vor, die in ihrer Textur, aber nicht in der Gestalt den Polypen ähnlich sind, denn sie sind schwammförmig, oder bestehen in mehr, oder weniger langen Bändern. Durch die Polypen und die ihnen ähnlichen Aftergebilde werden die Höhlen der Organe, in welchen sie vorkommen, beengt, der Durchgang der Luft, des Kothes, Urin's u. s. f. wird erschwert, und die Wände der Höhlen, sogar die knöchernen der Nasen- und Kieferhöhlen, werden durch den beständigen Druck zum Schwinden gebracht. —

Die Knoten sind an den Schleimhäuten seltener und nie so zahlreich, wie an den serösen Häuten. Die vergrösserten Schleimbälge im Magen des Pferdes, welche bisweilen eine beträchtliche Anzahl von Individuen von (*Spiroptera megastoma*) enthalten, gleichen nur im Aeussern den Knoten; hingegen finden sich im und am Magen des Hundes Knoten, in welchen (*Strongylus trigonocephalus*) lebt. —

Die Schwämmchen (*Aphthae*) kommen bei der Maulseuche der Rinder auf der Zunge vor, doch sind ihnen die Bläschen auf der Nasenschleimhaut der Pferde, ehe sie sich in wahre Rotzgeschwüre umwandeln, sehr ähnlich. —

Warzen (*Verrucae*) entstehen auch an der Schleimhaut, jedoch nur an solchen Stellen, wo der Uebergang in die äussere Haut nicht entfernt ist, wie an der innern Fläche der Lippen und Backen bei Hunden. —

Der Scirrhus und Krebs gehört auch zu den Krankheiten der Schleimhäute, obgleich er viel seltener in diesen, als in den zusammengehäuften Drüsen vorkommt; bei Hündinnen entsteht er bisweilen in der Schleimhaut der Gebärmutter, und in der Harnröhrenmündung bei Stuten.

§. 61.

Endlich sind noch die Eingeweidewürmer zu nennen, von welchen die Mehrzahl der Arten und Individuen in den mit Schleimhäuten ausgekleideten Höhlen leben, namentlich in den Stirnhöhlen, in den Luftröhrenästen, im Magen, Darm, im Nierenbecken und in der Harnblase.

Nächst den Eingeweidewürmern kommen auch die Steine in verschiedenen Schleimhautkanälen und Höhlen vor, doch tragen die Schleimhäute zu ihrer Entstehung nichts bei, sondern sie erzeugen sich nur aus den in den Schleimhautkanälen stagnirenden, aber von Drüsen abgesonderten Flüssigkeiten, namentlich in den Speichelgängen die Speichelsteine, im Magen und Darm die Magen- und Darmsteine, im Nierenbecken und in der Harnblase die Harnsteine, in den Gallengängen und in der Gallenblase die Gallensteine (vergl. §. 31. ff.). — Die Haarbälle und ähnliche Concremente gehen eben so wenig von den Schleimhäuten aus, sondern sind zufällig im Magen und Darmkanal entstandene Conglomerate von verschluckten Haaren und andern nicht verdauten Dingen (§. 38.).

§. 62.

Die innere Oberhaut (*Epithelium*) der Magenschleimhaut wird bei Pferden, an der linken Magenhälfte, oft an einigen Stellen gelb gefärbt gefunden, besonders wenn die Thiere bei Krankheiten lange Zeit keine feste Nahrungsmittel genossen haben, und es scheint, dass hier die Säure des Magensaftes diese Veränderung hervorbringt, bei der Anwendung von zu wenig verdünnten Mineralsäuren erfolgt dasselbe.

Bei den Wiederkäuern trennt sich die innere Oberhaut in dem Wanste, der Haube und dem Psalter in allen den Fällen sehr leicht von der Schleimhaut, wenn die Thiere an typhösen, oder fauligen Krankheiten gestorben sind, und man darf daher diese Erscheinung nicht als ein pathognomonisches Zeichen irgend einer besondern Krankheit ansehen. Dasselbe geschieht indessen auch, wenn die Magen einige Zeit mit dem Futter angefüllt liegen bleiben, indem dadurch die Fäulniss begünstigt wird. Bei dem Rinde ist das Epithelium im Wanste bisweilen in ziemlich lange Hornfortsätze ausgewachsen.

VI. Von der Haut.

§. 63.

In Folge mancher Krankheiten und Verletzungen der Haut, namentlich bei der chronischen Mauke der Pferde, nach Verbrennung, oder Aetzung mit Kalk u. dgl. und nach verschiedenen allgemeinen Krankheiten, wie z. B. nach Faulfieber und gastrisch-biliösem Leiden, stirbt ein kleiner, oder grösserer Theil derselben ab, und wird von der noch gesunden getrennt und abgestossen. Wenn bei der Mauke dieses Absterben der Haut vorkommt, so nennt man sie (ganz unpassend) ausfallende Mauke. Eine merkwürdige Erscheinung wurde bei einem mausefarbigen Ochsen, der an einer gastrisch-biliösen Krankheit litt, beobachtet; es fielen nämlich alle die Hautstücke ab, auf welchen weisse Haare standen, nur ein weisser Stern am Kopfe blieb. *)

Das Absterben der Haut und das Ausfallen des abgestorbenen Stückes erfolgt aber auch nach heftigen Quetschungen, z. B. wenn eine Bremse bei Pferden an den Lippen stark zusammengezogen ist und zu lange (d. h. mehrere Stunden) gelegen hat; das schnelle Absterben scheint hier in der ganz erloschenen Nerventhätigkeit, und in dem damit verbundenen Aufhören der Ernährung begründet zu seyn. Häufiger erfolgt dieses örtlich beschränkte Absterben bei dem Durchliegen (*Decubitus*), und zwar an solchen Stellen, wo die Haut sehr nahe am Knochen liegt, wie an den Augenbogen, Jochbogen, an den Hüftbeinen, auch an den Schienbeinen; immer geht Entzündung voraus, und das Absterben ist hier der kalte Brand. Eben so verhält es sich bei dem Sattel- oder Geschirrdruck der Pferde, wo dann ein Brandschorf entsteht, wenn der Druck sehr stark gewesen ist.

§. 64.

Die Quetschung (*Contusio*) der Haut nimmt aber auch bisweilen einen andern Ausgang, indem nach eingetretener Entzündung blutiges Serum in das Zellgewebe unter der Haut, oder zwischen die zunächst liegenden Muskeln ergossen wird, und bei weiterem Fortschreiten der Entzündung bildet sich auch Eiter. Dieses kommt bei Pferden am Genick vor, wo die Geschwulst Genickbeule oder Maulwurfsgeschwulst (*Talpa*), ferner am Schnabelknorpel des Brustbeines, oder an den Seiten desselben am gemeinschaftlichen Kopf-, Hals- und Armmuskel, Brustbeule **) genannt, endlich auch am

*) Der Fall wurde mir vom Hrn. Dep.-Thierartzte van Gemmeren mitgetheilt.

**) Die Franzosen bezeichnen auch eine Geschwulst mit dem Namen

Widerrüst, wenn die Quetschung nicht so stark war, dass der Brand schnell eintreten konnte. Die Genickbeule und die Quetschung am Widerrüst werden dadurch gefährlich, dass durch Versenkung des Eiters Knochenfrass der Wirbel und nicht selten eine tödtliche Entzündung des Rückenmarkes, oder wirkliche Zerstörung desselben eintritt.

Endlich kommt auch eine Quetschung der sogenannten Fleischsohle bei Pferden vor, die man Steingalle oder blaues Mal nennt, und die sich anfangs als eine Blutergiessung zwischen der Fleisch- und Hornsohle zeigt, später aber in Zerstörung des Hufbeines durch Knochenfrass übergeht.

§. 65.

Die Farbe der Haut, bei Thieren mit weisser Oberhaut, wie bei den Schafen und weissen Schweinen, ist in der Gelbsucht (*Icterus*) der Schafe gelb; bei einigen Milzbrandformen, namentlich bei der Milzbrandbräune der Schweine oft bleifarben, und bei dem Antonius-Feuer (Rothlauf oder bösartige Rose (*Erysipelas malignum*) bei andern Thiergattungen blauroth. Die gelbe Farbe scheint durch Ablagerung der Galle, die in das Blut aufgenommen war, zu entstehen; die blaurothe Farbe hat in dem ausgetretenen und in das Gewebe der Haut ergossenen Blute ihren Grund; alle drei Krankheiten sind für die davon befallenen Thiere immer sehr gefährlich, oft tödtlich.

§. 66.

Brustbeule oder Vorherz (*avant-coeur*), die sehr schnell entsteht, in wenigen Stunden eine enorme Grösse erreicht, und gewöhnlich tödlich wird. Die von Clichy (im Recueil de medec. vétér. 1827. Septembre. p. 488. et suiv.) bei Pferden beobachtete Geschwulst, die er eine brandige nennt, muss man für Milzbrand-Carbunkeln halten, was durch die Entstehung, den Verlauf und durch den Sections-Befund bestätigt zu werden scheint, wofür sie auch Chabert (Instruct. et observat. 1791. 2me edit. p. 129.) hielt.

§. 66.

Unter den Aftergebilden der Haut sind zuerst die Haut-Ausschläge (*Exanthemata*) zu nennen. Es gehören hierher die Kuhpocken (*Variolae vaccinae*), die Schafpocken (*Variolae ovinae*), die Schweinpocken (*Variolae suillae*) und die Hundepocken (*Variolae caninae*); die Masern der Schweine (*Morbilli*); ferner die Räude oder Krätze (*Scabies*), die Flechten (*Herpes*), der Milchschorf (*Crusta lactea*) und die Hitzblattern. Andere Aftergebilde sind: die Warzen (*Verrucae*), und schwarzen Knoten (*Melanosis tuberculosa*).

Die Kuhpocken kommen ursprünglich nur am Euter der Kühe vor, seltener an den Nasenlöchern und Augenliedern, und wahrscheinlich nicht bei Bullen und Ochsen. Sie sind bei dem Ausbruche kleine rothe Flecke, und werden bis zum siebenten Tage bläuliche, mit einem rothen Ringe oder Hofe umgebene Pusteln, die wasserhelle Lymphe enthalten. Die Lymphe wird hierauf trübe, mehr consistent, und vertrocknet zu einem Schorfe, der gegen den 14ten Tag nach dem Ausbruche des Ausschlages abfällt, und eine Narbe hinterlässt.

Die Kuhpocken sind für das Rindvieh eine gefahrlose Krankheit, und auf den Menschen, durch Impfung, übergetragen sind sie das Schutzmittel gegen die Ansteckung durch die Menschenpocken. Sie lassen sich auf alle andern Haus-Säugethiere durch Impfung übertragen, und können auch nach Sacco's und Viborg's Versuchen aus der klaren Flüssigkeit aus den Bläschen der Pferdemauke bei Kühen hervorgebracht werden.

Man kennt acht Abarten von den Kuhpocken *), nämlich:

1) Die gelblichen Kuhpocken (*Variolae vaccinae succineae* Nissen); gelbbraun, durchsichtig, bohnen-

*) Vergl. E. Viborg, Sammlung von Abhandlungen für Thierärzte und Oekonomen. Copenhagen 1805. 4r Bd. S. 376. ff.

gross, widrig riechend, leicht in bösartige Geschwüre ausartend.

2) Die schwarzen Kuhpocken (*Variolae vaccinae nigrae*); flach, schwärzlich, mit schmalem rothen Rande, leicht Geschwüre bildend.

3) Die bläulichen Kuhpocken (*Variolae vaccinae caeruleae*); in der Mitte bläulich, erbsengross, von einem schmalen rothen Rande umgeben.

4) Die weissen Kuhpocken (*Variolae vaccinae albae* Jenner); grosse mit weisser Lymphe gefüllte Blasen.

5) Die rothen Kuhpocken (*Variolae vaccinae rubrae* Heinze); röthliche kleine Pusteln.

6) Die warzenähnlichen Kuhpocken (*Variolae vaccinae verrucosae* Viborg); warzenartig, anfangs weisslich, dann röthlich.

7) Die Windpocken (*Variolae vaccinae bullosae* Günzel); weissliche, mit heller wässeriger Flüssigkeit gefüllte Blasen.

8) Die symptomatischen *) Kuhpocken (*Variolae vaccinae symptomaticae* Ramazzini) kommen bei der Rinderpest bisweilen vor, und zwar am Halse, am Maule, nur die an den Augen, oder am Euter haben das Ansehen der Menschenpocken, stecken aber den Menschen nicht an.

Die unter 1 bis 5 genannten sind für den Menschen bei der Berührung ansteckend, die unter 6 bis 8 angeführten Abarten sind es nicht.

§. 67.

Die Schafpocken kommen bei den Schafen am ganzen Körper vor, am häufigsten aber an den Stellen, wo keine Wolle steht, namentlich um die Lippen, um die Augen, an der innern Fläche der Schenkel, in der Schaamgegend und an der untern Fläche des Schwanzes. Sie zeigen sich zuerst als rothe Flecke (wie Flohstiche), die sich nach dem neunten Tage zu Knötchen

*) Sollte heissen: die sympathischen.

gestalten; diese sind zwischen dem 11ten und 13ten Tage mit einer wasserhellen, oder gelblichen dünnen, aber klebrigen Lymphe gefüllt, welche nach und nach dicker wird, wobei die Pocke einsinkt, und einen Schorf bildet, der bis zum 18ten oder 21sten Tage abfällt und eine Narbe hinterlässt. Die Schafpocken richten unter den Schafen oft grosse Verheerungen an, lassen sich auch auf den Menschen durch Impfung übertragen, und schützen gegen die Menschenblattern.

Als Abarten kennt man:

1) die flachen Pocken (*Variolae ovinae planae*); erheben sich nicht zu Blasen, und enthalten wenig Lymphe;
2) die zusammenfliessenden Pocken (*Var. ovin. confluentes*); entstehen durch zu gedrängt stehende Pocken, die eine scharfe Jauche enthalten, und in zerstörende Geschwüre übergehen;
3) die bösartigen, brandigen oder Aaspocken (*Var. ovinae malignae*, *gangraenosae*, *nigrae*); stehen sehr gedrängt, fliessen daher leicht zusammen, füllen sich nicht gehörig, haben eine rothe, oder violette, blauschwarze, oder braunrothe Farbe, und sind mit einem blauen Ringe umgeben; sie bilden sehr zerstörende Geschwüre;
4) die Steinpocken (*Var. ovin. durae s. siccae*); haben die Grösse der Hirsekörner, enthalten weissgelben Eiter, und trocknen am 3ten bis 5ten Tage wieder ab, ohne ansteckend zu seyn.

§. 68.

Die Schweinpocken gleichen nach Viborg's*) Angaben ganz den Menschenpocken; sie entstehen nach vorausgegangenem heftigen Fieber, am Kopfe und Halse, als rothe Flecke, welche bis zum 6ten Tage an Grösse

*) Anleitung zur Erziehung und Benutzung des Schweines. Copenhagen 1806. 8. m. K. S. 108.

zunehmen, in der Mitte anfangen bleich zu werden, und Materie abzusetzen, so dass die Pusteln am 9ten, oder 10ten Tage gefüllt sind; hierauf bildet sich ein Schorf, der am 12ten Tage abfällt. Die Ferkel haben diese Pocken häufiger, als die alten Schweine, auch sollen sie von Menschenblattern angesteckt werden.

Bisweilen werden die Schweinpocken auch bösartig, schwärzlich und zusammenfliessend.

Die Hundepocken bestehen nach Sacco *) in Pusteln, die sogleich bei ihrem Erscheinen eine milchige Flüssigkeit enthalten, sie sind erhaben und kegelförmig, und verlaufen in 12 bis 14 Tagen, wenn die Thiere nicht durch den stinkenden und ermattenden Durchfall früher getödtet sind.

Nach den hier gemachten Beobachtungen kommen die Hundepocken immer nur mit der Staupe zugleich vor, auch waren die hier gesehenen nicht kegelförmig, und immer vertrockneten sie in einigen Tagen nach dem Ausbruche, ohne einen Schorf zu bilden und ohne eine Narbe zu hinterlassen.

Die Masern der Schweine sind, nach Viborg **), rothe Flecke, die sich am deutlichsten auf der Schnauze, um die Ohren, in den Achselgruben und an der innern Seite der Schenkel zeigen, und sich mit feinen, kleienartigen Schuppen abschuppen. Sie sind selten gefährlich für die Schweine.

§. 69.

Die Räude oder Krätze, ein ansteckender, schuppiger, oder nässender, heftiges Jucken erregender chronischer Hautausschlag, kommt bei allen Haus-Säugethieren vor, am häufigsten bei Schafen, Hunden und Pferden.

*) Neue Entdeckungen über die Kuhpocken, die Mauke und die Schafpocken. Aus dem Italienischen übers. von W. Sprengel. Leipzig 1812. 8. S. 164.

**) Anleitung etc.

Bei Pferden findet man nur die trockne Räude (*Scabies sicca*), indem an verschiedenen Stellen des Körpers, besonders an den Seiten des Halses, am Rücken, auf der Croupe, an der innern Seite der Schenkel, sich viele Schuppen bilden und die Haare ausfallen. Unter den Schuppen findet man kleine, nässende Stellen, aus deren Feuchtigkeit die Schuppen immer aufs neue erzeugt werden, in einzelnen Fällen kommen dabei auch die Räudemilben (*Acarus Scabiei*) vor, welche etwas grösser sind, als die bei dem Schafe beobachteten. Die Räude des Pferdes ist für den Esel und das Maulthier ansteckend, und bei dem Menschen erzeugt sie die Krätze, was Greve und ich selbst beobachtet haben. In einem Falle sollen nicht allein Menschen von einem räudigen Pferde angesteckt worden seyn, sondern die Krankheit soll auch auf zwei Kühe übergegangen seyn, die neben dem Pferde standen *).

§. 70.

Bei den Schafen kommen zwei Arten der Räude vor, nämlich die trockne, Hunger- oder Stall-Räude, und die nasse oder fette Räude, auch Regenfäule genannt (*Scabies ulcerosa*). Die trockne Räude kommt am häufigsten vor, und besteht darin, dass sich auf der blassen Haut, welche mit weissen Schuppen bedeckt ist, kleine harte Knötchen zeigen, die sich zu röthlichen Geschwülsten bilden und in Schuppen abblättern, wenn man sie etwas kratzt; die Wolle geht an den kranken Hautstellen leicht aus, und es bleiben dann kahle Stellen.

Bei der nassen oder fetten Räude ist die Haut entweder beträchtlich verdickt und härtlich, oder aufgedunsen und welk, anfangs blass, später blaugrünlich; sie ist mit Krusten und Schorfen bedeckt, welche mehr, oder weniger fest anhängen, und einen nässenden Grund bedek-

*) Procès-verbal etc. à l'école vétér. de Lyon. 1817. cf. Annales de l'agric. fr. T. 70. p. 267.

ken, auch findet man oft unter den Krusten Jauche liefernde Geschwüre, welche die Haut zerstören. Hier kommen die Räude-Milben (*Acarus Scabiei ovilis*) oft in grosser Zahl vor. Die Krankheit pflanzt sich nur auf andere Schafe, aber auf kein anderes Hausthier fort, auch wird der Mensch nicht davon angesteckt.

§. 71.

Bei Hunden und Katzen kommt auch die trockne und nasse Räude vor, und die erste ist der bei den Schafen vorkommenden sehr ähnlich. Die nasse Räude characterisirt sich dadurch, dass sich an verschiedenen Stellen des Körpers, besonders am Kopfe, gesträubte Haarbüschel zeigen, die endlich ausfallen, und die kahle Haut ist mit einer gelb-röthlichen, durchsichtigen Feuchtigkeit bedeckt, welche zu einem Schorfe vertrocknet, unter welchem sich eine mehr consistente gelbe Feuchtigkeit ansammelt. Beide Arten werden leicht auf andere Hunde und Katzen übergetragen, auch für Pferde sollen sie ansteckend seyn. — Bei einem Hunde, der durch die Räude alle Haare verloren hatte, zeigte sich reichlicher Schweiss, welcher hell, und wenig riechend war *).

Dasselbe wurde unter gleichen Umständen auch bei einem zweiten Hunde beobachtet **).

Die Räude bei dem Rindvieh zeigt sich durch kleine Pusteln, die mehr, oder weniger erhaben sind, und am Halse, auch an der Brust gewöhnlich grosse Flecke bilden, am Rücken und am Schwanze aber kleiner sind. Die Schuppen sitzen sehr fest auf der Haut, und die Haare fallen sehr bald aus. Die Krankheit pflanzt sich auf andere Rinder sehr leicht fort, und greift überhaupt schnell um sich. — Bei mehreren an der Räude leidenden Ochsen fand man auch *Acarus*, die auf Pferde, Esel

*) Procès-verbal etc. à l'école vétér. de Lyon 1810. cf. Ann. de l'agric. fr. T. 44. p. 28.

**) Ebend. 1811. cf. Annales etc. T. 48. p. 67.

und Hunde übergetragen keine Ansteckung hervorbrachten *).

Die Räude des Schweines unterscheidet sich hauptsächlich dadurch, dass sie dickere und grössere Schuppen bildet, die oft wirkliche Krusten sind. Sie kommt übrigens selten vor.

§. 72.

Die Flechten bestehen in einer chronischen Haut-Entzündung, auf welche der Ausbruch von rothen Knötchen folgt, die sich in kleine durchsichtige Bläschen verwandeln und mehr, oder weniger dicht zusammenstehen. Sie erzeugen entweder durch Abblätterung der Oberhaut mehlartige oder kleienartige kleine Schuppen, oder es entstehen durch Ausschwitzung einer klebrigen Feuchtigkeit grössere Schuppen, oder Schorfe, oder die Bläschen bilden Geschwüre.

Die Flechten kommen zwar bei allen Hausthieren vor, sind aber am häufigsten bei dem Pferde, dem Schafe und Hunde. Sie gehören zu den langwierigen und oft schwer zu besiegenden Hautkrankheiten.

Man kennt folgende Arten des Flechten-Ausschlages:

1) die kleienartige Mähnenflechte; 2) die schuppige Mähnenflechte oder bösartige Mähnenkrätze; 3) die Raspe oder Rappe; 4) die schuppige Mauke oder Flechte der Köthe; 5) die trockne Mauke oder Schmutzflechte; 6) die geschwürige Flechte; 7) den Euterausschlag bei Kühen.

Da es aber noch an guten und zuverlässigen Beobachtungen über die Flechten fehlt, denn selbst die Beschreibungen von Greve **) kann ich nicht dafür annehmen, so begnüge ich mich damit, nur die Namen anzuführen.

*) Ebend. 1815. Annales. etc. T. 64. p. 24.

**) Erfahrungen und Beobachtungen über die Krankheiten der Hausthiere etc. Oldenburg 1810. Bd. 1.

§. 73.

Der Milchschorf kommt bei Säuglingen, namentlich bei Kälbern und Lämmern nicht selten vor, und besteht in einem gutartigen Ausschlage, der die Gegend um das Maul einnimmt, und gelbe, oder braune Krusten bildet. — Bei zwei Hunden beobachtete man einen blasigen Ausschlag, der dem Pemphigus des Menschen sehr ähnlich war*), und bei dem Rindvieh wurde ein Ausschlag gesehen, der mit dem knolligen Aussatze (*Elephantiasis*) des Menschen Aehnlichkeit hatte**).

§. 74.

Die Warzen (Tab. I. Fig. 2. 3.) sind krankhafte Auswüchse der Haut, oder der Schleimhaut, die sich über die Fläche der gesunden Haut erheben, platt, oder cylindrisch sind und in viele Runzeln, oder spitzige Fortsätze ausgehen, welche mit einer mehr, oder weniger dicken (oft hornartigen) Oberhaut bekleidet sind. Sie kommen einzeln gewöhnlich nur an den weichen Hautstellen vor, namentlich an den Lippen, dem Euter u. a., bisweilen aber sind sie über den ganzen Körper verbreitet. Eben so verhält es sich mit den schwarzen Knoten, die aber bis jetzt nur bei Pferden, Maulthieren und Rindern gefunden worden sind.

Eine Kuh hatte unter dem Bauche so viele Warzen, dass man in 6 Operationen 27 ℔ derselben erhielt; die grössesten hatten 3—4 Zoll Durchmesser und wurden abgebunden***).

*) Procès-verbal etc. à l'école vétér. de Lyon. 1814. cf. Ann. de l'agric. fr. T. 60. p. 279.

**) Cruzel. de l'Elephantiasis sur le boeuf; in Dupuy's Journ. pratique etc. 1829. Septembre. p. 421. Gellé. Elephantiasis observé dans un boeuf; im Recueil de médec. vétér. 1830. Janvier. p. 42.

***) Procès verbal etc. à l'école vétér. de Lyon 1812. cf. Annales de l'agric. fr. T. 51. p. 53.

Als ein Beispiel von krankhafter Absonderungsthätigkeit der Haut dient der folgende interessante Fall.

Hess*) fand bei einem halbjährigen Kalbe an verschiedenen Stellen der Haut einen blutigen Schweiss, namentlich vom Kehlgange bis zum After an der ganzen untern Fläche des Körpers; die Tropfen hingen wie starke Schweisstropfen an den Haaren, fielen ab und erneuerten sich beständig, so dass das junge Thier ungefähr 1½ Maas Flüssigkeit verlor. Dieses Blutschwitzen hatte am After angefangen, und sich zuletzt am Kopfe gezeigt, hörte an diesen beiden Stellen zuerst wieder auf, dauerte in der Nabelgegend am längsten, und hatte überhaupt etwa vier Stunden angehalten. Ausser dieser Erscheinung wurden alle Symptome eines Entzündungsfiebers an dem Thiere bemerkt. Durch eine antiphlogistische Behandlung wurde sowohl das Fieber, als auch die abnorme Absonderung völlig beseitigt.

VII. Von den hornigten Gebilden.

1. Von der Oberhaut und den Hörnern.

§. 75.

Die Oberhaut wird an solchen Stellen des Körpers verdickt oder aus mehreren Lagen bestehend gefunden, wo die Haut durch anhaltenden Druck zu einer stärkeren Absonderung des Horngewebes gezwungen wird, z. B. am Wiederrüste bei Pferden und Ochsen, und man nennt diese dickere Oberhaut Hautschwiele (*Callus, Tyloma*). Auch nach dem Verbrühen der Haut auf dem Kreuze einer Kuh wurde die Oberhaut so reichlich abgesondert, dass sie endlich in Form von drei hornigten, ziegeldachartig sich deckenden Platten die Lendengegend an beiden

*) Im Schweiz. Archiv für Thierheilk. B. III. H. 4. S. 425.

Seiten bedeckte [1]). Eine noch auffallendere Wucherung der Oberhaut ist die Bildung von mehr oder weniger grossen Hörnern (*Cornua cutanea*), die durch eine krankhaft vermehrte Vegetationskraft der Haut bedingt ist. Dergleichen Hörner entstehen nämlich an verschiedenen Gegenden des Körpers, indem eine Balggeschwulst sich über die Fläche der Haut etwas erhebt und das hornige Gebilde, statt der Oberhaut, absondert; daher ist dieses am Grunde hohl, und gegen das freie Ende solid. Die Gestalt eines an der Haut entstandenen Hornes ist nie regelmässig und nach keinem bestimmten Typus gebildet; die Oberfläche ist uneben, und die Grösse sehr verschieden, von einigen Zollen bis zu einigen Fuss Länge, am Grunde dicker, als am freien Ende.

§. 76.

Man hat dergleichen hornigte Wucherungen bei den meisten Hausthieren gesehen.

Büchner [2]) erwähnt eines Falles, wo bei einem Pferde in Gera ein Horn an der Stirn stand, welches jeden Monat abfiel.

Von einem Pferde mit gehörntem Kopfe und gespaltenen Hufen der Vorderfüsse erzählt Rzaczynski [3]). Von einem anderen Pferde sagt Winter von Adlersflügel [4]), dass es an dem Fesselgelenke jeder vordern Gliedmasse ein Horn hatte, welches einer Hirschklaue glich, und so stark wuchs, dass vierteljährlich zwei Finger breit davon abgesägt werden musste, weil sie das Galoppiren hinderten. Bei zwei Pferden fanden sich hinter den Ohren 3 — 4 Zoll lange Hörner [5]). Ausser

1) Nouvelle biblioth. médicale Octbr. 1823.
2) Acta Acad. natur. curios. Vol. VII. p. 289.
3) Historia naturalis regni Poloniae etc. Tractatus de monstris p. 357.
4) Neuer und vermehrter Tractat von der Stuterey und Fohlenzucht. S. 136. Fig. 24.
5) Vergl. v. Tennecker's Zeitung für die Pferdezucht etc. Leipzig 1803. S. Bd. 1. S. 244.

diesen wurden noch drei andere Fälle von regelwidriger Hornbildung bei Pferden beobachtet [1]). —

Bei einem Ochsen fand man ein Horn auf der Nase aufsitzend [2]), Aldrovandi [3]) und Malpighi [4]) sahen dergleichen am Nacken, und Otto [5]) sah im Museum zu Oxford zwei Hörner, beide von der Stirnhaut zweier Ochsen, von welchen das eine $1\frac{1}{2}'$ lang war, an der Basis 1' im Durchmesser hatte und hohl war.

§. 77.

Bei Schafen ist diese regelwidrige Hornbildung mehrfach beobachtet worden. James Parsons [6]) sah bei einem ungefähr 3 oder 4 Jahr alten Schafe ein Horn an der Kehle, welches mit seinem flüssigen Inhalte 26 Pfd., ohne diesen 15 Pfd. wog. Es war gekrümmt, an der convexen Seite 2' 7'', an der concaven 2' 1'' lang, am Grunde hatte es 2' 2'', in der Mitte 1' 6'' und nahe an der Spitze 1' Umfang. In der Höhle des Horns lag ein Sack, welcher eine Substanz enthielt, die wie geronnenes Blut, und wie ein Gemenge von Schafleber und Lunge aussah. Beim Gehen lag das Horn zwischen den Vorderfüssen und wurde auf der Erde geschleppt. — Ein anderes Schaf hatte, wie Kundmann [7]) angiebt, hinter dem rechten Ohre ein grades Horn welches 4 Pfd. wog und ein halbes Quart molkigter Flüssigkeit in seiner Höhle enthielt, nach der Spitze zu war es solid. An

---

1) Commerc. litterar. Nor. 1739. p. 212. — Managetta in Misc. Acad. N. C. Dec. I. Ann. 1. p. 103. — Acta phys. med. N. C. Vol. VII. p. 289.

2) Breslauer Sammlung. Julius 1725. S. 117.

3) Historia de quadrupedibus bisulcis. Lib. I. p. 136. — Monstrorum historia p. 509. Fig.

4) Philosoph. Transactions. 1684. p. 601.

5) Lehrbuch der pathologischen Anatomie des Menschen und der Thiere. Erster Band. Berlin 1830. S. 111. Anm. 3.

6) Philosoph. Transactions. 1755.

7) Rariora naturae et artis item in re medica. oder Seltenheiten etc. S. 822.

dem rechten Ohre eines Schafes sah ich ein 1½″ langes, solides Horn.

Olig. Jacobaeus [1]) sah bei einem Schafe an der Seite ein Horn, 1′ lang und ½′ dick; und Otto [2]) fand an der rechten Seite ein etwas über 4″ langes Horn.

Von zwei Ziegen erzählt Aldrovandi [3]), dass die eine an der rechten Seite der Brust, hinter dem Vorderschenkel, die andere an einem Schenkel ein Horn hatte.

Von dem Vorkommen dieser Hörner bei Hunden hat Kundmann [4]) einen Fall, in welchem das Horn auf der Stirn festsass.

Die Ausrottung solcher ungewöhnlicher Hörner müsste zugleich mit dem Hautstück, von welchem das Horn ausgeht, geschehen, denn wenn nur das Horn entfernt würde, so dürfte von der krankhaft producirenden Haut bald ein neues gebildet werden.

Die Hornwarzen oder sog. Kastanien bei Pferden wuchern bisweilen so, dass sie verkürzt werden müssen. In seltenen Fällen fehlen sie aber auch ganz, wie Otto [5]), Havemann [6]) und Greve [7]) versichern.

§. 78.

Aber auch die wahren Hörner der Wiederkäuer findet man krankhaft vergrössert, wenn der knöcherne Stirnzapfen durch einen in seiner Höhle entstandenen Polypen ungewöhnlich ausgedehnt ist, wobei der hornige Ueberzug in demselben Verhältnisse an Umfang zunimmt.

---

1) Museum regium Danicum. p. 6. cf. Valentin's amphith. zootomicum. p. 130. c. fig.
2) Seltene Beobachtungen zur Anatomie, Physiologie und Pathologie gehörig. Erstes Heft. S. 109.
3) Historia de quadruped. bisulc. Lib. I. p. 657 — 658. fig.
4) A. a. O. S. 821.
5) Lehrbuch der path. Anatomie. S. 110. Anm. 1.
6) Anleitung zur Beurtheilung des äussern Pferdes. 3te Aufl. Hannover 1822. S. 194.
7) Bruchstücke zur vergleichenden Anatomie und Physiologie. Oldenburg 1818. 8. S. 38.

Ich fand bei einem Lamme den rechten Stirnzapfen und sein Horn durch die genannte Afterbildung so vergrössert, dass es eine Länge von 9″ und einen Durchmesser von 3″ erlangt hatte. *)

Die Oberhaut wird bei den meisten Hautkrankheiten in kleinen, oder grösseren Partien abgestossen, wird aber von der wieder gesunden Haut in kurzer Zeit wiedererzeugt.

Die Hörner findet man bei dem Rindvieh oft sehr unregelmässig geformt und von der gewöhnlichen Richtung abweichend, besonders wenn die jungen Thiere Verletzungen daran erleiden, oder wenn sie zu früh an den Hörnern befestigt werden. — Nach einer, in zerstörende Eiterung, übergegangenen Entzündung der Lederhaut, welche den Stirnzapfen bekleidet, wird bisweilen das Horn abgestossen, und es entsteht nach und nach ein neues, aber gewöhnlich krüpelhaftes.

---

2. Von den Haaren.

§. 79.

Der gänzliche Mangel der Haare ist wohl nur sehr selten (ausser bei Missgeburten), und die scheinbar ganz kahlen Thiere haben immer noch Haare, obgleich sie sehr dünn sind, mehr einzeln stehen und daher die Haut nicht bedecken. Die Ursache des Fehlens der Haare muss man in einer krankhaften Disposition der Haut suchen, wenn man auch den eigentlichen Krankheitszustand bis jetzt noch nicht kennt. Bei mehreren Krankheiten der Haut, namentlich bei der Räude, den Pocken, bei der Fäule der Schafe, auch bei Entzündung der Haut fallen die Haare aus, werden aber wieder erzeugt, wenn die Haut nicht völlig zerstört ist. In der Borstenfäule der Schweine, welches eine Form des Milzbrandes ist und daher den Namen sehr mit Unrecht führt,

*) Das Praeparat wurde von dem Thierarzte Spinola der Thierarzneischule geschenkt.

stecken die Borsten auch nur locker in der Haut, und ihre Zwiebeln sind blutig, weil hier überhaupt die Mischung des Blutes fehlerhaft ist, daher wird es in das Gewebe der Haut ergossen und vielleicht auch in die Haarzwiebeln eingesogen.

Bei sehr fetten Hunden, namentlich bei Mopsen, fallen auch die meisten Haare aus, und es scheint, dass die Vegetationskraft der Haut durch die Menge des unter ihr liegenden Fettes geschwächt wird.

Das enorme Wachsthum der Haare ist bis jetzt nur bei Pferden, an der Mähne und dem Schweife, beobachtet worden, am häufigsten bei der polnischen und russischen Raçe. So hatte ein Pferd des Landgrafen Wilhelm VI. eine $4\frac{1}{2}$ Ellen lange Mähne und einen 9 Ellen langen Schweif. [1])

§. 80.

Es kommen auch Haare an ungewöhnlichen Orten vor, nämlich auf der Bindehaut des Augapfels bei Hunden, was ich selbst beobachtete; in der Nasenhöhle bei einer Spürhündin, die am Schwindel gelitten hatte, fand man an der Schleimhaut der rechten Nasenmuschel ein dickes langes Haar, und daneben noch ein kleines [2]). Bei Pferden findet man in eigenen, zugleich Hauttalg enthaltenden Bälgen der Haut, starke Haare (denen der Mähne ähnlich) und bei alten Stuten kommen dergleichen bisweilen auch in den Eierstöcken vor. Die Haare können nur durch die Haut, oder durch ein neu entstandenes, der Haut ähnliches Organ, welches sich flach und frei, oder als Balg gestaltet, erzeugt werden.

Jalet [3]) fand bei einem Ochsen von $1\frac{1}{2}$ Jahre nahe am Schultergelenk unter der Haut einen Balg mit Haaren, der 3 Pfd. wog. — Auch in der hiesigen Sammlung befindet sich ein faust-grosser Balg mit Haaren, der

---

1) Winter von Adlersflügel. S. 134. No. 21. E.
2) Procès-verbal etc. à l'école vétér. d'Alfort 1818. p. 37.
3) Im Recueil de médec. vétér. 1825. Juillet. p. 311.

unter der Haut des Halses eines Ochsen lag *). Königsstaedter [1]) fand bei einem Pferde an der rechten Seite des Halses, nahe an der Ohrdrüse einen Balg, welcher eine Handvoll eines Fingers langer Haare enthielt, und da der Balg nicht zerstört war, so hatten sich in einem Jahre eben so viel wieder gebildet.

Ich fand über jedem Augenbogen eines Pferdes einen kleinen Balg mit Haaren, und einen Eierstock mit Haaren, von einer Stute, besitzt die Sammlung der Thierarzneischule.

Die Form der Haare ist in so fern regelwidrig, als man die gewönlich schlichten Deckhaare gekräuselt findet, was Otto [2]) zu Wien bei drei Pferden sah; auch Geoffroy St.-Hilaire und Fr. Cuvier [3]) haben ein Pferd mit krausem Haar abgebildet. Ich glaube, dass dieses Kräuseln nur bei zu schwachen Haaren vorkommt, und dass der Grund davon wieder in zu geringer Vegetationskraft der Haut gesucht werden muss.

§. 81.

Eigentliche Krankheiten der Haare können nicht vorkommen, weil in ihnen und in allen hornigten Gebilden aller Stoffwechsel fehlt, aber sie sind die Ableiter mancher, durch die Haut erzeugter krankhafter Stoffe, wie z. B. einer klebrigen Feuchtigkeit bei dem Weichselzopfe (***Plica polonica***, ***Trichoma***, ***Cirrhagra***), wodurch die langen Haare des Schopfes, der Mähne und des Schwanzes zusammengeklebt und vielfach verflochten und verfilzt werden. Der Weichselzopf kommt bei Pferden im Haarschopfe und in der Mähne, bei Rindern und Hunden am Schwanze vor, am häufigsten in Po-

*) In einem solchen Balge liegen die Haare theils frei, theils sitzen sie an der innern Wand des Balges fest, und es scheint daher, dass ein wirklicher Haarwechsel stattfindet.

1) In S. v. Tennecker's Zeitung für die Pferdezucht, den Pferdehandel, die Pferdekenntniss, Rossarznei- und Reitkunst. Tübingen 1804. Bd. III. S. 240.

2) Lehrbuch der pathol. Anatomie. S. 121. Anm. 1.

3) Mammifères. Liv. 32.

len, doch auch in andern Gegenden, was Greve *) mehrfach beobachtet hat. Nach dessen Beobachtungen sollen die Weichselzöpfe, wenn sie an einer Stelle abgeschnitten werden, sich an einer andern bald wieder bilden, und er wiederholte bei einem Pferde dieses Experiment achtzehnmal.

Bei dem Menschen ist der Weichselzopf eine critische Erscheinung eines gichtisch-nervösen Leidens, ob bei den Thieren etwas Aehnliches zum Grunde liegt, wage ich nicht zu behaupten, indessen scheint wenigstens ein örtliches Hautleiden die Veranlassung zu seyn, weil die Haut da, wo der Weichselzopf ist, immer mit kleienartigen Schuppen bedeckt ist, die immer wieder erzeugt werden, so oft man sie entfernt.

§. 82.

Die Entfärbung der Haare, d. h. das Weisswerden, entsteht bei Pferden oft an solchen Hautstellen, welche durch Quetschung gelitten haben, also da wo der Sattel, oder das Geschirr liegt. Dass diese Entfärbung der Haare zu den gewöhnlichen Erscheinungen des Alters gehört, ist bekannt, und man findet sie bei Pferden zuerst über den Augenbogen; Hunde mit dunkelfarbigem Haare werden im Alter ganz grau. Eine interessante Beobachtung über das schnelle Entfärben der Haare machte Debeaux **). Bei einem schwarzen Schweine, welches durch das Geschrei anderer Schweine, die man wegen der Finnen untersuchte, sehr in Angst gerieth, wurden 8 Tage nachher die Borsten, die Haut und die Klauen ganz bleich. In diesem Zustande blieb es fast 2 Monate, dann wurden einige Borsten an der Spitze, andere

*) Erfahrungen und Beobachtungen über die Krankheiten der Hausthiere im Vergleich mit den Krankheiten der Menschen. Oldenburg 1818. Erstes Bändchen S. 112. ff.

**) Procès-verbal etc. à l'école vétér. de Lyon 1816. cf. Ann. de l'agric. fr. T. 67. p. 209. — Gohier Mem. et observ. T. II. p. 126.

andere an der Spitze und am Grunde zugleich schwarz, und blieben in der Mitte weiss, die am Schwanze wurden wieder ganz schwarz.

---

3. Von den Hufen und Klauen.

§. 83.

Die Hufe der Einhufer erleiden in der Form mancherlei Abweichungen, von welchen man folgende kennt: den Bockhuf, schiefen Huf, Zwanghuf, Platthuf, Vollhuf.

Bei dem Bockhufe steht die Wand zu steil, d. h. mehr senkrecht, als schräg, und die Trachtentheile sind fast so hoch wie der Zehentheil; diese fehlerhafte Form kommt bei Pferden vor, die im Fesselgelenke zu wenig durchtreten, bei welchen also die Beugesehnen verkürzt sind, oder bei welchen die Stellung der Knochen ursprünglich zu steil ist. Der schiefe Huf besteht darin, dass entweder die innere Seitenwand zu stark nach innen, oder die äussere zu stark nach aussen gerichtet ist, und dass auf der schiefen Seite der untere Rand mehr abgenutzt ist, als auf der andern. Die fehlerhafte Stellung der Gliedmaassen scheint die häufigste Veranlassung zu seyn.

Zwanghuf heisst die Form, wo die hinteren Enden der Wand oder die Trachten einander zu nahe stehen, weil der Strahl zu klein, oder zu stark zusammengezogen ist. Der Fehler kommt meistens nur bei den Höhenpferden, also bei den von arabischer Abkunft, vor, und ist in zu grosser Sprödigkeit des Horns begründet.

Bei dem Platt- oder Flachhufe steht die Wand sehr schräg, und die Sohle ist fast flach, anstatt hohl zu seyn; die Trachten sind gewöhnlich sehr entfernt, daher ist der Strahl sehr breit. Nicht selten enthält die Wand des Platthufes ringförmige Wülste, und dann erhält er den Namen Ringelhuf. Bei den Niederungspferden ist dieser Fehler häufig, und es scheint die zu wagerechte Lage des Hufbeins und das hierbei zugleich starke Durchtreten im Fesselgelenk die Ursache zu seyn.

Der Vollhuf endlich, der nachtheiligste Fehler, besteht darin, dass die zu dünne Sohle nach unten gewölbter ist, wobei auch die Wand zu schräg steht und gewöhnlich mit ringförmigen kleinen Wülsten versehen ist. Der Zehentheil der Wand ist oft einige Zoll dick. Die Ursachen dieser fehlerhaften Form des Hufes bestehen in einer fehlerhaften Stellung des Hufbeines, indem es sich der senkrechten Richtung zu sehr nähert; diese wird in den meisten Fällen durch die Ausschwitzung in der entzündeten Haut, die das Hufbein überkleidet, hervorgebracht.

§. 84.

Die Hufe der Einhufer, die Klauen der Wiederkäuer und Schweine, und die Krallen der Hunde haben dann eine unverhältnissmässig lange Wand, wenn die Thiere zu wenig auf festem Boden laufen, oder bei krankhafter Stellung des Fusses die Erde gar nicht damit berühren, namentlich bei dem Stelzfuss der Pferde, wo beim Gehen die vordere Fläche des Fesselgelenkes die Erde berührt. Die Wand eines solchen, nicht abgelaufenen Pferdehufes, von einem Stelzfusse ist bisweilen über 1' lang. Bei den übrigen Hausthieren kommt diese Verlängerung, ohne dass Stelzfuss zugegen ist, sehr oft vor, und hat keine anderen Nachtheile, als dass die Thiere leicht stolpern; bei den Hunden ist es weniger häufig, weil diese ihre Krallen zum Scharren gebrauchen, und bei Katzen fand ich noch nie eine solche Verlängerung, obgleich sie beim gehen die Erde nicht mit den Krallen berühren.

§. 85.

So wohl an der äussern, als an der innern Fläche der Hornwand des Pferdehufes kommen Auswüchse vor:

die ersteren nennt man Knollhufe. Den an der innern Fläche, und zwar an verschiedenen Stellen vorkommenden Auswüchsen hat Vatel*) den ganz unpassenden Namen: Hornblattbruch (*Keraphyllocele*) gegeben. Durch diese wird ein immerwährender Druck auf die sogenannte Fleischwand ausgeübt, und dadurch Hinken verursacht, auch schwindet das Hufbein an der Stelle, auf welche dieser Auswuchs drückt. Die sog. chronische Hufgelenklähme (das chronische Hinken) mag oft durch dergleichen innere Auswüchse der Hornwand verursacht werden.

§. 86.

Trennung des Zusammenhanges wird am Hufe des Pferdes nicht selten gefunden, und man benennt sie nach der Richtung und dem Orte des Vorkommens verschieden, nämlich Hornspalte, Ochsenklaue und Hornkluft.

Die Hornspalte kommt an den Seitentheilen, die Ochsenklaue am Zehentheile der Hornwand vor, und beide sind Spalten, die in der Richtung der Hornfasern gehen. Sie gehen entweder vom untern Rande aus, oder sie entstehen am Saume, und setzen sich nach unten fort, oder sie finden sich in der Mitte zwischen dem oberen und unteren Rande der Wand. Sie sind entweder unvollkommen, d. h. nicht die ganze Wand durchdringend, oder vollkommen, wenn sie bis auf die Fleischblättchen gehen, wobei diese wohl gar durch die Spalte hervortreten. Diese letzte Form ist am nachtheiligsten, weil sie ein starkes Hinken verursacht.

Die Hornkluft ist eine Querspalte der Hornwand, die, wie jene, oberflächlich und tief seyn kann; sie entsteht nur durch äussere Gewalt, namentlich durch das Treten mit den Stollen des Hufeisens. Die Hornspalte und Ochsenklaue werden zwar auch auf ähnliche Weise

*) Im Recueil de Médecine vétérinaire. 1828. Janv. p. 38. Fevrier. p. 91. Pl. 1. 2.

erzeugt, entstehen aber auch an spröden Hufen schon durch das anhaltende Gehen auf hartem Boden. Namentlich gilt dies von solchen Fällen, wo die Hornspalte am untern oder Trage-Rande der Wand zuerst entsteht, indem hier gewöhnlich die Wand zu weit über die Sohle hervorgewachsen ist. Coulbaux*) bemerkt aber, und wie ich glaube mit Recht, dass die Entstehung der Hornspalten am Saume und in der Mitte der Wand weniger von mechanischen Ursachen, als vielmehr von einer Reizung der sogen. Fleischkrone und Fleischwand, in Folge welcher eine stärkere Hornabsonderung an der gereizten Stelle entsteht, ausgeht. Es vergleicht die Trennung der Hornfasern mit dem Aufreissen der äussern Baumrinde, wenn nämlich die Erzeugung der Rinde von innen heraus sehr stark ist; denn er bemerkte längere Zeit vorher, ehe der Riss entstand, das Horn an dieser Stelle runzelig. Bei einem Pferde behandelte er dreimal die Hornspalte, zweimal am linken, und einmal am rechten Vorderfusse.

Die Trennung der Hornwand von der Hornsohle kommt bei spröden Hufen nicht selten vor, entsteht an einer Stelle und setzt sich fort, wenn nicht durch einen zweckmässigen Hufbeschlag vorgebeugt wird.

Der ganze Huf trennt sich von den Weichgebilden und fällt ab (Ausschuhen), wenn nach einer Entzündung die Eiterbildung lange gedauert hat, und wenn dem Eiter nicht gehörig Abfluss verschafft worden ist.
Dasselbe geschieht in der bösartigen Klauenseuche der Wiederkäuer und Schweine, auch bei Hunden fallen bisweilen die Krallen ab, wenn die Füsse verbällt sind, was Huzard**) beobachtete. Es entsteht zwar ein neuer horniger Ueberzug, er ist aber oft gegen den gesunden sehr krüpelhaft.

---

*) Quelques réflexions sur la division de la corne du pied des monodactyles, appelée Seime; im Recueil de médec. vétér. 1827. Avril. p. 150 et suiv.

**) Instruct. et observat. etc. 1791. p. 218.

§. 87.

Eigentliche Krankheiten, in dem Sinne, wie man sie bei den sich reproducirenden Organen annimmt, kommen an den Hufen so wenig, wie an andern hornigten Gebilden vor, indessen nennt man manche abweichende Zustände auch an diesen Organen Krankheit, z. B. den fauligen Strahl und den Strahlkrebs. Beide sind in den äussern Erscheinungen fast gleich, und sie unterscheiden sich nur darin, dass bei dem Strahlkrebs immer ein Leiden anderer Art, namentlich die Mauke, vorangeht, was bei dem fauligen Strahl nicht der Fall ist. Bei beiden Uebeln quillt aus der Strahlgrube eine schmierige, stark und übelriechende Flüssigkeit hervor, welche die benachbarten Theile zerstört.

Das Wesen des fauligen Strahles scheint darin zu bestehen, dass durch Eindringen einer zerstörenden Flüssigkeit in die Hornsubstanz, z. B. der Mistjauche, eine faulige Auflösung derselben erfolgt, indem die Absonderung der Hornmasse nicht hinlänglich geschieht, wie bei dem Zwanghufe, weshalb das nach aussen liegende Horn endlich eine chemische Auflösung erleidet. Bei dem Strahlkrebs bewirkt immer eine von der Gefässhaut des Fusses abgesonderte krankhafte Materie die Zerstörung an einer Stelle, indem zugleich an einer andern das Horn in faserigen Büscheln wuchernd hervorwächst. Bei Quetschungen der sog. Fleischsohle, wobei Blut zwischen sie und die Hornsohle ausgetreten ist, dringt dieses in das Gewebe der Hornsohle, und färbt sie gewöhnlich im Eckstrebenwinkel blauröthlich, woher auch der Name: blaues Mahl, und weil die Quetschung am häufigsten durch eingeklemmte Steinchen entsteht, so wird sie auch Steingalle genannt.

VIII. Von den Knochen.

§. 88.

Die regelwidrige Zahl der Knochen des Skelettes ist immer angeboren, nur bei den Zähnen kann eine Abweichung in der Zahl erst dann bemerkt werden, wenn sie alle ausgebrochen und die Milchzähne gewechselt sind. Eine relative Ueberzahl beobachtet man da, wo die Milchzäne nach dem Erscheinen der bleibenden Zähne nicht ausgefallen sind; doch kommen auch Fälle vor, wo wirklich mehr Zähne, als gewöhnlich, vorhanden sind. Otto [1]) sah in dem Unterkiefer eines Pferdes zu Alfort neun Schneidezähne, ich sah auch in dem Unterkiefer eines Pferdes 14 ausgebildete Backenzähne, und Girard [2]) fand sie im Oberkiefer eines Pferdes. Bei Hunden beobachtet man nicht selten das Stehenbleiben der Milchschneidezähne, seltener der Eckzähne.

Einzelne Zähne fehlen bisweilen; namentlich wurde bei einem Pferde im linken Oberkiefer ein Schneidezahn vermisst [3]), bei einem Hunde fehlten mehrere Backenzähne [4]); bei Hengsten fehlen bisweilen die Hakenzähne. In dem von Rudolphi beobachteten Falle waren die zwei Schneidezähne der linken Seite grösser, als zwei der rechten, daher schlossen die sechs Schneidezähne des Unterkiefers völlig mit den fünf Schneidezähnen des Oberkiefers.

§. 89.

Die regelwidrige Lage der beweglich verbundenen Knochen wird Verrenkung (*Luxatio*) genannt, wenn die im Normalzustande sich berührenden Gelenkenden so von einander abgewichen sind, dass die ursprüngliche Richtung verändert ist; findet aber nur eine geringere

---

1) Lehrbuch der pathologischen Anatomie. S. 189. Anm. 5.
2) Procès-verbal etc. à l'école vétér. d'Alfort. 1809. Annales de l'agric. franç. T. 39. p. 374.
3) Rudolphi, anat. physiol. Abhandlungen. Berlin 1802. S. 145.
4) Allgemeine Historie der Natur. Th. VII. Bd. II. S. 235. No. 1396.

Abweichung Statt, so wird dies Verstauchung (*Subluxatio*) genannt. Die Verrenkung ist nur bei starker Dehnung oder Zerreissung der Bänder möglich, und erfolgt mithin an solchen Gelenken leichter, die nur schwache und wenig Bänder haben, z. B. das Schultergelenk, doch verhindern die um das Gelenk gelagerten Muskeln die häufige Verrenkung. Bei der Verstauchung findet zwar auch eine Dehnung der Bänder Statt, aber nie eine Zerreissung. Alle Verrenkungen sind bei den grossen Hausthieren sehr schwierig einzurichten, oft ist dies ganz unmöglich, weil die Ausdehnung wegen der grossen Muskelkraft nicht geschehen kann.

§. 90.

Die Verrenkung des Unterkiefers kommt sehr selten vor, und kann überhaupt nur dann geschehen, wenn das Maul weit geöffnet ist, und die Wirkung der Kaumuskeln aufgehört hat. Man sieht sie bisweilen bei Hunden, die mit offenem Maule laufen und auf den Unterkiefer fallen; oder auch bei solchen, die auf den Unterkiefer geschlagen werden, indem sie beissen wollen.

Eine unvollkommene Verrenkung des Unterkiefers sah Massot*) bei einem Pferde, bei welchem der linke Gelenkfortsatz etwas nach aussen hervorgetreten war. Da der Zustand erst am vierten Tage erkannt wurde, so war die Entzündungsgeschwulst eingetreten. Bis dahin hatte man nur sehr beschwerliches Kauen, und das Unvermögen, einen Futterbissen zu verschlucken, bemerkt. Nachdem auch die Einrichtung gemacht war, blieben jene Beschwerden, und es zeigte sich nach gehobener Entzündung eine harte, unschmerzhafte Geschwulst an der Stelle des Gelenkes; erst nachdem diese mit dem glühenden Eisen gebrannt worden war, liessen die Zufälle nach, indessen geschah das Kauen immer nur langsam. Als das Pferd

*) Luxation incomplète de l'Articulation temporo-maxillaire du coté gauche; in Dupuy's Journal pratique. etc. 1826. Décembre. p. 543.

nach 10 Monaten, des Rotzes wegen, getödtet wurde, fand sich eine dicke, harte, dem Horn ähnliche Lage um den Zwischenknorpel, das Kapselband war verdickt und verknöchert. — Man findet aber bei Pferden bisweilen eine schiefe Stellung des Unterkiefers, ohne Verrenkung, wodurch eine ganz unregelmässige Abreibung der Zähne erfolgt, nämlich an den Seiten, statt an der obern Fläche. Die Lage und Richtung der Zähne erleidet auch Abweichungen; so findet man bei Hunden die Schneidezähne im Unterkiefer sehr wagerecht und daher über die Zähne des Oberkiefers hervorragend. Der linke Eckschneidezahn im Unterkiefer eines Pferdes stand umgekehrt, so dass die vordere Fläche nach hinten gekehrt war *).

Die vollkommene Verrenkung des Kopfes vom ersten Halswirbel, und die Verrenkung eines Wirbels am andern, wenn sie etwa vorkommt, ist gewöhnlich mit Brüchen der verrenkten Knochen, oder mit Zerreissung der Faserknorpel gleichzeitig vorhanden, und wird immer wegen Quetschung, oder Zerreissung des Rückenmarkes tödtlich.

§. 91.

Die Verschiebung eines Beckenbeines in der Verbindung mit dem Kreuzbeine kommt bisweilen bei jungen Thieren vor, die an feste Gegenstände anrennen, und dieser Zustand wird Einhüftigkeit genannt. An den vordern Gliedmaassen kommen bei Pferden und Wiederkäuern Verrenkungen im Schultergelenk und im Fesselgelenk vor, doch sind die ersten gewiss sehr selten; dagegen kommt die Verrenkung des Schienbeines (Vorder-Mittelfussknochens) nach vorn nicht selten vor, und heisst Ueberköthen. Bei zunehmender Dehnung, oder bei erfolgter Zerreissung der Bänder, und bei zunehmender Verkürzung der Beugesehnen, tritt endlich das Thier mit der vordern Fläche des Gelenkes auf, wobei

*) Im Museum der Thierarzneischule. No. 737.

der Fuss nach hinten und nach der innern, oder äussern Seite gekehrt ist. Man nennt dies einen Stelzfuss. Bei den kleinen Hausthieren kommen auch an den übrigen Gelenken der vordern Gliedmaassen Verrenkungen vor, und sie sind bei ihnen auch wieder einzurichten. — Das Ueberköthen der Pferde wird mittelst Durchschneidung der Sehne des Hufbeinbeugers bisweilen ganz gehoben, wovon Bouissy [1]) einige Beispiele anführt. Auch andere machten die Operation mit gutem Erfolge. [2])

Die Verrenkung des Backenbeines geschieht nur mit Zerreissung des runden, und grosser Ausdehnung des Kapselbandes, und der Gelenkkopf tritt gewöhnlich in das eirunde Loch, oder über die Pfanne; dies letzte wurde bei einem Pferde und bei einem Maulthiere gefunden [3]). Suter [4]) beobachtete jenes bei einer Kuh, die dabei zuletzt noch ziemlich gut gehen konnte. Er fand die alte Pfanne mit Knorpel ausgefüllt, und um den Gelenkkopf hatte sich auch ein knorpeliger Rand gebildet. — Die vollkommene Verrenkung des linken Backenbeines aus der Pfanne, bei einem Soldaten-Pferde, welches sich mit seinem Reuter überschlagen hatte, beobachteten Saussol und Ranson [5]). Die Einrenkung wurde sogleich versucht, und gelang endlich nach vieler Anstrengung, so dass das Pferd zum Dienst wieder brauchbar wurde.

Verrenkung der Kniescheibe (Ramm, Ramp, Rammpf genannt) kommt auch bei den grossen Hausthieren nicht ganz selten vor, und der Knochen tritt sel-

1) Im Rec. de médec. vétér. 1830. Juin. p. 346.
2) Observations sur les pieds-bots; in Dupuy's Journ. prat. 1826. Mai. p. 202.
3) Proc.-verb. etc. à l'école vétér. de Lyon 1810. p. 5. Proc.-verb. etc. à l'école vétér. d'Alfort 1815. p. 19.
4) Im Archiv für Thierheilkunde. Von einer Gesellschaft schweizerischer Thierärzte. 1r. Jahrg. 1816. S. 68.
5) Observ. sur la reduction de la luxation complète de l'articulation coxo-fémorale, dans le cheval; im Recueil de médec. vétér. 1829. Avril. p. 223.

tener nach der innern, gewöhnlich nach der äussern Seite aus seiner Verbindung mit dem Backenbeine. Die Verrenkung entsteht meist dann, wenn die Thiere während des Aufstehens, oder Niederlegens ausgleiten, oder selbst während des Gehens, wenn die Bänder sehr erschlafft sind, wie dies Berger*) bei jungen Pferden beobachtete. Die Einrichtung erfolgt von selbst, wenn das Thier die Gliedmaasse zu strecken versucht, oder kann leicht während der Beugung gemacht werden. Ist aber die Kniescheibe durch einen Schlag nach der innern Seite verrenkt, so ist die Einrichtung wegen der stärkeren Erhöhung am Backenbeine viel schwieriger, oft unmöglich.

Die Verrenkung im Knie- und Sprunggelenk kann bei den grossen Thieren ohne beträchtliche Zerstörung der Bänder nicht geschehen, auch sind Knochenbrüche bei der Verrenkung im Sprunggelenk fast unvermeidlich.

Die Verrenkung im Fesselgelenk kommt an den hintern Gliedmaassen eben so vor, wie an den vordern.

§. 92.

Die fehlerhafte Form der Knochen ist häufiger angeboren, als durch Krankheit, oder durch andere Lebensverhältnisse erworben.

An einem 4 Jahr alten Pferdekopfe in der Sammlung der hiesigen Thierarzneischule**) ist der Hirnschädel so stark gewölbt, wie man ihn nur bei ganz jungen Thieren findet, ohne dass Gehirn-Wassersucht zugegen war. Der Fall ist daher eher für eine Hemmungsbildung, als für einen krankhaften Zustand zu halten. — Die Zähne erhalten durch regelwidrige Stellung und Bewegung des Unterkiefers und daraus folgender fehlerhafter Reibung eine abweichende Form. So fand ich alle

---

*) Observations sur la luxation de la rotule etc. in Dupuy's Journ. prat. 1826. Avril. p. 174.

**) No: 126.

Backenzähne des Ober- und Unterkiefers der linken Seite bei einem Pferde meisselförmig, und so lang, dass die des Unterkiefers bis an den Gaumen reichten. —

Die Rücken- und Lendenwirbel sind bei den Pferden mit Senkrücken nach unten gebogen, was durch die zu frühe Belastung des Rückens und durch zu oft wiederkehrende Trächtigkeit bei Zuchtstuten verursacht wird, jedoch ist diese abnorme Richtung der Wirbel auch bei manchen Thieren angeboren. Der sog. Karpfenrücken oder die Krümmung des Rückgrathes nach oben, scheint bei jungen Pferden, die zum ziehen schwerer Lasten gebraucht werden, am häufigsten zu entstehen.

Die Verkrümmung der Gliedmaassen kommt bisweilen bei Hunden vor, die an einer, der menschlichen Rhachitis ähnlichen, Krankheit leiden.

§. 93.

Die nicht angebornen, und nicht von dem Wachsthum der Knochen, ausgehenden Abweichungen in den Grössenverhältnissen sind immer durch Krankheiten hervorgebracht; sie sind nämlich stellenweis grösser, oder diker, wenn neue Knochenmasse erzeugt worden ist, oder wenn sie aufgetrieben sind; sie erscheinen dünner, oder kleiner, wenn der ganze Knochen, oder eine Stelle desselben geschwunden ist; daher soll bei den Texturfehlern der Knochen mehr darüber gesagt werden.

§. 94.

Die Verwachsung der im gesunden Zustande beweglich verbundenen Knochen, die Gelenkverwachsung (*Anchylosis*), kann an allen Theilen des Skelettes vorkommen, geht von der krankhaften Beschaffenheit der die Knochenenden und namentlich die Gelenkknorpel überziehenden Synovialhaut aus, wenn sie nämlich bei einer Entzündung, statt der Synovia, plastische Lymphe absondert, die endlich verknöchert. Die Beweglichkeit der Gelenke wird aber auch durch Verknöcherung der Gelenkbänder

(s. §. 55.) aufgehoben, und gewöhnlich sind beide Bedingungen gleichzeitig vorhanden. Die Verknöcherung der Faserknorpel, welche die Wirbel verbinden, kommt am Rückgrath der Pferde sehr oft vor, und zwar vielleicht deshalb, weil ihr Rückgrath durch das Tragen der Lasten mehr angegriffen wird, als das anderer Thiere; daher findet man nicht selten alle Rücken- und Lendenwirbel zu einer ganz unbeweglichen Knochenmasse vereinigt, indem auch die Zwischendornbänder verknöchern. Viel seltener sind einige Halswirbel durch Verknöcherung der Faserknorpel unbeweglich vereinigt.

Es versteht sich von selbst, dass in diesen Fällen die Krümmung des Rückgrathes nicht geschehen kann, und dass überhaupt jede Bewegung desselben aufgehoben ist, daher leiden die Theile bei der Einwirkung einer äussern Gewalt weit mehr, da alle Nachgiebigkeit fehlt, und die gewöhnlich den Tod verursachenden Wirbelbrüche sind unter diesen Umständen nicht selten.

Eine vollständige Gelenkverwachsung des Hinterhauptsbeines und des ersten Halswirbels habe ich bei Pferden einigemal gesehen, aber es ist mir kein Fall bekannt, wo dies zwischen dem ersten und zweiten Halswirbel statt gefunden hätte, eben so wenig wie an den Gelenken des Unterkiefers.

An den Gliedmaassen sind wohl wenige Gelenke, etwa das Arm- und Kniegelenk ausgenommen, wo nicht einmal die Verwachsung gefunden worden wäre; die meisten Sammlungen enthalten Präparate davon. Am seltensten kommt wohl die Verwachsung des Schulter- und Hüftgelenkes vor, doch sind Fälle davon vorhanden; vom ersten ist ein Präparat im Museum der Thierarzneischule *), vom andern sah Rudolphi **) einen Fall in Hannover. Die Verwachsung der Knochen des Sprung-

*) No: 222.

**) Bemerkungen aus dem Gebiete der Naturgeschichte etc. Th. I. S. 77.

gelenkes unter sich, unter dem Namen Spat bekannt, ist bei Pferden eine oft vorkommende Krankheit, doch sind fast immer Exostosen an der innern Seite (auch an der äussern) und Verknöcherung der besondern Bänder gleichzeitig vorhanden.

§. 95.

Die regelwidrige Trennung des Zusammenhanges eines Knochens besteht entweder in einem Knochenbruche (*Fractura*), oder in dem Losreissen eines Ansatzes bei Knochen junger Thiere. Dieser letzte Fall kommt bisweilen an dem Gelenkkopfe des Oberschenkelbeines (Backenbeines) bei dem Pferde und Rinde vor, wenn das runde Band der äussern Gewalt widerstand.

Jeder Knochen bricht, wenn eine hinreichende äussere Gewalt unmittelbar, oder unter Umständen auch nur mittelbar, auf ihn einwirkt. Die mittelbare Einwirkung des Stosses sieht man bei dem Bruche des Hinterhauptsbeines, wenn Thiere auf das Maul niederstürzen, oder des Beckens, wenn sie auf die Seite fallen und die hervorstehenden Umdreher des Oberschenkelbeines nur die Erde berühren, nicht das Hüftbein selbst.

Man unterscheidet den Längenbruch (*Fractura longitudinalis*), den Querbruch (*Fractura transversa*), den schiefen Bruch (*Fract. obliqua*) und den Splitterbruch (*Fract. comminuta*). Ist die Trennung des Zusammenhanges unvollkommen, so wird dies Knochenriss (*Fissura ossium*) genannt. Ein complicirter Knochenbruch ist der, wo zugleich beträchtliche Verletzungen der Weichgebilde statt finden. Das Erkennen eines Knochenbruches am lebenden Thiere ist oft sehr schwierig; als Merkmale kann man das knarrende Geräusch, die oft veränderte Richtung, und die Schwierigkeit bei dem Gebrauche des kranken Theiles ansehen.

§. 96.

Die Heilung der Konchenbrüche und der Wiederersatz verloren gegangener Knochentheile geschieht zwar langsamer, aber vollständiger als die in den Weichgebilden, und die Bildung der neuen Knochenmasse ist der ersten Knochenbildung im Wesentlichen ähnlich. Die bei der Heilung eines Knochenbruches beobachteten Erscheinungen sind folgende. Aus den zerrissenen Gefässen des Knochens, besonders aber der Mark- und Beinhaut, und bei Splitterbrüchen auch aus den Gefässen der den Knochen umgebenden Weichgebilde wird Blut ergossen, und zwar um so mehr, je grösser die Verletzung des Knochens selbst und, durch ihn, der Umgebungen ist, so dass nicht allein die Bruchstelle, sondern oft der ganze Knochen mit Blut bedeckt ist. Dieses gerinnt bald, und macht die Grundlage der zu bildenden neuen Knochenmasse aus. Der rothe Bestandtheil verliehrt sich nach und nach, der zurückbleibende Faserstoff erleidet durch einen organisch-chemischen Prozess eine Veränderung, denn er wird in Gallert umgewandelt, und diese verdichtet sich endlich zu wahrem Knorpel. Ist der ganze Bildungsprozess bis hierher gediehen, so entsteht aus dem benachbarten Zellgewebe eine neue Beinhaut, weil die alte durch das zwischen ihr und dem Knochen ergossen Blut an der Wiedervereinigung gehindert, und daher aufgesaugt worden ist. Mit der neuen Beinhaut erhält der Knorpel auch neue Blutgefässe, welche ihm arterielles Blut zuführen, aus welchem dann an verschiedenen Stellen zugleich die Knochenerde abgesetzt wird, bis endlich aller Knorpel überall davon durchdrungen und dadurch zum Knochen geworden ist, der sich mit dem noch gesunden Knochen so innig derbindet, dass beide ein zusammenhängendes Ganzes darstellen. In solchen Knochen, welche eine Markhöhle, oder Diploë haben, wird diese Höhle ebenfalls durch die neue Knochenmasse ausgefüllt, daher ist der so vereinigte Knochen an dieser Stelle fester, als an einer andern, und zerbricht nicht leicht wieder.

Die neue Knochenmasse, Beinschwiele (*Callus*)

genannt, ist anfangs lockerer und poröser, als der gesunde Knochen, auch reicher an Gefässen, als dieser, sie wird später gewöhnlich härter, fester und noch ärmer an Gefässen, als der alte Knochen.

§. 97.

Wenn die zur Heilung eines Knochenbruches nothwendigen äussern Bedingungen erfüllt worden sind, nämlich die, dass die Bruchenden möglichst nahe zusammengebracht und zusammengehalten werden, so wird nur eben so viel Callus erzeugt, als zur festen Verbindung der getrennten Theile nothwendig ist, und an der ehemaligen Bruchstelle zeigt sich eine geringe, oft kaum merkliche Erhöhung, welche man die Knochennarbe nennt. Bleiben aber die Bruchenden von einander entfernt (was bei den Thieren wegen der beständigen Unruhe und der schwer zu erhaltenden Bandagen oft gechieht), so wird zur Vereinigung derselben eine grössere Menge von Callus nöthig, und da er nie so eben wird, wie der gesunde Knochen ist, so entsteht ein mehr oder weniger grosser Höcker (*Callus luxurians*). Können aber die gebrochenen Knochen gar nicht in Ruhe erhalten werden, wie z. B. die hinteren Rippen, so erfolgt keine Vereinigung der Bruchenden, sondern diese werden nur mit Callus bedeckt, die Unebenheiten werden ausgeglichen, die neue Beinhaut verwandelt sich in ein Band, und es entsteht ein künstliches oder neues Gelenk, wie man dies bei Querbrüchen der Rippen so oft sieht. Ist der Bruch an dem Gelenkende, wobei das Kapselband nicht selten zerrissen ist, so wird auch aus dem in die Gelenkhöhle ergossenen Blute Callus erzeugt, und der noch gesunde Knochen wird mit dem gebrochenen durch ihn unbeweglich verbunden, es entsteht also Gelenkverwachsung.

§. 98.

Das Wiedererzeugungsvermögen (*Regenera-*

tio) ist in den Knochen sehr gross, so dass ganze Knochen, die abgestorben, oder durch Knochenfrass zerstört sind, wieder gebildet werden, wenn auch nicht in derselben Beschaffenheit, wie die ursprünglich entstandenen waren, denn der neu entstandene Knochen ist plumper, dicker und unebener. Der Hergang bei der Bildung eines ganzen Knochens ist im Wesentlichen so, wie er bei der Heilung eines Knochenbruches geschildert wurde, nur mit dem Unterschiede, dass sowohl bei dem Absterben (*Necrosis*) eines Knochens oder Knochentheiles, als auch bei dem Knochenfrass (*Caries*) die Beinhaut zuerst ergriffen, nämlich entzündet wird. Sie wird also dicker, trennt sich von dem Knochen *), wobei die in ihn dringenden Ernährungsgefässe zerreissen, und der Knochen hört auf lebendig zu seyn, d. h. der Stoffwechsel geschieht nicht mehr und der todte Knochen unterliegt dem chemischen Leben, nämlich der Zerstörung aus sich selbst. Bei diesem Lostrennen der Knochenhaut wird Blut aus ihren Gefässen in den Raum zwischen ihrer innern Fläche und der äussern Fläche des Knochens ergossen, welches die Veränderungen erleidet, wie sie oben geschildert worden, bis es endlich zu Knorpel geworden, in welchem die Knochenerde aus den Gefässen der noch vorhandenen Beinhaut, die in ihn übergehen, erzeugt wird. Der so entstandene neue Knochen hängt anfangs sehr genau mit dem alten zusammen, bis an seiner innern Fläche eine Markhaut entsteht, die eine völlige Trennung vom alten Knochen bedingt. Der abgestorbene Knochen wird Sequester (*Sequestrum*) (Vergl. Tab. I. II.) der neue wie eine Scheide jenen umgebende Sequesterscheide (*Vagina s. Capsula sequestri*) genannt. In dieser befinden sich immer mehrere Oeffnungen mit glatten Rändern, durch welche die äussere Beinhaut mit

der

*) An zwei in dem Museum der Thierarzneischule befindlichen Schulterblättern von Pferden ist dies sehr deutlich, indem auch der Knorpel des Schulterblattes mit der alten Knochenhaut zugleich an den neuen Knochen übergegangen ist.

der Markhaut Verbindungen eingeht, und durch welche die ätzende, durch die Auflösung des alten Knochens entstandene, Flüssigkeit nach aussen dringt und sich in den Weichgebilden Fistelgänge bildet; daher hat Weidmann diese Löcher Kloaken (*Cloacae*) genannt, bei Troja heissen sie grosse Löcher (*Foramina grandia*), zum Unterschiede der kleinen, durch welche die Ernährungsgefässe in den neuen Knochen eintreten.

§. 99.

Es können, wie schon erwähnt, alle Knochen brechen, wenn die äussere Gewalt dazu stark genug ist, aber bei einigen geschieht dies häufiger, als bei anderen; auch sind die Knochen mancher Thiere, namentlich der Schafe, wegen ihrer grösseren Sprödigkeit leichter zerbrechlich, als die Knochen anderer Thiere, wo dieses nicht der Fall ist.

1. Brüche der Kopfknochen.

An den Stirnbeinen der gehörnten Wiederkäuer brechen die knöchernen Zapfen, welche die Hörner tragen, während des Kampfes und bei andern Gelegenheiten nicht selten ab; sie werden aber bei gehöriger Reposition und Retention leicht, und verhältnissmässig schnell, mit den Stirnbeinen wiedervereinigt, weil ihr häutiger Ueberzug reich an Blutgefässen ist, und weil deshalb die Callusbildung schneller erfolgt.

Die Scheitelbeine zerbrechen durch Schläge auf den Kopf, namentlich sah ich dies auch bei einem Eselhengste, der durch einen Pferdehengst geschlagen worden war.

Das Hinterhauptsbein zerbricht, wenn die Pferde mit Gewalt auf das Maul niederstürzen, durch Fortpflanzung der Erschütterung, die sich nun in diesem Knochen concentrirt, weil die Verbindung mit dem Atlas beweglich, also nachgiebig, ist; noch leichter bricht dieser Knochen und bisweilen die ganze Hirnschaale, wenn die Thiere mit dem Hinterkopfe an einen festen Gegenstand anstossen, oder wenn sie zurückfallen. — Eine Heilung des Bruches findet weder am Hinterhauptsbeine, noch an den Scheitelbeinen Statt (oder doch gewiss nur höchst selten), weil die äussere Gewalt nebst dem Knochenbruche auch eine Gehirnerschütterung, oder durch das Eindringen der Knochensücke Druck, oder Verletzung des Gehirns hervorbringt, die fasst immer tödlich werden. Eben so verhält es sich auch mit den übrigen Hirnschädelknochen, wenn sie etwa brechen, wovon mir indessen keine speciellen Fälle bekannt sind.

An den übrigen Kopfknochen beobachtet man Brüche der grossen und kleinen Kieferbeine, der Nasenbeine, der Jochbeine und des Unterkiefers, letztere nicht selten, und der Bruch ist gewöhnlich an einer oder der andern Seitenhälfte, nahe am Kinnwinkel, oder im Körper selbst.

Die Heilung erfolgt nicht immer, weil die Thiere den Unterkiefer nicht so lange Zeit, wie zur Heilung nöthig ist, ruhig halten können, doch sind mehrere Fälle bekannt, wo vollständige Heilung erfolgte. In Alfort*) beobachtete man dies bei zwei Pferden; bei einem war der Bruch in der Nähe des Gelenkfortsatzes, und wahrscheinlich durch starkes Beissen entstanden, bei dem andern war er weiter nach vorn.

Drei andere Fälle sind von Changeux beobachtet und im Recueil de médecine vétérinaire**) mitgetheilt worden. Bei einem Pferde war der rechte, bei dem zweiten der linke Ast, nahe am Kinnwinkel, und beide durch Schläge von anderen Pferden gebrochen. Ein drittes Pferd brach sich selbst beide Aeste, indem es die Zähne zwischen zwei eichne Bohlen geklemmt hatte. Die vollständige Heilung erfolgte bei allen dreien in 6 und 7 Wochen.

---

*) Procès-verbal etc. à l'école vétérin. d'Alfort. 1811. p. 5. cf. Annales de l'agric. franç. T. 47. p. 330.

**) 1825. Avril. p. 160. et suiv.

Clichy *) behandelte einen Hengst, dem die linke Hälfte vom Körper des Unterkiefers bis hinter den Hakenzahn durch einen Schlag von einem andern Pferde abgebrochen war, wobei die drei Schneidezähne zugleich ausgeschlagen waren. In 6 Wochen war die vollständige Heilung des Bruches beendigt, indem das Thier in den beiden ersten Wochen nur Mehl und Kleien-Tränke, später gekochten Hafer, dann eingeweichtes Heu zur Nahrung erhielt. Vor einiger Zeit zeigte mir mein College, Dr. Hertwig, ein Pferd, bei dem ein Bruch am linken Aste des Unterkiefers, nahe am Kinnwinkel, so vollständig und zwar ohne Anwendung von Bandagen, geheilt war, dass nur eine unbeträchtliche Hervorragung zu bemerken war.

Der Bruch am obern Ende des grossen Kieferbeines und des Jochbeines, durch einen Hufschlag entstanden, wurde von Rewel **) bei einem Pferde gesehen. Es waren fünf Stücke abgebrochen, und der Augapfel war durch die eingedrungenen Stücke hervorgedrängt; durch einen Kreuzschnitt in die Haut, und durch einen Längenschnitt auf der Jochbrücke, wobei die Schläfenarterie unterbunden werden musste, konnte er erst zu den Knochensplittern gelangen um sie zu entfernen. Die Heilung erfolgte, obgleich an der Bruchstelle eine beträchtliche Vertiefung blieb.

Die kleinen Kieferbeine fand Vollet ***), bei einem zweijährigen Fohlen, von den Oberkieferbeinen abgebrochen, aber auch hier erfolgte die vollständige Wiedervereinigung.

§. 100.

2. Brüche der Rumpfknochen.

Brüche der Wirbel, besonders der Rücken- und Len-

---

*) Fracture complète de la branche gauche du maxillair inférieur dans le cheval etc., im Recueil de médec. vétér. 1826. Juillet. p. 364.

**) Fracture de la partie supérieur du grand sus-maxillaire et du zygomatique etc. Ebend. 1830. Novembre. p. 614.

***) Ebend. 1825. Avril. p. 166.

denwirbel entstehen bei Pferden, wenn sie bei dem Niederwerfen, mittelst des Wurfzeuges, sich sehr sträuben und dann heftig auf die Seite hinfallen, oder wenn sie mit dem Hintertheile unter einen Latirbaum kommen und schnell aufspringen wollen. Es brechen entweder die Körper allein, oder zugleich die Fortsätze, oder diese ohne jene; an den Rückenwirbeln die Dornfortsätze, an den Lendenwirbeln die Dorn- und Querfortsätze. Brüche der Wirbelkörper verursachen fast immer eine Quetschung des Rückenmarkes, und das Thier erlebt die Heilung nicht; die Brüche der Fortsätze sind nicht immer so gefährlich, doch können auch sie mit Erschütterung des Rückenmarkes, oder mit lebensgefährlichen Verletzungen von Eingeweiden, z. B. der Nieren durch Brüche der Querfortsätze der Lendenwirbel, verbunden seyn. Brüche der Halswirbel sah ich nur bei kleineren Thieren, durch einen Biss verursacht, und auch hier war der Ausgang gewöhnlich ungünstig.

Den Bruch des Kreuzbeines beobachtete Saussol*) bei einer Kuh. Sie war beim Weiden in einen Abgrund gefallen, konnte jedoch ohne Hülfe aufstehen und bis zu dem nicht weit entfernten Stalle gehen. Auffallende Betäubung, schneller Puls und beschwerliches Athmen wurden zunächst bemerkt, auf der Croupe war eine beträchtliche Vertiefung. Der Versuch, das abgebrochene Stück mit der in den Mastdarm eingebrachten Hand zu heben, gelang nicht, daher wurde es mit einem hölzernen Hebel (nachdem er mit Leinwand umhüllt und diese in Oel getaucht war), wovon ein Ende in den Mastdarm gebracht, das andere auf eine Unterlage gelegt, mit Kraft in die Höhe gedrückt, worauf es sich auch in der Lage erhielt. Die Zufälle am anderen Tage bestanden in Mattigkeit, Mangel an Fresslust, Beschwerlichkeit im Bewegen des Hintertheiles, und in blutigem Ausflusse aus

*) Fracture du sacrum sur une vache; im Recueil de médec. vétér. 1830. Février. p. 118.

dem After. Der Zustand besserte sich aber bald, und in 6 Wochen war die Kuh völlig hergestellt, nur blieb ein kleiner Eindruck auf der Croupe zurück.

§. 101.

Sehr oft beobachtet man bei den grossen Hausthieren Brüche der Rippen, besonders derer, die hinter dem Schulterblatte liegen, mithin nicht geschützt sind. Die schiefen Brüche heilen oft ohne Zuthun der Kunst, die Querbrüche fast nie, sondern es bilden sich falsche Gelenke. Der einzelne, nicht complicirte Rippenbruch ist höchst selten gefährlich, ja er geht oft ganz unbemerkt vorüber, dagegen entstehen schlimme, oft lebensgefährliche, Zufälle, wenn mehrere Rippen gebrochen sind, was bei alten Thieren nicht selten vorkommt; ich sah bei einem 30jährigen Pferde die meisten Rippen der Seite gebrochen, auf welche es niedergeworfen worden war.

Brüche des Brustbeines kommen wohl nur höchst selten, vielleicht nie vor, da der Knochen schwammig und in seiner Verbindung mit den Rippenknorpeln beweglich ist.

Hingegen sind die Beckenbrüche bei Pferden ziemlich häufig, theils durch Niederfallen auf glattem Boden, theils durch unvorsichtiges Niederwerfen auf nicht gehörig weiche Unterlagen verursacht. Die meisten Beckenbrüche, die ich gesehen habe, waren nahe vor der Gelenkpfanne, in der Gelenkpfanne selbst, oder unmittelbar hinter ihr; doch bricht auch der äussere Winkel des Hüftbeines ab, und die Sitz- und Schambeine zerbrechen, wenn das Thier während des Niederfallens die Hinterschenkel auseinanderspreizt. Diese letzte Art des Bruches ist die gefährlichste, indem die unten am Becken befestigten Muskeln zerrissen und die Harnblase, oder die Beckengefässe durch eingedrungene Splitter gewöhnlich verletzt sind. Bei den übrigen Arten der Beckenbrüche erfolgt zwar gewöhnlich die Callusbildung, aber selten die wirkliche

Vereinigung, weil die Bruchenden bei den Bewegungen des Thieres immer wieder von einander entfernt werden.

§. 102.

3. Brüche der Knochen der Gliedmaassen.

Es ist wohl kein Knochen der Gliedmaasen, etwa einige von der Vorder- und Hinterfusswurzel (*Carpus et Tarsus*) ausgenommen, die man nicht unter den gewöhnlichen Verhältnissen, in welchen die Hausthiere leben, gebrochen gefunden hätte, sogar das Hufbein in seiner hornigen Kapsel zerbricht unter Umständen, gewöhnlich dann, wenn die Pferde, durch Ausschneiden eines Theiles der Seitennerven des Fusses gefühllos gemacht, ungeschickt auftreten.

Bei den grossen Hausthieren erfolgt die Heilung der Brüche der oberen Knochen, namentlich des Schulterblattes, Armbeines, der Vorderarmknochen, des Ober- und Unterschenkelbeines höchst selten, weil diese Thiere die kranke Gliedmaasse nicht anhaltend schonen können, und weil wegen der dicken Muskeln die Einrichtung des Bruches und das Erhalten der Bruchenden in der gehörigen Lage unmöglich ist; daher sind die seltenen gelungenen Heilungen nur als unerwartet günstige Ausnahmen zu betrachten. Hingegen ist die Heilung eines schräg gebrochenen Schienbeines (Mittelfusses), der Fessel-, Kronen- und Hufbeine nicht so selten, aber die Wiedervereinigung der quer gebrochenen Sesambeine geschicht deshalb nicht, weil sie durchaus nicht zusammen zu halten sind, denn die obere Hälfte wird durch den Fesselbeinbeuger nach oben, die untere Hälfte durch das untere Band der Sesambeine nach unten gezogen. Bei einem Bruche der Kniescheibe, der aber wohl sehr selten seyn mag, ist derselbe Uebelstand das Hinderniss der Wiedervereinigung. Bouley der Jüngere sah bei einem Pferde an der linken Vorder-Fusswurzel (Vorderknie) mehrere Bänder zerrissen und das halbmondförmige Bein (*os naviculare*) gebrochen *). An der Hinter-Fusswurzel bricht das Rollbein (*Astragalus*) bisweilen, wenn Pferde schnelle Wendungen auf dem Hintertheile machen, wobei auch gewöhnlich die Seitenbänder zerreissen, weshalb die Heilung noch mehr erschwert ist.

Die kleinen Hausthiere können eine Gliedmaasse, an welcher ein Knochen gebrochen ist, leichter ausser Gebrauch setzen, es lassen sich leichter Bandagen anbringen, und die meisten Knochenbrüche heilen bei ihnen vollständig, besonders bei Schafen, Hunden und Katzen, auch bei den Jungen grösserer Hausthiere heilen die Knochenbrüche leichter.

§. 103.

Die Entzündung der Knochen (*Osteitis*), welche die Veranlassung zu den meisten Knochenkrankheiten ist, kommt gewöhnlich mit der Entzündung der Knochenhaut (*Periosteitis*) verbunden vor, und zwar häufiger an den schwammigen Knochen, als an den festen. Der entzündete Knochen enthält mehr Blut, als früher, wird daher geröthet, schwillt auf, indem er lockerer wird und nach Gendrin's **) Untersuchungen den grösseren Theil der Knochenerde verlohren hat. Die Ursachen der Knochenentzündung sind theils äussere Gewaltthätigkeiten, besonders Quetschungen, theils im Körper vorhandene Krankheiten, namentlich Rheumatismus.

Die Ausgänge sind hier, wie bei nicht zertheilten Entzündungen anderer Organe, nähmlich Ausschwitzung, Eiterung und Brand.

§. 104.

Die Knochenvergrösserung (*Hypertrophia ossium*), welche entweder nur an einer Stelle eines Knochens stattfindet, oder über einen ganzen Knochen, oder

*) Im Recueil de Médec. vétérin. Fevrier 1828. p. 78.

**) Histoire anatomique des inmflammations. Paris et Montpellier 1826. S. 2Vol. Aus dem Franz. übers. von J. Radius. Leipzig 1828. Bd. 1 S. 304.

über mehrere, oder in sehr seltenen Fällen über das ganze Skelett verbreitet ist, wird durch Knochenentzündung bedingt, und die neue Knochenmasse wird fast allgemein für Ausschwitzung gehalten. Jeden Falls findet eine erhöhte Bildungsthätigkeit Statt, wo neue, der alten mehr, oder weniger ähnliche, Knochenmasse erzeugt wird, sie mag nun in einer Entzündung begründet seyn, oder nicht. Die meisten hierher gehörigen Formen der Knochenvergrösserung gehen vom Knochen selbst aus, wenige nur von der Knochenhaut. Man nimmt folgende Arten an: die Gummigeschwulst, den Beinknoten, den Knochenauswuchs, die Knochenwucherung, den Winddorn und die Knochenspeckgeschwulst; die beiden zuerst genannten Arten sind aber, so viel ich weiss, bei den Hausthieren noch nicht beobachtet worden.

§. 105.

Der Knochenauswuchs (*Exostosis*) ist ein von der Substanz eines Knochens ausgehender, über seine Fläche hervorragender, oder in seine Höhle eindringender (dann innerer Knochenauswuchs — *Enostosis* — genannt), von der Knochenhaut bedeckter, krankhaft erzeugter Fortsatz, von verschiedener Grösse und Form, und ist mehr, oder weniger scharf begrenzt. Er ist entweder am Grunde breit und gegen das freie Ende verschmälert; oder am Grunde schmal und am freien Ende dicker; oder endigt mit vielen Spitzen und Zacken. Der noch in der Entwickelung begriffene Knochenauswuchs ist locker, und enthält viele kleine Löcher, durch welche die Blutgefässe zu der hier verdickten Knochenhaut gehen; der völlig ausgebildete ist fest, und hat nur wenige solche Ernährungslöcher. Wenn an einer Stelle, wo ein Knochenauswuchs entsteht, Gefässe und Nerven liegen, so wächst er nicht selten von beiden Seiten über sie hinweg, und bildet einen knöchernen Kanal, oder Halbkanal. Die Haut wird an der Stelle, auf welche ein Knochenauswuchs anhaltend drückt, durch chronische Entzündung sehr verdickt, und geräth auch oft in Eiterung. — Es können zwar an jedem Knochen Exostosen entstehen, indessen beobachtet man sie am häufigsten an den schwammigen Knochen, namentlich an den Körpern der Wirbel, an den Knochen der Vorder- und Hinterfusswurzel, jedoch auch an den flachen und Röhrenknochen.

Häufig entstehen sie in Folge äusserer Gewaltthätigkeiten, oft auch durch Dehnung der Bänder, bei grossen Anstrengungen im jugendlichen Alter, durch ererbtes Missverhältniss der Theile zu einander (daher die ererbte Anlage zum Spat), und sie sind durch die Naturkraft nur dann heilbar, wenn sie frisch entstanden und noch nicht verhärtet sind, später kann man die gestielten Exostosen durch Operation entfernen.

§. 106.

An den Kopfknochen sind die Exostosen weniger oft gefunden worden, als an den Knochen des Rumpfes und der Gliedmaassen, doch sah man sie an verschiedenen Stellen. Eine der merkwürdigsten Erscheinungen ist das Vorkommen derselben in der Schädelhöhle von Ochsen, wo sie vom Keilbeine ausgehen, sehr fest, auf der Oberfläche uneben sind, und (was die älteren Beobachter verleitet hat sie für Versteinerung des Gehirns zu halten) eine beträchtliche Grösse (wie eine Faust) erlangen, ohne dass so auffallende Störungen in den Gehirnfunctionen wahrgenommen wurden, wie man wohl vermuthen sollte. Duverney*) erzählt, dass neben der Exostose in der Schädelhöhle nur wenig weiche und schwammige Substanz vorhanden war, und der Ochse war doch sehr fett und lebhaft. Er hielt diese Exostose für eine Versteinerung des Gehirns. Dagegen fand Bartholin**) auch eine solche Exostose bei einem Ochsen, der aber

*) In Mémoires de l'acad. roy. des Sciences de Paris 1703. p. 261. fig.
**) Epist. VIII. Cent III. & VI. Histor. med. Obs. 91. p. 357.

mager und kraftlos war, und, den Kopf herabhängen liess. In einem von Otto*) beschriebenen Falle fehlten alle Notizen über das Verhalten des Thieres während des Lebens. Ausser diesen drei Beobachtungen sind noch mehrere andere bekannt**).

Die Exostosen am Unterkiefer der Pferde sind nicht selten, namentlich am Körper, oder an den äusssern Seiten der Aeste, nahe am Kinnwinkel, also an Stellen, welche durch Muskeln weniger geschützt sind. Sie sind gewöhnlich gestielt, und nicht gross, etwa wie eine Wallnuss, und da man ihnen leicht beikommen kann, so lassen sie sich auch leicht entfernen. Mehrere Präparate der Art sind im Museum der Thierarzneischule.

An einem, oder dem andern Schneidezahne des Pferdes kommen bisweilen Exostosen vor, die man leicht für den sogen. Weinstein hält, weil sie gewöhnlich auch die gelbe Farbe desselben haben.

§. 107.

Unter den Rumpfknochen leiden die Körper der Rücken- und Lendenwirbel am häufigsten an dieser Knochenkrankheit, und es giebt Beispiele, wo nur wenige dieser Wirbel davon frei sind***); zugleich finden sich auch Exostosen an den Dorn- und Querfortsätzen. Es entsteht daraus natürlich Steifigkeit des Rückgrathes, welche zu Brüchen disponirt, indem auch die verbindenden Faserknorpel gewöhnlich verknöchert sind. Das Pferd hat am häufigsten diese Exostosen, und der Grund liegt

*) Seltene Beobachtungen. I. S. 79. Tab. I. fig. 3.

**) Valisneri, opere fisico mediche. Vol. I. p. 80. — Ephem. N. C. Dec. I. An. 1. Obs. XXVI. p. 92. — Dobrzensky de Negroponte in Misc. Acad. N. C. Dec. I. An. 1. 1670. p. 289. — Giro in Annuaire de la Soc. de Médec. du Dorpat. 1810. p. 90. — Baron in Mém. de l'acad. de Paris 1753. Hist. p. 134. — Simson an Enquiry how far the vital and animal actions etc. Edinb. 1752. p. 259. fig. — Sandifort mus. anatom. Vol. III. p. 392. No. 650. — Pitschel anatom. chirurgische Anmerkungen. Dresden 1784. cf. Otto pathol. Anat. S. 164. Anm. 28.

***) Einige Präparate im Museum d. h. Thierarzneischule.

wohl darin, dass dieses Thier durch Sprünge, mit, oder ohne Last auf seinem Rücken, beim Ziehen von Lasten u. s. f. sein Rückgrath am meisten anstrengt. Zweimal fand ich an dem linken Querfortsatze des letzten Lendenwirbels bei Pferden beträchtliche Exostosen, und bei einem litt auch der linke Winkel des Kreuzbeines daran.

An dem Brustbeine des Rindes sind die Knochenauswüchse nicht selten, hingegen sah ich noch keinen bei den andern Thieren; aber Otto *) sah in Alfort an dem Brustbeine und den Rippen eines Pferdes eine enorme Exostose, die fast in jedem Durchmesser 7 Zoll hatte, und von welcher bis zu den Rückenwirbeln nur 2 bis 3 Zoll Raum war; sie musste also die Brusteingeweide ganz verdrängt haben. An den Rippen kommen die Exostosen auch selten vor. An den Beckenknochen ist diese Krankheit ebenfalls viel seltener, als andere Knochenkrankheiten, jedoch fand Coulbaux **) in dem Becken eines Hengstes, an der Stelle, wo sich Hüft- und Sitzbein verbinden, eine $1\frac{1}{2}$ Zoll lange, spitzige Exostose, welche die Harnblase und die hintere Krümmung des Grimmdarmes beständig gereizt, daher beschwerliches Urinlassen und Kolikschmerzen erregt hatte, an welchen endlich das Pferd starb.

§. 108.

Die Knochen der Gliedmaassen leiden alle, mehr, oder weniger häufig, an Knochenauswüchsen, diejenigen häufiger, welche der Haut näher liegen, daher mehr von äussern gewaltsamen Einwirkungen leiden, wie das untere Ende der Speiche, die Knochen der Vorder-Fusswurzel, die Mittelfussknochen, die Sesambeine und Fesselbeine, die Gräte des Schenkelbeines (*Tibia*), die Knochen des Sprunggelenkes; daher findet man in den meisten Samm-

---

*) Handbuch der pathologischen Anatomie. Breslau 1814. S. 66.
**) Im Recueil de médecine vétérinaire. 1825. Mars. p. 114. et suiv.

lungen dergleichen Präparate. Die an den Mittelfussknochen (Schienbein und Griffelbeine) bei Pferden oft vorkommenden Exostosen nennt man Ueberbeine; und die an dem Fessel-, oder Kronenbeine häufig mit Gelenkverwachsung vorkommenden werden Schaale oder Ringbein (franz. *Forme*) genannt. Spat (franz. *Esparvin*, engl. *Spavin*) heisst die Krankheit der Pferde, in welcher an der innern Fläche des Sprunggelenkes Exostosen entstehen, wobei Verwachsung der Gelenkflächen und Verknöcherung der Bänder fast nie fehlen; die Verwachsung des grossen schiffförmigen Beines (*os naviculare*) mit dem kleinen schiffförmigen (*os cuneiforme tertium*), und dieses Knochens mit dem Schienbeine (*os metatarsi medium*) geschieht gewöhnlich zuerst. Die an der äussern Seite des Sprunggelenkes vorkommenden Exostosen werden nicht Spat genannt; hingegen hat man die Namen Hasenkacke, Hasenspat, Rehbein (franz. *Courbe*), für die, an der hintern Fläche dieses Gelenkes befindlichen, Exostosen angenommen.

Bei den Rindern und Hunden leiden die Zehenglieder oft an Exostosen. — Dulieu *) beobachtete bei einem Hunde Exostosen fast an allen Knochen der vier Gliedmaassen, nur Schulterblatt, Arm- und Backenbein waren frei davon; hingegen waren die beiden zuletzt genannten Knochen erweicht.

§. 109.

Die Knochenwucherung (*Hyperostosis*, *Luxuriatio ossium*) besteht in einer Zunahme des Knochens an Umfang, oder Dicke, entweder nur an einer Stelle, oder am ganzen Knochen, oft an mehreren Knochen zugleich. Man unterscheidet eine innere und äussere Knochenwucherung, jene besteht darin, dass an den flachen Knochen die Diploë mit neuer Knochensubstanz erfüllt,

*) Procès-verbal etc. à l'école vétér. de Lyon 1809. cf. Annales de l'agricult. T. 40. p. 111.

und der Knochen dicker wird, indem die innere und äussere Tafel mehr von einander entfernt werden. Bei der äussern Knochenwucherung liegt die neue Knochensubstanz im Umfange des Knochens auf der alten Substanz auf, ist aber mit ihr verbunden, und geht sowohl von dem Knochen, als von der Beinhaut aus. Sie umgiebt die Gefässe, Nerven und Sehnen in Form von Kanälen, ohne sie wesentlich in ihren Verrichtungen zu stören; die Bänder hingegen werden mit in die Verknöcherung hineingezogen, und sie verschwinden daher als solche. Die Haut wird immer sehr verdickt an solchen Stellen, wo sie dem kranken Knochen nahe liegt. Von der Exostose unterscheidet sich die Knochenwucherung dadurch, dass sie von grösserem Umfange und weniger begrenzt ist; von der Wiedererzeugung des Knochens bei dem Knochenbrande ist sie darin verschieden, dass hier der alte Knochen noch fortbesteht, bei dem Knochenbrande aber theilweise, oder ganz zerstört wird.

Die Ursachen der Knochenwucherung sind theils dynamische, theils mechanische, jene noch nicht genauer gekannt; die einmal vorhandene Krankheit besteht lebenslänglich, weil eine Aufsaugung der so beträchtlich vermehrten Knochensubstanz bis jetzt noch nicht vorgekommen ist, auch kann die Entfernung auf chirurgischem Wege nicht geschehen.

§. 110.

Die Knochenwucherung kommt bei den Thieren nur an den Knochen der Gliedmaassen vor, wenigstens kenne ich keinen Fall an den Knochen des Kopfes und Rumpfes. In der Sammlung der Thierarzneischule befinden sich mehrere Präparate, unter diesen ein Schenkelbein eines Hundes*), welches am obern Ende 5½ Zoll Durchmesser hat; einige Schienbeine (*ossa metacarpi et metatarsi*), Fessel- und Kronenbeine von Pferden, und der Vorderfuss einer Kuh (Tab. II. Fig. 4. 5.), an welchem alle Glieder beider Zehen in eine grosse, löcherige Kno-

*) Vom Kreis-Thierarzte Frankmölle eingesandt.

chenmasse vereinigt sind, die im Querdurchmesser 6 Zoll, im Durchmesser von vorn nach hinten 4 Zoll hat; die Krankheit des Fusses hat Jahre lang bestanden.

§. 111.

Der Winddorn oder Knochenwurm (*Spina ventosa, Teredo*) besteht in einer Auftreibung des Knochens mit Bildung von Knocheneiter. Der an dieser Krankheit leidende Knochen hat an Umfang zugenommen, ist sehr locker, und enthält viele knöcherne Blasen und Knochenspitzen, in den Zwischenräumen dünnen Knocheneiter, welcher die Haut zerstört und ein Geschwür mit schwammigen Rändern erzeugt, welches dem Thiere ein heftiges Jucken verursacht. Die platten und schwammigen Knochen leiden häufiger an dieser Krankheit, als die festen Röhrenknochen, und die Veranlassungen dazu sind äussere Gewaltthätigkeiten. Man hielt bisher dieses Uebel für unheilbar, doch will Ziller*) von dem Brennen und dem Gebrauche der Myrrhen-Tinctur mit Kalkwasser guten Erfolg gesehen haben, und Leblanc**) hat in mehreren Fällen durch Entfernung des kranken Theiles die Genesung herbeigeführt.

§. 112.

Der Unterkiefer leidet nicht selten an dieser Krankheit, entweder der Körper, oder einer von den Aesten, und zwar am meisten bei dem Rindvieh. Die Schneide- und Backenzähne werden so locker, dass sie leicht ausfallen, und das Thier wird sehr am Kauen gehindert; ist die Auftreibung im Kehlgange, so wird auch das Schlingen gehindert, ja endlich ganz unmöglich. Auch am Oberkiefer bei Rindern kommt die Krankheit vor, jedoch seltener. Nächst dem Unterkiefer kommt das Uebel auch

---

*) In André's und Elsner's ökonomischen Neuigkeiten und Verhandlungen. 1830. No. 1. S. 8.

**) Tumeurs des os des machoires; im Recueil de médec. vétér. 1826. Juillet. p. 333.

nicht selten an den Rippen vor, und diese zerbrechen dann bei geringer äusserer Gewalt. An den schwammigen Körpern der Wirbel und des Kreuzbeines, auch an den schwammigen Enden der Röhrenknochen ist diese Krankheit bei Pferden und Rindern öfters gesehen worden.

§. 113.

Die Knochen-Speckgeschwulst (*Osteosteatoma*) ist eine von der Substanz des Knochens ausgehende, und mit der verdickten Beinhaut überzogene, begrenzte und feste, aber nicht harte Geschwulst. Sie hat eine weissliche Farbe, ist arm an Gefässen, besteht aus einer Vereinigung von Gallert, Knorpel, fibröser Substanz, und enthält Knochenstückchen, die theils von dem Knochen aufschiessen, theils isolirt in der festen, jedoch dem Messer nicht widerstehenden Masse liegen; was also auf unvollkommene Knochenbildung hindeutet. Bei der Entstehung dieser Entartung ist der Knochen weicher und aufgetrieben, doch scheint die Entwickelung ohne Schmerzen zu geschehen. In dem Knochen, in welchem einmal eine Knochen-Speckgeschwulst entstanden ist, entsteht, nach ihrer Entfernung durch die Operation, leicht eine neue. Die Ursachen dieser Knochenkrankheit sind noch unbekannt, da sie überhaupt selten bei den Thieren vorkommt.

Ich habe sie einmal an dem Körper des Unterkiefer eines Hundes gesehen, wo sie durch Ausziehen eines am Knochenfrass leidenden Backenzahnes entstanden seyn soll. Nachdem die Geschwulst mit einem Theile des gesunden Knochens entfernt worden war, vernarbte der Knochen, aber hinter der Narbe entstand in kurzer Zeit eine noch grössere Speckgeschwulst, als die zuerst abgenommene war.

§. 114.

Die Eiterung ist, wie bei der Entzündung der Weichgebilde, auch ein Ausgang der Knochenentzündung; da sie aber häufig, statt die Wiedererzeugung zu befördern, die Zerstörung des Knochens verursacht, so nennt man sie Knochenfrass (*Caries*). Die gute Eiterung an den Knochen erzeugt Fleischwärzchen, wie an den Weichgebilden, indessen findet viel häufiger die Erzeugung von Jauche Statt, welche die Umgebungen tödtet und endlich zerstört; daher enthält diese Knochenjauche immer kleine Knochenstückchen, und der Grund des Geschwüres ist rauh und uneben. Die Jauche färbt metallisches Silber schwarz, indem sie Hydrothion-Säure enthält. Von der jauchigen Auflösung eines abgestorbenen Knochens unterscheidet sich der Knochenfrass nur dadurch, dass bei jener die Erzeugung von Jauche so lange dauert, als noch etwas von dem todten Knochen vorhanden ist; bei dem Knochenfrass hingegen kann die Absonderung gehemmt, oder so umgeändert werden, dass eine gute Granulation und die Wiederherstellung des Knochentheiles erfolgt. Der am Knochenfrass leidende Knochen ist an der kranken Stelle aufgetrieben (wovon indessen die Zähne eine Ausnahme machen) und schwärzlich. Die schwammigen Knochen werden leichter und schneller zerstört, als die festen. Alles was überhaupt Knochenentzündung verursacht, kann auch die Knocheneiterung und Knochenfrass veranlassen.

§. 115.

An den Kopfknochen kommt der Knochenfrass zugleich mit dem Winddorn vor, und bei der Rotzkrankheit der Pferde nicht selten für sich an den Nasenbeinen, Nasenmuscheln, den Siebbeinen, den Oberkieferbeinen, sogar an den Stirnbeinen. An den Backenzähnen der Pferde und Wiederkäuer ist er auch nicht selten, und verursacht Winddorn des Kiefers, besonders des Unterkiefers, indem die Jauche hier sich nach unten senkt.

Von den Rumpfknochen leiden die vorderen Halswirbel, oft zugleich mit dem Hinterhauptsbeine, am Knochenfrass bei Nackenfisteln, und die vordern Rückenwirbel

wirbel bei Widerrüstfisteln; in beiden Fällen durch Versenkung des Eiters, der sich in eine fressende Jauche verwandelt. Da an beiden Stellen die Wirbel von dicken Muskeln bedeckt werden, so können die Heilmittel nicht gut örtlich angewandt werden, und die Knochenjauche dringt wohl bis zum Rückenmarke, worauf gewöhnlich Lähmung der hinter der verletzten Stelle liegenden Theile und der Tod folgt. Auch die Rippen, das Brustbein und die Beckenknochen leiden am Knochenfrass, wenn auch seltener, als die Wirbel.

An den Knochen der Gliedmaassen kommt dieses Uebel am meisten bei Pferden und Wiederkäuern vor, und zwar an dem Kronen-, Huf- und Strahlbeine; bei Pferden nach einer nicht zertheilten Fussentzündung oder Rehe, bei Wiederkäuern während der bösartigen Klauenseuche. Indessen ist kein Knochen des ganzen Skelettes, der unter Umständen nicht einmal am Knochenfrass leiden könnte.

§. 116.

Der Knochenbrand (*Necrosis*, *Osteonecrosis*, *Osteogangranea*) ist das Absterben eines ganzen Knochens, oder eines Theiles desselben, welches dann erfolgt, wenn er völlig von der Knochenhaut, die seine Ernährungsgefässe enthält, getrennt wird, oder wenn durch Knochenjauche die Textur des Knochens so verändert wird, dass seine Ernährung leidet. Der abgestorbene Knochentheil ist leicht, porös und gewöhnlich kreideweiss, wenn ein fester Knochen leidet, dagegen ist er gewöhnlich schwärzlich, wenn es einen schwammigen Knochen betrifft. Wenn nur ein Theil eines Knochens abgestorben ist, so findet man den noch gesunden Theil in der Nähe der kranken Stelle etwas aufgetrieben, von wo aus der Wiederersatz durch Granulation geschieht. Ist aber der ganze Knochen abgestorben, so wird er entweder nach und nach ganz aufgelöst, oder wenn er sehr gross ist, und das Thier nicht so lange lebt, so ist er wenigstens theil weise zerstört. Die Wiedererzeugung geschieht auf die oben §. 98 angegebene Art. Häufiger, als die schwammigen, leiden die Röhrenknochen und die festen Tafeln der flachen Knochen am Knochenbrande, jene dagegen mehr am Knochenfrass.

§. 117.

Von den Kopf- und Rumpfknochen ist mir kein Beispiel von Nekrose eines ganzen Knochens (einzelne Schwanzwirbel etwa ausgenommen) bekannt, aber die Dornfortsätze einiger Rückenwirbel (Tab. I. Fig. 4. 5. 6.) fanden sich bei einem Pferde, welches an einer Widerrüstfistel litt, völlig abgestorben und durch neue, hohle Cylinder bildende Fortsätze, welche die Sequester einschlossen, ersetzt *).

Von den Knochen der Gliedmaassen sind mehrere Fälle bekannt. Zwei Schulterblätter (Tab. II. Fig. 1. 2. 3.)**), von verschiedenen Pferden, sind völlig abgestorben, das eine nach einem Bruche in der Gelenkgrube, das andere ohne Bruch, durch einen Schlag. An beiden umgiebt die neu gebildete Knochensubstanz den alten, an einigen Stellen schon sehr dünn gewordenen Knochen beinah überall, und der Schulterblattknorpel ist mit der Beinhaut des alten Knochens auf den neuen übergegangen. Die am Schulterblatte liegenden Muskeln waren in Folge der eingetretenen Entzündung völlig verhärtet, konnten daher das Armbein nicht bewegen, und die Pferde mussten deshalb getödtet werden. Ein den oben beschriebenen ähnliches Schulterblatt sah **Rudolphi*****) in Alfort.

§. 118.

Zwei Knochenkrankheiten, welche sich durch die abweichende Consistenz der kranken Knochen characte-

*) Sind im Cabinet der h. Thierarzneischule aufbewahrt.
**) Desgleichen.
***) Bemerkungen auf einer Reise etc. Th. II. S. 55.

risiren, sind die Knochenerweichung (*Mollities ossium*, *Osteomalacia*, *Malacosteon*) und die Knochenbrüchigkeit (*Fragilitas ossium*, *Fragilitas vitrea*, *Cachexia ossifraga*).

Die Knochenerweichung besteht darin, dass der kranke Knochen mehr, oder weniger an Härte verlohren hat, dass er sich biegen, und mit dem Messer schneiden lässt, indem der grössere Theil der Knochenerde fehlt, und der Knorpel zurückbleibt, der jedoch etwas fester ist, als ein anderer bleibender Knorpel. Die äussere Beschaffenheit des kranken Knochens ist nach dem Lebensalter des Thieres verschieden; bei jungen Thieren ist er aufgeschwollen und roth, bei älteren Thieren dagegen eher kleiner, als im gesunden Zustande. Bei jungen Thieren ist die Knochenerweichung ein Symptom der *Rhachitis*, die man bei jungen Hunden, Kälbern Schweinen und Lämmern beobachtet hat. Da der weichere Knochen durch die Last des Körpers und durch die Wirkung der Muskeln verbogen wird, so findet man den später wieder fest gewordenen Knochen bei dem erwachsenen Thiere verkrümmt. Dupuy*) sah diese Krankheit bei 5 viermonatlichen Ferkeln. Hier war der Kopf am meisten eingenommen, sowohl was die Auftreibung der Knochen betrifft, als auch durch Verdickung der Haut und Verhärtung des Zellgewebes, so dass der Querdurchmesser auf der Stirn 7 und bei einem 9 Zoll betrug; der Kopf war daher breiter, als die Brust, und so schwer, dass ihn die Thiere kaum tragen konnten. Da der Oberkiefer am meisten aufgetrieben war, so wurde auch die Nase sehr beengt, daher das Athmen erschwert; das Kauen konnte auch nicht geschehen, weil die Zähne des Ober- und Unterkiefers nicht mehr auf einander trafen, daher konnten sie nur Flüssiges geniessen. Die langen Knochen der Gliedmaassen waren an den Enden

*) De l'affection scrophuleuse du Porc, im Journ. pratique 1830. Août. p. 306.

aufgetrieben, zum Theil verkrümmt, die Wirbelkörper enthielten schwammige Exostosen. Die Eingeweide waren gesund.

Die Knochenerweichung erwachsener Thiere kommt bei den Hausthieren selten vor, Otto[1]) sah sie beim Pferde, Rinde, Schafe, Hunde und bei der Katze, und Robertson[2]) bei dem Maulthiere und Schafe; ich habe sie bis jetzt nur bei Affen gefunden.

§. 119.

Die Knochenbrüchigkeit kommt noch seltener vor, und besteht in zu grosser Mürbheit der Knochen, so dass sie schon durch die Körperlast und durch die Muskelbewegung zerbrochen werden. Die Krankheit hat ihren Grund in einem Missverhältniss der Knochenerde zur Gallert, indem diese in zu geringer Menge vorhanden ist, weshalb der Knochen auch den ohnehin geringen Grad von Elasticität verliehrt (fast so wie die todten Knochen, welche lange Zeit dem Einflusse der Witterung ausgesetzt gewesen sind). Die Krankheit herrscht unter dem Rindvieh bisweilen enzootisch, und man hält das saure, oder zur sauren Gährung geneigte Futter für die einzige Gelegenheitsursache. Gleditsch[3]) und Waldinger[4]) beobachteten die Krankheit, der erstere als Enzootie; er erzählt,dass das Schulterblatt, Armbein und Backenbein häufiger gebrochen gefunden wurde, als die Rückenwirbel und das Kreuzbein; gewöhnlich war bei jungen Thieren das zerbrochene Ende weich und es enthielt Jauche, das andere Ende aber war sehr fest. Die meisten Thiere starben an den Brüchen. — Bei eini-

1) Lehrbuch der pathol. Anatomie. S. 135. Anm. 5.
2) Vollständiges Werk über die Pferdewissenschaft. Herausgeg. v. Mogalla. Breslau 1800. Th. 2. S. 235.
3) Abhandlung über eine seltene Art des Knochenbruches bei dem Rindvieh. Berlin 1787. 8.
4) Ueber die gewöhnlichen Krankheiten des Rindviehes. Wien 1822. 12. S. 186.

gen Hunden wurde die Knochenbrüchigkeit von Otto*) beobachtet.

§. 120.

Das Schwinden der Knochen (*Tabes s. Atrophia ossium*) besteht in einer Abnahme an Masse, Umfang und Gewicht, und findet entweder an dem ganzen Knochen, oder nur an einer Stelle desselben Statt. Die nächste Ursache ist die gestörte Ernährung, wobei die Aufsaugung grösser, als der Ansatz der Knochenmaterie ist. Am häufigsten zeigt sich dies an solchen Knochen, auf welche anhaltender Druck von harten, oder weichen Dingen einwirkt; so bildet sich der Gelenkkopf eines verrenkten Knochens nach und nach eine Grube in dem Knochen, auf welchen er drückt. Die Nasenbeine der Pferde findet man daher oft an der Stelle geschwunden, auf welche ein schwerer Nasenriemen beständig drückt; die Oberkieferbeine und Gaumenbeine schwinden, wenn die unregelmässig abgeriebenen Backenzähne des Unterkiefers sie berühren. Dieselben Knochen und zugleich die Jochbeine schwinden aber auch, wenn in der Kieferhöhle ein Polyp enthalten ist, und die Stirnbeine bei Schafen sehr oft von dem Druck der Blase des *Coenurus cerebralis.* Barthelemy**) fand bei einem alten Pferde, welches etwas hinkte und an dessen Hüfte eine grosse, harte, unempfindliche Geschwulst bemerkt wurde, den obern Rand der Gelenkpfanne geschwunden und so ausgehöhlt, dass der unvollkommen verrenkte und etwas geschwundene Kopf des Backenbeines zum Theil in die neue Höhle aufgenommen wurde. Eine neue Gelenkpfanne über der alten wurde auch bei einem alten Maulthiere gefunden, und war durch den ausgetretenen Kopf des Backenbeines verursacht***).

---

*) A. a. O. Anmerk. 10.
**) Proc.-verb. d'Alfort. 1815. p. 19.
***) Proc.-verb. de Lyon. 1810. p. 5.

An dem untern Ende des Armbeines, in der hintern Grube, in welcher der Kronenfortsatz des Ellenbogenbeines liegt, findet man bei Hunden oft ein Loch, welches durch Schwinden der Knochensubstanz in Folge des Druckes vom Kronenfortsatze entsteht. Die Hufbeine der Pferde sind bei dem Vollhuf und nach Fussentzündungen (Rehe), die in Ausschwitzung übergegangen sind, mehr, oder weniger geschwunden, und an dem untern Rande dieser Knochen kommt bisweilen ein Ausschnitt vor, der durch den Druck eines innnern Hornauswuchses an der Zehenwand entsteht; s. oben §. 85.

§. 121.

Das Mark der Röhrenknochen ist in manchen cachectischen Krankheiten ganz verschwunden, und an seiner Stelle sondert das Fettgewebe eine dünne, wässrige Flüssigkeit ab, die nicht selten blutig ist. Man nennt den Zustand Markflüssigkeit, aber da das in den Knochen vorhandene kein Mark (Fett) ist, so sollte man ihn lieber Markschwinden nennen. Dieselbe Erscheinung findet man an dem Fettgewebe im Wirbelkanale, welches bei langwierigen Cachexien und bei dem Faulfieber mit jener blutigen, wässrigen Flüssigkeit, statt mit Fett erfüllt ist.

Ziller*) sah diese sogen. Markflüssigkeit in den Röhrenknochen der Hinterschenkel solcher Kühe, die kurz vor, oder nach dem Kalben an der Lähmung des Hintertheiles litten und daran starben. —

Fremde Körper, z. B. bleierne Kugeln, bleiben oft Jahre lang im Knochen eingeschlossen, nachdem die äussere Oeffnung geschlossen ist, ohne dass sie nachtheilig wirken. Interressant ist eine Beobachtung, wo nämlich durch den cariösen letzten Backenzahn im Oberkiefer eines Pferdes das Futter in die Kieferhöhle gelangte,

---

*) In André's und Elsner's ökon. Neuigkeiten. 1830. No. 5. S. 39.

endlich Caries der Stirnbeine verursachte, und durch die entstandene Oeffnung wieder herauskam

---

IX. Von den Knorpeln.

§. 122.

Da die Knorpel nicht so heftigen äussern Einwirkungen ausgesetzt sind, wie die Knochen, und da sie nachgiebiger sind, so ist auch die regelwidrige Lage derselben sehr selten, und ich kenne nur einige Fälle, unter andern den von Bouley [2]) beobachteten, wo der linke Giesskannenknorpel eines Pferdes niedriger lag, als der rechte, und zugleich so an diesen angedrückt war, dass die Stimmritze sehr verengt wurde; das Pferd athmete sehr beschwerlich, und konnte keine Dienste leisten. Auch die Abweichungen von der gewöhnlichen Form sind nicht häufig, und bis jetzt nur an den Ringen der Luftröhre und an den Knorpeln des Schulterblattes gesehen worden; jene erscheinen nämlich bei Pferden wie zusammengedrückt, und zwar von den Seiten, oder von vorn, so dass in einem Falle der Durchmesser der Luftröhre, von vorn und unten nach hinten und oben, nur 5 Linien betrug[3]). Durch diese Raumverminderung entsteht beschwerliches Athmen; und man hat bei der Untersuchung auf Dämpfigkeit diesen Umstand wohl zu beachten. Die Schulterblattknorpel findet man bei Pferden nicht selten nach aussen, oder innen umgebogen, ohne dass jedoch ein merklicher Nachtheil daraus entsteht.

---

1) Procés - verb. de Lyon. 1809. p. 10.
2) Conf. Annales de l'agriculture française. II. Serie. T. 19. p. 23.
3) Procès-verbal etc. à l'école vétér. de Lyon. 1815 p. 15. cf. Annales de l'agric. fr. T. 64. p. 22.

§. 123.

Der Zusammenhang der Knorpel wird durch Verwundung, Zerbrechen, oder Zerreissen, und durch Geschwüre aufgehoben. Wunden der Knorpel mit Substanzverlust, wie man sie bei dem Luftröhrenschnitt absichtlich macht, werden nur durch neu erzeugtes Zellgewebe geschlossen, indem sich keine neue Knorpelmasse erzeugt. Sind aber die Wundränder nicht von einander entfernt, so vereinigen sie sich vollständig, durch sehr festes Zellgewebe. Brüche solcher Knorpel, die schon vor dem Bruche mehr, oder weniger verknöchert sind, werden durch eine, dem Knochenkallus ähnliche Materie geheilt, was man sehr oft an den Rippenknorpeln, bisweilen auch an der Luftröhre sieht, an welcher sie durch Zusammendrücken mit der Hand brechen. Die Zerreissung der Faserknorpel, welche die Wirbelkörper verbinden, hat man bei Pferden nicht selten gefunden. Der Ausgang war wegen Quetschung des Rückenmarkes immer tödtlich. Die in den Geschwüren bei der Rotzkrankheit des Pferdegeschlechts abgesonderte Jauche zerstört nicht selten einen Theil der knorpeligen Scheidewand der Nase, und eben so oft findet man die Hufbeinknorpel der Pferde bei nicht zertheilter Entzündung und darauf folgender Jauchebildung innerhalb des Hufes mehr, oder weniger zerstört. An verschiedenen Gelenken der Gliedmaassen alter Pferde, am häufigsten jedoch am Schenkel- und Rollbeine, am Schien- und Fesselbeine, findet man den Gelenkknorpel stellenweise geschwunden, so dass es scheint, als ob ein scharfer Körper darauf hin und her bewegt worden wäre. Aber das Gelenk ist übrigens gesund, und die Thiere äussern nicht die mindesten Schmerzen etwa durch Hinken, oder Zucken. Ich weiss keinen Grund für diese Erscheinung anzugeben, obgleich ich sie oft beobachtet habe.

§. 124.

Die an den Knorpeln möglicherweise vorkommende

Entzündung ist noch zu wenig bekannt, um darüber etwas sagen zu können; indessen steht fest, dass sie nach Entblössung von ihrer Haut die Einwirkung der Luft eben so wenig ohne Nachtheil vertragen, wie die Knochen, denn sie sterben dann ebenfalls an der Oberfläche ab.

Einige Knorpel, welche öfteren Reizungen, durch absichtlichen, oder zufälligen Druck, ausgesetzt sind, findet man mehr, oder weniger vollständig verknöchert; namentlich den Schildknorpel des Kehlkopfes bei Pferden, die Rippenknorpel und Hufbeinknorpel, und diese zerbrechen daher leicht, wenn eine hinreichende, äussere Gewalt auf sie einwirkt.

X. Von den Muskeln.

§. 125.

In der Zahl variiren die Muskeln bei den Hausthieren selten, nur einige Fälle der Art sind mir bekannt. Zweimal wurde bei Pferden ein runder Muskel, ungefähr 6 Zoll lang, gefunden, der vom Zwerchfelle zum Herzbeutel ging [1]), dessen Bedeutung aber nicht zu bestimmen war. Bei einer Stute fand ich einen kurzen Muskel, der die untere Wand der Harnblase mit dem vorderen Rande der Schaambeine verband; der Nutzen ist auch nicht einzusehen.

Abweichungen in der Lage der Muskeln und ihrer Sehnen sind auch ziemlich selten, obgleich man glaubt, dass die Sehne des langen Vorarmbeugers (*M. biceps*) aus ihrer Verbindung mit dem oberen Ende des Armbeines ausweicht, und dadurch die sog. Buglähmung hervorbringt. Wenn nun auch an dem Vorkommen dieser Ausweichung nicht zu zweifeln ist, so sind gewiss bei

---

1) Wurden hier gefunden, und sind im Museum der Thierarzneischule aufbewahrt.

diesem Hinken andere Veranlassungen häufiger, als die genannte. Ich habe weder diese, noch eine andere Ortsveränderung bei den Muskeln und ihren Sehnen bis jetzt gesehen. Eine Verschiebung der Auswärtszieher des Schenkelbeines bei dem Rindvieh, wodurch Hinken und unregelmässige Bewegung der Gliedmaassen verursacht wird, beobachtete Castex [1]), und er stellte die regelmässige Bewegung dadurch her, dass er diese Muskeln quer einschnitt.

§. 126.

Das Schwinden der Muskeln (*Atrophia musculorum*) erfolgt bei gänzlicher und anhaltender Lähmung derselben, oder auch, wenn Geschwülste beständig auf sie drücken; im ersten Falle nehmen alle Muskeln, die des Nerveneinflusses entbehren, an Umfang ab; im letzten findet nur ein örtliches Schwinden Statt.

Die Zerreissung einzelner Muskeln geschieht bisweilen bei heftiger Anstrengung, und die Thiere hinken alsdann. Häufiger zerreissen aber einzelne Sehnen, wenn ihr Gewebe zu mürbe ist, namentlich fand man die Achillessehne, und Rodet Sohn [2]) fand die Sehne des Kronenbeinbeugers (*m. flexor digiti sublimis s. perforatus*) an beiden Vorderfüssen eines Pferdes gerissen. Die Zerreissung geschieht oft durch die eigene Last des Körpers, ohne dass grosse Anstrengungen voraus gingen. Die gerissenen Muskelfasern, wie überhaupt jede Trennung ihres Zusammenhanges, werden leicht wieder vereinigt, entweder durch eine exsudative Entzündung, oder durch Eiterung. Hingegen geschieht die Vereinigung ganz zerrissener, oder durchschnittener Sehnen, besonders der Achillessehnen, seltener, weil die beiden Enden durch die Muskelwirkung von einander entfernt und auch durch

---

1) Recueil de médecine vétérin. 1824. Octobre. p. 364.

2) Journal de médecine vétérinaire et comparée, ou Recueil etc. 1826. p. 96. — 1827. p. 195.

keinen Verband gehörig zusammengehalten werden, indem der Wille des Thieres hier nicht mitwirkt, wie dies bei ähnlichen Vorfällen bei Menschen geschieht. Indessen sind doch mehrere Fälle bekannt, wo die vollständige Wiedervereinigung erfolgte. Colin [1]) behandelte ein Pferd, bei dem die Wiedervereinigung der durchschnittenen Achillessehne in drei Monaten vollständig geschah. Bei vier Hunden wurden diese Sehnen absichtlich durchgeschnitten, und zwar an einem Fusse zweimal, nachdem sie das erstemal vereinigt war und sie heilten ohne menschliche Hülfe. Auch die durchschnittene Sehne des vordern Streckers am Hinterfusse eines Pferdes wurde nach John Lee's Angabe geheilt [2]).

Clichy [3]) erzählt noch einen Fall, wo die beiden Beugesehnen des rechten Hinterfusses eines Pferdes durchschnitten waren, und in zwei Monaten vollständig wieder vereinigt wurden. —

Ob die regelwidrigen Oeffnungen, die man nicht selten bei Pferden und Rindern in dem sehnigen Theile des Zwerchfelles findet, angeboren, oder später entstanden sind, ist noch zweifelhaft; es scheint dass beides vorkommt, und dass die Zerreissung nach der Geburt nicht immer tödtlich ist. Durch dergleichen Oeffnungen dringen Baucheingeweide in die Brusthöhle, beengen die Lungen, und werden oft eingeklemmt (s. unt. von den Eingeweiden).

§. 127.

In Folge einer chronischen exsudativen Entzündung verwachsen die Bündel eines Muskels, oder mehrere Muskeln untereinander, wobei sie die rothe Farbe ver-

1) Note sur les Solutions de continuité complète du tendon du muscle bifémoro-calcanien, im Journal de médec. vétér. et comparée. 1824. p. 403.

2) Re-Union of the extensor tendon of the hind-foot after division, im the Veterinarian. October 1830. p. 556.

3) Solution de continuité complète des tendons flechisseurs du pièd; im Journal de médec. vétér. et comparée, ou Recueil etc. 1825. p. 365.

lieren, auch können sie sich nicht mehr zusammenziehen. Das Zellgewebe, welches die einzelnen Muskelbündel verbindet, oder den ganzen Muskel umhüllt, wird in diesem Falle fester, als die Muskelfasern selbst, daher erscheint ein Querdurchschnitt eines solchen Muskels wie punctirt und marmorirt. Bei vielen Knochenkrankheiten und auch bei dem Vorhandenseyn von Geschwülsten, z. B. der Genick- und Brustbeule, kommt diese Verwachsung vor. In dem gemeinschaftlichen Muskel des Kopfes, Halses und Armes (*m. deltoides*) des Pferdes kommt in der Nähe der Schulter nicht selten eine schnell entstandene harte, unschmerzhafte und umgränzte Geschwulst vor, über deren Character man noch nicht im Klaren ist. Es scheint mir, dass sie eine Balggeschwulst mit dickem Balge ist. Durch Exstirpation, oder durch Brennen mit dem glühenden Eisen ist sie allein zu vertilgen, da alle Einreibungen nichts fruchten.

§. 128.

Die Consistenz und Farbe der Muskeln ist bei cachectischen, fauligen und nervösen Krankheiten auffallend verändert; in der Bleichsucht der Schafe, in dem letzten Stadium der Franzosenkrankheit und der chronischen Lungenseuche des Rindviehes sind die Muskeln sehr blassroth, welk und mürbe; bei dem Faulfieber und dem Milzbrande findet man sie weich und sehr blutreich, daher mehr, oder weniger dunkelroth, und in dem Starrkrampfe nehmen sie, besonders die dicken Muskeln an den Gliedmaassen und am Rumpfe, eine ziegelrothe Farbe an, und sind wie halb gekocht, auch bleiben sie am Cadaver lange warm.

Die Verknöcherung der Sehnen und Sehnenscheiden (Sehnenklapp genannt) kommt an den Gliedmaassen und an der Sehne der Zwerchfellpfeiler bisweilen vor. Ich sah bei einem Pferde an beiden Vorderfüssen die Sehnenscheide über dem Fesselgelenke vollkommen verknöchert, so dass sie einen Ring um die Beugesehnen bildete, sie war jedoch an der inneren Fläche noch schlüpfrig und störte deshalb die Bewegung weniger.

Einigemal fand ich bei Kühen in dem langen Auswärtszieher des Schenckelbeines (*biceps femoris*) Abscesse, welche Hinken verursacht hatten. — Bei einem ungefähr 14 — 15 Jahr alten Pferde fand man die Beugesehnen und Bänder vom Vorderknie bis zu ihrer Endigung an beiden Füssen durch kalten Brand zerstört. Sie waren durch die Last des Körpers so sehr ausgedehnt, dass das Thier mit der ganzen Zehe (bis zum Fesselgelenke) die Erde berührte *).

§. 129.

Um die organische Ursache der Dämpfigkeit der Pferde zu erforschen wurde mehreren, an dieser Krankheit leidenden Pferden die Brusthöhle zwischen der achten und neunten Rippe geöffnet, und man bemerkte, dass bei dem Einathmen das Zwerchfell nach vorn, bei dem Ausathmen nach hinten bewegt wurde, mithin grade entgegengesetzt, wie es im gesunden Zustande geschieht **).

Viertes Kapitel.

Von den Verdauungs-Organen.

I. Von den Organen in der Maulhöhle.

§. 130.

Bei Pferden findet man die Maulwinkel durch den Gebrauch schlechter Gebisse, und durch rohe Gewalt nicht selten verletzt, oder gar tief eingerissen, was jedoch

*) Procès-verbal etc. à l'école vétér. de Lyon. 1815. cf. Annales de l'agric. franç. T. 64. p. 21.

**) Ebend. 1810. cf. Annales de l'agric. fr. T. 44. p. 29.

durch ein zweckmässiges chirurgisches Verfahren leicht wieder herzustellen ist. Eben so vernarben die Verletzungen der Schleimhaut an den Backen, verursacht durch scharfe Spitzen an den äussern Rändern der Backenzähne, die man bei Pferden nicht selten beobachtet, leicht, und ohne Anwendung von Heilmitteln, wenn nur diese Spitzen entfernt werden. Die innere Fläche der Lippen und Backen ist manchmal bei Hunden dicht mit Warzen besetzt, die aber ohne Nachtheil mit dem Messer entfernt werden können.

Eine einseitige Lähmung der Oberlippe bei Pferden kommt bisweilen vor, wenn bei der Application eines Haarseiles am äussern Kaumuskel der Antlitznerv verletzt wurde.

§. 131.

Die Zunge ragt bei schlaffen, abgetriebenen Pferden oft mehr, oder weniger aus dem Maule hervor, wovon der Grund in zu geringer Wirkung der zurückziehenden Muskeln zu suchen ist. Sie erreicht bei der Entzündung (*Glossitis*) einen solchen Umfang, dass sie die Maulhöhle ganz ausfüllt, und dass die Thiere, welche durch das Maul athmen, in Gefahr kommen zu ersticken, wenn nicht durch tiefe Einschnitte (der Länge nach) ein örtlicher Aderlass gemacht wird. Geht aber die Entzündung in Ausschwitzung über, so ist die Vergrösserung bleibend, und das Athmen und Schlingen mehr, oder weniger beschwerlich.

Bei Pferden hat die Zunge oft sehr tief gehende Queerrisse, die durch rohen Gebrauch des Gebisses entstehen, aber leicht vernarben, doch so, dass immer eine Vertiefung zurückbleibt; sie hindern die Beweglichkeit der Zunge beim Kauen, weil der vordere Theil der Zunge, der mit dem hintern Theile oft nur noch durch eine fingersdicke Muskellage vebunden ist, wie ein fremder Körper anhängt. Auch sind die Fälle nicht selten, wo der vordere Theil der Zunge von einem andern Pferde abgebissen, oder durch rohe Menschenhände abgerissen worden ist. Mir ist ein Fall bekannt, wo mit dem vordern Theile der Zunge ein mehrere Zoll langes Stück des rechten Unterzungennerven aus dem hintern Theile der Zunge herrausgerissen war, ohne dass üble Folgen bemerkt wurden.

§. 132.

In dem Zungen-Anthrax des Rindviehes (*Glossanthrax*), auch Zungenkrebs, bösartige Maulseuche, fliegender Krebs genannt, entstehen auf der Schleimhaut der Zunge die bösartigen Schwämmchen (*Aphthae malignae*), welches Blasen sind, die von der Grösse einer Erbse, bis zu der einer Wallnuss angetroffen werden, eine mehr, oder weniger dunkelfarbige Flüssigkeit enthalten und sich in fressende Geschwüre umwandeln, in welchen, da sie tief gehen, allerlei Futterstoffe und auch abgeleckte Haare gefunden werden, von welchen Scheuchzer*) glaubt, dass sie dort entstanden seyen. In der Maulseuche (Maulweh, Maulschwämmchen u. s. w.) findet man auch Schwämmchen, die aber eine hellgelbe Flüssigkeit enthalten, höchstens die Grösse einer Bohne erreichen, und keine fressende Geschwüre bilden; auch sind sie nicht allein an der Zunge, sondern an der inneren Fläche der Lippen, an den Backen und am Gaumen.

In der Zunge eines Pferdes fand ich einmal eine Nähnadel, sie lag zwischen den beiden Kinnzungenmuskeln, von etwas Zellgewebe umhüllt; man konnte jedoch nicht sehen wo sie eingedrungen war. Greve (Erfahrungen u. s. w. B. II. S. 6.) fand eine Stecknadel in der Zunge.

---

*) Vom fliegenden Zungenkrebs. Zürich. 1732. 4.

§. 133.

Rodet*) fand bei den Pferden in Spanien sehr oft Blutegel im Maule, die sich in die Wände eingebissen hatten, und fortwährend Blut von sich gaben, welches bei den aufgezäumten Pferden beständig aus dem Maule floss. Die Pferde verlohren dabei sehr die Fresslust, und konnten nur beschwerlich kauen.

Viel schlimmer war es, wenn die Blutegel im Rachen, im Kehlkopfe und in der Luftröhre sassen, wie es Forthomme**) ebenfalls in Spanien beobachtete. Die Thiere wurden durch den beständigen Blutverlust so abgemattet, dass mehrere daran starben. Bei einem fand er 11 Stück im hintern Theile der Maulhöhle, 38 in der Rachenhöhle, und 22 Stück im Kehlkopfe und in der Luftröhre. Merkwürdig ist, dass die Thiere keine Athmungsbeschwerden zeigten.

II. Von den Speicheldrüsen.

§. 134.

Die Entzündung der Speicheldrüsen kommt nicht oft vor, ausser wenn sie durch Kneifen heftig gereizt werden, wie dies früher an den Ohr-Speicheldrüsen der Pferde durch das sogen. Feifelbrechen geschah. — In ihren Ausführungsgängen erzeugen sich bisweilen Steine aus dem Speichel, wenn er wegen Verengerung der Höhle nicht gehörig abfliessen kann, oder wenn ein fremder Körper z. B. ein Haferkorn, ein Stückchen Stroh u. dgl. in ihn eingedrungen ist, in welchem Falle der fremde Körper den Kern des Steines bildet. Bis jetzt fand man die Speichelsteine am häufigsten in dem Ausführungs-

gange

*) Im Recueil de médec. vétér. 1827. Mai p. 202.

**) Ebend. p. 220.

gange der Ohr-Speicheldrüse, seltener in denen der Unterkiefer- und Unterzungendrüse.

In dem zuerst genannten Gange kommen die Steine bei Pferden, Eseln, Maulthieren und Rindern [1]) vor, und erreichen eine ansehnliche Grösse. Gravost [2]) befreite ein Pferd von einem Steine, der die Grösse einer Faust, und ein Gewicht von 19 Unzen 7 Drachmen hatte.

In dem Ausführungsgange der linken Unterkieferdrüse, und in einigen Gängen der Unterzungendrüse derselben Seite eines Pferdes fand ich einmal kleine Steine. — Die Gänge können eine enorme Ausdehnung ertragen, ehe sie reissen, wie der von Gravost beobachtete Fall lehrt; jedoch kommen auch Fälle vor, wo der Ausführungsgang bei einem Steine, von der Grösse einer Wallnuss, platzt, und dann eine sogen. Speichelfistel hinterlässt [3]).

§. 135.

Die Geschwülste, welche man bisweilen in der Ohrspeicheldrüse bei Pferden und Eseln beobachtet hat, sind entweder wahre Knotengeschwülste, oder nur Verhärtungen, die in Folge von Entzündung entstehen. Leblanc [4]) entfernte einen Scirrhus aus der Ohrspeicheldrüse einer Eselin durch die Operation, hingegen mag die von Lamy [5]) beobachtete Geschwulst, die er auch für Scir

---

1) Mehrere Beobachtungen französischer Thierärzte sind in den Procès-verbal etc. à l'école veter. de Lyon. 1810. 1814. 1815. enthalten.

Das Museum der hiesigen Thierarzneischule erhielt von ehemaligen Zöglingen, namentlich von dem Thierarzte Schuhmann und Kr. Thierarzte Wagenfeld mehrere Speichelsteine von Pferden, von welchen der schwerste 15 Loth wiegt, 4 Zoll lang u. 2 Zoll dick ist.

2) In v. Froriep's Notizen aus dem Gebiete der Natur- und Heilkunde. B. XIII. 1826. S. 42.

3) Eine solche Beobachtung theilte mir der Kreis-Thierarzt Wagefeld in Danzig mit.

4) Im Recueil de médecine vétérinaire. 1824. Avril p. 141.

5) Ebend. 1825. Juillet. p. 310.

rhus hielt, wohl nur eine Verhärtung gewesen seyn, da sie nach dem Gebrauche des flüchtigen Liniment's und der narcotischen Umschläge verschwand.

Renault [1]) fand nicht selten bei Pferden Abscesse im Ausführungsgange der Unterkieferdrüse, die sich entweder in der Maulhöhle, oder im Kehlgange öffneten. In den meisten Fällen waren sie durch die in den Gang eingedrungenen Grannen von *Bromus sterilis*, auch von Gerste und Hafer verursacht. Die Thiere litten bis zum Aufbrechen, oder bis zur Oeffnung des Abscesses sehr, die ganze Maulhöhle war entzündet, die Zunge hervorgestreckt, wenn beide Gänge krank waren, oder nach der gesunden Seite hingedrängt, wenn nur einer afficirt war.

§. 136.

Der Speichel wird in manchen Krankheiten, besonders in typhösen, in so grosser Menge abgesondert, dass er beständig aus dem Maule ausfliesst. Auch nach dem Genusse mancher Pflanzen und nach anhaltender Anwendung der Quecksilberpräparate entsteht der Speichelfluss (*Ptyalismus*), leichter bei den Pferden und Hunden, schwerer bei dem Rinde.

Ein Pferd, welches sehr hungrig war, und einen grossen Theil von dem für Kühe bestimmten Grünfutter, welches viel Ackersenf (*Sinapis arvensis*) enthielt, verzehrt hatte, bekam einen so starken Speichelfluss, dass es in 12 Stunden fünf Eimer voll (Stalleimer?) Speichel verlohr [2]).

---

1) Abcès salivaires dans le cheval. Recueil 1830. Juin. p. 305. et suiv.

2) Procès-verbal etc. à l'école vétér. de Lyon 1820. cf. Ann. de l'agric. fr. II. Serie. T. 13. p. 235.

III. Von dem Schlundkopfe und Schlunde.

§. 137.

Die Lage des Schlundes ist bisweilen regelwidrig; bei einem alten Pferde wurde der Halstheil ganz an der rechten Seite der Luftröhre gefunden [1]). Ich fand ihn einigemal bei Pferden in einer Rinne der Luftröhre liegend, indem die Enden der Knorpelringe zu weit von einander abstanden. Nachtheilige Folgen wurden nicht bemerkt.

§. 138.

Die partielle Erweiterung des Schlundes (*Dilatatio oesophagi*) kommt in verschiedenen Gegenden vor, und betrifft entweder die Muskel- und Schleimhaut, oder die letzte allein. Das Uebel ist in den meisten Fällen unheilbar und wird gewöhnlich tödlich, theils durch die gestörte Ernährung, theils dadurch, dass der Sack zerreisst und die Nahrungsmittel in das Zellgewebe am Schlunde, oder in die Brusthöhle entleert werden. — Bei einem Pferde, welches oft zähen Schleim und Futter durch die Nase auswarf, und welches bei der Zunahme der Zufälle in 36 Stunden starb, wurde der Halstheil des Schlundes auf einer Strecke von 8 Zoll ausgedehnt und am untern Ende des Sackes durch ein Geschwür zerstört gefunden; auch der Magen dieses Thieres war gerissen [2]).

Bei einem andern Pferde wurde der Schlund etwa zwei Hände breit unter dem Kehlkopfe ausgedehnt und durch ein Geschwür zerstört gefunden. Die Heilung erfolgte [3]) in diesem Falle. — Bei einem 12jährigen

1) Compte rendu des travaux de l'école imperiale vètérinaire de Lyon en 1810 — 1811., in Annales de l'agriculture française. T. 48. p. 59.

2) Barthelemy, in Annales de l'agriculture française. II. Serie. T. 23. p. 21. Extrait du Procès-verbal de la Séance publique tenue à l'Ecole vétér. d'Alfort. 1822.

3) Busch u. Daum Archiv. B. IV. S. 148.

Pferde fand man ihn am Halse bis zur Grösse eines Menschenkopfes ausgedehnt [1]). Diese Ausdehnung hatte schon 7—8 Jahr bestanden, reichte von der Mitte des Halses bis an die Brust, und wurde erst sichtbar, wenn das Thier frass, indem sich der Sack mit Futter und Getränk füllte. Der so aufgetriebene Schlund drängte die Luftröhre ganz nach der rechten Seite und drückte so auf sie, dass das Athmen beschwerlich wurde. In diesem Zustande senkte das Pferd den Kopf, streckte den Hals, hustete mehrere mal und strengte sich sehr an, um die Nahrungsmittel aus dem Sacke des Schlundes in den Magen zu bringen, was auch nach langer Anstrengung gelang. Wie lange das Thier noch gelebt hat, konnte man nicht erfahren. — Der Brusttheil des Schlundes einer Kuh hatte den Umfang einer Schoppenflasche; das Thier brach immer einen Theil des genossenen Futters aus, magerte dabei ab und starb endlich [2]).

§. 139.

Die Ausdehnung der Schleimhaut des Schlundes allein erfolgt nur dann, wenn die Muskelhaut gespalten ist. Ich bin in Zweifel, ob ich dergleichen Trennungen, die gewöhnlich mehrere Zoll lang sind, für angeboren, oder später entstanden halten soll, denn die Ränder sind überall eben, abgerundet, und erscheinen nicht wie Vernarbungen. Zweimal fand ich dies bei Pferden, einmal am Hals- das anderemal am Brusttheile. Die Erweiterung am Halse war nicht beträchtlich, und am lebenden Thiere zeigte sich nichts Abnormes. In dem zweiten Falle aber war der Sack gerissen, und das Futter und die Arzneimittel (das Pferd wurde wegen einer andern Krankheit behandelt) waren in die Brusthöhle getreten.

---

1) Procès-verbal. etc. de l'école vétér. de Lyon. 1815. p. 4. cf. Annales de l'agric. franç. T. 64. p. 20.

2) Vom Kreisthierarzte Kregeloh beobachtet; im Veterinair-Berichte des Rheinischen Medicinal-Collegiums von 1823 mitgetheilt.

Decoste [1]) sah bei einem Pferde am untern Ende des Halses einen von der Schleimhaut des Schlundes gebildeten Sack, der 20 Centimètres lang war und 25 Ctm. Umfang hatte, die Muskelhaut war ebenfalls gespalten (er sagt: gerissen, aber die Ränder hatten auch eine ebene Oberfläche). Das Pferd machte, nach anhaltender Arbeit, mehrere Bewegungen zum Erbrechen, und entleerte etwas grüne Flüssigkeit und Futter durch die Nase, jedoch wurden die Zufälle durch den Gebrauch schleimiger Mittel gehoben. Aber nach 14 Tagen kehrte das Erbrechen, unmittelbar nach dem Trinken, heftiger wieder. Wenn die vor der Brust sichtbare Geschwulst zusammengedrückt wurde, so stieg das im Schlunde Enthaltene herauf, und das scheinbare Erbrechen war beendigt. Es wurden wieder schleimige Tränke angewendet, allein sie blieben in dem Sacke der Schleimhaut, und kamen durch die Nase zurück, was auch mit den Nahrungsmitteln geschah. Dabei war das Thier sehr traurig, hielt den Kopf gesenkt, der Puls war nicht fühlbar, und am Abende des zweiten Tages starb es.

§. 140.

Eine interessante hierher gehörige Beobachtung hat Rohlwes an einem 1½ Jahr alten Fohlen gemacht, und sie in seinem Magazin für die Thierarzneikunde [2]) mitgetheilt. Das Fohlen bekam plötzlich einen schaumigen Ausfluss aus Maul und Nase, der sechs Stunden anhielt; dabei war es sehr traurig, hielt den Kopf an die Erde, schloss die Augenlieder, nahm kein Futter zu sich, hatte kalte Ohren und gesträubte Haare. Nach der Anwendung von Arzneimitteln hörte der Ausfluss auf, er stellte sich aber nach einigen Tagen wieder ein, und so wechselte dies, bis nach zwei Monaten an der linken Seite des Halses, nahe an der Brust, eine Geschwulst bemerkbar wurde, die beim Anfühlen etwas hart war, die Grösse

1) Im Recueil de médecine vétérinaire. V. Ann. 1828. Juill. p. 363.
2) Bd. I. S. 204.

eines Hühnereies hatte und sich verschieben liess, aber in 4 Tagen die Grösse einer geballten Faust erhielt. Drückte man auf diese Geschwulst, so verschwand sie unter den Fingern, kam aber nach ungefähr 10 Minuten wieder hervor. In diesem Zustande blieb das Fohlen den ganzen Sommer, schien bei dem Genusse der frischen Pflanzen munterer zu werden, wurde aber wieder sichtlich krank als es trocknes Futter fressen musste, wobei sich auch die Geschwulst vergrösserte. Drei Tage vor dem Tode, nachdem der Zustand beinahe 11 Monate gedauert hatte, bekam das Thier ein Entzündungsfieber, welches den angewandten Heilmitteln nicht wich, sondern tödtete. Bei der Section fand sich auf der Stelle der Geschwulst ein Beutel am Schlunde (also wahrscheinlich die hervorgetretene und ausgedehnte Schleimhaut?), welcher verfaultes Futter und eine wässerige Materie enthielt. Der Beutel hatte eine Oeffnung, durch welche Flüssigkeit in das Zellgewebe (und vielleicht auch in die Brusthöhle?) getreten war, auch waren beide Lungen krank.

Bei einem zweiten Fohlen fand er etwas Aehnliches, nur war die Geschwulst höher oben am Halse. (Rohlwes sagt zwar nicht, dass er den Schlund ausgedehnt fand, sondern nur eine Oeffnung in ihm, indessen ist es doch sehr wahrscheinlich, weil sich der Speichel ansammelte, und dann anhaltend durch Maul und Nase ausfloss, was bei einem nicht ausgedehnten und bloss zerrissenen Schlunde nicht geschehen konnte.) Das Fohlen starb, nach einer fast 5monatlichen Dauer der Krankheit, plötzlich an Erstickung, weil der zurückfliessende Speichel durch den Kehlkopf in die Luftröhre gekommen war. [1])

Noch zwei andere Beobachtungen über Erweiterung und Zerreissung am Halstheile des Schlundes bei Pferden wurden von Mercier [2]) und Hugues [3]) gemacht.

1) A. a. O. S. 199.
2) In Dupuy's et Vatel's Journal pratique de médecine vétérinaire. 1826. Février. p. 79.
3) Ebend. Mai. p. 193.

Das von jenem behandelte Pferd wurde getödtet, hingegen genas das von Hugues, indem durch einen Einschnitt das in der Umgebung des Schlundes befindliche Futter entfernt worden war.

§. 141.

Die Verengerung (*Strictura*) des ganzen Schlundes fand Ziller [1]) bei einer Kuh, die wenig Fresslust zeigte, immer magerer wurde, und deshalb geschlachtet worden war. Alle andern Organe waren von normaler Beschaffenheit, nur der Schlund war vom Schlundkopfe bis zum Magen nach innen sehr verdickt (ob nur die Schleimhaut?) und die Höhle so klein, dass nur der Kiel einer Gänsefeder eingebracht werden konnte. Ueber die Ursachen war nichts zu ermitteln, und Ziller glaubt die Verdickung von einer chronischen Entzündung, die der Wahrnehmung entgangen war, herleiten zu können. — Eine begrenzte Verengerung des Schlundes, nämlich in der Gegend des sechsten Halswirbels, fand Cheetham [2]) bei einer Stute. Hierdurch war die Ausdehnung des Schlundes bis zum Schlundkopfe hinauf, durch das angehäufte Futter, verursacht worden. Durch einen Einschnitt in den Schlund wurde das Futter entfernt, die Wunde heilte, und das Thier konnte nun besser schlucken. —
Olivier [3]) sah bei einem Pferde, welches viele schwarze Knoten in der Haut hatte, den Schlund durch einen solchen bei dem Eintritt in die Brusthöhle zusammen gedrückt, und ihn bis oben hinauf mit Nahrungsmitteln angefüllt. Das Pferd hatte oft Futter ausgebrochen, d. h. es war das zuletzt verschluckte wieder zurückgekommen, weil es nicht in den Magen gelangen konnte.

---

1) Ueber die Verengerung des Schlundes bei einer Kuh. In André's und Elsner's ökonomischen Neuigkeiten und Verhandlungen. 1830. No. 77. S. 616.

2) A case of stricture of the oesophagus; in the Veterinarian. 1830. November. p. 633.

3) Im Recueil de médec. vétér. 1829. Février. p. 106.

Die Höhle des Schlundes wird auch durch Aftergebilde, die von der Schleimhaut ausgehen, verengert und der Durchgang der Nahrungsmittel ist gehindert. — Eine Kuh, die übrigens gesund war, brach das genossene Futter bald wieder aus, wobei sie die Stellung wie ein Hund beim Erbrechen annahm. Trotz angewandter Heilmittel dauerte das Erbrechen fort, weshalb die Kuh getödtet wurde. Es fanden sich am Ende des Schlundes viele polypenähnliche Auswüchse, von verschiedener Grösse, welche nur einen kleinen Raum zum Durchgange der Nahrungsmittel frei liessen [1]).

§. 142.

Die Entzündung des Schlundkopfes und Schlundes, verbunden mit Entzündung des Kehlkopfes wird Bräune oder Halsentzündung (*Angina*) genannt, und kommt bei Pferden häufig vor. Das Schlingen ist sehr erschwert, oder ganz unmöglich, daher kommen Nahrungsmittel und Getränk durch die Nase zurück. —

Eine scirrhöse Geschwulst fand Chouard [2]) am untern Ende des Schlundes bei einem Pferde, welches zugleich an Magen- und Leber-Entzündung litt; sie hatte einen Umfang von 6 — 7 Zoll. Dandrieu [3]) beobachtete einen Schafbock, der nur mit Mühe schlingen, und wenn er wiederkäuen wollte, den Bissen nur mit grosser Anstrengung heraufbringen konnte, wobei eine Menge Flüssigkeit mit heraufstieg und ausgeworfen wurde. Bei der Untersuchung des Schlundes fand er eine harte unschmerzhafte Geschwulst, von der Grösse eines Hühnereies vor dem Eintritt in die Brusthöhle, und durch einen Einschnitt wurde der zwischen der Muskel- und Schleimhaut des Schlundes liegende Scirrhus

1) Beobachtung des Kreis-Thierarztes Küppers (in dem Veterinair-Bericht des Rheinischen Medicinal-Collegiums v. Jahre 1823.).
2) Dupuy's Journ. 1827. Février. p. 72.
3) Observation sur l'enlèvement d'une tumeur squirrheuse etc.: im Recueil de médec. vétér. 1828. Avril p. 229.

entfernt. Die Wunde wurde geheftet und die Genesung erfolgte in kurzer Zeit. —

Am Gaumensegel und im Schlundkopfe der Pferde, die auf der Weide gewesen sind, findet man häufig eine grosse Zahl von Oestruslarven, bisweilen so gedrängt sizzend, dass die Wand des Organs völlig bedeckt ist. Bisweilen sitzen sie auch in der Nähe des Kehlkopfes fest, und dann erregen sie beständiges Husten; übrigens erschweren sie auch das Schlingen.

§. 143.

An verschiedenen Stellen des Schlundes bleiben verschluckte Gegenstände sitzen, wenn sie zu gross sind, oder wenn die Contraction des Schlundes zu schwach, oder ganz aufgehoben ist. Bei fortdauernder Anstrengung der Thiere gelangen die im Schlunde enhaltenen Gegenstände bis an das Zwerchfell, durch dessen Oeffnung sie aber gewöhnlich nicht hindurchzubringen sind. — Ziller *) fand bei einer Kuh den Schlund vom Schlundkopfe bis zum Magen voll Futter. Er beobachtete an dem lebenden Thiere Folgendes: Die Kuh hatte Anfangs gute Fresslust, sobald sie aber nur wenig Heu gefressen hatte, hörte sie wieder auf, und es erfolgte heftiges Würgen, worauf etwas Futter durch Maul und Nase ausgeworfen wurde. Durch ein in den Schlund eingebrachtes dünnes spanisches Rohr wurde der festsitzende Körper hinabgestossen. Nach einigen Tagen zeigten sich dieselben Erscheinungen, aber heftiger; die Fresslust fehlte ganz, das Thier war sehr beängstigt, der Bauch aufgetrieben, die Augen waren hervorgedrängt, durch Maul und Nase wurde viel Futter ausgeworfen. Das wieder versuchte Hinabstossen mit dem spanischen Röhrchen gelang diesmal nicht, und die Kuh wurde geschlachtet. Da sich nichts Krankhaftes weiter fand, als die Anhäufung

---

*) In André's und Elsner's ökonomischen Neuigkeiten. 1830. No. 82. S. 656.

des Futters im Schlunde, so erklärt Ziller den Zustand für Lähmung des Schlundes. —

Bei Pferden werden grosse Futterbissen, Stücken von Leinkuchen, auch Hühnereier, die man ihnen an manchen Orten aus Aberglauben ganz eingiebt, im Schlunde gefunden. Bei Kühen findet man Stücke von Rüben, ganze Kartoffeln; bei Schweinen und Hunden Knochen.

Es entstehen immer Erstickungszufälle, wenn der verschluckte Körper im Halstheile stecken bleibt und gross ist; sitzt er im Brusttheile fest, so entsteht Entzündung und Vereiterung, und der Tod ist unausbleiblich; gelangt aber auch der Knochen, oder ein anderer fester Körper bis in den Magen, so wird gewöhnlich die Schleimhaut mehr, oder weniger verletzt. Dies geschah auch bei einer Kuh, die eine grosse, rohe Kartoffel verschluckt hatte, und die der Thierarzt, da sie im Schlunde stecken geblieben war, mit einem Stocke in den Magen hinabstiess. Die Kuh wurde hierauf sehr krank, es lösten sich mehrere Stücke von der Schleimhaut ab, und wurden ausgeworfen, jedoch genas das Thier [1]). —

In dem Schlunde einer Kuh wurde eine 3 Fuss 11 Zoll lange Natter gefunden [2]) und dem lebenden Thiere herausgezogen. Es entstand nämlich plötzlich Trommelsucht, die durch Oeffnen des Wanstes zwar gehoben wurde, aber bald wiederkehrte, wobei die Kuh die heftigsten Anstrengungen zum Erbrechen machte. Als die Maulhöhle genau untersucht wurde, fand man den Schwanz der Natter, die todt herausgezogen wurde. Die Trommelsucht entstand nun nicht mehr, und die Kuh erholte sich in kurzer Zeit.

Einer andern Kuh verursachte ein Stück Eisendraht im Schlunde eine beständige Trommelsucht, welche so-

1) Procès-verbal etc. à l'école vétér. de Lyon. 1820. cf. Ann. de l'agric. fr. II. Serie. T. 13. p. 253.

2) Dandrieu, observation de Tympanite chez une vache, occasionée par la présence d'une couleuvre introduite par la bouche et retenue dans l'oesophage, im Journal de médecine vetér. et comparée. 1826. Août. p. 403.

gleich aufhörte, als man den Schlundschnitt machte, und den Eisendraht, der sich am Halse durch eine Auftreibung des Schlundes als ein fremder Körper verrieth, herausgezogen hatte [1]). —

IV. Von der Bauchhöhle.

§. 144.

Die Wände der Bauchhöhle, namentlich die häutigfleischigen, sind in der Trommelsucht (*Tympanitis*), in der Bauchwassersucht (*Ascites*) und bei dem Vorhandenseyn verhältnissmässig zu vieler Früchte in der Gebärmutter oft übermässig ausgedehnt. Die Trommelsucht, Blähsucht oder das Aufblähen besteht in einer Gas-Entwickelung in dem freien Raume der Bauchhöhle, oder häufiger im Magen und Darmkanal, und entsteht bei den Wiederkäuern sehr oft nach dem zu reichlichen Genusse von Grünfutter, bei Pferden nach schwer verdaulichem Körnerfutter, und der Bauch ist dann so gespannt, dass er nicht den geringsten Eindruck zulässt. — Bei Kadavern wird der Bauch sehr aufgetrieben gefunden, wenn die Fäulniss schnell eintritt, namentlich nach Faulfiebern und typhösen Krankheiten. —

Die Bauchwassersucht besteht in zu reichlicher Absonderung des Serum's, und kommt bei Hunden in dem Grade nicht selten vor, dass der Bauch beträchtlich ausgedehnt ist; in der Fäule der Schafe ist in der Regel keine so beträchtliche Menge von Serum vorhanden. Die Bauchdecken sind bei der Wassersucht nie so gespannt, wie in der Trommelsucht, und durch Anschlagen mit der Hand an der einen Seite fühlt man bei kleinen Thieren das Schwappen des Wassers an der andern Seite.

Der Bauch einer Katze wurde bis zu einem Umfange von 22 Zoll durch eine enorme Zahl von Hydatiden ausgedehnt gefunden [2]).

---

1) Veterinair-Selbskabets Skrifter. Tredie Deel. S. 192.
2) Von dem Thierarzte Schirlitz beobachtet.

§. 145.

Ein aufgetriebener Bauch wird aber auch bei Thieren gefunden, die nicht weiter krank sind, sondern deren Eingeweide durch solche Nahrungsmittel, welche wenig nährende Stoffe enthalten, und von welchen daher zur Sättigung ein grösseres Volumen erforderlich ist, ausgedehnt sind; man nennt ihn bei Pferden Heubauch. Wenn dagegen, wegen mangelhafter Verdauung, die Eingeweide zusammengezogen, und daher auch der Umfang des Bauches im Verhältniss zu klein ist, so wird dies bei Pferden ein aufgeschürzter Bauch, und ein solches Pferd hechtleibig oder baumleibig genannt.

§. 146.

Die bei dem Foetus normalen Oeffnungen der Bauchwände, nämlich der Nabelring und die Bauchringe, sind auch nach der Geburt und bei erwachsenen Thieren bisweilen noch so weit, dass Eingeweide durch sie aus der Bauchhöhle treten und Brüche entstehen. Dasselbe geschieht auch, wenn durch heftige Einwirkung stumpfer Körper die Bauchmuskeln zerreissen, aber das Fell unverletzt bleibt, oder wenn in dem Zwerchfelle Oeffnungen, die entweder angeboren, oder später entstanden sind, vorkommen.

Wenn im gesunden Zustande im freien Raume der Bauchhöhle, ausser einer unbeträchtlichen Menge von Serum, nichts anderes enthalten ist, so findet man bei Zerreissung des Magens, Darmes, der Gallen- und Harnblase, der Blutgefässe, ihre Contente ergossen. Obgleich die Zerreissung jedes einzelnen dieser Organe schon sehr gefährlich und meist tödlich ist, so steigert sich die Gefahr aufs Höchste, wenn die Auswurfsstoffe (Koth, Urin, Galle) unmittelbar auf die Bauchhaut wirken. Der Tod erfolgt immer, und in vielen Fällen schon ehe eine Entzündung dieser Haut so weit ausgebildet seyn kann, dass sie tödtet.

Zu den seltenen Erscheinungen gehört endlich noch

das Vorkommen eines Foetus in der Bauchhöhle, worüber unten bei der Frucht das Nähere. —

In der Bauchhöhle einer 10 Jahr alten Kuh fand man eine 60 Pfd. schwere Speckgeschwulst, die am Rückgrathe befestigt war, und aus lauter einzelnen Knoten von der Grösse einer starken Bohne bestand, deren jeder in mehrfach über einander liegenden Häuten innen eine grünliche verhärtete Masse enthielt. Die Kuh war kurz vor dem Kalben ohne Aeusserung von Schmerzen krepirt [1]).

V. Von der Bauchhaut und ihren Verlängerungen, dem Gekröse und den Netzen.

§. 147.

Die Bauchhaut wird zugleich mit den Bauchwänden in den oben genannten Fällen ausgedehnt; ein Theil derselben tritt aber mit einigen Eingeweiden durch natürliche, oder gewaltsam hervorgebrachte Oeffnungen der Bauchwände heraus und bildet den Bruchsack, weil man den Zustand, wenn Eingeweide aus ihrer Höhle getreten, aber nicht frei zu Tage liegen, einen Bruch (*Hernia*) nennt. Treten hingegen die Eingeweide durch gewaltsam erzeugte, durchdringende Oeffnungen der Höhlenwände hervor, so wird dies Vorfall (*Prolapsus*) genannt. Nach den Gegenden des Körpers erhalten die Eingeweidebrüche ihre Namen; die am Bauchringe heissen Leistenbrüche (*Herniae inguinales*), am Poupart'schen Bande Schenkelbrüche (*H. crurales*), am Nabelringe Nabelbrüche (*H. umbilicales*), am Zwerchfelle Zwerchfellsbrüche (*H. phrenicae*), an einer Stelle der untern Bauchwand Bauchbrüche (*H. ventrales*), in den Flanken oder Weichen Flankenbrüche (*H. iliacae*), am

1) In Rust's Magazin für die gesammte Heilkunde. B. 27. S. 194.

Damme oder Mittelfleische Mittelfleischbrüche (*H. perinei*). Sind die Eingeweide in der Oeffnung, aus welcher sie herausgetreten waren, so eingeschnürt, dass sie nicht leicht in die Höhle zurückgebracht werden können, so wird dies ein eingeklemmter Bruch (*Hernia incarcerata*) genannt.

§. 148.

Die Wunden der Bauchhaut heilen zwar oft durch Vernarbung, oft aber entsteht, theils durch die Verwundung selbst, theils durch die eingedrungene atmosphärische Luft eine Entzündung der ganzen Bauchhaut (*Peritonitis*), die gewöhnlich schnell verläuft und oft tödlich wird. Sie macht häufig den Ausgang in Ergiessung einer trüben, sehr übelriechenden Flüssigkeit, in welcher bisweilen Flocken von plastischer Lymphe schwimmen, und der Zustand wird hitzige Bauchwassersucht (*Hydrops abdominis acutus*) genannt. Seltener findet man, und zwar nur bei einem langsamen Verlaufe der Entzündung, Verwachsung der Eingeweide mit dem Sacke der Bauchhaut, durch festgewordene plastische Lymphe.

§. 149.

Unter den Aftergebilden der Bauchhaut sind die Knoten und Wasserblasen die häufigsten; jene sind in der sogenannten Franzosenkrankheit des Rindviehes bisweilen so zahlreich, dass sie die ganze freie Fläche dieser Haut einnehmen. Auch bei Pferden und Hunden fand ich einigemal eine grosse Zahl von Knoten an dem Bauchfelle. Die Wasserblasen sind am gewönlichsten in der Fäule oder Bleichsucht der Schafe, wo sie fast immer den dünnhalsigen Blasenschwanz (*Cysticercus tenuicollis*) enthalten. Bei Schweinen findet man dieselben Blasenwürmer, und die Finnen (*Cysticercus cellulosae*), die ich auch einmal in grosser Zahl bei einem fetten Hunde an der Bauchhaut und ihren Fortsätzen fand. Die Hydatiden, welche keine Würmer enthalten, trennen sich bisweilen von der Bauchhaut und liegen frei in der Bauchhöhle, wie in dem §. 144 angeführten Falle bei einer Katze.

§. 150.

Das grosse Netz tritt durch die natürlichen, oder gewaltsam erzeugten Oeffnungen heraus und bildet einen Netzbruch (*Epiploocele*), der bei Pferden und Hunden nicht selten am Bauchringe vorkommt. Der vorgefallene Theil verwächst dann oft mit der Scheidenhaut des Hodens und Saamenstranges, wodurch das Zurückbringen unmöglich wird; oder er stirbt durch Einklemmung ab und muss dann abgeschnitten werden. Da das Zurückbringen des vorgefallenen Netzes überhaupt schwierig ist, so wird es gewöhnlich abgeschnitten, selbst wenn es nicht krankhaft ist. Mehrere Fälle der Art erzählt Roupp [1]).

Durch regelwidrige Oeffnungen im Zwerchfelle dringt ein Theil des grossen Netzes in die Brusthöhle, wie es Girard [2]) bei einem Pferde, und ich bei mehreren Pferden und Kühen fand. In dem von Girard beobachteten Falle war das Netz durch eine Oeffnung zwischen zwei Rippen bis unter die Haut nach aussen gedrungen.

Es scheint, dass diese Oeffnung, vielleicht auch die im Zwerchfelle durch einen stumpfen Körper, z. B. ein Ochsenhorn, gemacht worden sey. — In einem andern ähnlichen Falle war das grosse Netz bei einem Pferde in der Brusthöhle an eine Exostose der 13ten Rippe befestigt. Am lebenden Thiere bemerkte man gestörtes Athmen, das Einathmen war beinah regelmässig, aber das Ausathmen wurde durch eine krampfhafte Bewegung unterbrochen, worauf ein beträchtliches Sinken der falschen Rippen folgte, die so heftig nach vorn gezogen wurden, dass das Thier dadurch einen Stoss bekam [3]). —

---

1) Im Journal de médec. vétér. et comparée. 1826. Janvier. p. 44.
2) In Annales de l'agriculture franç. T. 35. p. 84.
3) Procès-verbal etc. à l'école vétér. d'Alfort 1822. cf. Ann. de l'agric. fr. II. Serie. T. 23. p. 11.

Dieser Zustand kann oft lange Zeit ohne bemerkbare Krankheitszeichen bestehen, da das Athmen nicht immer auffallend gestört wird.

Auch in Bauchbrüchen fand ich einigemal bei Pferden einen Theil des grossen Netzes.

Das Gekröse folgt immer dem Darme, daher tritt es mit ihm aus der Bauchhöhle heraus.

§. 151.

Die Netze und das Gekröse des Pferdes zerreissen bei heftigem Niederwerfen, besonders wenn die Eingeweide angefüllt, und daher schwerer sind. Das grosse Netz zerreisst gar nicht selten, da es bei dem Pferde so zwischen den dicken Därmen liegt, dass es bei heftiger Bewegung derselben nicht widerstehen kann. Ich glaube nicht, dass die Zerreissung desselben für sich lebensgefährlich ist. Auch die Zerreissung des Gekröses fand ich einigemal bei Pferden, welche an Darm-Entzündung starben, wo ein Theil des Dünn-Darmes durch den Riss geschlüpft war und sich verschlungen hatte. —

Ausser den oben bei dem Bauchfelle erwähnten Aftergebilden kommen noch die Fettgeschwülste am grossen Netze und Gekröse bei Pferden ziemlich oft vor, und da sie durch die Bewegungen des Darmes und durch ihr eigenes Gewicht nicht selten so gedehnt werden, dass ihr Bauchfellüberzug abgeschnürt wird, so findet man sie wie an einem Stiel hängend, oder diesen zerrissen und sie in der Bauchhöhle frei liegend. In mehreren Fällen wurden diese gleichsam gestielten Fettgeschwülste die Ursache zu Darmverschlingungen.

Die Knochenbildung fand ich bis jetzt weder im Gekröse, noch in den Netzen, aber Otto [1]) sah in Alfort eine Knochengeschwulst aus dem Gekröse eines Pferdes, welche grösser als ein Menschenkopf und fächerig war (vielleicht

---

1) Handbuch der pathol. Anatomie. S. 248. Anm. 13. S. 250. Anm. 12.

(vielleicht der verknöcherte Balg einer Fettgeschwulst?) und mehrere Knochenkonkremente aus dem Netze von Schafen. —

In der linken Nierengegend wurde bei einem Pferde eine 18 Pfund schwere, knotige und vom Krebs (?) ergriffene Geschwulst gefunden, welche die linke Niere, die Aorta, die hintere Hohvene u. s. w. einhüllte (wahrscheinlich ein Sarkom). Die linke Niere enthielt Blut und eine eigenthümliche Masse; auch in der Harnblase war Blut. Es wurden die Zeichen eines Nierenleidens bemerkt, aber kein Symptom, durch welches auf das Dasein dieser Geschwulst geschlossen werden konnte [1]).

Bei einem Hunde, der einen aufgetriebenen Bauch hatte und daran starb, fand man drei fettartige Geschwülste, zwei in der Bauchhöhle, und eine dritte in der Gegend des Dammes, die zusammen 22 Pfund an Gewicht hatten [2]). Man hielt den Zustand Anfangs für Bauchwassersucht, indessen zeigte sich kein Schwappen.

VI. Von dem Magen.

§. 152.

Die Lage des Magens ist nur dann abweichend, wenn regelwidrige Oeffnungen im Zwerchfelle, oder an den Bauchmuskeln vorhanden sind, durch die er ganz, oder zum Theil aus der Bauchhöhle tritt.

Littre [3]) fand bei einem Hunde den Magen in der Brusthöhle, nahe am Zwerchfelle. Anstatt der Oeffnung für den Schlund, fand sich im Zwerchfelle eine grosse Spalte, deren Ränder vernarbt waren und durch die der

---

1) In Annales de l'agric. fr. II. Serie. T. 23. p. 29.
2) Procès-verb. de l'école vétér. d'Alfort. 1812. p. 9. cf. Annales de l'agric. franç. T. 52. p. 109.
3) In Histoire de l'academie royal des sciences de Paris. 1706. p. 27.

Zwölffingerdarm in die Bauchhöhle trat. Der Schlund war so lang, dass der Magen, nachdem diese Spalte erweitert wurde, in die Bauchhöhle herabstieg, woraus Littre schliesst, dass er ursprünglich in der Bauchhöhle gelegen und nur mit Gewalt in die Brusthöhle gedrängt worden sey. Die Zerreissung des Zwerchfelles, glaubt er, konnte entweder durch eine heftige, krampfhafte Zusammenziehung des Schlundes, die den Magen nach sich zog, entstanden seyn, oder durch eine ausserordentliche Zusammenziehung der Bauchmuskeln und des Zwerchfelles zugleich (beim Drängen), wobei der Magen angefüllt war. Der Hund litt an beschwerlichem Athmen, an Herzklopfen, und je mehr er gefressen hatte, desto stärker wurden diese Beschwerden; er hatte oft Neigung zum Erbrechen, aber immer ohne Erfolg [1]) und dabei war er sehr mager.

Bei einer alten Kuh, die zu anatomischen Untersuchungen getödtet wurde, fand man die Haube in der Brusthöhle, in welche sie durch eine Oeffnung im Zwerchfelle getreten war. Dort war sie durch vieles Zellgewebe befestigt, übrigens aber nicht krankhaft [2]).

§. 153.

Bei Kühen fand ich einigemal, dass ein Theil vom rechten Sacke des Wanstes durch eine grosse Spalte in den Bauchmuskeln (vielleicht durch einen Stoss mit dem Horn entstanden) so hervorgetreten war, dass der Bauch tief herab hing. Da die dehnbare Haut dem schweren Wanste nicht Widerstand leisten kann, so wird die Ausdehnung mit der Zeit immer grösser, wenigstens tritt sie tiefer herab. Die Thiere waren dabei nicht weiter krank, nur wurde ihnen das Gehen beschwerlich.

---

1) Dies würde den Satz bestätigen, dass ohne Mitwirkung des Zwerchfelles und der Bauchmuskeln kein Erbrechen erfolgen kann.

2) Procès-verbal etc. à l'école vétér. d'Alfort. 1810. cf. Ann. de l'agric. fr. T. 43. p. 371.

Barthelemy *) sah dasselbe bei einem alten Mutterschafe, nur war hier die Ausdehnung der Bauchmuskeln, nicht die Spaltung derselben, die Ursache der veränderten Lage des Wanstes. Da das Thier einmal Zwillinge geboren hatte, so glaubt er, dass durch sie der Wanst verdrängt und jene Ausdehnung entstanden sey. Da aber die Zwillings-Geburten bei den Schafen gar nicht selten sind, so würde jene Erscheinung auch wohl häufiger seyn, wenn der Wanst durch die Früchte wirklich so verdrängt werden könnte.

§. 154.

Die Grösse des Magens geht oft um ein Beträchtliches über die Norm hinaus; man muss aber einen zu grossen Magen, von einem nur ausgedehnten unterscheiden.

Der zu grosse Magen (*Ventriculus ingens*) ist nach und nach, durch die immer reichlich genossenen Nahrungsmittel zu einem stärkeren Wachsthume angespornt, und ist wirklich an Masse grösser; er verrichtet sein Geschäft vollständig, aber es sind mehr Nahrungsmittel erforderlich um die Sättigung zu bewirken. Der ausgedehnte Magen (*Ventriculus inflatus*) ist durch eine schnell wirkende Ursache, durch Futter, oder Luft, über sein gewöhnliches Volumen vergrössert, die dehnbaren Häute sind bis auf den höchsten Grad gespannt und reissen leicht bei Einwirkung einer äussern Gewalt, z. B. eines Stosses, Schlages, oder Druckes.

Beiderlei Vergrösserungen des Magens findet man bei allen Hausthieren; einen zu grossen Magen seltener bei Pferden, häufiger bei Hunden und Schweinen. Die zu grosse Ausdehnung des Magens entsteht bei Pferden nach dem reichlichen Genusse von blossem Körnerfutter, wodurch die Gas-Entwickelung begünstigt wird; oder bei

*) Procès-verb. de l'ecole vétér. d'Alfort. 1816. p. 29. cf. Annales de l'agric. franç. T. 67. p. 395.

dem sogen. Koppen (Aufsetzen, Krippensetzen, *Tic* franz.) wobei die Schlundöffnung des Magens immer sehr erweitert ist. Es scheint daher, dass diese Unart der Pferde in einem Verschlucken von Luft besteht, was häufig Kolick verursacht.

Nach Gerard's *) Erfahrungen ist das Koppen nicht blos eine üble Gewohnheit, sondern es ist auch oft ein Zeichen einer vorhandenen krankhaften Beschaffenheit des Magens, oder Darmkanales, z. B. der Magensteine, Verengerung des Zwölffingerdarmes, Verdickung seiner Wände. In dergleichen Fällen mag aber wohl die Luft aus dem Magen nach oben steigen, und nicht das eigentliche Koppen oder Luftschnappen, sondern das Rülpsen entstehen. — Der Pansen (Wanst) der Wiederkäuer wird durch das, nach dem reichlichen Genusse von frischem Klee, und andern Hülsenpflanzen, sich bildende kohlen saure Gas enorm ausgedehnt, wodurch das Athmen so beengt ist, dass endlich Erstickung erfolgt, wenn durch den Gebrauch des Trokars, oder passender Arzneimittel das Gas nicht fortgeschafft wird; die übrigen Magen sind bei dieser Gas-Entwickelung auch mehr, oder weniger ausgedehnt, bisweilen aber auch durch Futter, wenn die Verdauung leidet.

Der entgegengesetzte Zustand, nämlich die zu starke Zusammenziehung des Magens, kommt nur dann vor, wenn zu wenig, oder gar keine Nahrungsmittel aufgenommen werden, wie bei manchen Krankheiten, z. B. dem Starrkrampfe, bei dem Vorhandenseyn fremder Körper im Brusttheile des Schlundes, denn wenn sie noch im Halstheile stecken, so erstickt das Thier, oder man kann sie leichter entfernen.

§. 155.

Die Zerreissung des Magens, gewöhnlich an der grossen Krümmung, ist bei Pferden nicht selten, wenn er

*) Im Recueil de Médecine vétérinaire. 1824. p. 193.

durch Futter, Gas, oder durch einen Stein sehr ausgedehnt und beschwert ist, und ich glaube, dass die Zerreissung nur dann erfolgt, wenn der Bauch stark gedrückt wird, z. B. bei dem Niederwerfen, oder Niederfallen. Die Fälle von Zerreissung des Magens der Pferde, bei der sogen. Ueberfutterungs-Kolik, sind so häufig beobachtet worden, dass ich keine besonderen Beobachtungen hier anführe. Dagegen kommen die Magensteine nicht so häufig vor, und wenn sie auch vorhanden sind, so zerreist der Magen nicht immer. — Bei einem Pferde, welches einen 8 Pfd. schweren Stein im Magen hatte, war dieser gerissen, als das Thier einmal niederfiel *). — Von den übrigen Hausthieren ist mir kein Fall von einer Zerreissung des Magens bekannt. Wenn bei einer Kolik der Magen reisst, so bemerkt man in den meisten Fällen folgende Zeichen am lebenden Thiere: Es wird plötzlich ruhig, indem es vorher die heftigste Unruhe und grosse Schmerzen geäussert hatte, der Puls ist kaum fühlbar, der Herzschlag oft pochend, über den ganzen Körper bricht kalter Schweiss aus; es erfolgt wirkliches Erbrechen, oder nur Würgen (jedoch nicht in allen Fällen), und im Gesicht ist grosse Angst ausgedrückt.

Die Zerreissung des Magens ist bei dem Pferde immer schnell tödlich, höchstens lebt es noch 24 Stunden, wie dies in dem eben genannten Falle wo der Stein die veranlassende Ursache war, beobachtet wurde. —

Auch die Wunden des Magens des Pferdes, Schweines, Hundes und der Katze, und des Psalters und Labmagens der Wiederkäuer sind in den meisten Fällen absolut tödlich, und zwar um so sicherer, je grösser sie sind; theils durch Verblutung, theils durch die Einwirkung der ausgetretenen Nahrungsmittel auf die Bauchhaut.

---

*) Procès-verb. de l'école vétér. de Lyon. 1814. p. 11. cf. Annales de l'agric. française. T. 60. p. 281.

Dagegen sind die Verletzungen des Pansens und der Haube bei den Wiederkäuern selten gefährlich, denn es sind Fälle bekannt, wo bei aufgeblähtem Rindvieh der Pansen aufgeschnitten und das Futter mit der Hand herausgenommen worden ist, und wo dennoch Genesung erfolgte. Die Haube wird bei Kühen oft von verschluckten Nägeln, Nadeln u. d. gl. durchbohrt, ohne dass gefährliche Symptome eintreten; dringen diese aber durch das Zwerchfell und verwunden das Herz, dann werden erst bedenkliche Zeichen wahrgenommen. Indessen kann die Verletzung des Wanstes dadurch gefährlich werden, dass der Stich zu weit nach unten gemacht wird, und dass die Nahrungsmittel in die Bauchhöhle fallen, wenn der Magen etwas zusammengefallen ist, wie dies Gellé *) einmal sah.

§. 156.

Eine partielle Verwachsung der innern Flächen des Magens unter einander dürfte wohl kaum vorkommen, wenn auch die Möglichkeit nicht abzuläugnen ist, indessen ist mir noch keine, dieses bestätigende, Beobachtung bekannt. Die äussere Fläche hingegen findet man nicht selten mit ihren Umgebungen mehr, oder weniger fest verbunden, doch gilt dies hauptsächlich von den Magen der Wiederkäuer, denn bei den Thieren mit einfachem Magen ist dies viel seltener der Fall, weil bei ihnen die Entzündung schneller verläuft, und entweder zertheilt wird, oder tödtet. Diese Verwachsung ist Folge der exsudativen Entzündung der äussern Haut des Magens, oder des Sackes der Bauchhaut, oder beider zugleich, welche Entzündung bei den Wiederkäuern gewöhnlich einen chronischen Verlauf hat. Die Entzündung der Schleimhaut des Magens kommt auch für sich vor, namentlich wenn sie durch örtliche Ursachen, z. B. Gifte, fremde Kör-

*) Gastro-entérite chronique etc. im Recueil de médec. vétér. 1829. Août. p. 455.

per u. d. m. herbeigeführt ist; jedoch leiden gewöhnlich alle Häute des Magens zugleich, und die Krankheit heisst dann überhaupt Magen-Entzündung (*Gastritis*). Uebrigens ist diese Krankheit nicht so häufig, wie man nach den unrichtig beurtheilten Wahrnehmungen bei Sectionen sie zu finden glaubt, denn z. B. die bei dem Milzbrande und der Rinderpest vorkommenden rothen Flecke im Psalter und Labmagen der Rinder bezeichnen keine vorausgegangene Entzündung, sondern sind Extravasate, die einen typhösen Zustand andeuten.

Die Magen-Entzündung ist immer sehr gefährlich, verläuft schnell und nimmt in den meisten Fällen ein tödliches Ende; selten findet man Ausschwitzung von plastischer Lymphe, und noch viel seltener sind hier die andern Ausgänge der Entzündung.

§. 157.

Aus noch unbekannten Ursachen entstehen an der Schleimhaut des Magens Geschwüre, die gewöhnlich zerstörend um sich greifen, und endlich alle Häute durchbrechen. So fand man bei einem Hunde, der einige Zeit keine festen Nahrungsmittel zu sich nehmen wollte, an der linken Seite des Magens 4 Löcher, deren jedes einen Zoll im Durchmesser hatte. *). — An der linken Wand des Wanstes eines Ochsen, der wegen Krankheit geschlachtet werden musste, wurde ein Geschwür gefunden, welches die Häute 6 Zoll im Umfang zerstört hatte, nur die seröse Haut war noch unverletzt und hatte das Ausfliessen des übelriechenden, grauen, aber dicken Eiters in die Bauchhöhle verhindert. Das Thier litt an hartnäckiger Verstopfung, stöhnte viel, hatte einen trocknen Husten und zeigte keine Fresslust. Bei einer 8tägigen Behandlung verschwanden diese Symptome, so dass der Ochse einige Tage zur Arbeit gebraucht werden

---

*) Procès-verb. de l'école vétér. de Lyon. 1822. p. 27.

konnte, aber nach 4 Tagen, von der scheinbaren Genesung an gerechnet, traten jene Zufälle mit solcher Heftigkeit wieder ein, dass der Ochse geschlachtet werden musste[1]). — An den Blättern des Psalters einer Kuh fand ich auch Geschwüre, konnte aber über die Krankheit des Thieres nichts erfahren. — Bei einem Pferde, welches am Brande der Schleimhäute am Kopfe gelitten hatte, fand man an dem Pförtner eine brandige Geschwulst (?), durch welche eine Trennung des Magens vom Zwölffingerdarme bewirkt worden war; einige Stunden vor dem Tode hatte das Pferd gebrochen [2]). — Gohier [3]) fand bei einem Hunde, der eine Kröte verschluckt haben sollte, den Magen durchlöchert, und den Rachen, Schlundkopf, Schlund u. Kehlkopf entzündet. Er glaubt, dass bei zwei andern Hunden, wo dasselbe gefunden wurde, und wo man keine Ursache entdecken konnte, vielleicht auch eine Vergiftung durch Kröten stattgefunden habe.

§. 158.

An dem Pförtner des Magens kommt bisweilen die Knotengeschwulst (*Scirrhus pylori*) vor. Liégard [4]) fand zwei solche Geschwülste bei einem Pferde, die einander gegenüber zwischen der Muskel- und Schleimhaut lagen, und den Durchgang beinahe sperrten. Sie enthielten eine graugrünliche, übelriechende, breiige Masse. Das Pferd, eine siebenjährige Stute, hatte schon oft an Kolik gelitten, nährte sich schlecht, und magerte seit einiger Zeit sichtlich ab. Ein neuer Anfall wich den angewandten Heilmitteln nicht, endlich trat mehrmaliges Erbrechen ein, und das Thier stürtzte plötzlich todt nieder, ohne eine Bewegung zu machen.

1) Eine vom Kreis-Thierarzte Falke in Rudolstadt mir brieflich mitgetheilte Beobachtung; auch in André's ökonom. Neuigkeiten 1830. N. 76. S. 608.
2) Procès-verb. de l'école vétér. de Lyon. 1814. p. 11. cf. Annales de l'agric. T. 60. p. 280.
3) Mém. et observat. T. II. p. 348.
4) In Dupuy's Journal pratique de médecine vétérin. 1828. Juillet. p. 331.

Bei einem alten Pferde, welches man tödtete, und welches immer heftige Schmerzen gezeigt hatte, fand man den Pförtner und den Anfang des Zwölffingerdarmes von Krebs ergriffen [1]). Es drang durch mehrere Oeffnungen eine grünliche, übelriechende Jauche hervor, auch die vordern Gekrösdrüsen litten am Krebs.

Girard [2]) theilt einen Fall mit, wo bei einem Pferde durch einen in der rechten Magenhälfte befindlichen Scirrhus der rasende Koller verursacht worden war. — Barrat [3]) fand am Pförtner einen Scirrhus, der zwei Pfd. wog.

Die Symptome dieser Krankheit, ausser dem Schmerze, sind noch sehr unsicher, die Ursachen sind völlig unbekannt, und der Ausgang ist wohl immer tödlich. Ich führe hier noch einige Beobachtungen an.

§. 159.

Crépin [4]) beobachtete den Magenkrebs bei einem Pferde, bei dem diese Krankheit sich so wenig characterisirte, dass man glaubte das Thier leide an einer chronischen Lungenentzündung. Man hatte 7 Jahre hindurch das Pferd stets unter Augen gehabt, und es nie krank gesehen, nur hat es in dieser Zeit zweimal am Hinken gelitten, was aber bald wieder gehoben wurde. Ungefähr 5 Monate vor seinem Tode bemerkte man, dass es wenig Fresslust zeigte, sehr abmagerte, und dass es sich das Koppen angewöhnte. Etwa zwei Monate nach dieser Erscheinung befand sich das Thier in einem hohen Grade der Abzehrung, es legt sich nicht, und setzte oft den

1) In Annales de l'agriculture franç. II. Serie. T. 18. p. 44.
2) Im Recueil de médec. vétér. 1826. Janvier. p. 36.
3) Procès-verbal. etc. de l'école vétér. de Lyon. 1814. p. 14. cf. Annales de l'agric. T. 60. p. 285.
4) Observation sur une affection cancéreuse de l'estomac d'un cheval; im Journ. de médec. vétér. théorique et pratique. 1830. Janvier p. 26. Février p. 89.

linken Vorderfuss vor. Die Schwäche nahm immer mehr zu, der Bauch war aufgetrieben, die Flanken hart und gespannt, der Puls war klein und schwach, nur 36 mal in der Minute fühlbar; der Koth war flüssig, der Urin roth, Schlauch und Hinterfüsse waren ödemtös angeschwollen. Einige Wochen vor dem Tode war das Athmen unregelmässig; das Thier legte sich seit 4 Monaten zum erstenmale nieder, stand aber nach etwa 10 Minuten wieder auf, und kurz vor dem Sterben brach es einigemal eine zähe, mit Blutstreifen versehene Materie aus, in den Zwischenzeiten kaute es beständig, wobei ein zäher, sich in lange Faden ziehender Speichel ausfloss, es strengte sich sehr an, um zu misten, und liess dabei einen lauten Schrei hören. — Bei der Section fand man in den Lungen nur einige kleine Knoten, im Magen einen grossen, schon in Krebs übergegangenen Scirrhus, und die äussere Fläche des Magens war da mit dem Zwerchfelle und der Leber verwachsen, wo sich im Innern das Aftergebilde befand.

Dupuy und Prince [1]) fanden den Magenkrebs auch bei einem zur Zergliederung bestimmten Pferde, ohne dass sie es im Leben genau zu beobachten Gelegeheit hatten.

Bernard [2]) beschreibt unter dem Titel, Krebs des Labmagens und Pförtners bei dem Rindvieh, sieben Fälle, bei welchen die hervorstechendsten Symptome folgende waren: sehr gestörte, oder ganz fehlende Fresslust und Fehlen des Wiederkauens, in einzelnen Fällen ein unregelmässiger Appetit nach ungeniessbaren Dingen, wie Holz, Kalk, Mist u. d. m. ferner: Auftreiben des Bauches, wirkliches Erbrechen in einigen Fällen, bald erschwerter Mistabsatz, bald Durchfall. Die Dauer der Krankheit war oft einige Monate und der Tod erfolgte immer durch

1) Im Journal pratique de médec. vétér. 1830. Avril. p. 147.
2) Observations sur le cancer de la caillette et du pylore dans le boeuf; im Recueil de médec. vétér. 1829. Janvier. p. 13. et suiv.

Abzehrung. Fünfmal machte er die Section, und fand die Wände des Labmagens, nahe am Pförtner 3—4 Zoll dick, die innere Haut mit Geschwüren besetzt, und einmal fand sich zwischen den Wänden ein Eiterheerd, der eine Pinte eines weissen, nicht stinkenden Eiters enthielt.

Gellé [1]) fand bei einem Ochsen, der an chronischer Magen- und Darm-Entzündung gelitten hatte, zwischen der Muskel- und Schleimhaut des Labmagens mehrere Knoten, wie Haselnüsse, von welchen mehrere in der Gegend des Pförtners eine 4—5 Zoll dicke Wulst bildeten und diesen zusammendrückten.

§. 160.

Schwammige Auswüchse (*Fungi*) von der Grösse der Haselnüsse fand ich an der rechten Hälfte der Magenschleimhaut des Pferdes, ohne dass sich am lebenden Thiere etwas Krankhaftes wahrnehmen liess.

Auch bei den nicht ganz selten bei Pferden vorkommenden Bälgen, die zwischen der Muskel- und Schleimhaut liegen, eine kleine Oeffnung nach der Höhle des Magens haben, eine gelbliche Flüssigkeit und zugleich *Spiroptera megastoma* Rudolphi, oft in grosser Zahl, enthalten, bemerkt man am lebenden Thiere keine deutliche Krankheitszeichen. Diese Bälge sind gewöhnlich einzeln, haben oft einige Zoll Umfang, und werden von Andral Sohn [2]) für vergrösserte Schleimbälge gehalten, wofür ich sie auch halte, da sich auch an andern Orten sehr vergrösserte Schleimbälge, obgleich ohne Würmer, finden, z. B. an den Lippen des Pferdes. — Bei einem Pferde, welches seit einem Monate öfter an Kolik gelitten hatte, und bei dem letzten, heftigsten Anfalle auch rasete, fand man im Magen zwei grosse mit Würmern angefüllte Bälge, auf welchen sich viele Oestrus-Larven

1) Gastro-entérite chronique dans un boeuf; Recueil. 1829. Juin. p. 344.

2) Im Journal de médecine vétér. et comparé ou Recueil 1826. p. 391.

festgesetzt hatten *). — Ich habe diese Bälge oft gefunden, ohne die schlimmen Zufälle beobachtet zu haben, und es scheint in dem oben angeführten Falle der Zustand durch die Oestruslarven verschlimmert worden zu seyn. — Bei Hunden kommen ebenfalls in der Wand des Magens dicke Bälge vor, in welchen bisweilen *Strongylus trigonocephalus*, noch häufiger *Spiroptera sanguinolenta* lebt, doch sind sie wohl von anderer Art, als jene bei dem Pferde; denn ich fand einmal einen solchen, mit Würmern ganz angefüllten Balg ausserhalb des Magens, doch mit ihm verbunden; in einigen andern Fällen lag er zwischen der Muskel- und Schleimhaut.

In der Höhle des Magens kommt bei Schweinen *Spiroptera strongylina* vor, und in dem Pferdemagen findet man eine grössere Varietät von *Spiropt. megastoma*, auch bisweilen Spulwürmer, die aber ihren eigentlichen Aufenthalt im Dünndarme haben; im Wanste und in der Haube der Wiederkäuer kommt bisweilen *Amphistoma conicum* vor, und im Labmagen der Schafe sehr oft und zahlreich der *Strongylus contortus*, von welchem die Krankheit den Namen Magenwürmer-Seuche erhalten hat. Ich fand die zuletzt genannten Würmer mehrmals bei Schafen, die an der Traberkrankheit litten, mit welcher sie indessen in keinem ursächlichen Zusammenhange stehen. Die Larven der Pferde-Bremse finden sich auch sehr oft im Magen der Pferde, und bewirken oft heftige Kolikzufälle.

§. 161.

In dem Magen des Pferdes und Hundes erzeugen sich Steine, die bei dem ersten nicht selten eine beträchtliche Grösse, und ein Gewicht von 8 bis 14 Pfund und darüber erreichen. Man hat gefunden, dass die Pferde der Müller, welchen das mit Kieselerde verunreinigte Mehl und viel Kleie gegeben wird, am häufigsten

---

*) Girard, a. a. O. p. 41.

an dieser Steinbildung leiden, und dennoch ergiebt sich aus der chemischen Analyse dieser Steine, dass sie nur sehr wenig Kieselerde enthalten, höchstens 1 p. C. Den muthmasslichen Grund sucht Reubold in den Kleien, s. oben §. 34. Sie erzeugen immer Verdauungsbeschwerden und endlich eine Kolik, bei welcher gewöhnlich der Magen reisst; vergl. oben §. 155. — Bei einem Pferde, welches an Kolik starb, fand Gerard [1]) die Pförtner-Oeffnung des Magens durch einen Stein, von der Grösse eines Taubeneies, verstopft. —

Eine andere Art fremder Körper, die man bei den meisten Hausthieren entweder im Magen, bei den Wiederkäuern im Wanste, oder in der Haube, oder im Darme findet, sind die Haarbälle (*Aegagropili*), die aber bei Pferden von eigenthümlicher Art sind, und schon §. 38. näher beschrieben wurden. Sie stören ebenfalls mehr, oder weniger auffallend die Verdauung, und verstopfen bisweilen die Pförtneröffnung, wodurch endlich der Tod herbei geführt werden muss. Ich glaube aber nicht, dass durch die Haarbälle eine andere Krankheit, als die genannte entstehen kann, und der Thierarzt Charlot [2]) in Neuburg irrt wohl, wenn er die von ihm beobachtete Krankheit bei einem Haufen Lämmer von den bei einigen gefundenen Haarbällen herleitet. Nach den von ihm angeführten Krankheitszeichen zu schliessen, litten die Lämmer an der Fäule und an den gewöhnlich dabei vorkommenden Lungenwürmern (*Strongylus Filaria*). Ganz absurd ist die Behauptung (die im Jahre 1790 in Evereuz zu einer gerichtlichen Untersuchung Veranlassung gegeben hat), dass Schafe durch dergleichen Haarbälle, die man ihnen zum Verschlucken vorwirft, vergiftet würden. [3])

---

1) Procès-verbal de l'école vétér. d'Alfort. 1820. p. 34. — Recueil de Médecine vétérinaire. 1824. p. 193.
2) Recueil. 1826. Octobre. p. 506.
3) Dupuy, sur un prétendu empoisonnement par de gobes; im Recueil de Médecine vétér. 1824. p. 185.

§. 162.

Die an der Wuth leidenden Hunde verschlucken allerlei fremdartige, in ihrer Nähe sich befindende Dinge, z. B. Stroh, Heu, Haare, Glas, Holz u. d. entweder aus Bewustlosigkeit, oder wegen eines unangenehmen Gefühls im Magen, und das Vorkommen solcher fremdartiger Dinge ist nach meiner Meinung das einzige Zeichen, aus welchem bei der Section auf Wuth geschlossen werden kann. In den Thierarzneischulen zu Alfort und Lyon hat man die von Marochetti entdeckten Bläschen unter der Zunge wüthender Hunde gesehen; in der hiesigen Thierarzneischule hat man sie immer vergeblich gesucht.

Die Kühe und Ziegen belecken und verschlucken sehr oft alle solche Dinge, die in den Händen der Menschen gewesen sind, also nach ihrem Schweiss riechen, oder die sonst einen salzigen Geschmack erregen; daher findet man besonders bei Kühen die verschiedenartigsten, nicht selten den Magen verletzenden Dinge, z. B. Nägel, Messer, Gabeln, Glas u. a. Die Kuh eines Schuhmachers hatte so viele Schuhnägel verschluckt, die alle in der Schlundrinne fest sassen, dass sie wie gepflastert aussah *). Mehr zufällig geschieht aber das Verschlucken von Nadeln, indem die Kühe und auch die Ziegen gewöhnlich von Frauenzimmern gepflegt werden. Solche Nadeln durchbohren immer den Wanst, oder die Haube, nicht selten auch das Zwerchfell und das Herz, und werden die Veranlassung zu einer unheilbaren Krankheit (s. unt. von dem Herzen).

Das Durchbohren des Zwerchfelles geschieht ohne Zweifel bei dem Wiederkauen, wenn der Bissen in den Schlund zurückgetrieben werden soll, daher wird die Richtung des durchbohrenden Körpers fast immer nach vorn gesehen, und daher erfolgt auch die Verwundung

---

*) Beobachtet vom Kreis-Thierarzte Versen.

des Herzens so oft. Sehr viel seltener geschieht es, dass bei den Kühen die Nadel durch den Schlund dringt und das Herz, oder die grossen Gefässe von oben her verletzt, aber bei einem Hunde fand ich dies. Dieser hatte wegen des Vorhandenseyns der Zeichen eines gastrischen Leidens ein Brechmittel erhalten, und starb während des Erbrechens. Bei der Section fand ich eine Nähnadel mit einem Faden, welche den Brusttheil des Schlundes durchbohrt, die hintere Aorta verletzt und eine schnell tödtende Verblutung verursacht hatte. — Bei den Wiederkäuern erfolgt gewöhnlich Trommelsucht, die immer wiederkehrt, wenn das Zwerchfell verwundet ist, weil dieses das Aufsteigen des Bissens nun nicht befördert, daher geräth das Futter in Gährung. Vollet *) fand bei einer Kuh, die an Trommelsucht litt, und immer von neuem davon befallen wurde, wenn sie Heu frass, denn so lange man ihr halbflüssige Nahrungsmittel, die nicht wiedergekäut werden, reichte, trieb der Bauch nicht auf, zwei lange Nadeln von Messingdraht, welche den Pansen und das Zwerchfell durchbohrt hatten. Man hatte die Kuh geschlachtet, weil das wiederholte Aufblähen, ohne äussere Ursachen, auf eine Störung in der Verrichtung der Magen, oder des Schlundes schliessen liess.

VII. Von dem Darmkanale.

§. 163.

Die Lage eines, oder des andern Theiles des Darmkanales wird auf vierfache Art von der Norm abweichend gefunden, indem

1) ein Darmstück sich um das andere, oder um ei-

---

*) Observation sur une Tympanite causée par deux épingles implantées dans la partie interieur de la panse et dans la diaphragme d'une Vache; in Dupuy's Journal pratique de médecine vétér. 1827. Mars. p. 119.

nen andern in der Bauchhöhle vorhandenen Körper umschlingt (Darmverschlingung); oder indem

2) ein Darmstück in die Höhle des andern eindringt (Darm-Einschiebung); oder

3) indem ein Theil des Darmkanales durch eine angeborene, oder gewaltsam entstandene Oeffnung in den fleischigten und sehnigten Bauchwänden aus der Bauchhöhle heraustritt, aber noch von der Haut bedeckt ist (Darmbruch); endlich

4) wenn durch regelwidrige, durchgehende Oeffnungen, oder durch Umkehrung ein Theil des Darmes zu Tage liegt (Darm-Vorfall).

§. 164.

Die Darmverschlingung (*Convolutio intestinorum*) geschieht dadurch, dass sich während heftiger Erschütterung des Bauches, oder bei starker peristaltischer, oder antiperistaltischer Bewegung (beim Purgiren, oder Erbrechen), ein Theil des an einem langen Gekröse hängenden Darmes, wie der Leer- und Mastdarm, um seine Axe, oder um ein nahe liegendes Darmstück umschlägt, dass die Höhle dadurch verengt und der Fortgang des Chymus gehemmt wird. Bei dem Pferde kommt aber auch ein solches Umdrehen um die eigne Axe an der hintern (im Becken liegenden) Krümmung des Grimmdarmes, und am Blinddarme vor.

Die Darm-Verschlingung erfolgt auch noch dann, wenn das Gekröse an einer Stelle reisst, und ein Theil des Darmes durch die Oeffnung schlüpft und eingeschnürt wird; oder wenn das grosse Netz an einer Stelle des Bauches, oder am Zwerchfelle festgewachsen ist, und so eine Schlinge bildet; endlich wird sie noch durch eine Fettgeschwulst, die an einem Stiele hängt, bei Pferden nicht selten erzeugt. Fälle der Art sind mehrfach hier vorgekommen, am häufigsten bei Pferden, seltener bei Hunden, und noch viel seltener sind sie bei den Wiederkäuern überhaupt beobachtet worden.

§. 165.

Eine ganz besondere Art von Darmverschlingung, die nur bei Zug-Ochsen vorkommt, ist von Oesterlen [1]), der sie innerlichen Bruch, und von Samuel Anker [2]) beobachtet und beschrieben worden; dieser nennt sie: Ueberwurf, Darmumwickelung, innerer Bauchfellbruch, Knopf. Sie besteht darin, dass die Falte des Bauchfelles, welche den Saamenstrang und besonders den Saamenleiter umgiebt, reisst, und dass durch die entstandene Spalte ein Theil des Darmes hindurchtritt, was am häufigsten an der rechten Seite, seltener an beiden Seiten zugleich vorkommen soll. Die charakteristischen Zeichen bei dieser Verschlingung sind nach Anker folgende: Ganz aufgehobener Abgang des Mistes, dagegen Entleerung mehr, oder weniger fester Klumpen von Darmschleim, das Krümmen des Rückens nach dem Aufstehen des Thieres, auf welches bald ein tiefes Senken des Rückens folgt, ein Vorwärtstrippeln mit dem Hinterschenkel der leidenden Seite. Bei der Untersuchung durch den Mastdarm fühlt man die überworfenen Gedärme, oder wenigstens den auf der leidenden Seite sehr angespannten Saamenstrang; ausser diesen Zeichen werden die der Trommelsucht, und bei länger dauernder Krankheit auch die Zeichen der Darm-Entzündung wahrgenommen. Oesterlen glaubt, dass die Falte am Saamenstrange durch Zerrung bei dem Kastriren zerrissen werde; Anker ist dagegen der Meinung, dass die Zerreissung durch die schweren Därme bei solchen Ochsen stattfinde, die früher fett waren, dann aber wegen veränderter und schlechter Nahrung abmagerten, wobei die Bauchhaut dünner und schlaffer geworden seyn soll. In einzelnen Fällen soll sich diese Verschlingung von selbst,

---

1) In Teuffel's Magazin für die theoretische und praktische Thierheilkunde. I. S. 74 ff.

2) Praktische Abhandlung und Heilung des Ueberwurfes oder Bauchfellbruches bei Ochsen. Bern 1824. 8.

durch die Bewegung der Därme, heben, in den meisten Fällen aber durch bleibende Einklemmung Darm-Entzündung und Brand eintreten, welche nur durch zeitig vorgenommene Operation zu verhindern sind.

§. 166.

Eine dem sogenannten Ueberwurf der Ochsen ähnliche Verschlingung und Einklemmung der Därme beobachtete Anker auch bei einer Kuh, bei welcher sich dieselben Symptome zeigten, wie bei den Ochsen, wenn sie an der beschriebenen Darmverschlingung litten. Er fand nämlich, nachdem er die Bauchhöhle geöffnet hatte, dass das rechte breite Mutterband gerissen, und dass durch diese Spalte ein Theil des Darms geschlüpft und eingeschnürt war. Er schnitt mit diesem Bande auch einen Theil des rechten Gebärmutterhornes ab, und nahm es aus dem Bauche heraus, zugleich eine Masse von $\frac{3}{4}$ Pfd. ausgeschwitzter plastischer Lymphe, und die Genesung erfolgte dennoch, obgleich die Kuh schon drei Jahr alt war und sich kurz vorher begattet hatte. (Dass bei Kälbern und jungen Schweinen die Verletzung der Gebärmutter ohne schlimme Folgen bleibt, ist bekannt, dass sie aber in dem Alter und in dem Zustande, in welchem die Kuh war, glücklich vorüber ging, gehört allerdings zu den seltenen Erscheinungen.)

§. 167.

Die Darm-Einschiebung (*Intussusceptio Invaginatio Volvulus*) besteht darin, dass ein Darmstück so in die Höhle des andern eindringt, dass das eingeschobene Stück völlig umgekehrt ist, und dass nun Schleimhaut an Schleimhaut liegt, wobei natürlich, besonders bei dem Dünndarme, die Höhle ganz verschlossen, und die Fortbewegung des Futterbreies aufgehoben ist. In den meisten Fällen dringt das vordere Stück in das hintere, in der Richtung, welche die peristaltische Bewegung nimmt. Die Thiere zeigen bei dieser Einschiebung immer Kolikschmerzen und die Symptome der Darm-Entzündung, die bald in Brand übergeht. Die Pferde setzen sich bei dem Vorhandenseyn der Einschiebung immer auf das Hintertheil wie die Hunde, oder sie legen sich auf den Rücken und ziehen die Beine an den Leib, bisweilen entsteht Erbrechen; doch sind diese Zeichen auch bei Darmverschlingungen wahrgenommen worden, daher nicht ganz characteristisch. Der Ausgang einer Darm-Einschiebung ist gewöhnlich tödlich, durch die sehr bald eintretende und in Brand übergehende Entzündung, wenn sie sich nicht von selbst wieder lösst, denn bei den meisten Thieren ist das Oeffnen der Bauchhöhle, im Fall die Einschiebung wirklich sicher erkannt worden wäre, immer sehr gefährlich, und die eindringende Luft wird bei einem so gereizten Zustande die Bauchfell-Entzündung noch schneller bewirken, als es geschieht, wenn sie nicht schon gereizt ist. Jedoch glaubt Anker [1]), bei dem Rindvieh durch die Operation, wie er sie bei dem Ueberwurf der Ochsen macht, die Einschiebung heben zu können.

§. 168.

Bei allen Thieren kommt die Darm-Einschiebung vor, und zwar an dem Dünn-, Blind- und Mastdarme, denn der Grimmdarm ist bei den meisten Thieren so eigenthümlich gewunden, und ein Theil ist an den andern so innig befestigt, dass diese Veränderung der Lage nicht gut möglich zu seyn scheint.

Die Einschiebung eines Theiles des Dünndarmes, bisweilen auf eine beträchtliche Strecke, ist bei Pferden, Rindern und Hunden nicht selten, in einem Falle war bei einem Pferde ein 10 Fuss langes Stück des Darmes eingeschoben [2]). Dagegen kommt die Einschiebung des Hüftdarmes in den Blinddarm, und die des Blinddarmes

---

1) A. a. O. S. 51.
2) Procès-verbal etc. à l'école vétér. d'Alfort 1811. p. 13.

in den Grimmdarm bei Pferden schon seltener vor; die erste nur dann, wenn der Hüftdarm ungewöhnlich schlaff und weit ist, da er im Normalzustande eine dicke Muskelhaut hat und wie der Schlund zusammengezogen ist; einigemal fand ich die Einschiebung dieses Darmes bei Pferden.

Zweimal fand ich die Einschiebung des grössesten Theiles vom Blinddarme in den Grimmdarm bei Pferden, auch Bouley der Jüngere *) fand dies bei einem Pferde, bei welchem die Kolikzufälle abwechselnd gelinder und stärker 10 Tage angehalten hatten. Es ist einigermaassen die längere Dauer der Krankheit, und die Verzögerung des tödlichen Ausganges bei der Einschiebung des Blinddarmes dadurch erklärbar, dass der Fortgang des Futterbreies nicht ganz gehemmt ist, wie bei der Einschiebung des Dünndarmes, denn ein kleiner Theil des Hüftdarmes dringt mit dem Blinddarme zugleich in den Grimmdarm, und entleert seinen Inhalt nun in diesen, so weit es die Einschnürung von der Grimmdarmöffnung zulässt; doch war diese Oeffnung in den von mir beobachteten Fällen so weit, dass keine Einklemmung stattfand. Uebrigens kann der Blinddarm nur dann in den Grimmdarm treten, wenn die zwischen beiden Darmtheilen befindliche Oeffnung ungewöhnlich erweitert ist; die Ursachen einer solchen Erweiterung sind aber noch unbekannt.

Die Einschiebung des Mastdarmes wird gewöhnlich zum Vorfalle, daher s. diesen.

§. 169.

Darmbruch (***Hernia intestinalis***, ***Enterocele***) ist diejenige Ortsveränderung der Därme, welche durch das Austreten durch einen Bauchring, oder durch beide, durch den Nabelring, oder durch regelwidrige Oeffnungen im Zwerchfelle, oder in den Bauchmuskeln (s. oben §. 146.) entsteht. Nicht selten ist der Leistenbruch, und gewöhnlich der Nabelbruch angeboren (***Hernia congenita***).

---

*) Im Journal de médecine vétér. et comparée. 1826. Avril p. 198.

Der Leistenbruch (*Hernia inguinalis*) kann nur bei solchen Thieren vorkommen, deren Bauchringe erweitert sind, daher wird er auch nur bei den männlichen, nicht kastrirten, sehr viel seltener bei den kastrirten Thieren, und unter den weiblichen Thieren allein bei der Hündin angetroffen. Am häufigsten findet man ihn bei Hunden und Ebern, nicht selten bei Hengsten, schon seltener bei Wallachen, aber höchst selten bei den männlichen Wiederkäuern. Gewöhnlich ist es nur der Dünndarm, oft vom grossen Netze begleitet, der durch einen Bauchring, oder in seltenen Fällen durch beide Bauchringe austritt, und sich bis in den Hodensack herabsenkt; jedoch kommen auch Fälle vor, wo der Darm nicht so weit herabtritt. Die Scheidenhäute des Hodens und der Hodensack werden mehr, oder weniger ausgedehnt, wodurch man erst vom Daseyn eines Bruches die erste Anzeige erhält, wenn nicht etwa eine Einklemmung schon vor dem Herabsenken stattgefunden hat, und dann die Zeichen der Kolik bemerkt werden.

Die Einklemmung (*Incarceratio*) entsteht dadurch, dass der ausgetretene Theil des Darmes mit Futterbrei von oben herab gefüllt wird, und das Aufsteigen desselben in die Bauchhöhle, da es gegen die Gesetze der Schwerkraft geschehen muss, schwerer, und wenn der Raum im Bauchringe schon beengt ist, gar nicht geschieht. Es entsteht nun bald Entzündung des ausgetretenen Darmtheiles, die immer tödlich wird, wenn der Darm nicht schnell reponirt wird, oder wo dies unmöglich geworden, durch Aufschneiden des Bauchringes die Einklemmung gehoben und dann zur Reposition geschritten wird. Zugleich macht man bei noch nicht entmannten Thieren die Kastration, um den Bauchring mehr zur Verengerung zu bringen, und das Austreten des Darmes für die Folge zu verhindern.

§. 170.

Der Schenkelbruch (*Hernia cruralis*) ist bis jetzt höchst selten bei den Thieren vorgekommen; er besteht darin, dass ein Darmstück, oder ein Theil des grossen Netzes zwischen dem Poupart'schen Bande und dem dünnen Einwärtszieher des Schenkelbeines (*m. gracilis*) heraustritt. Lafond *) will einen solchen Bruch bei einer Eselin gesehen haben.

Den Nabelbruch (***Hernia umbilicalis, Omphalocele***) sieht man nur dann entstehen, wenn der Nabelring bei der Geburt noch so weit ist, dass neben den Nabelgefässen ein Eingeweide hervordringen kann. Er wird gewöhnlich schon bei dem neugebornen Thiere bemerkt, nimmt aber an Grösse zu, je länger er besteht. Obgleich die Einklemmung hier nicht so leicht erfolgt, wie bei dem Leistenbruche, so kommt sie doch vor, und diese nun regelwidrige Oeffnung muss daher durch die blutige Naht geschlossen werden.

Der Bauchbruch (***Hernia ventralis***) und der Flankenbruch (***H. iliaca***) kommen bei den grossen Hausthieren, namentlich bei dem Rindvieh nicht selten vor, weil diese Thiere einander stossen, und weil das stumpfe Horn die gespannten Bauchmuskeln durchdringt, ohne die nachgiebige Haut und Bauchhaut zu verletzen. Bei Pferden entstehen sie auch entweder durch einen Hornstoss von einem Rinde, oder durch das Eindringen eines stumpfen Körpers beim Niederfallen. Ist ein Bauchbruch vorhanden, so liegt bei dem Rindvieh gewöhnlich der rechte Sack des Wanstes mit dem Netze, bei Pferden der Blind-, oder Grimmdarm in dem Bruchsacke; der Flankenbruch enthält dagegen bei dem Rinde einen Theil des Dünn- und Dickdarmes, bei dem Pferde den Dünndarm, oder den frei liegenden Theil des Mastdarmes. Die Heilung wird nur durch Schliessung der Oeffnung, mittelst der blutigen Naht, erreicht, die aber nur dann zu machen ist, wenn die Oeffnung nicht gross, und wenn sie noch neu ist, im entgegengesetzten Falle, und bei den am untern

*) Compte rendu des travaux de l'école royale vétérinaire de Lyon. 1822 — 23. cf. Journal de Méd. vétér. et comparée 1824. Mars. p. 120.

Theile des Bauches vorkommenden Brüchen reissen die Hefte gewöhnlich aus, weil die Eingeweide mit ihrer ganzen Schwere darauf lasten. Beyrou [1]) heilte zwei Kühe, die Bauchbrüche hatten, bei einer fand Einklemmung Statt.

§. 171.

Der Zwerchfellsbruch (*Hernia phrenica*) besteht in dem Eindringen der Eingeweide in die Brusthöhle, durch eine regelwidrige Oeffnung im Zwerchfelle, die wahrscheinlich häufiger durch äussere Gewalt entstanden, als angeboren ist. Eine von Berthe [2]) erzählte Beobachtung scheint dieses zu bestätigen. Es hatte nämlich ein Pferd an die rechte Seite der Brust einen Schlag bekommen, durch welchen die 6te und 7te Rippe gebrochen war, auch wurde bei der Section eine Oeffnung im Zwerchfelle an der rechten Seite, nach unten, gefunden, die 3 Zoll Durchmesser hatte, und zum Theil im fleischigten, zum Theil im sehnigten Theile sich befand. Durch diese war ein Theil des Dünndarmes in die Brusthöhle, und von diesem wieder ein Theil zwischen den gebrochenen Rippen nach aussen gedrungen, so dass ein doppelter Bruch sich gebildet hatte. Das Pferd lebte vom Tage der Verletzung an noch 44 Tage, und hatte in dieser Zeit häufig Kolikanfälle.

Einigemal fand ich bei Pferden, die an Darm-Entzündung gestorben waren, den Zwerchfellsbruch, und zugleich eine Einklemmung des in der Brusthöhle liegenden Darmstückes. Auch Michel [3]) sah diesen Bruch bei einem Pferde, welches an Kolik starb, und bei einer alten Kuh, die zur Zergliederung getödtet worden war.

---

1) Guérison de hernies ventrales dans deux vaches; im Recueil de médec. vétér. 1828. Novembre. p. 581.

2) Im Journal de médéc. vétér. et comparée 1824. Février. p. 63.

3) Archiv für die Thierheilkunde von einer Gesellschaft schweizerischer Thierärzte. Bd. II. H. 3. S. 117.

wurde auch dieser Bruch gefunden, ohne dass jedoch eine Einklemmung stattgefunden hatte *).

Ich glaube, dass der Zwerchfellsbruch eine geraume Zeit vorhanden seyn kann, ohne dass er durch äussere Zeichen erkannt wird, und dass er erst bei einer Einklemmung des Darmes tödlich wird, weil die Reposition nicht gemacht werden kann.

§. 172.

Endlich ist der **Darmvorfall** (***Prolapsus intestinorum***) als Ortsveränderung des Darmkanales noch zu schildern. Er entsteht nur dann, wenn alle Theile der Bauchwände, also auch die Haut und das Bauchfell, in ihrem Zusammenhange getrennt sind, und zwar sogleich nach der Verwundung, indem die beständig schlüpfrigen Därme auch durch kleine Oeffnungen nach und nach heraustreten. Kann das Zurückbringen und Heften der Wunde bald gemacht werden, so wird das Thier bisweilen erhalten, im entgegen gesetzten Falle stirbt es gewöhnlich an der Bauchfell-Entzündung. Der Vorfall des Mastdarmes (***Prolapsus ani***) entsteht ohne äussere Verletzungen, indem der vordere Theil in den hinteren sich einschiebt und durch dessen äussere Oeffnung (den After) heraustritt. Die Veranlassung dazu ist heftiges Drängen bei der Kothentleerung, oder bei der Trommelsucht, daher ist dieser Vorfall nicht selten, aber ohne gefährliche Folgen, wenn die Reposition bald gemacht werden kann, und wenn der Darm nicht immer wieder heraustritt. Ist nur ein kleiner Theil hervorgetreten, so zieht er sich oft von selbst wieder zurück, was man bei Hunden nicht selten sieht. Es kommt endlich noch ein Vorfall des Dünndarmes durch den After vor, wenn die Häute des Mastdarmes in ihrem Zusammenhange getrennt sind, welches durch Geschwüre, häufiger aber durch

*) Procès-verbal etc. à l'école vétér. d'Alfort. 1811. p. 13. cf. Annales de l'agric. franç. T. 47. p. 339.

äussere Gewalt geschieht. So entstand ein Vorfall des Dünndarmes durch den After bei einem Pferde, welchem bei dem Niederwerfen der Mastdarm, 3 Fuss vom After entfernt, gerissen war. In diesem Falle musste, wie sich von selbst versteht, die Reposition vergeblich seyn, weil der Riss im Mastdarme nicht geschlossen werden konnte; daher muss man den Fall für absolut tödlich halten. Ist aber die Oeffnung im Mastdarme nicht beträchtlich, so muss allerdings die Reposition gemacht werden, weil man die Möglichkeit, dass sich jene Oeffnung schliesse, nicht läugnen kann. Uebrigens kommt es nicht selten vor, dass an den Kadavern solcher Thiere, die an Kolik, oder Trommelsucht gestorben sind, der Mastdarm hervorgedrängt, oder auch durch die ausdehnende Kraft zerrissen, und dann ein Theil des Dünndarmes durch den After herausgepresst wird. Dieser Vorfall der Eingeweide bei dem Kadaver ist von dem, der am lebenden Thiere schon vorhanden war, nicht immer mit Bestimmtheit zu unterscheiden.

§. 173.

Als Fehler der Form nenne ich nur den am Hüftdarme nicht selten vorkommenden Anhang (***Diverticulum***). Er besteht gewöhnlich in einem runden, bisweilen länglichen Sacke, dessen Durchmesser von 1 bis zu 5 Zoll variirt, und der von der einen Seite der Darmwand ausgeht, deren Structur er übrigens hat. Die Höhle des Anhanges steht durch eine Oeffnung, oder durch zwei (wie ich es einmal fand) mit der Höhle des Darmes in Verbindung, und ist mit Futterbrei angefüllt, der aber gewöhnlich trockner ist, als er im Hüftdarme zu seyn pflegt, weil er nicht so leicht wieder herausgetrieben werden kann. Man hält diesen Anhang für den erweiterten Ueberrest des Nabelblasen-Darmganges, und bei zwei Hunde-Missgeburten fand ich einen engen Fortsatz vom Hüftdarme wirklich in den Nabelstrang eindringen; da aber die Eihäute schon entfernt waren, so konnte ich ihn nicht weiter verfolgen. Bei erwachsenen Pferden habe ich diesen Anhang oft gesehen, auch soll er nach Otto's [1]) Versicherung bei Schweinen häufig vorkommen.

Crepin [2]) fand ein Divertikel, welches doppelt so gross war wie der Magen; das Pferd hatte 7 Jahre hindurch jede Woche einmal an Kolik gelitten.

§. 174.

Die Ausdehnung des Darmes durch die in ihm entwickelten Gasarten, oder durch Futter, namentlich des Blind- und Grimmdarmes des Pferdes, ist oft so gross, dass seine Häute zerreissen, am häufigsten in der, diesem Thiere so gefährlichen, Kolik. Uebrigens erfolgt die Ausdehnung bei allen Kadavern, die einen Tag gelegen haben, wenn nämlich die Eingeweide noch Futterbrei enthalten, der in Fäulniss übergeht. — Bei Hunden kommt es nicht selten vor, dass bei hartnäckiger Verstopfung und doch nicht ganz aufgehobener Fresslust die Därme enorm erweitert werden und eine fast unglaubliche Menge theils verdauter, theils unverdauter Nahrungsstoffe enthalten; besonders gilt dies vom Blind-, Grimm- und Mastdarme. Der Bauch wird aufgetrieben, ist hart und gespannt.

Gewöhnlich wird durch viele verschluckte Knochen, oder Hautstücke mit den Haaren diese Verstopfung verursacht, wie dies hier mehrmals bei grossen Hunden beobachtet wurde, von welchen einige genasen, andere starben.

Ein Hund, der einen Hammelkopf mit der Haut verzehrt hatte, litt über einen Monat an Verstopfung. Nachdem man ihm in 10 Tagen ungefähr 10 ℔ Koth mit einer Zange aus dem Mastdarme genommen hatte, wobei der Bauch noch immer gespannt und hart war, so machte

1) Handbuch der patholog. Anatomie. 1814. S. 269.
2) Procès-verbal etc. à l'école vétér. d'Alfort 1823. cf. Ann. de l'agric. fr. II. Serie. T. 26. p. 39.

man den Bauchschnitt, öffnete den Grimmdarm und zog ungefähr 4 ℔ Koth heraus. Der Hund starb bald nach dieser Operation und man fand noch ungefähr 16 ℔ Koth, so dass also das Thier an 30 ℔ in seinen Därmen beherbergt hatte [1]). Der Darm war überall mehr als drei Zoll im Durchmesser erweitert. In einem zweiten Falle war der Grimm- und Mastdarm bis zur Grösse einer halben Quartflasche ausgedehnt, und enthielt 14½ ℔ Koth [2]).

§. 175.

Im Gegentheil findet man auch nicht selten den Darm an einzelnen Stellen zusammengezogen (*Stricturae*), besonders den Dünndarm, wovon ich keinen Grund anzugeben vermag, denn die Darmhäute sind von ganz gesunder Beschaffenheit. Aber nachtheilig sind diese Einschnürungen gewiss dadurch, dass sie den Fortgang des Chymus hindern, und nicht selten mögen sie die Veranlassung zur Darm-Einschiebung seyn, indem durch den andrängenden Chymus der enge Darmtheil in den hinter ihm liegenden weiteren hineingeschoben wird. An der linken obern Lage des Grimmdarmes bei Pferden fand ich auch mehrmals sehr zusammengezogene Stellen. Die Höhle des Darmes wird auch durch Eingeweidewürmer und fremde Körper beengt, oder ganz verschlossen, wovon weiter unten.

§. 176.

Trennung des Zusammenhanges der Darmhäute entsteht entweder durch Zerreissung, durch äussere, oder innere Verletzungen, oder durch Geschwüre. Die Zerreissung wird am häufigsten an dem Blind- und Grimmdarme des Pferdes bemerkt, da diese Darmtheile wegen der dünnen Wände, im Verhältniss zur Weite, nur

---

1) Procès-verbal etc. à l'école vétér. de Lyon. 1816. cf. Ann. de l'agric. fr. T. 67. p. 187.

2) Ebend. 1818. cf. Ann. de l'agric. fr. II. Serie T. 4. p. 105.

wenig Widerstand leisten können. Sie erfolgt gewöhnlich dann, wenn sich die Thiere wegen der Kolikschmerzen heftig niederwerfen, oder wenn sie mit vollen Därmen niederfallen, und wird durch vorhandene Steine, oder Concremente noch begünstigt; in den meisten Fällen fand ich die obere vordere Krümmung des Grimmdarmes gerissen. Die Zerreissung des Mastdarmes hat man ebenfalls nach dem ungeschickten Niederwerfen bei Pferden gefunden, aber auch nach dem Verbrühen desselben durch zu heisse Clystiere, und bei rossigen Stuten, die von sehr hitzigen Hengsten bedeckt werden, wird der Mastdarm bisweilen durch die eingedrungene Ruthe durchstossen. Die Stute stirbt fast immer an innerer Verblutung und durch die feindliche Wirkung des ausgetretenen Kothes auf die Bauchhaut. Da mit der vollständigen Zerreissung immer eine Ergiessung des Chymus in die Bauchhöhle nothwendig verbunden ist, so hat sie auch immer einen tödlichen Ausgang. Ich halte nämlich die Zerreissung des Darmes für sich für weniger schnell tödlich, als die Einwirkung der fremdartigen Dinge auf die Bauchhaut, und der folgende interessante Fall scheint diese Annahme zu rechtfertigen. — Ein Pferd fiel in eine Grube, in welcher es einige Stunden liegen blieb. Nachdem man es heraus gezogen hatte zeigte es Kolikschmerzen, und starb am dritten Tage nach dem Falle. Bei der Section fand man den Dickdarm gerissen, den Chymus zwischen die Platten des Gekröses ergossen, diese aber waren auch gerissen, und die Darm-Contenta waren in die Bauchhöhle gefallen*). — Hier ist es doch sehr wahrscheinlich, dass der Riss in den Darmhäuten durch den Fall in die Grube erfolgte, dass aber der Tod erst durch das Zerreissen des Gekröses und durch die Ergiessung des Chymus in die Bauchhöhle herbeigeführt wurde. — Die Zerreissung des Zwölf-

*) Procès-verbal etc. à l'école vétérinaire d'Alfort. 1817. p. 23. cf. Annales de l'agriculture franç. T. 70. p. 345.

fingerdarmes beobachtete Schlumpf [1]) bei einem 1jährigen weiblichen Kalbe, ohne die Veranlassung dazu zu kennen.

§. 177.

Die äussern Verletzungen des Darmkanales sind zwar immer gefährlich, theils wegen der eintretenden Entzündung, theils aber auch wegen der Ergiessung des Chymus in die Bauchhöhle, indessen fehlt es nicht an Beobachtungen, wo absichtlich gemachte, oder zufällig entstandene Verwundung des Darmes ohne Lebensgefahr vorüberging. So machte Herr Hildebrandt (ehemaliger Repetitor der hies. Thierarzneischule) bei einem gesunden Hunde eine Durchschneidung des Dünndarmes, heftete die Wunde, und die Vereinigung geschah so vollkommen, dass, als der Hund nach einiger Zeit getödtet wurde, nur eine kleine Narbe am Darme zu entdecken war. — Leblanc [2]) fand bei einem jungen Schweine am Nabel einen künstlichen After (*Anus artificialis*), der dadurch entstanden war, dass die Eigenthümerin in den Nabelbruch, ihn für eine Eiterbeule haltend, einstach. Dieser künstliche After hatte bereits 3 Wochen bestanden, und die im Darme enthaltenen Stoffe wurden durch die Oeffnung entleert, als die Eigenthümerin das sehr abgemagerte Thier tödtete und vergrub, ohne dass eine Untersuchung gemacht werden konnte. — Einen andern Fall, wo ein künstlicher After entstanden war, jedoch nicht durch unmittelbare Verwundung des Darmes, beobachtete Gellé [3]). Die Oeffnung, welche einen kallösen Rand hatte, und doppelt so gross war wie ein Federkiel, befand sich bei einem fünfjährigen Ochsen zwischen der zwölften und dreizehnten Rippe der rechten

1) Im Schweizer Archiv für Thierheilk. Jahrg. I. Heft. 4. S. 53.
2) Im Journal de médecine vétérinaire et comparée. 1826. Août. p. 413.
3) In Dupuy's Journal pratique etc. 1827. Février. p. 76.

Seite. Als dieser Ochse einen Stoss mit einem Horn erhalten hatte, war an dieser Stelle ohne Verletzung der Haut eine beträchtliche Geschwulst, und endlich ein Abscess entstanden. Gellé glaubt, dass die Zwischenrippenmuskeln und der fleischigte Theil des Zwerchfelles von dem Horne durchbohrt und der Darm so gereizt wurde, dass ein Abscess entstand, der sich von selbst nach aussen öffnete. Ich bin aber der Meinung, dass hier ein wirklicher Darmbruch entstanden, und dass der Abscess des Darmes vielleicht durch eine Einklemmung verursacht worden sey. Die Fistelöffnung wurde durch Wegnahme der verdickten Haut in eine einfache Wunde verwandelt, die geheftet, nach einiger Zeit wirklich vernarbte, obgleich der erste Versuch nicht vollständig geglückt war. — Renggli [1]) heilte bei einem Schweine den künstlichen After, indem er 4¼ Zoll vom brandigen Darme entfernte.

§. 178.

Die Durchbohrung der Darmwand von seiner Höhle aus ist ebenfalls vorgekommen; sie wurde, durch ein Stückchen eines Strohhalmes hervorgebracht, bei einem Pferde gefunden, welches an Bauchfell-Entzündung gestorben war. Aus dem Zwölffingerdarme, nahe hinter der Mündung des Gallen- und Wirsung'schen Ganges war das Stückchen Stroh nach aussen gedrungen, und in einer Vertiefung der Leber durch zelliges Gewebe befestigt [2]). Ob die Bauchfell-Entzündung Folge dieser Verletzung war, ist nicht angegeben, doch ist es fast zu bezweifeln. —

In dem hinteren Theile des Dünndarmes eines Pferdes, welches einige Tage lang an Kolik gelitten hatte und dabei noch eine weite Strecke laufen musste, wurde eine Oeffnung mit entzündeten, geschwollenen und eitern-

1) Im Schweizer Archiv für Thierheilkunde. Jahrg. I. H. 4. S. 86.
2) Procès-verbal etc. à l'école vétér. d'Alfort. 1811. p. 5. cf. Annales de l'agric. franç. T. 47. p. 330.

den Rändern gefunden, durch welche der Chymus in die Bauchhöhle ergossen war [1]). Es ist nicht bemerkt, ob die Oeffnung durch ein Geschwür, oder dnrch einen Riss entstanden war. —

Vatel [2]) fand bei einer Hündin, die nach der Exstirpation einiger Skirrhen, aus dem Euter, starb, den Hüftdarm nahe an seiner Mündung in den dicken Darm durch ein Stück Leder verstopft und von drei kleinen Oeffnungen durchbohrt, durch welche eine graue Materie (Chymus?) ausfloss. Ueber die Entstehung dieser Oeffnungen äussert sich Vatel nicht weiter.

§. 179.

Die oberflächliche Verwachsung eines Theiles des Darmkanals mit der Bauchhaut ist bei Pferden selten, daher führe ich folgende Beobachtung an. Charlot [3]) sah ein dreijähriges Füllen, welches oft an Kolikzufällen litt, und durch Stösse mit dem Fusse an den Bauch gemisshandelt worden war. Bei der Section fand er die vordere obere Krümmung des Grimmdarmes mit dem Magen und der Milz, die untere mit den Bauchwänden oberflächlich verwachsen. In der vordern Bauchgegend fand sich eine längliche Geschwulst, von der Grösse einer Quartflasche, welche harte, dicke Wände hatte, und eine weisse krümliche, stinkende Masse enthielt; die innere Fläche war mit einer serösen Haut ausgekleidet (eine Balggeschwulst?). Sie war sowohl mit den Bauchdecken als auch mit der untern Lage des Grimmdarmes genau verbunden.

§. 180.

Textur und Farbe der Darmhäute werden durch Entzündung sehr auffallend verändert. Bei der Darm-

---

1) Ebend. 1817. p. 23. cf. Annales. etc. T. 70. p. 334.
2) In Dupuy's Journal pratique etc. 1827. Septembre. p. 440.
3) Observ. de Coliques intermittentes, occasionnées par une tumeur enkystée; im Recueil de médec. vétér. 1827. Septembre. p. 469.

Entzündung (*Enteritis*) der Pferde findet man an den dicken Därmen nicht selten eine beträchtliche Menge von Blut sowohl zwischen den Blättern des Gekröses, als auch zwischen der Muskel- und Schleimhaut ergossen, und gewöhnlich auch den Chymus davon roth gefärbt. Uebrigens ist nicht jede Röthung der Darmwände von einer Entzündung herzuleiten, und namentlich ist die gleichsam verwaschen erscheinende Röthung, wie man sie bei den Kadavern solcher Thiere, die an fauligen Krankheiten gestorben sind, oder die einige Zeit gelegen haben, so häufig findet, niemals ein Zeichen der Entzündung, sondern vielmehr von dem Durchdringen des zersetzten Blutes entstanden. Die Ausschwitzung von plastischer Lymphe ist bei dem Pferde, bei welchem die Entzündung gewöhnlich sehr schnell verläuft, seltener, als bei dem Rindvieh, daher werden bei diesem die Wände oft enorm verdickt. — Die Darmzotten sind bei der Entzündung der Schleimhaut vom Blute geröthet, werden aber auch von dem im Darm enthaltenen gefärbten Stoffen gefärbt, wie ich es bei Hunden und Katzen oft gefunden habe.

§. 181.

Die Geschwüre an der Schleimhaut des Darmes sind bei den Thieren ziemlich selten, ich fand sie nur einmal im Dünndarme eines Pferdes, welches zu anatomischen Zwecken getödtet wurde. — Clichy [1]) aber will tiefdringende und zahlreiche Geschwüre, zugleich mit Verdickung der Schleimhaut, am häufigsten im dicken Darme bei der Ruhr gefunden haben.

Sehr merkwürdig sind drei von Jacob [2]) an Pferden gemachte Beobachtungen über das Vorkommen von Geschwüren im Dünndarme, namentlich am Leer- und Hüft-

1) Memoire sur la Dysenterie, im Journal de médec. vétér. et comp. 1825. p. 336.

2) Observations sur les perforations spontanées de l'intestin grèle dans les maladies aiguës; im Recueil de Médec. vétér. 1828. Novembre. p. 592. et suiv.

Hüftdarme, von welchen einige die Darmhäute ganz zerstört hatten. Da die an den lebenden Thieren wahrgenommenen Erscheinungen sehr verschieden sind, so führe ich jeden Fall besonders an.

Erster Fall. Ein 8jähriges Pferd hatte heftiges Fieber, und zeigte grosse Schmerzen in der Lendengegend, so dass es sich kaum auf den Füssen erhalten konnte, und wenn es sich niedergelegt hatte, so vermochte es nicht allein aufzustehen. Nach einer antiphlogistischen Behandlung verminderten sich Fieber und Schmerzen so, dass das Pferd nach einigen Tagen wieder zur Arbeit gebraucht werden konnte. Dieser scheinbare Gesundheitszustand dauerte 9 Tage, am 10ten äusserte das Thier herumziehende Schmerzen an den Gliedmassen, es liess den Kopf herabhängen, die Schleimhäute waren sehr roth, die Zunge war an den Rändern hochroth, in der Mitte weiss belegt, der Bauch beim Druck schmerzhaft, die Haut brennend heiss und trocken, der Puls sehr beschleunigt, der Durst heftig, und die Kothentleerung unterdrückt. Diese Symptome nahmen bei der antiphlogistischen Behandlung in einer Zeit von 12 Tagen abwechselnd zu und wieder ab, jedoch am 13ten Tage (am 26sten der Krankheit) zeigte sich eine vollständige Bauchfell-Entzündung, und das Thier starb noch am Abende desselben Tages. Bei der Section fand sich Ausschwitzung von plastischer Lymphe, welche die Därme etwas zusammenklebte, und stinkendes Serum in der Bauchhöhle; der Hüftdarm hatte nahe an seiner Mündung eine Oeffnung von einem Zoll Durchmesser; am Ende des Leerdarmes fanden sich mehrere Geschwüre, von welchen einige nur die Schleimhaut einnahmen, eins aber hatte alle Häute zerstört, und bildete eine Oeffnung von 5—6 Linien Durchmesser.

Zweiter Fall. Eine 9jährige Stute zeigte heftige Frostschauder, keinen Appetit, am Bauche beim Druck Schmerzen; der Kopf und Körper waren heiss, die Augen geröthet, der Puls war auf 80 Schläge in der Mi nute beschleunigt, das Athmen schnell und mit einem trocknen, aber lauten Röcheln begleitet, der Husten selten, der Unterkiefer wurde beständig wie beim Kauen bewegt. Am 4ten Tage, nachdem ein Aderlass und kalte Waschungen des Kopfes gemacht worden waren, blieb die krampfhafte Bewegung des Unterkiefers noch wie vorher, das Maul war voll Schleim, und in der Nacht zeigte das Thier heftige Kolikschmerzen. Am 5ten Tage waren die Augen trübe, die Schleimhäute blass, die Zunge war trocken, der Bauch aufgetrieben und schmerzhaft; der Puls klein, schnell und schwach, das Athmen häufiger. Den 6ten Tag gingen dünne Exkremente ab; der Bauch war sehr schmerzhaft und gespannt, die Arterie fühlte sich wie ein Faden an. Unter Zunahme der Symptome starb das Thier am 7ten Tage. In der Bauchhöhle des Kadavers war trübe eiterähnliche (?) Flüssigkeit, die Därme hingen durch falsche Membranen unter sich etwas zusammen; im Hüftdarme, drei Zoll vom Blinddarme entfernt, fand sich ein Loch von 7 — 8 Linien Durchmesser, und drei Zoll davon, nach dem Leerdarme hin, noch zwei kleinere Löcher; die Schleimhaut enthielt in der Nähe des Blinddarmes noch 6 andere Geschwüre, deren Ränder ein wenig erhaben und verdickt waren.

Dritter Fall. Ein 12jähriges Pferd hatte in 14 Tagen dreimal leichten Durchfall und geringe Fieberbewegungen gehabt, und der Durchfall bestand schon seit 6 Tagen anhaltend, als Jacob das Thier sah. Es zeigte keinen Appetit, nach einem Frostschauder trat Schweiss ein, doch wiederholten sich die Frostschauder öfter. Am folgenden Tage hatte die Zunge rothe Ränder, war aber in der Mitte weiss; das Thier hatte viel Durst, aber es verschmähte das Futter, häufiger Schweiss bedeckte den Körper, und der Puls war voll, unregelmässig und 80mal in der Minute fühlbar. Es wurde ein mässiger Aderlass gemacht, ein säuerlicher Trank gegeben, auch wurden erweichende Klystiere angewendet. Am dritten Tage der Behandlung war der Bauch etwas aufgetrieben, das Fieber geringer. Am vierten Tage war die Zunge grün belegt, aus den Nasenlöchern floss etwas Blut, der Bauch war aufgetrieben, nicht schmerzhaft, die Diarrhoe war gestopft, aber die Hitze des Körpers gesteigert, der Puls wechselnd und mehr beschleunigt, das Athmen röchelnd. Den 5ten Tag war das Thier schwach und abgeschlagen, der Bauch war stärker aufgetrieben und beim Drucke schmerzhaft. Am 6ten Tage zeigten sich häufige Frostschauder, und die übrigen Symptome steigerten sich bis zur Nacht, wo das Thier starb.

In der Bauchhöhle fanden sich Ausschwitzungen, und im Hüftdarme, 1 Fuss vor dem Blinddarme, war ein durchgehendes Geschwür mit einer Oeffnung von 15 Linien Durchmesser, an der Schleimhaut waren noch drei, aber nicht durchgehende, Geschwüre einige Zoll von jenem entfernt; auch am Ende dieses Darmes fand man noch Geschwüre.

Die Ursachen dieser Geschwürbildung waren nicht bekannt, und da die Symptome bei allen drei Thieren erst gegen das Ende Gefahr zeigten, so glaubt Jacob, dass in dieser Zeit die völlige Durchbohrung des Darmes erfolgte.

§. 182.

Die Fistelgeschwüre kommen am Mastdarme nicht selten vor und werden Mastdarm- oder After-Fistel (*fistula ani*) genannt. Die vollständige After-Fistel hat eine Oeffnung aus dem Darme in die Bauchhöhle, von welcher ein Gang nach aussen führt und sich gewöhnlich am Mittelfleisch öffnet, durch welche Oeffnung Eiter ausfliesst; bei der unvollkommenen Fistel fliesst der Eiter durch den After heraus, indem die äussere Fistelöffnung fehlt. — Bei Hunden ist diese Krankheit des Mastdarmes nicht selten, und wird wahrscheinlich durch zu harten Koth verursacht; bei den grossen Hausthieren mag sie wahrscheinlich durch Verletzungen des Darmes mit den Nägeln bei dem Ausräumen des Kothes, oder mit dem Rohr der Klystierspritze u. dgl. m. veranlasst werden. Eine sehr grosse Fistel heilte Roupp [1]) bei einem Pferde, durch die Ligatur mittelst eines bleiernen Drahtes. Die äussere Fistelöffnung war am Damme, an der rechten Seite des Afters, und die Fistel selbst erstreckte sich 18 Zoll am Mastdarme entlang, in das Bekken, wo sie mit einer callösen Oeffnung in den Mastdarm endigte. Er brachte nämlich den Bleidraht durch die äussere Oeffnung in die Fistel, schob ihn bis zur Oeffnung in dem Darme, zog ihn mit der in den Mastdarm eingebrachten Hand durch die Oeffnung, und führte ihn zum After wieder heraus. Die beiden äussern Enden wurden nun, 14 Tage hindurch, täglich einen Zoll lang zusammengedreht, so dass das Thier in 20 Tagen völlig geheilt war.

§. 183.

An und zwischen den Darmhäuten entwickeln sich verschiedene Aftergebilde, namentlich Knoten, Polypen und Fleischgeschwülste; auch Verknöcherung der Darmhäute kommt vor, jedoch gewiss sehr selten, so dass ich dies noch nie gesehen habe; Otto [2]) sah in Alfort an dem Mastdarme eines Pferdes eine grosse Stelle verknöchert. Die Knoten kommen bisweilen zwischen der Muskel- und Schleimhaut vor, und obgleich bei der Franzosenkrankheit der Sack der Bauchhaut und seine Verlängerungen mit Knoten bedeckt sind, so fand ich sie doch nie an der serösen Haut des Darmes. — Die schwarzen Knoten (Melanosen) finden sich bisweilen auch an den Darmhäuten. —

Die Polypen entstehen nur im Mastdarme, in der Nähe des Afters, und sind bei Hunden nicht ganz selten; sie werden durch die Ligatur, oder durch das Abdrehen ausgerottet, und hindern nur den Kothabgang, wenn sie

1) Observation sur une Fistule à l'anus; im Recueil de médecine vétérin. 1824. Juillet p. 261.
2) Handb. der pathol. Anatomie. S. 284. Anm. 40.

gross sind. — Bei einem Pferde fand ich einmal im Blinddarme einen schmalen, aber langen Fortsatz, der von der Schleimhaut des Hüftdarmes ausging, und in die Höhle des Blinddarmes hinein ragte. Einen Faust - grossen Polypen aus dem Mastdarme eines Pferdes sah Otto[1]) in Alfort. —

Die Fleischgeschwulst (*Sarcoma*) ist an der Schleimhaut des Grimmdarmes bei Pferden vorgekommen, und namentlich fand Delafay[2]) eine solche Geschwulst, die er für Krebs hielt, und die ungefähr 2½ Fuss Umfang, und ein Gewicht von mehr als 25 ℔ hatte; sie enthielt viel Knochenkerne und im Innern eine stinkende Jauche, die auch durch eine Oeffnung in den Darm gedrungen war, und dem Miste denselben Geruch mittheilte. Auch die Lymphdrüsen in der Nähe dieser Geschwulst litten zugleich. Das Pferd hatte seit zwei Jahren bei gutem Futter nicht zugenommen, litt einige Zeit vor dem Tode an Kolik, und frass dann wieder mit Begierde, wobei es aber dennoch sehr schwach und elend wurde.

Rimbault[3]) machte bei einem Pferde eine der vorigen ähnliche Beobachtung. Die Geschwulst hatte die Grösse eines Menschenkopfes, lag zwischen den Häuten des Grimmdarmes, nahe an seinem Ursprunge aus dem Blinddarme, und ragte zur Hälfte in die Bauchhöhle, zur Hälfte in die Höhle des Darmes, mit welcher sie durch eine Oeffnung von einem Zoll Durchmesser communicirte, und durch welche Oeffnung die stinkende Jauche der Geschwulst ausgeflossen war. Das Pferd hatte oft Blut mit dem Miste entleert, und zeigte übrigens dieselben Erscheinungen wie das von Delafay beobachtete.

In der Wand des Dünndarmes eines Pferdes fand ich auch einmal eine Sarcom. — Die Fettgeschwulste,

1) A. a. O. Anm. 39.

2) Observat. sur le développement d'une enorme tumeur cancéreuse etc. im Journ. de médec. vétér. et comparée 1826 Mai p. 228.

3) In Dupuy's Journal pratique 1826 Avril p. 167.

welche am häufigsten im grossen Netze und im Gekröse vorkommen, entstehen auch zwischen den Häuten des Darmes, und dringen dann gewöhnlich nach aussen, so dass sie endlich an der äussern Fläche des Darmes nur noch durch einen Stiel festsitzen.

§. 184.

Die grössere Zahl der Arten von Eingeweidewürmern lebt im Darmkanale, wo sie oft sehr zahlreich sind, ohne dass man Krankheitszeichen bemerkt; namentlich scheinen die kleineren Arten der Rundwürmer, wie *Strongylus armatus* und *Oxyuris curvula*, die im dicken Darme des Pferdes so oft und zahlreich sind, den Thieren keine grosse Beschwerden zu machen. Dennoch verursachen die Würmer bisweilen wirkliche Kolik, besonders die Spulwürmer (*Ascaris megalocephala Cloq.*) denn diese wickeln sich bisweilen im Dünndarme des Pferdes zu Knäueln zusammen, so dass sie den Darm völlig verstopfen; ich fand einmal über 400 Stück dieser Würmer bei einem Pferde. Der Riesen-Kratzer (*Echinorhynchus Gigas*), welcher nur im Dünndarme des Schweines lebt, durchbohrt mit seinem Hakenrüssel nicht selten die Wand des Darmes, was dem damit behafteten Thiere wohl Schmerzen erregen mag. — Die Bandwürmer (*Taenia cucumerina* und *T. serrata*), welche bei Hunden sehr oft im Dünndarme gefunden werden, auch die bei den übrigen Thieren vorkommenden Species scheinen diese Thiere nicht so zu belästigen, wie der Mensch durch den in seinem Darme vorkommenden Bandwurm leidet.

Charlot*) behauptet zwar, dass bei einem Pferde der Starrkrampf durch Würmer verursacht worden sey, indem diesem Thiere vor der Krankheit schon Spulwürmer abgegangen waren, und während der Behandlung auch noch an 40 Stück entfernt wurden, worauf Besse-

*) Observation de Tétanos vermineux; im Recueil de médecine vétérinaire. 1825. Décembre. p. 526.

rung eintrat. — Mir ist noch kein ähnlicher Fall bekannt, und ich enthalte mich daher eines Urtheiles.

§. 185.

Die verschiedenen Varietäten von Darmsteinen, welche im Blind- und Grimmdarme des Pferdes vorkommen, sind schon §. 34. beschrieben worden; ich erhielt aber später noch einen Darmstein vom Esel, der als achte Varietät der Eingeweidesteine aufgeführt werden muss, weil er von den übrigen verschieden ist. Er ist nämlich weissgelblich, sehr hart und schwer, besteht aus concentrischen Lagen, und gleicht im Aeussern sehr den Speichelsteinen. Womit dieses Thier genährt worden ist, konnte ich nicht erfahren, aber von zwei Pferden, bei welchen ebenfalls Steine gefunden wurden, weiss ich, dass sie stets mit Kleie gefuttert wurden, und die (§. 34). angeführte Ansicht Reubold's, über die Ursachen der Entstehung, bestätigt sich auch hier. Der eine von diesen Steinen [1]) ist 5″ lang, 3″ dick, 1 ℔ 21 Loth schwer, und verhält sich so wie die oben (§. 34. N. 5.) beschriebenen. Er wurde in einer Vertiefung des Blinddarmes gefunden, bei einem Pferde, welches oft gelinde Kolikanfälle gehabt hatte und endlich an Darm-Entzündung gestorben war.

Bei einem andern Pferde, wurde ein gelb-brauner Darmstein (§. 34. N. 4.), 3″ lang, 3″ dick und 21 Loth schwer, gefunden [2]), welcher Zerreissung des dicken Darmes verursacht hatte.

Die §. 34. N. 6. u. 7. beschriebene Varietäten fand ich bei Pferden, die zur Zergliederung getödtet worden waren, von welchen ich aber in Hinsicht ihres Verhaltens nichts weiss. Das Vorhandenseyn der Darmsteine wird nicht eher bemerkt, als bis das Gewicht schon beträchtlich ist, und auch dann entsteht nur die gewöhnliche

1) Vom Thierarzte Schirlitz eingesandt.
2) Von dem Kreis-Thierarzte (jetzigem Repetitor) Mecke dem Museum der Thierarzneischule geschenkt.

Kolik, daher giebt es kein characteristisches Symptom für diesen Krankheitszustand.

Einmal fand ich bei der Zergliederung eines Pferdes zwischen der Muskel- und Schleimhaut des Zwölffingerdarmes kleine, dreiseitige, weisliche, und sehr leichte Steine (vergl. Tab. III. Fig. 1.), die in Bälgen, und wie ich glaube, in vergrösserten Schleimbälgen eingeschlossen waren. Einer dieser Bälge stand durch eine kleine Oeffnung mit der Höhle des Darmes in Verbindung, daher glaube ich, dass die zur Steinerzeugung geeignete Flüssigkeit aus dem Darme in die Bälge gedrungen ist.

§. 186.

Bei den meisten Hausthieren (die Katze ausgenommen) findet man auch die verschiedenartigen Concremente im Darme, die aus Haaren, Futterstoffen und dergl. gebildet sind, und schon §. 38. näher beschrieben wurden.

Die bei dem Pferde und Schweine im dicken Darme vorkommenden Concremente verursachen immer grosse Beschwerden theils durch ihr Gewicht, theils dadurch, dass sie die Höhle nicht selten verstopfen und dadurch die Zerreissung des Darmes veranlassen. Bei den Wiederkäuern finden sich hier dieselben Haarbälle wie im Pansen und in der Haube, indessen viel seltener, als in den Mägen. Bei einem Hunde wurden einmal 18 Bälle im Darme gefunden *).

Ausser diesen, dem Organismus fremdartigen, Dingen wird im Dickdarme mancher Pferde viel Sand auf einer Stelle angehäuft gefunden, den die Thiere, wie es scheint, durch eine innere Empfindung gezwungen, verschlucken; vielleicht ist es ein ähnlicher Zustand, wie der bei Kindern, welche Kohlen, Kalk, Kreide u. d. m. begierig verschlucken, nämlich freie Säure im Darm. Wüthende Hunde verschlucken alles, was sie eben erreichen können, und nicht selten findet man, bei übrigens gesunden

---

*) Procès-verbal etc. à l'école vétérin. de Lyon. 1809. p. 20.

Hunden zufällig verschluckte Dinge, die sie apportiren sollten, z. B. Münzen, Steinchen u. dgl.

Bei einem an Verstopfung gestorbenen Hunde fand man im Grimmdarme 6½ ℔ schwarze, harte und trokne Erde, mit Haaren untermischt, wodurch dieser Darm natürlich sehr ausgedehnt worden war [1]).

VIII. Von der Leber.

§. 187.

Die Lage der Leber ist selten regelwidrig, nur wenn das Zwerchfell mit einer ungewöhnlichen Oeffnung versehen ist findet man einen Lappen in der Brusthöhle liegend. Ich sah dieses einmal bei einem Pferde, wo der in die Brusthöhle gedrungene Lappen eine tiefe Einschnürung durch den Rand des Loches erhalten hatte, so dass es schien, als habe dieser Zustand länger bestanden. In Lyon fand man bei einem Hunde, der an der Gelbsucht litt, einen Theil der Leber, von der Grösse einer Wallnuss, bis in den Herzbeutel gedrungen, wo er auch seit langer Zeit gelegen zu haben schien [2]). Die mehrfache Verbindung mit dem Zwerchfelle, und die grossen Eingeweide bei dem Pferde und den Wiederkäuern verhindern die Entfernung der Leber vom Zwerchfelle nach hinten zu, daher ist mir kein Fall bekannt, dass sie bis in die Mitte des Bauches, oder gar bis in das Becken gereicht hätte; aber auch bei dem Schweine, dem Hunde und der Katze, bei welchen die Eingeweide kein Hinderniss wären, fand ich die Leber nie vom Zwerchfelle entfernt. —

Häufiger dagegen sind die Abweichungen in Hinsicht

---

1) Procès-verb. etc. à l'école vétér. d'Alfort 1822. cf. Ann. de l'agric. fr. II. Serie T. 23. p. 27.

2) Procès-verbal etc. à l'école vétér. de Lyon 1811. cf. Annales de l'agric. fr. T. 48. p. 66.

der Gestalt, die aber immer Bildungsfehler sind. Man findet sie nämlich mehr rund, als platt, in mehr Lappen getheilt, als gewöhnlich, den rechten Lappen oft kleiner, als den linken und mittleren (beim Pferde). Wenn bei diesen Formabweichungen die Substanz der Leber nicht krankhaft verändert ist, so sind sie gewiss ohne Nachtheil für die Thiere. Eben so wenig scheinen auch die Formabweichungen bei der Gallenblase, die man oft sehr lang, in der Mitte eingeschnürt, oder gar doppelt findet, für das Thier nachtheilig zu seyn. Die doppelte Gallenblase hat aber immer nur einen Ausführungsgang. Sie kommt nicht ganz selten vor, ich fand sie bei Schafen und Katzen.

§. 188.

Mancherlei Nachtheile entstehen aber daraus, dass die Leber zu gross ist. Es kommt nicht selten vor, dass die Leber eines Pferdes 24 bis 30 ℔ schwer ist, und $2\frac{1}{2}$ Fuss im Querdurchmesser hat; dabei aber aus völlig gesundem Parenchym gebildet ist. Noch schwerer fand sie Meyer *) bei einer Kuh; sie wog nämlich 116 ℔, enthielt aber viele Geschwüre (wahrscheinlich Knoten, deren Substanz erweicht war). Man muss daher eine zu grosse Leber von einer krankhaft vergrösserten wohl unterscheiden, so wohl in Hinsicht auf die Entstehung, als auch auf die Folgen.

Die zu grosse Leber (*Hepar praegrande*) ist bei dem erwachsenen Thiere ungewöhnlich, bei dem Foetus, wo sie in einer Periode den grösseren Theil der Bauchhöhle einnimmt, ist dies der normale Zustand; es scheint daher, dass dieses Organ in einem, dem Foetal-Zustande ähnlichen, wenn auch nicht völlig gleichen, Verhältnisse bis zur endlichen Ausbildung des Körpers fortgewachsen ist. Dem erwachsenen Thiere ist sie aber beim Athmen

*) Im Archiv für Thierheilkunde. Von einer Gesellschaft schweizerischer Thierärzte. B. III. St. I. S. 66.

hinderlich, weil das Zwerchfell zu sehr belastet ist, daher bemerkt man auch bei Thieren mit zu grosser Leber ein kurzes Athmen, besonders nach einer reichlichen Mahlzeit. Es muss natürlich von einer sehr grossen und zugleich völlig gesunden Leber viel Galle abgesondert werden, aber in wiefern dies zu Krankheiten Veranlassung giebt, müssen noch genauere Beobachtungen lehren. — Bouissy *) fand bei einem 20 Monat alten Kalbe die Leber 21 ℔ schwer, die Gallenblase dreimal grösser, als gewöhnlich, und den gemeinschaftlichen Gallengang doppelt so stark wie eine Schreibfeder. Seit einem Jahre war es wenig gewachsen, nur der Bauch hatte an Umfang zugenommen; es war mager, hatte tief liegende Augen, eine blasse Conjunctiva, die Excremente waren bald hart, bald flüssig, und in dem sehr ausgedehnten und gespannten Bauche fühlte man an der rechten Seite eine sehr schwere Masse.

§. 189.

Die durch plastische Lymphe, Knoten, Blut, oder Wasserblasen krankhaft vergrösserte Leber (*Hepar amplificatum*) ist in ihrer Verrichtung um so mehr gestört, je mehr die Substanz durch die Aftergebilde verdrängt ist. Im ersten Falle ist die Substanz sehr fest, auf der Schnittfläche fast strahlig, und man erkennt zwischen den Drüsenkörnern die nach der Entzündung entstandene plastische Lymphe. Sehr oft findet man einzelne Knoten von verschiedener Grösse in der Leber, nicht selten auch viele zugleich, so dass Umfang und Gewicht um ein Beträchtliches vermehrt sind. Die Wasserblasen, welche an der serösen Haut entstehen, und meist einzeln vorkommen, verdrängen bisweilen die Lebersubstanz in dem Maasse, dass die Blase von einer Fläche bis zur andern durchgeht. — Die Ueberfüllung der Leber mit venösem Blute kommt bei Pferden in dem Grade

---

*) Im Recueil de médec. vétér. 1828. Juillet p. 375.

nicht selten vor, dass das Blut zwischen der Substanz und der serösen Haut hervordringt, sich so lange zwischen beiden ansammelt, bis die Haut zerreisst, worauf eine schnell tödtende innere Verblutung folgt; oder wenn der Blutandrang heftiger ist, so reisst die Leber an mehreren Stellen, und die Verblutung erfolgt um so schneller. Mehrere solche Fälle wurden hier und in Alfort beobachtet *). Die Ursachen dieses starken Blutandranges sind nicht bekannt, auch kennt man noch keine pathognomonische Zeichen dieser innern Congestion. — In einem hier vorgekommenen Falle wurden an dem Pferde mehrere Jahr hindurch alle Zeichen des Dummkollers wahrgenommen, nur war der Puls in der letzten Zeit beschleunigt. Es starb plötzlich, und es wurde viel ergossenes Blut zwischen der Substanz und der äussern Haut der Leber gefunden; im Gehirn aber war nicht mehr Serum, als gewöhnlich. Ob hier das Leberleiden die Folge des Dummkollers, oder die Zeichen dieser Krankheit die Folge des Leberleidens waren, war nicht zu ermitteln.

§. 190.

Die Gallenblase, als ein sehr dehnbarer Behälter, wird durch die zu starke Ansammlung der Galle mehr, oder weniger ausgedehnt; daher findet man sie bei dem Rindvieh bisweilen von der Grösse einer Urinblase. Wahrscheinlich dauert die Gallenabsonderung fort, wenn auch die Entleerung der Galle in den Zwölffingerdarm, wegen verminderter, oder ganz aufgehobener Verdauung, nicht geschieht; deshalb ist die Gallenblase bei den meisten Krankheiten der Wiederkäuer, bei welchen die Verdauung danieder liegt, namentlich bei der Lungenseuche und Franzosenkrankheit des Rindviehes, in der Rinderpest (wovon auch die Namen Uebergalle, Grossgalle), bei der Bleichsucht und dem galligen Durchfalle

---

*) Recueil de médec. vétér. 1825. p. 179.

der Schafe immer beträchtlich ausgedehnt, und die Galle nimmt einen Geruch nach Moschus an, wenn sie lange in der Gallenblase stagnirt. Ich fand aber auch die Gallenblase nicht allein durch Galle, sondern durch Massen plastischer Lymphe sehr ausgedehnt, so dass diese Masse bei einer Kuh ein Gewicht von mehr als einem Pfunde hatte. Bei einem alten Hunde fand ich eine ähnliche, aber natürlich nicht so grosse Masse. Otto [1]) erwähnt eines Falles, wo bei einem Ochsen ein 5 ℔ schwerer fleischiger (?) Auswuchs in der Gallenblase gefunden wurde.

§. 191.

Bei Pferden fand ich einigemal den linken Lappen der Leber so stark geschwunden, dass fast nur die beiden Blätter des Bauchhaut-Ueberzuges und die Gefässe übrig geblieben waren; auch in einem von Barthelemy [2]) beobachteten Falle war der rechte und mittlere Leber-Lappen eines Pferdes so geschwunden, dass nur die Bauchhaut die Stelle derselben einnahm. In keinem dieser Fälle waren die äussern Veranlassungen, durch welche die beträchtliche Abnahme der Lebersubstanz zu erklären war, zu ermitteln; aber es müssen offenbar Störungen in der Verdauung durch das Fehlen eines so beträchtlichen Theiles der Lebersubstanz herbeigeführt werden. Da aber die Pferde bei welchen die geschwundene Leber gefunden wurde zu anatomischen Zwecken getödtet wurden, so hat man sie vorher nicht genau beobachtet.

§. 192.

Dass die Zerreissung der Leber aus inneren Ursachen erfolgen kann, nämlich durch zu starken Andrang des Blutes, ist schon §. 189. gesagt worden; aber sie zerreisst auch durch äussere Gewältthätigkeiten, und

1) Handbuch der patholog. Anatomie. S. 295. Anm. 26.
2) Procès-verbal etc. à l'école vétér. d'Alfort. 1815. p. 18. cf. Annales de l'agricult. franç. T. 64. p. 165.

die Folgen davon sind nicht minder gefährlich. Als eine seltene Ausnahme in Hinsicht des Ausganges ist jedoch der folgende, von Richli [1]) beobachtete Fall anzusehen. Er fand nämlich bei einem 19jährigen Pferde ein Loch im grossen (linken) Leberlappen, von 4 Zoll Durchmesser, dessen Rand weiss und knorpelig vernarbt war; auch die Milz war queer durchgerissen, die Wundränder waren vernarbt, aber das ganze Organ im Innern hart und trocken. Er erfuhr von dem Eigenthümer dieses Pferdes, dass es als halbjähriges Fohlen auf eine Tenne herabgefallen war und sich drei Rippen der linken Seite gebrochen hatte, wovon sich auch die Spuren noch bei der Section fanden. In Zeit von drei Vierteljahren war das Fohlen ohne ärztliche Hülfe vollkommen wieder hergestellt und das Pferd erreichte das angegebene Alter, wo es getödtet wurde.

Ein anderer Fall von Zerreissung der Leber, aber mit tödtlichem Ausgange, ist von Dupuy [2]) bei einem Pferde beobachtet worden, welches nach einem empfangenen Peitschenhiebe einige Sprünge gemacht hatte und plötzlich tod niedergestürzt war. Es ergab sich, dass im mittleren Lappen ein Riss von 1 Zoll Durchmesser entstanden, viel Blut in die Bauchhöhle ergossen, und dass die Leber mit dem Zwerchfelle verwachsen war. Es scheint, dass hier die Zerreissung durch die heftige Bewegung des Zwerchfelles, dem die Leber wegen der Verwachsung eben so schnell folgen musste, herbeigeführt wurde.

§. 193.

Die Verwachsung der Leber mit dem Zwerchfelle, oder mit den ihr zunächst liegenden Eingeweiden, erfolgt nur nach exsudativer Entzündung der serösen Haut, und bei Pferden ist die vordere Fläche sehr oft mit falschen Membranen, oder mit Fäden, die sie inniger

1) Im Schweiz. Archiv für Thierheilkunde. Jahrg. I. Heft. 2. S. 43. ff.
2) Procès-verbal etc. à l'école vétér. d'Alfort. 1819. p. 54.

mit der hintern Fläche des Zwerchfelles verbinden, bedeckt. Ausser der im vorigen §. als Vermuthung aufgestellten Begünstigung zur Zerreissung, hat die Verwachsung für die Verrichtung des Organs keinen Nachtheil. Eine völlige Verwachsung des Leberganges hat Busch [1]) bei einem Pferde beobachtet, welches wegen Leberruhr getödtet wurde. Die Entzündung des Parenchym's der Leber (*Hepatitis*) kommt seltener vor, als die Entzündung ihrer serösen Haut, aber in Folge derselben entsteht Verhärtung der Leber, indem plastische Lymphe zwischen die kleinen Körner und bisweilen auch in die Ausführungsgänge ergossen wird. Ist die Leber-Entzündung in Ausschwitzung übergegangen, so ist die Leber etwas grösser, schwerer und derber, als im gesunden Zustande; sie hat eine gelbe, ins Orange spielende Farbe, und auf der Schnittfläche zeigen sich die kleinen Gallengänge grünlich-gelb und breit, indem die Galle durchgeschwitzt ist. In der sogen. Brustseuche der Pferde wird die Leber oft so gefunden. Die Eiterbildung habe ich in der Leber nie gesehen, aber in Lyon [2]) fand man bei einem Pferde nach der Entzündung der Leber einen Abscess, der zwei Drittheile dieses Organes einnahm.

§. 194.

Die Consistenz und Farbe erleiden Veränderungen, sowohl wenn die Leber selbst krank ist, als auch bei Krankheiten anderer Organe des Bauches und bei einer fehlerhaften Beschaffenheit des Blutes. Sie ist nämlich verhärtet, oder ihre Substanz ist wenigstens dichter, wenn die Entzündung den Ausgang in Ausschwitzung gemacht hat, jedoch betrifft dieses häufiger nur einen Theil, als die ganze Leber. Sie ist sehr mürbe bei Thieren, die an einer Abzehrungs-Krankheit gestorben

---

1) Archiv für Rossärzte und Pferdeliebhaber. Herausgeg. v. Busch und Daum. Marburg 1789. B. II. S. 78.

2) Procès verbal etc. à l'école vétér. de Lyon. 1816. cf. Ann. de l'agric. fr. T. 67. p. 185.

sind, und nach fauligen Krankheiten ist sie nicht blos mürbe, sondern fault auch sehr kurze Zeit, oft schon nach einigen Stunden, nach dem Erlöschen des Lebens; dabei hat sie eine grünliche, oder schwarzrothe Farbe. Die blasse, ins Gelbliche spielende Färbung (bei normaler Grösse und Consistenz) ist ein Zeichen von Blutmangel in der Leber, und wird daher bei starkem Blutverluste häufig wahrgenommen, namentlich nach allmähliger Verblutung; endlich findet man die Leber nach der Entzündung orangefarbig (s. vor. §.).

§. 195.

Unter den Aftergebilden sind es die Knoten, welche am häufigsten in dem Parenchym und in dem serösen Ueberzuge der Leber vorkommen. Da die äussere Hülle der Knoten oft verknöchert, so hat man sie wohl für Versteinerung ausgegeben, und eben so hält man die Knoten, deren Substanz zu einer breiigen, dem Eiter allerdings an Farbe ähnlichen Masse erweicht ist, mit Unrecht für Abscesse. Die Nachtheile, welche die Knoten hervorbringen, bestehen zunächst darin, dass sie die Substanz der Leber verdrängen, mithin die Absonderung von Galle vermindern, aber sie werden auch, als Schmarotzer, auf Kosten des noch gesunden Parenchym's ernährt.

Die Wasserblasen (*Hydatides*), welche entweder nur Serum, oder Blasenwürmer enthalten, entstehen an der äussern Haut der Leber, und sind dann weniger störend, wenn sie frei herabhängen, als wenn sie in die Substanz eindringen und so, zur Vergrösserung des Umfanges (s. §. 189.) beitragend, diese verdrängen. Bei dem Pferde kommen sie sehr selten vor, und der von Rohlwes *) beobachtete Fall, wo ein neugebornes Fohlen eine Wasserblase, die 1 ½ Fuss lang, 15 Zoll breit war, und 8 bis 9 Quart Flüssigkeit enthielt, an der Leber hängen

*) Magazin für die Thierarzneikunde. B. II. S. 34.

hängen hatte, ist in seiner Art einzig. Der bei dem Pferde sehr selten vorkommende *Cysticercus fistularis R.* entsteht auch am Bauchfellüberzuge der Leber. Sehr oft hingegen findet man die Hydatiden bei den Wiederkäuern, die an der Fäule leiden, wo sie dann gewöhnlich den *Cysticercus tenuicollis* enthalten. Bei den Schweinen und den Fleischfressern findet man sie auch, gewöhnlich aber nur klein, und Finnen in ihnen.

Die äussere Haut der Leber ist bisweilen an einer Stelle verknöchert, was jedoch nicht besonders nachtheilig zu seyn scheint.

§. 196.

Zu den Schmarotzern, welche die Leber bewohnen, gehören die Leberegeln oder Leber-Doppellöcher (*Distoma hepaticum*). Sie kommen, ausser dem Hunde und der Katze, bei allen Hausthieren vor, und zwar in den Verzweigungen des Leberganges, oder in der Gallenblase, oder in beiden zugleich. Es scheint, dass diese Würmer nur bei chronischen Krankheiten der Leber entstehen, denn in der Fäule der Wiederkäuer, wo überhaupt die Wurm-Erzeugung sehr begünstigt zu seyn scheint (man findet die Leberegeln, die Blasenwürmer und Luftröhrenkratzer), fehlen sie fast nie, und bei Schafen sind die Aeste des Leberganges in der schlaffen Leber oft beträchtlich ausgedehnt, theils durch die Würmer selbst, theils durch die Galle, deren Abfluss durch die Würmer verhindert ist. Bei Rindern und Schafen kommt auch D. *lanceolatum* Mehlis in den Lebergängen vor. In der Leber der Katze kommt bisweilen eine andere Species von *Distoma* vor, nämlich *D. Conus* Creplin, die ich aber bis jetzt noch nicht gefunden habe.

Die Gallensteine werden bei den Hausthieren, im Vergleich zum Menschen, besonders in der Gallenblase viel seltener gefunden; nur bei dem Rindvieh kommen sie in den Lebergängen weniger selten vor, als bei den andern Thieren, denn bei dem Pferde fand ich noch nie Gallensteine, und bei dem Hunde nur einmal; aber in Alfort wurde im Lebergange eines alten, zur Zergliederung getödteten Pferdes ein Gallenstein gefunden, der 4 Unzen 6 Drachmen wog [1]). Bei dem Rindvieh ist gewöhnlich, wenn Steine vorhanden sind, auch der Lebergang davon incrustirt und seine Haut überdies beträchtlich verdickt. — Bei einer Kuh, die am chronischen Durchfall litt, und sehr abgemagert war, wurde eine beträchtliche Zahl von Gallensteinen gefunden [2]).

IX. Von der Milz.

§. 197.

In dem Milz-Magenbrande, gewöhnlich nahe an der Rinne der Milz, findet man bisweilen rundliche Körper von verschiedener Grösse, in Consistenz und Farbe der Milz ganz ähnlich, die man Nebenmilze (*Lienes succenturiati*) nennt. Sie erreichen nur selten die Grösse von 1 Zoll Durchmesser, sind schon bei der Geburt vorhanden, und kommen bei allen Hausthieren vor.

Die Lage der Milz wird selten verändert gefunden, jedoch kann sie durch eine regelwidrige Oeffnung im Zwerchfelle in die Brusthöhle treten, was mir aber noch nicht vorgekommen ist.

Häufig findet man dagegen Formabweichungen, die natürlich immer ursprünglich, d. h. nicht durch Krankheit entstanden, sind. Sehr oft enthält die Milz Falten, die wahrscheinlich dadurch entstehen, dass dieses schlaffe Organ bei dem Fötus von der grossen Leber zusammengedrückt wird, und bei oberflächlicher Besichtigung kann man diese Falten leicht für Narben halten.

---

1) Procès-verbal etc. à l'école vétér. d'Alfort. 1822. Annales de l'agric. franç. II Serie. T. 23. p. 8.
2) In Viborg's drittem Bericht der Veterinair-Gesellschaft etc. S. 50.

§. 198.

Das Grössenverhältniss ist ebenfalls oft von der Norm abweichend, d. h. die Milz ist zu klein, oder zu gross. Bei Pferden fand ich sie bisweilen nur halb so gross, wie gewöhnlich, oder wie sie im Verhältniss zur Grösse des Thieres gewöhnlich vorkommt; übrigens aber von gesunder Beschaffenheit. Hartmann [1]) fand bei einem Schweine die Milz so lang wie einen Finger, und nur so dick wie eine Gansfeder; ebenso bei einem Hunde.

Oefter noch ist sie zu gross, und ich fand sie mehrmals bei Pferden 33½ ℔ schwer, über 2′ lang, 1′ 5″ breit (am obern Ende), und 4½″ dick; bei ebenfalls normaler Consistenz und Textur. Bergen [2]) fand bei einem Schweine von mittler Grösse die sonst gesunde Milz 2′ 6½″ lang, ½′ breit und 5½ ℔ schwer. Ob Nachtheil für die Gesundheit durch diese Abweichungen in der Grösse entstehen, kann man nicht bestimmen, da man die Verrichtung der Milz überhaupt noch zu wenig kennt, und da die Thiere, bei welchen diese Abnormitäten gefunden wurden, entweder an anderen Krankheiten starben, oder gar keine auffallende Krankheit zeigten und nur wegen der Benutzung für die Anatomie getödtet wurden. Ja man kann einem Hunde die Milz, ohne Gefahr für sein Leben und seine Gesundheit, ganz wegnehmen, wenn er nur im Futtergenuss mässig ist, denn nach Dobson's [3]) Versuchen zeigten sich immer die Symptome einer Plethora, namentlich Betäubung, wenn sich ein solcher Hund, dem die Milz genommen war, recht satt frass.

§. 199.

Die Zerrreissung der Milz ist bei verschiede-

1) Misc. Acad. natur. curios. Dec. II. An. 7 et 8. p. 60.
2) Comercium litterarium ad rei medicae et scientiae naturalis incrementum institutum Norimbergae. Ann. 1740. hebd. XVI. p. 123.
3) London medical and phisical Journal. October 1830. Vergleiche v. Froriep's Notizen aus dem Gebiete der Natur- und Heilkunde. B. XXVIII. N. 615. S. 325.

nen Thieren beobachtet worden; ich fand sie bei Pferden und Hunden, und zwar dem Grade nach verschieden, nämlich nur eingerissen, auch queer durchgerissen, so dass sie in zwei Stücke getheilt war. Die Gelegenheits-Ursachen mögen wohl immer in äusserer Gewaltthätigkeit, namentlich in Stössen, oder Schlägen auf die linke Seite der Bauchwandungen, bestehen; aber die Folgen sind verschieden, denn in einzelnen Fällen wird die Zerreissung durch innere Verblutung schnell tödlich, in andern hingegen vernarbt der Riss vollständig. Diese Verschiedenheit des Ausganges beruht wahrscheinlich darin, dass, wenn die Zerreissung nach beendigter Verdauung geschieht, wo die Milz viel Blut enthält, die Verblutung leichter erfolgt, als während der Verdauung, wo sie ärmer an Blut ist.

Bei exsudativer Entzündung des Bauchhaut-Ueberzuges der Milz wird sie mit den benachbarten Eingeweiden durch falsche Membranen verbunden; eine Entzündung des Parenchym's ist mir indessen noch nicht vorgekommen. Was man so oft für Folgen der Entzündung, oder gar für Brand der Milz ausgegeben hat, namentlich wenn man sie mürbe, von dickem, schwarzem Blute aufgetrieben fand, characterisirt gewiss nicht die Entzündung, sondern vielmehr einen fehlerhaften Zustand der gesammten Blutmasse; daher ist die Milz bei den meisten Krankheiten mit fauligem und typhösen Character von der angegebenen Beschaffenheit, ohne dass man den Sitz der Krankheit in ihr zu suchen hat.

§. 200.

Die **Verknöcherung** der **serösen** und **fibrösen Haut** der Milz kommt bisweilen vor, ist jedoch immer nur auf kleine Stellen beschränkt.

Die Knoten, sowohl die gemeinen gelben, als die schwarzen (*Melanosen*) findet man sowohl an der serösen Haut, als auch im Parenchym, und hier oft von beträchtlicher Grösse und in allen Perioden ihrer Entwikkelung; d. h. von gewöhnlicher Consistenz, oder im Innern weich, oder äusserlich verknöchert. — Da von den Krankheiten der Milz überhaupt noch so wenig bekannt ist, so führe ich den nachstehenden Fall hier an. — Eine Stute athmete beschwerlich, mit starker Bewegung der Flanken, und ging schwankend; der Puls war zusammengezogen, schnell und aussetzend, die sichtbaren Schleimhäute waren geröthet, das Maul war heiss; beim Drücken an den Bauch und an die Brust zeigte das Thier keine Schmerzen; die Fresslust bestand noch, und der Durst war sehr gross. Am folgenden Tage war der Puls noch schwächer fühlbar, am dritten Tage starb das Pferd. Bei der Section fand man zwischen der linken Bauchwand und dem Bauchfelle, nahe an den Rippenknorpeln, eine grosse, mit der äussern Fläche der Milz zusammenhängende Geschwulst, welche ungefähr ½ Quart einer eiterartigen Materie enthielt. Die Milz war dreimal grösser, als gewöhnlich, wog über 13 ℔, enthielt noch mehrere Abscesse und war mit der linken Niere und mit den beiden Lagen des Grimmdarmes verbunden. Die Venen des Bauches enthielten viel Blut [1]. —

Girard [2]) fand in der Milz eines 14jährigen Pferdes eine Geschwulst, die über 20 ℔ wog; sie hatte einen dicken, knorpeligen und stellenweise knöchernen Balg, in welchem eine trübe, röthliche und geruchlose Flüssigkeit enthalten war.

Ich glaube, dass die in beiden Fällen gefundenen Geschwülste Knoten und Sarcome waren, deren Substanz aufgelöst war.

Hydatiden entstehen an dem Bauchhaut-Ueberzuge und dringen auch wohl in das Parenchym ein, jedoch seltener, als bei der Leber.

Dass Steine in der Milz vorgekommen wären, wie man sie bei Menschen gefunden haben will, kann ich weder durch die Beobachtungen Anderer, noch durch ei-

1) Annales de l'agricult. franç. II. Serie. T. 17. p. 44.
2) Annales de l'agric. franç. T. 31. p. 249.

gene darthun, und ich zweifle überhaupt an dem Vorkommen derselben, indem man vielleicht verknöcherte Knoten für Steine gehalten hat.

X. Von der Bauchspeicheldrüse.

§. 201.

Diese Drüse ist eins von den wenigen Organen des Körpers, die sehr selten krank sind.

In Kadavern, in welchen bald nach dem Tode die Fäulniss eintritt, wird sie, besonders bei Pferden, sehr weich, und grünlich gefärbt gefunden, doch kann man dieses nicht als krankhaften Zustand, sondern nur als Folge der begonnenen Fäulniss betrachten.

Bei einem Hunde wurde einmal die Drüse von Scirrhus ergriffen gefunden [1]), und ich fand bei Hunden Knoten in derselben, zugleich aber auch im Netz und in der Leber.

Otto [2]) führt an, dass bei Menschen und Thieren nicht selten Steinkonkremente in der Bauchspeicheldrüse vorkommen; ich habe dies bei den Hausthieren noch nie gefunden. Derselbe fand bei Pferden den *Strongylus armatus* (die grössere Art, welche im dicken Darme gewöhnlich vorkommt) in dieser Drüse; auch ich fand ihn. Es ist wohl möglich, dass dieser Wurm die Darmhäute durchbohrt, und dann in der Drüse, die ja so innig mit seinem ursprünglichen Wohnorte verbunden ist, bleibt.

---

1) Procès-verbal etc. à l'école vétér. de Lyon. 1820. p. 5.
2) Handbuch der pathol. Anatomie. S. 302.

Fünftes Kapitel.

Von den Harnwerkzeugen.

I. Von den Nieren, Nebennieren und Harnleitern.

§. 202.

Die Lage der Nieren ist zwar nicht immer genau dieselbe, aber die Abweichungen sind nur unbeträchtlich; ich finde z. B. bei Perden beide Nieren nicht selten um die Breite einer Rippe nach hinten gerückt, so dass die rechte nur bis an die 17te, die linke bis an die 18te Rippe reicht; höchstens liegt eine Niere um so viel mehr rückwärts, wie sie selbst lang ist. Dass eine Niere, oder gar beide, bei übrigens regelmässiger Körperbildung, bis in das Becken herabgerückt wäre, ist mir bei unseren Hausthieren noch nicht vorgekommen. Bei den Wiederkäuern wird die linke Niere durch den Wanst oft nach der rechten Seite hinübergezogen, wenn das Thier auf der rechten Seite liegend gestorben und in derselben Lage erkaltet ist. Ich vermuthe daher, dass in dem von Eysenhardt*) beschriebenen Falle, wo beide Nieren eines Schafes auf der rechten Seite gefunden wurden, die linke Niere nur herübergezogen worden ist, denn er sagt, dass die linke Nierenvene sich über die Hohlvene herübergeschlagen habe, was nicht der Fall ist, wenn beide Nieren ursprünglich auf der rechten Seite gelegen hätten.

§. 203.

Mannigfach sind die Abweichungen in der Form, und zwar am häufigsten beim Pferde, so dass kaum eine Normalform der Nieren bei diesem Thiere zu bestimmen

---

*) In den Verhandlungen der Gesellschaft naturforschender Freunde in Berlin Bd. I. H. 3. S. 141.

ist; in den meisten Fällen ist der äussere Rand, anstatt gebogen zu seyn, in einen stumpfen Winkel ausgehend, daher sind die Enden einander mehr genähert; die Oberfläche solcher Nieren, die im erwachsenen Zustande nur ein Stück bilden, hat oft noch mehr, oder weniger tiefe Rinnen, wie sie die Foetus-Nieren haben. Weder diese Formabweichungen, noch die geringe Abweichung in der Lage scheint den mindesten Nachtheil in der Verrichtung zu haben.

Wichtiger hingegen sind die verschiedenen Grössenverhältnisse, indem entweder beide Nieren, oder nur eine, zu gross, oder zu klein sind. Was die zu grossen Nieren betrifft, so muss man auch hier, wie bei der Leber und Milz, eine ursprüngliche Grösse und eine krankhafte Vergrösserung unterscheiden. Die zu grosse Niere (*Ren praegrandis*) ist in jeder Beziehung, die der Grösse ausgenommen, regelmässig und gesund, nur sondert sie mehr Urin ab, als eine kleinere, weil sie mehr Drüsen Substanz enthält. Die krankhaft vergrösserte Niere (*Ren amplificatus*), die es durch Knoten, Wasserblasen, Blut, Luft u. m. a. ist, muss in der Absonderung um so mehr gestört seyn, je mehr sie durch die genannten Dinge belästigt ist. —

Das Schwinden einer Niere entsteht oft ohne bekannte Ursachen, oft aber durch Nierensteine, und zwar in dem Maasse, in welchem die Steinbildung vorschreitet. Auch durch den Druck von Aftergebilden schwindet die Nierensubstanz.

Einigemal fand ich bei Hunden und Katzen, dass die rechte Niere mehrfach kleiner war, als die andere, jedoch von ganz regelmässiger Form nnd Textur; es scheint daher, dass diese in der Entwickelung zurückgeblieben ist, und sie konnte freilich nicht so viel Harn bereiten, wie die grössere. Vielleicht war die Leber hier ein Hinderniss in der Entwickelung der Niere.

Die Harnleiter werden durch eingeklemmte Steine verstopft und durch den zwischen Niere und Stein, angehäuften Urin, bis zum Zerplatzen ausgedehnt. — Durch Verdickung der Häute und durch Geschwülste wird im Gegentheil die Höhle der Harnleiter sehr verengt, was immer ein Leiden der Niere derselben Seite zur Folge hat.

§. 204.

Die Nieren-Entzündung (***Nephritis Inflammatio renum***) ist eine nicht seltene Krankheit, die durch genossene scharfe Stoffe, besonders spanische Fliegen, durch Harnsteine, Würmer, oder auch durch heftige Erschütterung von Schlägen auf die Lendengegend verursacht wird. Wenn die Krankheit noch nicht in Ausschwitzung, oder Eiterung übergegangen ist, so kann man ihr Daseyn durch die Section nicht mit Sicherheit bestimmen, weil die Nieren auch im gesunden Zustande viel Blut enthalten, und weil nicht selten ein sehr grosser Blutandrang zu diesen Organen stattfindet, ohne dass am lebenden Thiere die Zeichen der Nieren-Entzündung vorhanden sind. Bei dem Faulfieber ist nämlich die Substanz der Nieren so von Blut durchdrungen, dass sie eher das Ansehen von geronnenen Blutklumpen, als das von Nieren haben, und nicht selten ist auch Blnt zwischen der Substanz und der eigenen Haut ergossen, daher ist diese sehr ausgedehnt, oder wohl gar zerrissen. In solchen Fällen findet auch gewöhnlich das Blutharnen (***Haematuria***) Statt, welches indessen auch bei dem Vorhandenseyn von Nierensteinen entstehen kann.

§. 205.

Rodet der Sohn *) fand bei einem Pferde, welches 8 Tage an Nieren-Entzündung gelitten hatte und auch daran gestorben war, in der linken Niere die Rindensubstanz fest und grau, die Marksubstanz fast ganz brandig,

---

*) Observation de Nephrite; im Recueil de médec. vétér. 1826. Juillet. p. 354.

im Nierenbecken Blut, und das Fett über der Niere auch mit schwarzem Blut infiltrirt. Die rechte Niere hatte weniger gelitten.

Chouard [1]) liess ein Pferd tödten, welches seit 8 Monaten ein Nierenleiden hatte, und fand die linke Niere von der Grösse eines Menschenkopfes, über 8 ℔ schwer, aus einer festen Masse bestehend, in deren Mittelpunkte sich ein Abscess gebildet hatte. Die linke Nieren-Arterie hatte die Grösse der Aorta. Derselbe sah bei einem andern Pferde, welches an Nierensteinen litt, die Substanz beider Nieren fast knorplig. — In einem dritten von ihm beobachteten Falle, hatte sich ein Lenden-Abscess gebildet, der durch eine Oeffnung mit dem sehr erweiterten Nierenbecken in Verbindung fand. Der Abscess war einigemal geöffnet worden, bei der letzten Operation wurde aber das Bauchfell verletzt, und der Eiter war in die Bauchhöhle gedrungen; das Thier starb drei Tage nachher an Bauchfell-Entzündung.

§. 206.

In Folge der chronischen Nieren-Entzündung bei einer Kuh fand Irminger [2]) die rechte Niere ganz zerstört, an ihrer Stelle befand sich eine äusserst stinkende Jauche, welche die nahe liegenden Gebilde auch wieder theilweise zerstört, sich mehrere Oeffnungen durch das Bauchfell in die Bauchhöhle gebahnt und eine Bauchfell-Entzündung veranlasst hatte. Der Harnleiter war hart, völlig geschlossen und hatte die Stärke eines Fingers. Die linke Niere war zwar nicht ganz zerstört, enthielt aber zahlreiche Geschwüre, die eine übelriechende Jauche absonderten, und die durch den etwas verdickten Harnleiter mit dem sparsam abgesonderten Urine bis in die Harnblase gelangte. Die Häute der Harnblase waren beträchtlich dick und so zusammengezogen, dass sie kaum

1) Quelques observations sur la Nephrite du Cheval; ebend. 1824. p. 358. 359. 356.
2) Im Archiv für Thierhk. B. III. H. 4. S. 405.

die Grösse einer Mannesfaust hatte; sie enthielt eine stinkende Flüssigkeit. Obgleich dieses Nierenleiden schon lange bestanden hatte, und das Thier im höchsten Grade abgemagert war, so enthielt die Gebärmutter doch ein gehörig grosses und gut gebildetes Kalb.

§. 207.

Die Consistenz der Nieren ist nur nach einer exsudativen Entzündung fester, als gewöhnlich (s. oben); dagagen ist sie bei manchen allgemeinen Krankheiten sehr weich, namentlich bei allen mit fauligem Character, und in der Harnruhr (*Diabetes*), wenn sie schon zur allgemeinen Cachexie geworden ist. Die Grade der Mürbheit sind zwar sehr verschieden, so dass im höchsten Grade eine völlige Auflösung der Nierensubstanz statt findet, und dass nur die häutigen Theile übrig bleiben, nämlich das Nierenbecken mit seinen Fortsätzen, und die eigne Haut der Niere. Diese gänzliche Auflösung habe ich, ausser bei dem Pferde, bei allen Hausthieren, jedoch immer nur an einer Niere gefunden. Die in dem häutigen Behälter eingeschlossene flüssige Masse glich einem sehr dicken, gelblichen geruchlosen Schleime, der wahrscheinlich erst dann von der übrig gebliebenen Schleimhaut des Nierenbeckens abgesondert wurde nachdem die zerstörte Nierensubstanz gänzlich aufgesaugt worden war. Die Ursachen, welche die gänzliche Auflösung herbeiführen, sind mir unbekannt, und die Folgen der Zerstörung scheinen nicht sehr gefährlich zu seyn, so lange nur noch eine Niere gesund ist, um der Harnabsonderung vorstehen zu können. —

Der von Lassaigne *) untersuchte Urin in der Harnruhr der Pferde enthielt in 100 Theilen:

---

*) Recueil. 1830. Juin. p. 330.

Wasser	98,0.
Harnstoff	
Benzoësaures Kali	
Essigsaures Kali	
Essigsauren Kalk	1,5.
Salzsaures Natron	
Freie Essigsäure	
Schwefelsauren Kalk	
Schleim	0,5.
	100,0.

Er unterschied sich also von dem gewöhnlichen Urin des Pferdes durch ein grösseres Verhältniss an Wasser, durch die vorhandene Essigsäure, und durch das Fehlen der kohlensauren Erden.

§. 208.

In der Substanz der Nieren, oder im Nierenbecken, entstehen verschiedene Aftergebilde und in dem letzten auch Steine. Nicht selten enthalten die Nieren Knoten, welche die Substanz um so mehr verdrängen, und die Harnabsonderung vermindern, je grösser, oder je zahlreicher sie sind.

Liégard *) fand bei einem Cavallerie-Pferde, welches erst 6 Jahr alt war, niemals krank gewesen und plötzlich gestorben war, die rechte Niere dreimal grösser, als gewöhnlich, mehr rund, als platt. Die äussere Haut war sehr verdickt, zwischen ihr und der Substanz lag eine grünliche, seröse Ausschwitzung, und in der Substanz fand sich ein Medullar Sarcom (wahrscheinlich eine Fleischgeschwulst?) mit einzelnen Knoten untermischt. Auch die rechte Nebenniere enthielt erbsengrosse Knoten. Die linke Niere war zwar doppelt so gross, wie gewöhnlich, aber übrigens gesund; eben so die linke Nebenniere.

---

*) Dégénérescence cancereuse d'un rein; Im Journal de médec. vétérin. théorique et pratique. 1830. Janvier. p. 16.

An der rechten Nebenniere eines alten Pferdes fand man einen fibrösen Balg, von 2 Zoll Durchmesser, der in seiner fächerigen Höhle eine gallertartige Masse enthielt, die dem Blutkuchen völlig glich; der Balg hatte an der innern Fläche eine Menge deutlicher Blutgefässe.

In einer Nebenniere eines andern Pferdes befand sich ein Balg von fast 1¼ Zoll Durchmesser, welcher eine gelbliche Masse einschloss, in deren Mitte sich eine frei liegende Knochenmasse befand [1]).

In dem Nierenbecken von Pferden fand ich einigemal einen rundlichen, einige Zoll langen, häutigen Fortsatz, der an der Schleimhaut festsass, und in den Harnleiter hineinragte, ihn aber bei weitem nicht verstopfte.

§. 209.

Eine eigentliche Wassersucht der Nieren ist nicht denkbar, weil in ihnen keine seröse Haut vorkommt, man müsste denn das Nierenwassersucht nennen, wenn die Nierenkapsel statt Fett, Serum enthält, oder wenn Wasserblasen, von der Bauchhaut, oder dem Zellgewebe ausgehend die Nierensubstanz verdrängen, indessen ist mir kein solcher Fall bekannt.

§. 210.

Bisweilen (hier sehr selten) kommt im Nierenbecken des Pferdes, Rindes und Hundes der Riesenpallisadenwurm (*Strongylus Gigas*) einzeln, oder in mehreren Exemplaren vor, der das Nierenbecken, je nachdem er gross, oder klein ist, mehr, oder weniger ausdehnt, das Schwinden der Nieren verursacht, und übrigens Harnbeschwerden, auch Blutharnen erregt. Bei einem Zuchtstier fand Greve [2]) einen 11 Zoll langen Riesen-Pallisadenwurm in der linken Niere, die zu einer mit

1) Procès-verbal etc. à l'école vétér. d'Alfort. 1822. cf. Ann. de l'agric. fr. II Serie. T. 23. p. 10.
2) Erfahrungen u. Beobachtungen. etc. B. I. S. 175.

Eiter (?) ausgefüllten Blase geworden war; einmal fand ich es bei dem Hunde.

Die Nierensteine sind dagegen ziemlich häufig, besonders bei dem Rindvieh, wo sie aber gewöhnlich nur klein sind. Grösser findet man sie bei Pferden und Hunden, bei den ersten bisweilen wie eine geballte Faust und über ein Pfund schwer [1]). Der Thierarzt Schirlitz fand bei zwei Pferden den pulverförmigen, braungrauen Niederschlag (vergl. §. 36.) im Nierenbecken; bei einem war er durch den Schleim zu blättrigen Krusten verdichtet, bei dem andern bildete er eine zusammenhängende, aber leicht zerreibliche, runde Masse, von der Grösse einer Faust. Das Pferd, von welchem dieser letzte Nierenstein ist, hatte seit langer Zeit oft an Harnverhaltung und bisweilen auch an Blutharnen gelitten; kurze Zeit vor dem Tode entstand aber eine heftige Nieren-Entzüung, an welcher das Thier starb [2]). — Uttinger [3]) fand bei einer alten Kuh in beiden Nieren Steine; in der linken, welche übrigens wenigstens viermal grösser war, als gewöhnlich, und deren Becken knorpelig und mit einem steinigen Konkrement überzogen war, fanden sich 469 Stück, wovon der grösste drei Loth wog; die rechte Niere enthielt 65 Stück, und ein grösserer fand sich in ihrem Harnleiter, fünf Zoll von der Niere entfernt. Der Urin war stark geröthet und wurde unter Schmerzen entleert. Da diese Kuh in einer Zeit von 54 Wochen den rechten Oberschenkelknochen zweimal gebrochen hatte, so glaubte Stadlin, dem die Steine zur chemischen Untersuchung überlassen wurden, dass zwischen dieser Steinerzeugung und der Disposition zu Knochenbrüchen ein Causalnexus bestehe, nämlich in der vermehrten Erzeugung von phosphorsaurem Kalk.

---

1) Ein so grosser Nierenstein ist in der Sammlung der hiesigen Thierarzneischule.
2) Briefliche Mittheilung.
3) Im Archiv für Thierheilkunde. B. I. S. 267. ff.

§. 211.

Bei einem Hunde, der schon seit mehreren Jahren mit Beschwerde urinirte, sich aber besser befand, wenn er viel Spargel zu fressen bekam, bemerkte Loutour*) folgende Erscheinungen. Fast beständiges Bellen, häufiges Wälzen auf dem Rücken, heftige Anstrengung beim Entleeren des Urins, der aber nur tropfenweis abging, das Gehen geschah mit so stark gekrümmten Rücken, das die Vorder- und Hinterfüsse zusammenkamen; Mangel an Fresslust, daher eingefallene Flanken und grosse Schmerzen bei der Entleerung des Kothes. Durch Milch und andere einhüllende Tränke, durch warme Bäder und Klystiere wurde der Hund wieder hergestellt. Nach sieben Monaten zeigten sich aber dieselben Symptome, jedoch stärker, und das Hintertheil war völlig gelähmt, der Hund schrie laut und anhaltend, daher wurde er getödtet. Beide Nieren wurden bei der Section 3 — 4 mal grösser, als gewöhnlich und in ihrer Substanz ganz verändert gefunden, in dem Becken der rechten lag ein Stein, der 36 Gran wog. —

Die kleinen, besonders runden Nierensteine werden mit dem Urin oft in die Blase herabgeführt, und gehen auch mit diesem in die Harnröhre, wo sie nicht selten bei den männlichen Wiederkäuern und Schweinen, wegen der gebogenen Ruthe, und bei Hunden wegen der engen Rinne des Ruthenknochens, in welcher die Harnröhre liegt, eingekeilt werden und Harnverhaltung verursachen, die nur durch Entfernung des Steines, mittelst des Harnröhrenschnittes, gehoben, und wodurch allein der Zerreissung der Harnblase vorgebeugt werden kann.

§. 212.

Nicht allein von den in den Nieren selbst entwickelten Aftergebilden leiden diese Organe, sondern auch

*) Exemple de calcul rénale chez un chien; im Recueil de méd. vétér. 1828. Juin. p. 315.

von den in ihrer Nähe erzeugten. So sah Huguet [1]) die linke Niere einer alten Stute von einem sehr grossen Sarcom, es war zwei Fuss lang, und hatte einen Fuss Umfang, ganz eingehüllt und ihren Harnleiter ganz zerstört. Das Sarcom enthielt viele Fächer, und eine grauröthliche Flüssigkeit. In der Bauchhöhle fanden sich an 5 Quart einer ähnlichen, sehr stinkenden Flüssigkeit, die aber in Folge einer Bauchfell-Entzündung entstanden war, an welcher das Thier zuletzt gelitten hatte. — Bei einem Hunde fand ich einen Harnleiter von einem faustgrossen Sarcom eingehüllt, indessen die Höhle noch nicht ganz geschlossen, so dass der Urin noch etwas abfliessen konnte.

II. Von der Harnblase und Harnröhre.

§. 213.

Drei Harnblasen will Prevost [2]) bei einem 8jährigen männlichen Pferde gefunden haben, welches schon seit mehreren Jahren an dem Unvermögen, den Urin zurück zu halten, litt. Nicht weit von der Stelle, wo gewöhnlich der Schliessmuskel der Harnröhre liegt, fand sich eine Gabeltheilung der Harnröhre, mit zwei Oeffnungen, wovon die eine gradeaus ging, und zu einem ungefähr 6 Zoll langen und 4 Zoll breiten Behälter führte, der die eigentliche Harnblase vorstellte, deren Wände aber einen Zoll dick waren; die Verdickung wurde durch krankhafte Umänderung der Muskelhaut, die eine bandartig-knorpelige Masse bildete, hervorgebracht, und die innere Haut enthielt grosse schwarze Flecke, die äussere war gelblich gefärbt und runzelig; sie enthielt ½ Quart Urin. Die zweite Oeffnung der Harnröhre

1) Kyste multiloculaire etc. ebend. 1830. Août. p. 464.
2) In Dupuy's, Journal pratique demédec. vétér. 1829. Août p. 378.

röhre führte nach der linken Seite einen Zoll weit, wo die Mündung der dritten Blase war, erweiterte sich dann zu einer 7 Zoll langen und 2½ Zoll breiten Blase, deren Wände halb so dick waren, wie die der eigentlichen Harnblase; sie enthielt eine gelbliche, dicke Flüssigkeit, die nach Urin roch. Die dritte Blase endlich, deren Gang zehn Linien lang war, hatte 6½ Zoll Länge und nicht ganz 2 Zoll Breite, die Dicke ihrer Wand stand in der Mitte zwischen der bei jenen beiden gefundenen; die innere Haut war sehr runzlig, und ihr Innhalt war wie der der zweiten Blase. Alle drei Blasen waren so gelagert, dass die erste rechts, die dritte links und die zweite unter beiden lag.

Das Ruthenstück der Harnröhre war von einer gelben, harten, sehnigen Masse umgeben, bis zwei Zoll dick. Die Nieren waren gesund.

Gegen den Vorwurf, dass er die Saamenblasen für accessorische Harnblasen gehalten habe, rechtfertigt sich der Verfasser an einem andern Orte [1]).

§. 214.

Der Blasenbruch (*Cystocele*, *Hernia vesicalis*) kommt bei männlichen und weiblichen Thieren vor, bei jenen tritt die Harnblase durch einen der Bauchringe, bei diesen durch die Schenkelbogen aus dem Becken heraus, wo sie nicht selten eingeklemmt wird.

Sanitas [2]) beobachtete zwei mal bei männlichen Pferden den Blasenbruch. Bei einem zeigten sich alle Symptome der Kolik, auch machte es grosse Anstrengungen zum Uriniren, konnte aber nur sehr wenig Harn entleeren; am rechten Bauchringe war eine faustgrosse Geschwulst, in der man Flüssigkeit wahrnehmen konnte, und die sich bis an den Damm und die rechte Seite des Afters ausdehnte. Obgleich bei der Untersuchung durch den Mastdarm der wahre Zustand erkannt und die Re-

1) Recueil de médec. vétér. 1830. Mars. p. 174.
2) In Dupuy's Journal. 1826. Mars. p. 120.

position der Blase versucht worden war, so gelang diese doch nicht, daher starb das Thier nach 24 Stunden. Bei der Untersuchung nach dem Tode fand sich ein Theil der Harnblase im Bauchringe eingeklemmt, die rechte Saamenarterie an der Aorta abgerissen, daher war Blut in der Bauchhöhle ergossen. Im Hodensacke und an der rechten Seite des Mastdarmes war eine gelbe, schlüpfrige Flüssigkeit.

Bei einem zweiten Pferde, welches auf der Strasse niedergefallen war und das Hintertheil nicht bewegen konnte, wurde der vorhandene Blasenbruch reponirt, nachdem man sich von dessen Daseyn vergewissert hatte, und die vollständige Genesung trat schon am folgenden Tage ein.

Dandrieu *) fand bei einer Kuh einen Harnblasenbruch am linken Schenkelbogen. Sie war hoch trächtig, musste aber noch einen Weg von mehreren Meilen in einer bergigen Gegend machen. Bei der Rückkehr war die Kuh unruhig, verschmähte das Futter und kaute nicht wider; endlich traten Wehen ein, und der Eigenthümer glaubte das Gebären zu befördern, indem er dem Thiere eine Flasche heissen Rothweines eingoss. Einige Stunden nachher erfolgte die Geburt, aber auch die Umkehrung der Gebärmutter, bald darauf starb die Kuh. Bei der Section zeigte sich unter der Haut an der innern Seite des linken Schenkels eine Geschwulst von der Grösse und Gestalt einer Birne, welche von der herausgetretenen und mit sehr rothem, stinkendem Urine gefüllten Harnblase gebildet war; einige Zoll vor dem Grunde hatte die Blase einen 2 Zoll langen Riss, daher war viel Urin in die Bauchhöhle ergossen. Beide Harnleiter waren ungefähr 2 Zoll vor ihrer Einmündung von der Blase abgerissen, und an der Rissstelle umgestülpt, auch die Bänder der Blase waren gerissen.

---

*) Exemple de Cystocèle par l'arcade crurale chez la vache etc; im Recueil de médec. vétér. 1827. Novembre. p. 549.

§. 215.

Den Vorfall der Harnblase (*Prolapsus vesicae*) durch einen Riss in der Mutterscheide, der durch die fruchtlosen Anstrengungen beim Gebären entstanden war, beobachtete Charlot [1]) bei einer Kuh. Er fand nämlich am Eingange in die Mutterscheide eine runde, fibröse, weissliche, fluctuirende Geschwulst, die er für die hervorgedrängten Eihäute hielt; daher durchbohrte er sie, und nun erst erkannte er den Irrthum an dem ausfliessenden Urine, auch zeigte sich nun, nachdem die leere Blase zurückgebracht war, der Riss in der Scheide. Der Muttermund war noch nicht geöffnet, der Hals ganz hart, und die Kuh starb, ehe sie gebären konnte.

Die Umstülpung der Harnblase (*Inversio vesicae*), auf welche der Vorfall durch die Schaam folgte, entstand bei einer dreijährigen Stute, die abortirte. Gaullet [2]), der diese Beobachtung mittheilt, sah die Stute erst nach zwei Tagen, nachdem der Eigenthümer, den vorliegenden, an Form und Grösse einer Flasche ähnlichen Theil für die Gebärmutter haltend, vergebliche Versuche zur Reposition gemacht hatte. Die Blase war sehr roth, die Häute hatten sich enorm verdickt; die Mündungen der Harnleiter wurden endlich entdeckt und nachdem die kleinen Hautfalten ein wenig gehoben waren, floss der in den Harnleitern enthaltene Urin in grosser Menge aus, und wurde beim Gehen 6 Fuss weit fortgeschleudert. Da der Eigenthümer darauf bestand, dass der vorhängende Theil weggeschnitten werde, so entschloss sich Gaullet endlich dazu; er machte etwa einen Zoll von den Mündungen der Harnleiter entfernt den Schnitt, wobei das Thier wenig Schmerzen zeigte; eine Blutung fand gar nicht Statt. Der zurückgebliebene

1) Observation sur la Cystocèle vaginale; in Dupuy's et Vatel's Journal pratique de médec. vétér. 1826. Avril. p. 165.
2) Exemple de renversement complète de la vessie urinaire chez une pouliche; im Recueil de médec. vétér. 1828. Mai p. 253.

Theil der Blase verkleinerte sich immer mehr, bis zur Grösse einer Nuss, der Urin sammelte sich in der Mutterscheide an, aus welcher er von Zeit zu Zeit unter den gewöhnlichen Bewegungen entleert wurde. Die Stute genas völlig, so dass sie noch mehrere Jahre zur Arbeit benutzt werden konnte. — Einen dem vorstehenden ganz ähnlichen Fall, wo nach der Entfernung der Blase auch die Genesung eintrat, hat Canu [1]) mitgetheilt.

Eine solche Umkehrung beobachtete auch Vincent [2]) bei einer Stute, nach einem beschwerlichen Gebären. — Eine schon veraltete Umstülpung der Harnblase wurde auch bei einer Stute gesehen, bei welcher nach dem Gebären der Damm bis in den Mastdarm gerissen war, so dass nun Mist und Urin durch eine Oeffnung abgingen [3])

§. 216.

Das Unvermögen den Harn zurück zu halten (*Incontinentia urinae*) hat entweder in einer Lähmung des Blasenhalses, die nach Verletzungen des Rükkenmarkes erfolgt, und wie diese, gewöhnlich unheibar ist; oder in einem Schwinden der Harnblase seinen Grund. Einen Fall der letzten Art beobachteten Maffre und Carrère [4]) bei einem 7 — 8jährigen Ochsen. Sie fanden nämlich die Harnblase durch den Druck eines 25 — 30 ℔ schweren, in der Bauchhöhle gelegenen Sarcoms so geschwunden und zusammengeschrumpft, dass sie nur ein Fortsatz der Harnleiter zu seyn schien. Die Symptome der Kolik und die Schwäche wurden durch Heilmittel beseitigt, aber der Urin floss beständig ab, und nach 14 Tagen starb der Ochse.

---

1) Mem. de la Soc. vétér. du Calvados et de la Manche cf. Recueil de médec. vétér. 1831. Mai. p. 288.
2) Recueil de médec. vétér. 1828. Mai. p. 258.
3) Procès-verbal etc. à l'école vétér. d'Alfort 1818. cf. Ann. de l'agric. franç. II Serie. T. 4. p. 326.
4) Journal de médec. vétér. théorique et pratique par Bracy — Clark etc. 1830. Janvier p. 19.

§. 217.

Bei der Harnverhaltung (*Ischuria*), welche durch Krampf des Blasenhalses, durch Steine, oder Würmer (s. unten §. 222. 223.) entsteht, wird die Harnblase oft enorm ausgedehnt, bis sie endlich reisst. Jedoch findet man bisweilen bei Thieren, bei welchen diese Krankheit nicht bemerkt wurde, auch eine sehr grosse Harnblase, und dann scheint die Ausdehnung in einer zu grossen Schlaffheit der Wände begründet zu seyn.

Eine dritte Ursache, dass die Harnblase zu gross, und zugleich regelwidrig geformt ist, nämlich in der Mitte, oder über der Mitte mit einer Einschnürung versehen, besteht in einem Fehler der ersten Bildung. Es kommt nämlich vor, dass nach der Geburt die Blase mit der Harnschnur (*Urachus*) sich zwar vom Nabel löst, und sich schliesst, dass aber der an der Blase noch befindliche Theil der Harnschnur nicht schwindet, sondern nach und nach zu einem oft eben so grossen Behälter, wie die Harnblase selbst, ausgedehnt wird. Es scheint nun, als ob zwei Blasen auf einander gestellt und durch einen weiten Gang verbunden wären. Ich sah diese Bil dung zweimal; einmal bei einem erwachsenen Pferde, und einmal fand sie der Thierarzt Naundorf bei einer Kuh [1]), ohne dass ein Nachtheil daraus für die Gesundheit der Thiere hervorgegangen war. Auch ältere Beobachtungen der Art sind bekannt, z. B. Zwinger, de vesica bovis gemina [2]).

§. 218.

Bei jungen Kälbern und Ziegen fand Lancelot [3]) am Nabel eine Anschwellung, die einem Bruche glich, und die durch Ansammlung des Urins in der erweiterten Harnschnur hervorgebracht wurde. Es starben

1) Beide Präparate sind in der Sammlung d. h. Thierarzneischule.
2) Acta Acad. natur. curios. Vol. I. 1727. p. 155.
3) Procès-verbal etc. à l'école vétér. de Lyon. 1822. p. 51.

mehrere Thiere an der Harnverhaltung, da der Urin durch die Harnröhre nicht abfloss, und durch die äusserlich geschlossene Harnschnur nicht abfliessen konnte. Eine vorsichtig gemachte Oeffnung der Geschwulst würde den Abfluss des Urins bewirkt und so dem Tode vorgebeugt haben. — Greve (Erfahrungen etc. B. II. S. 8.) fand bei neugebornen Füllen noch viele (?) Tage nach der Geburt den Urachus offen, so dass hier der Urin ausgeleert wurde.

§. 219.

In Folge der Harnverhaltung, die bei den Wiederkäuern, dem Schweine und Hunde oft durch kleine, in der Harnröhre festsitzende Harnsteine entsteht, zerreisst die Blase, und der Urin fliesst in die Bauchhöhle. Die Oeffnung ist gewöhnlich klein, scheint gar nicht vorhanden zu seyn, wenn die Harnblase sich wieder zusammengezogen hat, bis man sie durch Luft aufbläst, worauf die Oeffnung bald sichtbar wird. So mag es sich auch in dem, im Recueil de médec. vétér. [1]) angeführten Falle verhalten haben, wo man bei einem Ochsen in der Bauchhöhle viel Urin, die Blase aber nicht gerissen fand. Der Riss der Harnblase für sich ist nicht tödtlich, wie nachstehendes Beispiel und die §. 215. angegebenen Fälle darthun, aber die Thiere sterben immer dann, wenn der Urin in die Bauchhöhle ergossen ist.

Mousis [2]) behandelte ein junges Maulthier, welches am beschwerlichen Harnen (*Dysuria*) litt, weil dessen Schlauch durch Verdickung der Haut sehr eng, und dessen Eichel sehr angeschwollen war. Als er die Hand in den Mastdarm einbringen wollte, warf sich das Thier nieder, sprang wieder auf, und sogleich floss der Urin durch den After ab, weil der Mastdarm und die Harnblase durch die eingebrachte Hand durchstossen wor-

1) 1825. Juillet. p. 311.
2) Ebend. 1830. Mars. p. 166.

den waren. Am zweiten Tage, nachdem der Schlauch aufgeschlitzt war, wurde der Urin durch den After und durch die Harnröhre entleert, aber in 14 Tagen war sowohl der Riss im Mastdarme, als auch in der Harnblase geschlossen, und das Thier völlig hergestellt.

Nach Verletzungen der Harnröhre bleiben oft sehr langwierige Fisteln zurück, namentlich wenn der Urin in das umgebende Zellgewebe fliesst. Daher muss bei dem Harnröhrenschnitt, um einen Stein zu entfernen, die äussere Oeffnung mit der in der Harnröhre möglichst genau zusammentreffen.

§. 220.

Die Entzündung der Harnblase (*Cystitis*) entsteht nicht selten durch vorhandene Steine, durch genossene scharfe Stoffe, und selbst durch die äussere Anwendung der Canthariden-Tinctur. Hiervon beobachtete Prevost*) zwei Fälle, bei einem Meklenburger und bei einem Berber-Pferde, und es scheint, dass Thiere mit feinen Haaren und von edler Raçe mehr durch das Cantharidin afficirt werden, als solche von gemeinem Schlage. Die entzündete Blase hat eine geröthete Schleimhaut, auch die äussere Haut ist bisweilen mehr, oder weniger roth; seltener findet man Ausschwitzung von plastischer Lymphe an der Schleimhaut, ausser bei chronischer Entzündung, wo zwischen den Häuten eine beträchtliche Masse abgesetzt und die Wand der Blase oft mehrere Zoll dick wird; am häufigsten bei dem Rindvieh.

§. 221.

In den Wänden der Harnblase kommt bisweilen die Knotengeschwulst (*Scirrhus*) vor, und zwischen den Häuten bilden sich Fettgeschwülste.

---

*) In Dupuy's, Journal pratique de médec. vétér. 1829. Novembre p. 355.

Miquel [1]) fand bei einem Maulthier-Wallachen einen Scirrhus an der rechten Wand der Harnblase, der in Krebs übergegangen war, und mit einigen Fistelgängen in die Harnröhre mündete. Die dadurch verursachte Harnverhaltung wurde zwar durch den Harnröhrenschnitt für den Augenblick beseitigt, aber das Uriniren blieb doch sehr beschwerlich, weshalb das Thier getödtet wurde.

Eine Fettgeschwulst [2]) fand Greve in der Harnblase eines Pferdes, die er für einen Harnstein gehalten hatte, indem ihre äussere Haut verknöchert war. Das Thier litt an Harnverhaltung, weil diese Geschwulst vor die Mündung zur Harnröhre geschoben war. Es ist höchst wahrscheinlich, dass die Fettgeschwulst anfangs zwischen den Häuten der Blase lag, und als sie schwerer wurde, sich in die Höhle derselben senkte, wo sie noch an einem Stiel hängend losriss, und dann frei in der Blase lag, denn in der Höhle der Harnblase kann keine solche Geschwulst entstehen.

§. 222.

Der im Nierenbecken bei Pferden, Rindern und Hunden vorkommende Riesen-Pallisadenwurm (*Strongylus Gigas*) wird auch bisweilen in der Harnblase angetroffen, wo er eine baträchtliche Länge erreicht, und immer Urinbeschwerden verursacht. Hufeland [3]) führt einen Fall an, wo ein 2 ½ Elle langer Wurm in der Harnblase eines Hundes gefunden wurde. — Séon [4]) zog ein kleineres Exemplar aus der Harnröhre eines 1 ½ Jahr alten Hundes, der an Harnverhaltung litt, welches er durch öfteres Stellen zum Uriniren und heftiges Schreien zu erkennen gab; der Wurm ragte etwas aus der Harnröhre hervor, wodurch er erst bemerkt wurde.

1) Observation sur un Cancer fibreux et Encéphaloïde; ebend. 1827. Mars. p. 113.
2) Sie befindet sich in der Sammlung der h. Thierarzneischule.
3) Journal der praktischen Heilkunde B. 18. St. 2. S. 112.
4) In Dupuy's, Journal. 1828. Mars. p. 141.

§. 223.

Bei allen Hausthieren, und zwar bei beiden Geschlechtern, kommen in der Harnblase, in der Harnröhre, und bei einigen männlichen Thieren, namentlich bei Hunden, Ochsen, Schafböcken und Schweinen auch in der Vorhaut Harnsteine vor. Die in der Harnblase vorkommenden gelangen entweder aus den Nieren in diese, oder sie entstehen in ihr. Sie sind an Zahl, Gestalt und Consistenz sehr verschieden; bei Pferden und Schweinen entsteht oft nur ein Sediment, welches aus sehr kleinen Krystallen besteht, und unter dem Namen Gries bekannt ist. Vergl. §. 35. ff. — Bei zwei Mops-Hündinnen fand ich die Harnblase ganz mit Steinen angefüllt, von welchen die grössesten ungefähr den Haselnüssen glichen, aber eckig und abgeschliffen waren.

Riss [1]) holte aus der Harnblase einer Stute mittelst eines Theelöffels mit langem Stiel 1 ℔ 10 Unzen Gries, worauf zwar heftige Entzündung folgte, die aber doch durch zweckmässiges Verfahren gehoben wurde. Bei einem 7jährigen Hengste, der lange Zeit an Harnbeschwerden gelitten hatte, und daran starb, fand Guinet [2]) einen beinah 7 ℔ schweren Blasenstein.

Die Blasensteine erregen verschiedene Zufälle, namentlich beschwerliches Uriniren, oder völlige Harnverhaltung, Schmerzen beim Bewegen des Hintertheils, und bisweilen sogar Unbeweglichkeit desselben. Die Harnblase leidet bei dem Vorhandenseyn von Steinen an Verdickung und Verknöcherung der Häute, und es scheint fast, als ob sie mit der Steinmasse incrustirt wären; daher ist ihre Zusammenziehung bei dem Uriniren nur langsam und unvollständig. In mehreren Fällen ist der

---

1) Observations sur des Calculs vésicaux et biliaires dans le cheval, le porc et le boeuf; im Recueil de médec. vétér. 1827. Novembre p. 582. et suiv.

2) Procès-verbal etc. à l'école vétér. de Lyon. 1816. cf. Ann. de l'agric. franç. T. 67. p. 206.

Blasenschnitt, zur Entfernung des Steines, ohne nachtheilige Folgen gemacht worden [1]).

§. 224.

Die in der Harnröhre vorkommenden Steine sind immer aus der Blase herausgetreten, und oft sind es kleine Nierensteine, welche den Weg durch die Harnleiter und die Harnblase bis in die Harnröhre gemacht haben, wo sie, wegen des zu engen Raumes, festsitzen. Dieses ist am häufigten der Fall bei den männlichen Wiederkäuern, Schweinen und Hunden, bei jenen bleiben sie in der Windung, welche die Ruthe macht, bei diesen in der Rinne des Ruthenknochens stecken. Auch bei dem Pferde und bei einem Maulthiere fanden Riss [2]), Rossignol und Mantrant Laforest [3]) Steine von ansehnlicher Grösse in der Harnröhre. Jener zog einem Pferde an der Wulst, welche die Vorhaut an dem vorderen Theile der Ruthe bildet, einen Stein von 2 Zoll Länge 1 Zoll Dicke und 2 Unzen 6 Gran Gewicht, durch einen Einschnitt, aus der Harnröhre. Dieser Stein soll zum Kern ein wohl erhaltenes Haferkorn gehabt haben, und man wundert sich, wie es in die Harnblase, oder Harnröhre gelangt ist. Ich halte es für sehr wahrscheinlich, da man bei Pferden oft ganze Haferkörner im Miste findet, dass ein solches die Häute des Mastdarmes und der Harnblase durchbohrt hat. Der von Mantrant Laforest einem Maulthiere in der Gegend des Dammes aus der Harnröhre gezogene Stein war 2 Zoll lang und 1 ½ Zoll dick.

Die in der Harnröhre festsitzenden Steine bedrohen, wegen der vollständigen Harnverhaltung und der leicht erfolgenden Zerreissung der Blase, das Leben des Thieres mehr, als die Blasensteine, jedoch sind jene leichter zu entfernen.

---

1) Girard, Memoire sur les Calculs vésicaux, et sur l'operation de la taille, dans le cheval. Paris 1823. 8. avec Pl.

2) A. a. O.

3) Journal de médec. vétér. théorique et pratique 1830. Mai. p. 268. 273.

In der Vorhaut der Ochsen, Schafböcke und Hunde bilden sich bisweilen Säcke, und in der des Schweines sind sie schon ursprünglich vorhanden, in welchen der Urin sich ansammelt und zur Steinbildung Veranlassung wird.

Der in einem solchen Sacke gebildete Stein ist oft 1—2 Zoll lang, und über ½ Zoll dick, drückt die Harnröhre zusammen und verursacht beschwerliches Uriniren. Da er aber von aussen leicht aufzufinden ist, so kann er auch durch einen Schnitt in die Vorhaut leicht entfernt werden.

Sechstes Kapitel.

Von den männlichen Geschlechtstheilen.

I. Von den Hoden und Saamensträngen.

§. 225.

Dem erwachsenen Thiere **fehlt scheinbar ein Hode**, d. h. es befindet sich nur einer im Hodensacke, wenn der zweite noch in der Bauchhöhle liegt, oder wenn er auch durch den Bauchring herausgetreten, doch nicht in den Hodensack gelangt ist. Der im Bauche zurückgebliebene Hode ist immer viel kleiner, und schlaffer, als der im Hodensacke befindliche, daher ist es wahrscheinlich, dass jener keinen, oder doch keinen befruchtenden Saamen absondert, indessen bemerkt man bei Pferden, wo dies vorkommt und die man Klopfhengste nennt, dass, wenn auch der im Hodensacke gelegene Hode hinweggenommen ist, sie immer noch Trieb zur Begattung zeigen.

Ich fand einigemal bei Pferden solche verkümmerte Hoden, und Meckel *) sah einen bei einem Widder.

---

*) Handbuch der pathologischen Anatomie. B. I. S. 693.

§. 226.

In Folge einer oberflächlichen adhäsiven Entzündung ist der Hode mit der Scheidenhaut so innig verbunden, dass kein Serum abgesondert wird, und die freie Beweglichkeit des Hodens aufgehoben ist; oft kommt dies an beiden Hoden zugleich vor.

Diese bei Hengsten oft beobachtete Verwachsung scheint ohne erhebliche Nachtheile lange bestehen zu können; sie ist daran zu erkennen, dass der Hode durch Druck mit der Hand nicht verschoben werden kann.

Während der Hoden-Entzündung (*Orchitis*) schwillt der kranke Hode beträchtlich an, aber die Geschwulst ist schmerzhaft, schnell entstanden, und dadurch von einer andern Vergrösserung des Hodens, dem sogen. Fleischbruche (*Sarcocele*), leicht zu unterscheiden. Unter diesem Namen begreift man gewöhnlich zwei in ihrem Wesen ganz verschiedene Krankheitszustände, die beide nur darin sich gleichen, dass der Hode grösser, als gewöhnlich, und bei der Berühung unschmerzhaft ist; es sind nämlich die Verhärtung und die Fleischgeschwulst des Hodens.

§. 227.

Die Verhärtung des Hodens (*Induratio testiculi*) entsteht in Folge einer nicht zertheiten Hoden-Entzündung, durch Erguss plastischer Lymphe in das Gewebe des Hodens, wodurch dieser um etwas vergrössert wird, aber in der Folge in demselben Verhältnisse bleibt. Die Saamenabsonderung wird nur in dem Maasse vermindert, als von der Substanz wirklich verhärtet ist, übrigens hat die Verhärtung keine nachtheilige Folgen.

Der wahre Fleischbruch oder die Fleischgeschwulst des Hodens ist der durch dieses Aftergebilde mehr, oder weniger vergrösserte Hode, der mit der Zeit immer grösser wird, und wohl ein Gewicht von mehr als 20 ℔ erreicht. Diese Krankheit wird bei alten Beschälhengsten nicht selten angetroffen und besteht mehrere Jahre, ohne dass die Gesundheit des übrigen Körpers dabei leidet, nur der Hodensack wird sehr ausgedehnt und das Gehen wird erschwert.

In Alfort *) wurde ein Pferd getödtet, welches einen Fleischbruch von mehr als 20 ℔ Gewicht hatte, der mit einer andern Fleischgeschwulst im Bauche, in der Lendengegend, durch Gefässe in Verbindung stand. — Von einem Stier sind die Hoden in der Sammlung der h. Thierarzneischule, von welchen der eine 4 ℔ wiegt und 7 Zoll breit ist.

Die Knochenbildung in den Hoden wird auch bisweilen beobachtet, und ein Stierhode in der h. Sammlung besteht aus einer knöchernen Kapsel, an welcher nur noch hin und wieder etwas von der Hodensubstanz zu erkennen ist.

§. 228.

Der Wasserbruch (*Hydrocele*) besteht in einer Ansammlung von Serum in der Höhle der Scheidenhaut, durch welches diese ausgedehnt und der Hode gedrückt wird, so dass er bei langer Dauer der Krankheit schwindet. Die Flüssigkeit verhält sich wie das Serum in der Bauchwassersucht, und ist nie Folge von Entzündung, sondern entsteht bei einem Missverhältniss zwischen Absonderung und Einsaugung. Der Zustand ist zwar ohne Gefahr, aber doch belästigend, und er lässt sich bisweilen noch beseitigen, ohne die Castration vorzunehmen.

§. 229.

Die Saamenstrangfistel und Saamenstrangverhärtung kommen bei Wallachen oft vor, jene unmittelbar, diese oft erst in längerer Zeit nach der Castration. In den meisten Fällen sind sie durch ein unpassendes Verfahren während und nach der Operation

*) Procès-verbal etc. à l'école vétér. d'Alfort. 1808. cf. Annales de l'agricult. franç. T. 35. p. 87.

hervorgebracht, jedoch ist ihr Vorkommen nicht immer der Operation zur Last zu legen, sondern zufällig nach derselben entstandene Krankheiten, besonders Rheumatismus, verursachen sie ebenfalls. Die Saamenstrangverhärtung besteht gewöhnlich in einem Sarcom, das bisweilen einen enormen Umfang erreicht, und durch die Operation entfernt werden muss.

Der Krampfaderbruch (*Cirsocele*) besteht in einer beträchtlichen Erweiterung der inneren Saamenvene, und kommt nicht häufig vor.

II. Von den Saamenblasen, der Vorsteherdrüse und den Cowper'schen Drüsen.

§. 230.

Von diesen Organen ist es nur die Vorsteherdrüse, die bei Hunden nicht selten an Entzündung, Verhärtung, oder an der Fleischgeschwulst erkrankt. Im letzten Falle erreicht sie einen beträchtlichen Umfang, drückt die Harnröhre zusammen, und verursacht Harnbeschwerden. Ich fand es auch, dass mehrere Fistelgänge aus der kranken Drüse in die Harnröhre führten, durch welche eine übel riechende Flüssigkeit ausgeführt wurde. — Die Saamenblasen des Pferdes sind bisweilen beträchtlich ausgedehnt, und enthalten eine dickflüssige, schwarzbraune zähe Masse, die ein Product dieser Behälter zu seyn scheint, indem sie nicht blos bei Hengsten, sondern auch bei Wallachen angetroffen wird, mithin nicht für Saame gehalten werden kann.

III. Von der Ruthe, der Vorhaut und dem Hodensacke.

§. 231.

Ueber die Abweichungen in Beziehung auf die Lage und Gestalt der männlichen Ruthe und ihrer Hülle wird bei der Beschreibung der Zwitterbildung das Nöthige gesagt werden, daher soll hier nur von den Krankheiten dieser Theile die Rede seyn.

Die Entzündung der Ruthe (*Posthitis*, *Phallitis*) wird gewöhnlich nur durch äussere Gewaltthätigkeit verursacht, bei Hengsten nicht selten durch einen Hufschlag der Stute, die eben bedeckt werden soll; bei Hunden dadurch, dass die in der Begattung begriffenen und noch zusammenhängenden Thiere gewaltsam von einander gerissen werden. Das vordere Ende der Ruthe, besonders die Eichel des Hengstes, schwillt so beträchtlich an, dass sie bisweilen die Grösse eines Menschenkopfes erreicht und dann aus der Höhle der Vorhaut heraustritt. Ein örtlicher Aderlass, durch Scarificiren des entzündeten Theiles vermindert in der Regel die Geschwulst bald; geschieht dies nicht, so wird die Ruthe leicht brandig und muss amputirt werden. Die nächste Gefahr besteht in der durch das Zusammendrücken der Harnröhre verursachten Harnverhaltung.

§. 232.

Die krankhafte Verengerung der Vorhaut vor der Eichel (*Phimosis*) und die hinter der Eichel (*Paraphimosis*) entsteht ebenfalls in Folge der Entzündung der Vorhaut allein, oder zugleich mit Entzündung der Ruthe; sie werden bleibend, wenn die Haut verhärtet, oder Aftergebilde, namentlich Scirrhus, enthält. Durch die Verengerung der Vorhaut hinter der Eichel wird die Ruthe oft so zusammengeschnürt, dass der Rückfluss des Blutes verhindert ist, der ausgeschlossene Theil kalt wird und endlich wirklich abstirbt; auch wird der Abfluss des

Urins gehemmt. Daher muss die Vorhaut ohne Säumniss aufgeschlitzt werden.

§. 233.

Die Knotengeschwulst (*Scirrhus*), welche bei längerer Dauer in Krebs übergeht, kommt an der Ruthe und Vorhaut des Pferdes und Hundes nicht selten vor, und die davon ergriffenen Theile müssen möglichst bald entfernt werden, weil durch die von den Lymphgefässen aufgesaugte und dem Blute zugeführte Krebsjauche ein Allgemeinleiden verursacht wird. Ich fand einmal bei einem Pferde, bei welchem die am Schlauche vorhandene Knotengeschwulst durch Verkennen des Zustandes in Krebs übergegangen war, den Weg, den die mit der Jauche verunreinigte Lymphe genommen hatte, durch neu entstandenen Scirrhus der Lymphdrüsen, des Milchbrustganges bis in die Lungen genau bezeichnet. — Bei Hunden, die an dem sogen. Tripper leiden, kommen oft an der Vorhaut auch Geschwüre vor, die aber keines Weges den syphilitischen Geschwüren des Menschen gleich zu achten sind, wie überhaupt die ganze Krankheit nur eine catarrhalische Affection der Harnröhre und der Schleimbälge an der Eichel ist.

In der Eichel des Pferdes und Hundes entsteht auch die Fleischgeschwulst (*Sarcoma*), durch welche dieses Organ beträchtlich vergrössert wird, und Auswüchse erhält, die dem Blumenkohl ähnlich sind. Auch dieses Uebel ist allein durch Amputation des ergriffenen Theiles zu vertilgen.

Endlich ist noch zu erwähnen, dass das, in der Grube der Eichel, unter der Mündung der Harnröhre bei Pferden, angesammelte Hauttalg nicht selten so hart wird, dass es die Harnröhre zusammendrückt und die Harnentleerung erschwert. Daher ist es rathsam, bei jeder Harnverhaltung zuerst die Ruthe genau zu untersuchen.

Sie-

Siebentes Kapitel.

Von den weiblichen Geschlechtstheilen.

I. Von den Eierstöcken.

§. 234.

Die Lage der Eierstöcke ist selten verändert, und nur bei Hündinnen findet man einen Eierstock mehr nach hinten gerückt, wenn das Horn der Gebärmutter durch den Bauchring herausgetreten ist; ihn selbst fand ich nie ausserhalb der Bauchhöhle, obgleich die Möglichkeit gegeben ist, da bei diesen Thieren die Bauchringe ziemlich weit sind.

Die Abweichungen in den Grössenverhältnissen sind entweder ursprünglich, oder erst später entstanden. Man findet nämlich die Eierstöcke, bei übrigens gesunder Beschaffenheit, im Verhältniss zur Grösse des Thieres sehr klein, oder sehr gross; ob daraus aber eine Verschiedenheit in der Fruchtbarkeit begründet ist, dass nämlich bei kleinen Eierstöcken geringe, bei grossen grössere Fruchtbarkeit besteht, wage ich nicht zu bestimmen, da mir erst ein Fall vorgekommen ist, wo eine Stute mit grossen Eierstöcken mit Zwillingen trächtig war.

Das Schwinden eines Eierstockes (*Atrophia ovarii*), oder beider, scheint selten vorzukommen; ich fand nur einmal bei einer Kuh den linken ganz zusammengeschrumpft, sie hatte aber schon geboren, und war auch wieder trächtig. —

Enorm vergrössert werden die Eierstöcke durch die in ihnen entstandene Fleischgeschwulst, durch Hydatiden, oder seltner durch einen bis zu einer gewissen Grösse entwickelten Fötus.

§. 235.

Die Vergrösserung durch Fleischgeschwulst (*Sarcoma*) ist bei Stuten nicht selten, entsteht aber langsam und ohne merklich äussere Zeichen, denn die Gesundheit des damit behafteten Thieres ist fast ungestört, bis der sehr gross gewordene Eierstock durch seine Schwere belästigt und auf andere Eingeweide drückt. Der Tod erfolgt gewöhnlich plötzlich, oder es geht ihm nur eine Krankheit voraus, die einige Tage dauert, und sich als Entzündungs-Kolik characterisirt, wobei die Gebärmutter besonders ergriffen ist. Entweder stirbt das Thier durch innere Verblutung, indem die Häute zerreissen, wenn das Sarkom sich zum Theil aufgelöst hat; oder durch Erschöpfung, da die oft enorme Masse auf Kosten des übrigen Körpers gebildet wird. Ueber die Ursachen dieser Krankheit weiss man bis jetzt noch nichts, auch ist nicht immer der Eierstock einer Seite mehr damit behaftet, denn Bouley der Jüngere *) fand in sieben Fällen dreimal den linken, und viermal den rechten krank, und von 6 bis 57 ℔ schwer; dreimal waren die Häute gerissen und in die Bauchhöhle Blut ergossen, obgleich sie stellenweise sehr dicht, sogar verknöchert waren. Auch in der Sammlung der Thierarzneischule ist der Eierstock einer Stute, welcher 25 ℔ schwer ist. Einigemal fand ich bei Stuten den einen Eierstock von der Grösse eines Kinderkopfes, und ungefähr 2 ℔ flüssiges Blut enthaltend; es würde hier ebenfalls eine innere Verblutung erfolgt seyn, wenn die Häute gerissen wären.

§. 236.

Die Vergrösserung der Eierstöcke durch Hydatiden geschieht entweder durch die in der serösen Haut entstandenen, oder durch die in der Substanz liegenden krankhaft vergrösserten Graaf'schen Bläschen,

---

*) Observations sur les maladies de l'ovaire dans la jument; im Recueil de médec. vétér. 1828. Octobre. p. 544.

deren Wände bisweilen reissen, und so den Eierstock in eine einzige Wasserblase umgestalten, wofür man den Namen Eierstockswassersucht (*Hydrops ovarii*) hat. Die an der serösen Haut entstandenen Hydatiden findet man bei Stuten und Hündinnen sehr oft, und die Verrichtung des Eierstockes scheint nicht gestört zu seyn. Wenn hingegen das Serum in den Graaf'schen Bläschen in zu grosser Menge abgesondert wird, so schwindet die Substanz des Eierstockes in dem Maasse, als sich jene vergrössern, wahrscheinlich sind auch die in ihnen enthaltenen Keimbläschen zerstört, und das Thier ist unfruchtbar, wenn beide Eierstöcke so beschaffen sind.

Ueber die Vergrösserung eines Eierstockes, oder einer Muttertrompete durch eine darin enthaltene Frucht s. unten von der Lage der Frucht ausserhalb der Gebärmutter.

§. 237.

Die Zerreissung der Häute eines Eierstockes erfolgt nicht allein, wenn derselbe durch Aftergebilde vergrössert und ausgedehnt ist, sondern auch durch plötzlich entstandenen Blutandrang bei übrigens gesunder Beschaffenheit der Substanz.

Renault *) erzählt folgenden interessanten Fall. Eine starke, gut genährte Kuh wurde plötzlich krank, versagte Futter und Getränk, war sehr traurig, hielt den Kopf gesenkt, die Haut war trocken ohne Hitze, die Haare waren gesträubt, der Puls war voll und weich, das Athmen tief und beschwerlich, die Bindehaut blauroth, Nase, Ohren und Gliedmaassen waren kalt. Aus den auf beiden Seiten geöffneten Drosselvenen floss nur langsam ein dickes und schwarzes Blut, und die Kuh starb drei Viertelstunden nach dem Wahrnehmen der Krankheit. Bei der Section wurden die Lungen, die

*) In Dupuy's Journal pratique de médec. vétér. 1827. Juin. p. 270

Milz und Leber voll von schwarzem Blute gefunden, grosse Extravasate im Gekröse, der rechte Eierstock war gerissen und viel Blut in die Bauchhöhle ergossen.

Der hier geschilderte Zustand war offenbar der schnell verlaufende Milzbrand (es war im Juni), und als aussergewöhnlich ist nur der grosse Blutandrang nach den Eierstöcken zu betrachten, der sich indessen dadurch erklären lässt, dass die Kuh erst vor 14 Tagen vom Stier bedeckt worden, und dass mithin noch eine Aufregung in den Eierstöcken anzunehmen war.

§. 238.

Bei einer Bauchfell-Entzündung, besonders wenn auch der Ueberzug der Gebärmutter mitergriffen ist, leidet auch wohl die äussere Haut der Eierstöcke; aber eine wirkliche, die Substanz derselben betreffende Entzündung ist wahrscheinlich sehr selten, da nirgends Fälle der Art bemerkt sind. Wenn diese Entzündung für sich vorkommt, so wird sie wohl schwerlich bei den lebenden Thieren erkannt werden, sondern man wird höchstens die Zeichen einer Entzündung im Bauche wahrnehmen.

§. 239.

Zu den oben §. 235 angeführten Aftergebilden, welche in den Eierstöcken vorkommen, würde nach einer Bemerkung im Recueil de médecine vétérinaire *) auch der Scirrhus und Krebs gehören, wenn es nicht wahrscheinlicher wäre, dass der dort beschriebene, 32 ℔ schwere Eierstock einer Stute an der Fleischgeschwulst gelitten hätte, denn ein so grosser Scirrhus entsteht in keinem Organe, so viel mir wenigstens bekannt ist. In demselben Eierstocke befand sich auch ein Balg mit Haaren.

Bei alten Stuten kommt diese Haarbildung in den Eierstöcken im Ganzen selten vor, und ich kenne nur

*) 1829. Février. p. 143.

noch einen Fall, der hier beobachtet wurde. Der Balg, welcher die Haare einschliesst, war auf der äussern Fläche verknöchert.

Das Vorkommen der Zähne in den Eierstöcken, wie man es bei Frauen schon öfter beobachtet hat, ist bei den Thieren wahrscheinlich höchst selten; ich kenne noch keinen Fall.

II. Von der Gebärmutter und Mutterscheide.

§. 240.

Der Gebärmutterbruch (*Hernia uteri*) durch den Bauchring entsteht nur im nicht trächtigen Zustande bei Hündinnen, und kommt nicht selten vor. Er bildet an dem Weichentheile des Euters einer Seite eine weiche Geschwulst, die sich mehr, oder weniger leicht zurückdrücken lässt. Bei den übrigen weiblichen Hausthieren treten die runden Bänder der Gebärmutter nicht aus der Bauchhöhle heraus, daher fehlt ihnen die Anlage zum Leistenbruche. Eine Einklemmung dieses Bruches erfolgt nicht so leicht, weil die Gebärmutter nicht abwechselnd voll und leer ist, wie der Darm, aber oft ist neben dem Gebärmutterbruche auch ein Darm- und Netzbruch vorhanden, wie ich es gefunden habe, und dann kann allerdings Einklemmung entstehen.

Der Gebärmuttervorfall (*Prolapsus uteri*) entsteht sowohl im trächtigen, als nicht trächtigen Zustande; im letzten Falle, wenn die breiten Mutterbänder sehr schlaff sind und das Thier stark drängt; es gelangt dann der Mutterhals wohl bis an die äussere Scheidenöffnung und verursacht durch Zusammendrücken der Harnröhre beschwerliches Uriniren.

Dem Vorfalle der schwangern, oder eben schwanger gewesenen Gebärmutter folgt sehr oft die Umstülpung derselben (*Inversio uteri*), aber erst, nachdem die Frucht entleert ist. Die Ursachen der Umstülpung sind entweder das Verwerfen (*abortus*), d. h. das Gebären eines unreifen Foetus, wobei die Wehen gewöhnlich stärker und stürmischer sind, als bei dem Gebären einer reifen Frucht; oder zu starkes Ziehen an der Nabelschnur, während das Junge geboren wird, oder um die Nachgeburt zu entfernen. Daher kommt die Umstülpung bei Wiederkäuern und besonders bei Kühen so oft vor, weil bei ihnen die Mutterkuchen so innig mit der Gebärmutter verbunden sind. Wenn die umgestülpte Gebärmutter nur bald nach dem Vorfalle und mit Vorsicht zurückgebracht wird, und wenn es gelingt, sie zurückzuhalten, so geht der Zufall gewöhnlich ohne Gefahr vorüber. Am leichtesten tritt bei Stuten die Entzündung ein, weniger leicht bei Kühen.

§. 241.

Zu den Abweichungen, welche die Lage der Gebärmutter betreffen, gehört auch noch eine von Gellé *) beobachtete Einschnürung, indem die Gebärmutter durch ein Loch im Gekröse gedrungen war. Er fand nämlich im Gekröse des Dünndarmes einer 4jährigen Kuh ein Loch von ungefähr 5 Zoll Durchmesser, dessen Ränder dick, fibrös waren, und das also schon seit längerer Zeit bestanden zu haben schien. Durch dieses Loch war die Gebärmutter getreten, so dass der Rand desselben den Körper der Gebärmutter (welche ein Kalb enthielt) 8 — 10 Zoll von dem Muttermunde entfernt (?) einschnürte. Die Kuh war von einer andern Kuh gestossen worden, zeigte hierauf Geburtsschmerzen, konnte aber nicht gebären, und starb an Bauchfell-Entzündung. Gellé glaubt, dass durch jene Einschnürung der Gebärmutter der Abortus (sie war im Anfange des 8ten Monates trächtig) verhindert worden sey.

Mehrere Schweizer Thierärzte erwähnen einer fehlerhaften Lage der schwangeren Gebärmutter bei Kühen,

*) Etranglement du corps de l'utérus; in Dupuy's Journal pratique. 1830. Février. p. 72.

bei welchen das Gebären nicht eher geschehen könne, als bis das Thier, auf der Erde liegend, um seine Längenachse gerollt worden sey, welches sie die Gegenwälzung nennen. Der Operateur sucht vorher das Kalb zu fassen, und während der Wendung des mütterlichen Körpers festzuhalten. Ueber die fehlerhafte Lage der Gebärmutter selbst fand ich aber keine nähern Angaben.

§. 242.

Bei nicht trächtigen Thieren wird die Gebärmutter bisweilen durch den zu reichlich abgesonderten und krankhaft veränderten Schleim so ausgedehnt, dass sie auf den ersten Blick einer trächtigen gleicht. Dieser Schleim hat eine gelbe Farbe, und das Ansehen und die Consistenz des guten Eiters. Bei einer alten Stute enthielt die Gebärmutter 8 Litres (8 Berliner Quart) dieser Flüssigkeit, und sie reichte bis in die vordere Bauchgegend [1]). Ich fand dasselbe auch bei Stuten und Hündinnen, nur war die Quantität des Schleimes geringer.

Wahrscheinlich beruht diese reichliche Schleim-Absonderung in einer catarrhalischen Affection der Schleimhaut der Gebärmutter. Sie scheint keine andere nachtheilige Folgen zu haben, als dass sie wahrscheinlich die Empfängniss verhindert.

§. 243.

Auch durch die sogenannten Mondkälber (*Molae*), Afterproducte, die in der Höhle der Gebärmutter entstehen, die Thiere mögen sich schon begattet haben, oder nicht, wird dieses Eingeweide mehr, oder weniger ausgedehnt. So erzählt Schlumpf [2]) einen Fall von einer Kuh, die man für trächtig hielt, und die einen so grossen Bauch hatte, dass sie kaum mehr durch die Stallthüre kommen konnte, aber doch dabei gesund war. Da die Zeit der vermeinten Trächtigkeit schon über ein Jahr gedauert hatte, so

1) Procès-verbal etc. à l'école vétér. de Lyon. 1811. p. 6. cf. Annales de l'agric. franç. T. 48. p. 57.
2) Im schweizer Archiv für Thierheilkunde. Jahrg. I. St. 2. S. 57.

schlachtete man die Kuh, und man fand in der Gebärmutter einen beinah runden, haarlosen, über 2½ Centner schweren Körper, der dem Anscheine nach aus mehreren ungleich grossen Körperchen von weissgelblicher Farbe und speckartiger Consistenz zusammengesetzt gewesen seyn soll.

§. 244.

Die schwangere Gebärmutter ist übermässig ausgedehnt, wenn sie mehr Früchte, als bei derselben Thier-Species gewöhnlich gefunden werden, enthält, oder wenn die Absonderung des Schafwassers übermässig ist.

Die Gebärmutter einer Kuh, welche in Folge eines Falles gestorben war, enthielt 6 regelmässig gebildete Kälber, jedes in seine besondern Eihäute eingeschlossen [1]).

Eine andere Kuh warf in drei Jahren 9 Kälber; nämlich im Jahre 1817 4 muntere weibliche Kälber, im Jahre 1818 2 weibliche Kälber und 1 männliches Kalb, im Jahre 1819 2 weibliche Kälber, welche auch, bis auf 2 vom ersten Wurf, von der Mutter gesäugt wurden und gross wuchsen. Jede der 6 Kühe brachte in der Folge nur ein Junges [2]).

Plot [3]) führt zwei Fälle an, wo nämlich eine Kuh in 2 Jahren auch 9 Kälber, eine andere in derselben Zeit, aber auf 4 Würfe, 10 Kälber gebar.

Eine Kuh gebar vier lebende und ausgewachsene männliche Kälber, starb aber an den Folgen des Gebärens [4]).

Bei Schweinen und Hunden ist die Fruchtbarkeit noch viel grösser, denn es giebt Fälle wo eine Sau 24, eine Hündin 12 — 20 Junge auf einmal warf.

---

1) Procès-verbal etc. à l'école vétér. d'Alfort. 1822. cf. Annales de l'agric. franç. II. Serie. T. 23. p. 8.
2) In Dupuy's Journal pratique. 1828. Septbr. p. 456. aus Nouv. Bullet. des sciences de la soc. philomat. Décembre 1826. p. 193.
3) The natural history of Staffordshire. Oxford 1686. p. 261.
4) In v. Froriep's Notizen aus dem Gebiete etc. B. XVI. No. 16. S. 250.

Die Menge des Schafwassers wurde bei einer Kuh, die man wegen des starken Bauches mit Zwillingen trächtig glaubte, auf 50 Quart geschätzt, aber der Fötus hatte nur die Grösse einer Katze, obgleich die Tragezeit beendigt war [1]). Man nennt diesen Zustand Gebärmutterwassersucht (***Hydrops uteri***), doch ist diese Benennung nicht recht passend, indem hier ganz andere Verhältnisse obwalten, als bei der Wassersucht der Höhlen, welche von serösen Häuten ausgekleidet werden, oder bei der Zellgewebswassersucht.

§. 245.

Die Zerreissung der Gebärmutter (***Ruptura uteri***) erfolgt durch die heftigen aber fruchtlosen Wehen, wenn die Frucht, wegen regelwidriger Lage, oder wegen eines Missverhältnisses zum Becken, nicht geboren werden kann. Sie wird aber auch durch ungeschickte Geburtshelfer herbeigeführt, entsteht oft bei der Umstülpung nach Beendigung der Geburt, oder nach einem Abortus; oder endlich, wenn der Abortus, oder die Geburt wegen Verdickung des Mutterhalses nicht erfolgen kann, und doch starke Wehen eintreten.

Die Verletzung der Gebärmutter für sich ist weniger gefährlich, als die innere Verblutung, daher sterben die Thiere, wenn nach erfolgtem Risse die Blutung fortdauert; sie genesen hingegen, wenn die Blutung gestillt werden kann. Es tritt zwar auch in dem letzten Falle immer Entzündung ein, die noch gefährlich ist, allein dieser ist doch eher zu steuern.

Folgende Thatsachen mögen das Gesagte erläutern.

Bei einer Kuh, die während des Gebärens starb, fand Schlumpf [2]) die Gebärmutter gerissen, den in Fäulniss übergegangenen und daher sehr aufgetriebenen Fötus mit

---

1) Brannis, de l'hydropisie uterine de la vache; in Dupuy's Journal pratique. 1829. Mai. p. 217.

2) Beobachtung einer Zerreissung des Tragesackes bei einer Kuh während der Geburtsarbeit; im schweizer Archiv B. 2. St. 2. S. 24.

dem Fruchtwasser in der Bauchhöhle liegend; auch die Bauchmuskeln der linken Seite und das Bauchfell waren zerrissen. Es wurde bei dieser Kuh, da die Geburtsarbeit nicht vorschritt, die in der Schweiz übliche Gegen wälzung gemacht, (vergl. §. 241.) und zwar zweimal, daher ist es zweifelhaft, ob der Riss in der Gebärmutter durch die eigene Contractionskraft, oder durch die Munipulation entstanden sey, fasst scheint das letzte der Fall gewesen zu seyn, weil auch die Bauchmuskeln auf einer Seite gerissen waren.

§. 246.

In der Thierarzneischule zu Alfort *) starb eine Kuh in Folge der Zerreissung der Gebärmutter, indem der Riss vom Halse bis in die Mitte des linken Hornes reichte, durch welchen der Fötus mit den Eihäuten in die Bauchhöhle gefallen war. Die Kuh, welche übrigens schon sehr elend in der Anstalt ankam, hatte keine Anstrengungen zum Gebären gemacht, sondern liess folgende Symptome wahrnehmen: Beschwerliches Gehen, gesträubte Haare, Ausfluss eines zähen und Blutstreifen enthaltenden Schleimes aus der Schaam, und Durchfall. Die Hörner, Ohren und das Maul waren kalt, Flotzmaul und Nasenlöcher trocken, die Schleimhaut des Maules und die Bindehaut bleich, der Puls klein und beschleunigt, das Athmen nicht verändert. An der linken Seite des Bauches fühlte man einen harten, widerstehenden Körper. Am andern Morgen lag die Kuh auf der linken Seite, Ohren und Hörner waren heiss, die übrigen Symptome noch dieselben.

Am dritten Tage dieselben Erscheinungen, nur waren die Augen mehr in die Höhlen zurückgezogen, am vierten Tage zeigte die Kuh die Schmerzen im Bauche an, die Augen waren noch mehr eingesunken, der Puls klein und sehr beschleunigt; in der Nacht starb sie.

*) Observation de rupture de la matrice pendant la gestation; in Dupuy's Journal pratique. 1827. Mai p. 250.

Es ist schwer zu bestimmen, wenn hier eigentlich die Zerreissung der Gebärmutter geschah, wahrscheinlich schon am ersten Tage, nur war vielleicht der Riss anfangs klein und vergrösserte sich erst nach und nach.

§. 247.

Die nachstehenden Beobachtungnn beweisen, dass der Riss der Gebärmutter wieder vernarben und das Organ zu ferneren Verrichtungen brauchbar werden kann.

Saussol *) sah die Zerreissung der Gebärmutter bei einer Kuh entstehen, die zum erstenmal geboren hatte und bei den Nachwehen stark drängte, so dass die Gebärmutter sich umstülpte, vorfiel, und einen Riss von einem Fuss Länge bekam. Die Gebärmutter wurde sogleich wieder eingebracht (wobei ein Mensch sich auf den Rücken der Kuh setzte, ein anderer die Zunge aus dem Maule zog, und ein dritter sie mit Nadeln stach, wenn sie heftig drängte, da das Thier überhaupt sehr unbändig war), und durch zweckmässige Lage und Bandagen zurückgehalten, obgleich die Wehen eine Nacht hindurch fortdauerten. Die Kuh genas vollständig und gebar nach 18 Monaten ein zweites Kalb.

Derselbe Thierarzt behandelte eine siebenjährige Stute, von der man nicht wusste, ob sie trächtig war, bis die Untersuchung durch den Mastdarm die Ueberzeugung davon verschaffte. Es zeigte sich folgendes: Reichlicher Schweiss, schneller Puls, Röthung der Schleimhäute, verstöhrter Blick, Hitze im Maule, beschwerliches Athmen, häufiges Uriniren, aber jedesmal nur eine kleine Quantität. Das Thier trippelte beständig hin und her, legte sich oft, und wenn es aufstand wieherte es; an den Geschlechtstheilen wurde nichts Abweichendes bemerkt, welches den bevorstehenden Abortus angedeutet hätte. Dieser erfolgte eine halbe Stunde darauf, und die Stute gebar einen ungefähr 4 Monat alten Maulthierfötus. Da

*) Quelques faits sur les maladies des organes de la génération; im Recueil de medec. veter. 1828. Juillet. p. 365.

die Nachgeburt nicht ausgestossen werden konnte, so wurde sie geholt. Einige Stunden nachher traten starke Wehen ein, die Gebärmutter fiel vor und stülpte sich um. Der Knecht, welcher bei der Stute wachte, hielt dies für Nachgeburt, zerrte so stark an der Gebärmutter, dass sie am Grunde einen Riss von 2 Zoll Länge bekam. Hierauf zeigte sich die Stute sehr traurig, stöhnte sehr, hatte hohle Flanken, gesträubte Haare, vollen Puls, und ruhte bald auf einem, bald auf dem andern Schenkel (schilderte).

Die mit Koth beschmutzte Gebärmutter wurde mit warmer Milch abgewaschen, und da sich eine leichte Blutung einstellte, wurde diese etwas unterhalten; hierauf wurde die Gebärmutter reponirt und zwei Hefte an die Schaam gelegt, um sie zurück zu halten. Auf die Lenden legte man einen Sack mit warmen Kleien. Bei einer gelind antiphlogistischen Behandlung genas die Stute in 14 Tagen.

Eine dritte Beobachtung betrifft den Gebärmutterriss bei einer Kuh, bei welcher dieses Organ nach einer schweren Geburt vorfiel. Die Reposition wurde leicht bewerkstelligt, und die Kuh genas vollkommen [1]. — Kuriger [2]) fand auch die Gebärmutter einer Kuh gerissen, die wegen verkehrter Lage des Kalbes nicht gebären konnte. Der Riss vernarbte, und die Kuh zeigt wieder Begattungstrieb.

§. 248.

Dass die nicht schwangere Gebärmutter bei jungen Thieren, besonders bei Schweinen, oft ungestraft verletzt werden kann, zeigt die tägliche Erfahrung bei den Operationen mancher unwissender Castrirer, die nicht bloss die Eierstöcke, sondern oft auch ein Stück von jedem

---

1) Chapmans, philosoph. Journ. November 1822. cf. Recueil de médec. vétér. 1824. Avril. p. 151.

2) Im Archiv f. Thierheilk. B. III. H. 3. S. 285.

Gebärmutterhorn abschneiden. Doch auch die schwangere Gebärmutter verträgt bisweilen beträchtliche Verletzungen, nur die der Stuten und Hündinnen nicht.

Chanel 1) sah einen Castrirer bei einer trächtigen Sau drei Fötus, jeden von der Grösse des Mittelfingers, mit Stükken der Gebärmutterhörner herausschneiden, worauf eine beträchtliche Blutung folgte. Nach Beendigung dieser rohen Operation zeigte das Thier viel Schmerz, das Blut floss aus der Bauchwunde, wenn es sich auf die Seite legte. Am folgenden Tage versagte es feste Nahrungsmittel, hatte aber viel Durst, lag beständig, zitterte am ganzen Körper, die Haut war anfangs kalt, dann mit Schweiss bedeckt; auch drängte die Sau wie beim Gebären. Die Bauchfell-Entzündung sprach sich unverkennbar aus, daher wurde antiphlogistisch verfahren. In acht Tagen war die Sau gesund, und die Bauchwunde hatte sich von selbst geschlossen. Nach zwei Monaten warf sie fünf gesunde Junge, die sie auch säugte.

§. 249.

Der Gebärmutterschnitt, Kaiserschnitt (*Sectio caesarea*) ist bei Kühen, die nicht gebären konnten, gemacht worden, aber theils mit glücklichem, theils mit ungünstigem Erfolge. Chretien 2) machte diese Operation dreimal, aber nur eine Kuh genas, eine starb, und die dritte wurde geschlachtet, weil der Eigenthümer das Absterben fürchtete. Er machte an dem stehenden Thiere in der rechten Flankengegend den Schnitt, zwei Zoll vor und etwas unter der Hüfte, von oben und hinten, nach unten und vorn, 6 — 7 Zoll lang, öffnete dann die Gebärmutter durch einen 5 — 6 Zoll langen Schnitt an der obern Wand, und zog das Kalb hervor, wobei die Gebärmutter leicht so weit einriss, dass dieses hindurch

---

1) Observation sur l'Exstirpation incomplète de l'Uterus dans une Truie pleine; im Recueil de médec. vétér. 1825. Juin. p. 257.

2) De l'operation césarienne; in Dupuy's Journal pratique. 1826. Mai. p. 221. et suiv.

konnte. Hierauf wurde die Gebärmutterwunde geheftet, dann geschah dies mit den Bauchmuskeln und endlich mit der Haut, nachdem schon das Blut aus der Bauchhöhle entfernt worden war. Die Wunde in der Haut und in den Bauchmuskeln wurde an der tiefsten Stelle so weit offen gelassen, dass man leicht mit zwei Fingern eingehen konnte, um dem Blute und Eiter Abfluss zu gestatten, und die Oeffnung wurde nur durch einen Bausch leicht geschlossen. Dieser wurde bisweilen entfernt, um das in der Bauchhöhle angesammelte blutige Serum ausfliessen zu lassen. Die Kuh war zwar nach der Operation niedergeschlagen, hatte kleinen Puls und heisse Haut, zeigte sich aber am andern Tage schon wohler, und genas bei einer passenden Behandlung, so dass in 6 Wochen die Wunden völlig vernarbt waren.

Goiraud [1]) machte auch bei einer Hündin den Gebärmutterschnitt mit glücklichem Erfolge. Drei andere Fälle, wo der Gebärmutterschnitt gemacht wurde, führt Gohier [2]) an; einmal nämlich wurde er bei einem Schafe, und zweimal bei Kühen gemacht. Das Schaf starb am folgenden Tage, eine Kuh 14 Tage nach der Operation, an Ueberfütterung, und die andere Kuh, bei welcher die Oeffnung durch die Scheide gemacht worden war, genas.

§. 250.

Die Zerreissung der Mutterscheide (***Ruptura vaginae***) entsteht nicht selten bei schweren Geburten, wenn nämlich das Becken eng, oder die Frucht zu gross ist, und wenn dabei die Mutter stark drängt, oder wenn die Hülfe zu roh ist. Unter diesen Umständen geht der Riss bisweilen durch den Damm bis in den Mastdarm. Aber nicht blos durch die Ausdehnung durch den Fötus

1) Procès-verbal etc. à l'école vétér. de Lyon 1817. cf. Annales de l'agric. franç. T. 70. p. 273.
2) Mém. et Observat. T. II. p. 40 et suiv.

entsteht die Zerreissung der Scheide, sondern auch durch das heftige Andrängen der Därme bei starken Wehen, ohne dass die Frucht bis in die Scheide gekommen ist. Einen solchen Fall beobachtete Rohlwes [1]) bei einer Stute, die 14 Tage vor der gewöhnlichen Zeit sich zum Gebären stellte, sehr starke Wehen hatte und auch mit den Bauchmuskeln gewaltsam drängte. Durch den 6 Zoll langen Riss in der Scheide traten die Därme heraus, und während des Zurückbringes derselben starb die Stute. Bei der Section fand er viel Blut in der Bauchhöhle, da ausser der Scheide, auch das Zwerchfell an der rechten Seite gerissen war. Das Fohlen lag verkehrt, nämlich mit dem Hintertheile dem Becken zugewandt.

Bei einer Stute, die hier behandelt wurde, war die Scheide durch einen Knochensplitter, der von einem Beckenbruche herrührte, durchbohrt. Da das Thier einmal eine rasche Bewegung mit dem Hintertheile machte, so wurde auch die linke Beckenvene zerrissen, und es floss so viel Blut durch die Scheide heraus, dass die Stute bald starb.

Ein andermal fand man bei einer Stute Scheide und Mastdarm durchbohrt (wovon? ist nicht gesagt), und der Koth wurde zum Theil durch die Schaam entleert [2]). —

Die Verengung der Mutterscheide sah Otto [3]) bei einer Stute; ungefähr in der Mitte war sie callös, und so eng, dass man kaum mit der Spitze des Fingers durchdringen konnte.

Ich fand bei einer erwachsenen Hündin die äussere Mündung der Scheide so eng, dass nur eine starke Sonde durch die Oeffnung gebracht werden konnte; hinter der Mündung war sie sehr erweitert und mit Schleim angefüllt. Der Urin konnte in einem dünnen Strahle abfliessen, aber die Begattung war nicht möglich.

---

1) Magazin für die Thierarzneikunde. B. 2. S. 31.
2) Annales de l'agric. franç. T. 70. p. 273.
3) Handbuch der pathol. Anatomie. S. 356. Not. 5.

§. 251.

Die **Entzündung der Gebärmutter** (*Metritis*) entsteht oft nach einer Erkältung kurze Zeit nach dem Gebären, nach schweren Geburten, besonders nach dem Vorfalle, oder nach Verletzungen der Gebärmutter selbst, und ist oft höchst gefährlich. Folgende Symptome characterisiren diese Entzündung: Mangel an Fresslust, Aufhören des Wiederkäuens, Verstopfung, seltene Entleerung des Urins, Anschwellung der Schaam, Röthung der Scheide und aller sichtbaren Schleimhäute, welkes Euter, heisses Maul, thränende Augen, schneller, gespannter Puls, Trockenheit der Haut, Unempfindlichkeit der Wirbelsäule. Mit zunehmender Krankheit tritt Lähmung des Hintertheils ein, hörbares, klägliches Athmen, bei gestrecktem Halse und Kopfe, blaurothe Färbung der Schaam und Scheide, Auftreibung des Bauches, Unempfindlichkeit, Unachtsamkeit auf die Umgebungen. Die Krankheit verläuft ungemein schnell, so dass in einigen Tagen der Tod, oder die Genesung eintreten; jedoch kommt auch eine mehr chronische Form vor, bei welcher die Lähmung des Hintertheiles länger dauert. Bei der Section der gestorbenen Thiere findet man die Zeichen der Bauchfell-Entzündung neben denen der Gebärmutter-Entzündung, nämlich Röthung und Auftreibung der Schleimhaut der Gebärmutter und der Scheide, die Urinblase voll von Urin; ist die Entzündung nicht so sehr acut gewesen, so enthält die Bauchhöhle eine trübe, stinkende, milchähnliche Ausschwitzung.

§. 252.

Chouard*) beobachtete die Gebärmutter-Entzündung nach dem Abortus bei einer alten Stute. Nachdem diese Krankheit gehoben war, wurde die Stute nach

*) Observation sur une métrite periodique avec suppuration dans une jument; in Dupuy's Journal pratique. 1826. Avril. p. 153.

nach ungefähr 10 Tagen wieder traurig, drängte wie zum Gebären, und es floss eine Quantität von 7 — 8 Quart milden Eiters (Schleim?) aus. Der Ausfluss dauerte, jedoch in geringerer Menge, 14 Tage fort, und wurde durch schleimige, in die Scheide gespritzte Abkochungen erleichtert, worauf er ganz aufhörte. Die Stute war nun zwar gesund, aber sie wurde sehr mager. Nach einem Monate wurde sie unter den früher beobachteten Erscheinungen wieder krank, und diese Krankheit endigte mit dem Ausflusse einer beträchtlichen Menge von stinkendem Eiter. Dieses wiederholte sich in einer Zeit von 7—8 Monaten alle 30—40 Tage, bis die Stute endlich vollkommen genas und wieder zunahm.

§. 253.

Von den Aftergebilden, welche in der Gebärmutter und Mutterscheide vorkommen, sind zuerst die Polypen zu nennen, weil sie öfter, als andere gefunden werden. Der Polyp entsteht entweder in der Höhle der Gebärmutter, welche bei seiner Zunahme aufgetrieben wird, er dringt durch den Muttermund heraus und hängt dann in die Scheide hinein, bisweilen dringt er sogar bis zur Schaam hervor; oder er hat seine Befestigung am Muttermunde, oder endlich sitzt er an einer Stelle in der Mutterscheide fest. Bei Stuten und Kühen erreicht er oft einen beträchtlichen Umfang, und verhindert nicht allein Begattung und Empfängniss, sondern stört auch durch das Zusammendrücken der Harnröhre die Entleerung des Urins.

So lange der Polyp noch klein ist, wird er bei grossen Hausthieren durch keine sichtbare Beschwerde angedeutet, nur bei Hunden wird er schon beschwerlich, wenn er die Grösse einer Wallnuss erreicht hat. Ist er aber grösser geworden, so zeigen sich mancherlei Beschwerden, namentlich häufiger Ausfluss von Schleim und Blut aus der Scheide, Drängen wie beim Gebären, Schmerzen, selbst Entzündung der äussern Geschlechtstheile, und bei recht grossen Gebärmutterpolypen hat das Thier das Ansehen, als ob es trächtig wäre, da sogar die Euter anschwellen. Die Exstirpation durch die Ligatur, oder durch Abdrehen geschieht leicht, wenn der Polyp eine schmale Basis hat, schwerer wenn diese breit ist, denn das Abschneiden hat immer eine starke Blutung zur Folge, die in der Gebärmutter und Scheide nicht leicht zu stillen ist.

§. 254.

Einige interessante Fälle mögen hier Platz finden.

Rodet Sohn *) wurde zu einer Stute gerufen, die angeblich nicht gebären konnte, und fand sie in folgendem Zustande. Sie lag ausgestreckt, äusserte grosse Schmerzen, und drängte wie zum Gebären; der Bauch war wie bei einer trächtigen Stute, die Euter waren angeschwollen, auch die Schaam; durch die Schaamspalte floss eine eiterähnliche, stinkende, graue, krümliche Masse. Alle Zeichen einer heftigen Kolik wurden bemerkt, und auf diese folgte grosse Schwäche. Kurz es schien die Stute sich zum Gebären fruchtlos anzustrengen, und bei der Untersuchung durch den Mastdarm wurde auch die Gebärmutter wie bei einem Thiere, was sich am Ende der Tragezeit befindet, gefunden. Bei der Untersuchung durch die Scheide, nachdem die Hand mit Mühe in die Gebärmutter eingebracht worden war, wurde der Irrthum erkannt, denn es fanden sich statt des Fötus mehrere Auswüchse von beträchtlicher Grösse, die an der Schleimhaut der Gebärmutter mit breiter Basis festsassen, und für wahre Polypen erkannt wurden. Die Exstirpation wurde nicht versucht, sondern nur die Schmerzen des Thieres wurden durch den Gebrauch schleimiger Mittel, mit Essig und Campher, gemindert.

---

*) Observations sur de Polypes de la matrice dans une jument; im Recueil de médec. vétér. 1824. Février. p. 73.

§. 255.

Mangot [1]) bekam eine Stute zur Behandlung, die seit mehreren Wochen blutigen Urin entleert hatte. Bei der Untersuchung fand es sich, dass die Stute ödematös angeschwollene Schenkel hatte; der Puls war klein und langsam, die sichtbaren Schleimhäute blass und aufgelockert, die Haut trocken, die Haare gesträubt; das Thier hatte keine Fresslust, und aus der Schaamspalte floss eine röthliche, stinkende Flüssigkeit. Bei der Untersuchung durch die Scheide wurde im Muttermunde ein senkrecht gestelltes Band, ungefähr 2 Zoll lang und wie eine Schreibfeder dick, gefunden, welches das Eindringen in die Gebärmutter hinderte. Nach einigen Tagen zeigte sich in der Schaam eine Masse, die der vorgefallenen Gebärmutter sehr ähnlich war, die aber Mangot für einen Polypen erkannte, der, wie sich durch wiederholte Untersuchung ergab, mit swei Stielen an der linken Wand der Gebärmutter befestigt war, und durch die Ligatur entfernt wurde; er wog über 12 ℔. Die Stute wurde vollkommen hergestellt.

§. 256.

Bei einer Kuh verhinderte ein Polyp in der Gebärmutter, der die Grösse eines Zweiquartmaasses hatte, das Gebären. Er wurde von Jeanroy [2]) theils ausgeschnitten, theils ausgerissen, und nachdem dies geschehen war konnte das Kalb, welches von einem Pfuscher schon zerstückelt worden war, leicht herausgezogen werden. Die Kuh genas, obgleich sie wegen vorhandener Bauchwassersucht auch noch punctirt worden war, und brachte später noch drei Kälber.

---

1) Observation sur un Polype de la matrice dans une jument; in Dupuy's Journal pratique. 1826. Mars. p. 117.

2) Part laborieux dans une vache, avec complication de Polype de la matrice et hydropisie de l'abdomen; im Recueil de m. v. 1828. Décembre. p. 639.

Auch bei jungen Thieren kommen Polypen vor.

In der Sammlung der Thierarzneischule befindet sich ein 8'' langer und 6'' im Durchmesser haltender Polyp *) (Tab. IV. Fig. 1. 2.) eines einjährigen Kalbes. Er ist in der Nähe des Muttermundes entstanden, dann aus der Gebärmutter hervorgetreten und hat in der Scheide diese Grösse erlangt. Das Kalb drängte beständig, und wurde deshalb geschlachtet. — Bei Hündinnen sind die kleinen Scheidenpolypen nicht selten, und können hier leichter entfernt werden, als die Gebärmutterpolypen.

§. 256.

Der Gebärmutterkrebs (*Carcinoma uteri*) ist bei den Hausthieren sehr selten, nur bei Hündinnen kommt er bisweilen vor. Er verursacht einen stinkenden Ausfluss, und viele Schmerzen. Die Thiere sterben immer an dieser Krankheit, indem die Exstirpation der Gebärmutter wegen des engen Raumes nicht vorgenommen werden kann.

Eine andere, selten in der Gebärmutter vorkommende Afterbildung, sind die Hydatiden, die ich einmal bei einer Hündin fand. Sie entstehen im Zellgewebe zwischen der Faser- und Schleimhaut, dringen aber so nach innen, dass die Schleimhaut schwindet und die Hydatiden nun frei in die Höhle der Gebärmutter hineinragen. Wenn sie an Umfang zunehmen, so hindern sie wahrscheinlich die Empfängniss, wegen Beengung des Raumes.

§. 257.

Wenn bei trächtigen Thieren das Gebären wegen irgend eines Hindernisses nicht vor sich gehen kann, so hören in manchen Fällen die Wehen auf, und die Früchte bleiben in der Gebärmutter zurück. Man findet sie dann in zwei verschiedenen Verhältnissen, entweder noch unversehrt, aber zusammengedrückt, mehr, oder we-

*) Vom Landes-Thierarzte Schieck der Thierarzneischule übersendet.

niger vertrocknet, fast mumienähnlich, und von den Eihäuten umgeben; oder es sind nur die Knochen und Haare derselben vorhanden, indem alle weiche Theile durch Fäulniss aufgelöst sind, und eine stinkende Jauche ist zugleich in der Gebärmutter enthalten. Der erte Fall scheint dann einzutreten, wenn nach dem Abfliessen des Fruchtwassers der Muttermund sogleich wieder geschlossen und das Eindringen der Luft verhindert wird; der Fötus bleibt dann, wie die Beobachtungen lehren, oft noch einige Jahre in der Gebärmutter, und in einzelnen Fällen erfolgt selbst nach dieser Zeit noch die Geburt. Die Fäulniss tritt aber wahrscheinlich dann ein, wenn die Anstrengungen zum Gebären lange dauern, der Muttermund also geöffnet bleibt, und der Luft freier Zutritt gestattet ist; oder wenn der Fötus schon früher gestorben ist.

Bei allen Hausthieren sind diese Fälle beobachtet worden, am seltensten bei Pferden, am meisten bei Schafen, und in einigen Fällen hat eine neue Empfängniss stattgefunden, obgleich die Gebärmutter ganz, oder nur ein Horn derselben angefüllt war.

§. 258.

Ein trächtiges Schaf konnte nach Beendigung der Tagezeit nicht gebären; die Wehen hörten auf, und das Thier war wieder ganz gesund. In demselben Jahre wurde das Schaf wieder trächtig, stellte sich zu gehöriger Zeit zum Gebären, aber auch diesmal ohne Erfolg. Von der Zeit an wurde es mager und starb endlich. Man fand in beiden Hörnern der Gebärmutter Früchte; in dem rechten das vorjährige Lamm (aber wahrscheinlich vertrocknet?), in dem linken das von der letzten Empfängniss, und beide gehörig ausgebildet. Der Muttermund war durch eine feste, neugebildete Masse ganz verschlossen, wodurch das Gebären verhindert worden war*).

*) In Dupuy's Journal pratique. 1828. Septbr. p. 454.

Von Plot[1]) ist noch ein anderer interessanter Fall erwähnt. Eine trächtige Jagdhündin bekam einen Stoss, worauf die Früchte starben und in der Gebärmutter faulten, welches aus dem Abgange der stinkenden Materie durch die Geschlechtstheile geschlossen wurde. Die Hündin wurde wieder gesund, so dass sie zur Jagd gebraucht werden konnte, und begattete sich auch wieder. Nach einiger Zeit starb sie, indem der Bauch unförmlich dick war; es fand sich, dass die Gebärmutter ganz mit Knochen und anderen nicht leicht faulenden Theilen von Früchten angefüllt war; die Früchte der letzen Empfängniss lagen in der Bauchhöhle, und ihre Häute waren am Gekröse und an den Nieren angeheftet.

§. 259.

Saussol[2]) behandelte eine Kuh, die, drei Monat trächtig, auf einen spitzigen Stein gefallen war und sich den Bauch gequetscht hatte. Fast 14 Tage nach diesem Unfalle fand er sie traurig, ohne Fresslust; im Bauche hörte man ein Poltern, indem das Thier auch verstopft war. Der Puls war voll, die Haut heiss, die Schleimhäute waren geröthet. Alle diese Zufälle wurden gehoben, aber nach einigen Tagen war die Kuh wieder krank, sie äusserte Schmerzen bei leiser Berührung der rechten Flankengegend, doch wurde an den Geschlechtstheilen nichts Krankhaftes wahrgenommen, übrigens war sie schon sehr abgemagert, weil die Verdauung sehr träge und das Wiederkäuen selten geschah. Bei dem Gebrauche bittrer Mittel wurde die Kuh 14 Tage hindurch bei geringem Appetit erhalten, doch nahm die Abmagerung sichtlich zu; die Schmerzen in der Flankengegend hatten sich verloren. Immermehr schwanden die Kräfte, indessen lebte das Thier noch 6 Wochen, und die ganze

---

1) The natural history of Staffordshire. p. 253. — Cf. Philosophie. Transact. 1683. p. 183.
2) Veau-foetus reduit à l'état de mole; im Recueil de médec. vétér. 1828. Juillet. p. 370.

Krankheit hatte fast 11 Wochen gedauert. Bei der Section wurde die Wand der Gebärmutter bis auf 2 Zoll verdickt gefunden, die Schleimhaut bleich und livide, in der Höhle die Knochen eines Fötus, dessen weiche Theile verfault waren. — Bei Schweinen wurden auch mehrmals die Knochen der verfaulten Früchte in der Gebärmutter gefunden; einige Fruchthälter, mit Knochen, von gestorbenen Kühen enthält auch die Sammlung der Thierarzneischule [1]).

§. 260.

Eine Kuh, die 9 Monat 15 Tage trächtig war, zeigte die gewöhnlichen Erscheinungen, welche das bevorstehende Gebären andeuten. Es traten auch die Vorderfüsse des Kalbes durch die Schaam hervor, da aber die Wehen nicht kräftig waren, so schlüpften sie in die Gebärmutter zurück, und die Geburt unterblieb. 15 Monate nach dieser Zeit starb die Kuh, nachdem sie wegen verlohrner Fresslust sehr abgemagert war, und man fand bei der Section die Gebärmutter dick, und fest wie Knorpel, in derselben ein Kalb von 71 ℔. [2])

Mikkelsen [3]) beobachtete einen ähnlichen Fall, wo das Kalb 15 Monat in der Gebärmutter gelegen hatte, ohne in Fäulniss übergegangen zu seyn.

Bei einer andern Kuh lag das Kalb 37 Monat in der Gebärmutter, und es wurde dann noch (natürlich vertrocknet) geboren. Die Kuh genas hierauf vollständig [4]). Dieser Fall ist in sofern sehr bemerkenswerth, als in den übrigen bekannten Fällen der Fötus bis zum Tode der Mutter in der Gebärmutter blieb. — Ueber das Zurückbleiben der Frucht in der Gebärmutter bei Kühen und Schäfen sind auch einige ältere Beobachtungen bekannt [5]).

---

1) Durch die Güte des Thierarztes Müller in Bremen.
2) Annales de l'agric. franç. I. Serie. T. I. p. 207.
3) In Viborg's drittem Berichte der Veterinair-Gesellschaft zu Copenhagen. S. 54.
4) Im Recueil de médec. vétér. 1829. Août. p. 473.
5) Miscell. Acad. natur. curios. Dec. II. An. 7. 1688. p. 42. 155.

Von Schafen sind mehrere Beispiele bekannt, wo die Frucht vertrocknet in der Gebärmutter gefunden wurde; die Sammlung der Thierarzneischule enthält fünf solche Präparate, und von den französischen Thierärzten sind ebenfalls dergleichen Fälle beobachtet worden [1]).

Ueber das Vorkommen vertrockneter Früchte bei Stuten ist im Recueil de médec. vétér [2]) ein Fall angedeutet, da aber die Stute, die nicht gebären konnte, zur Zeit der Bekantmachung noch lebte, so ist die weitere Beobachtung versprochen.

Aus den Beobachtungen erhellt, dass die Thiere länger leben und wenigstens anfangs nicht auffallend krank sind, wenn der Foetus in der Gebärmutter vertrocknet, als wenn er in Fäulniss übergeht, wo natürlich die faulige Jauche ein beständiger Reiz für die Gebärmutter ist; auch ist es wahrscheinlich, dass ein Theil dieser Jauche durch die Einsaugung der Lymphgefässe in die Blutmasse übergeht und ein Zehrfieber verursacht.

III. Von der Schaam und dem Kitzler.

§. 261.

Die Lage der Schaamlefzen ist bei Stuten und Kühen statt senkrecht, fast wagerecht, wenn der Mastdarm sehr zurückgezogen ist. Es wird dadurch die Begattung erschwert, und die männliche Ruthe kann die Scheide leicht durchstossen, oder in den Mastdarm eindringen, und ihn durchbohren.

Nach dem sogenannten Ringeln (*Infibuliren*) der Stuten, die sich nicht begatten sollen, reissen die Hefte oder Dräthe oft aus, und die Schaamlefzen haben tiefe Narben, die übrigens ohne Nachtheil sind.

---

1) Annales de l'agric. franç. T. 31. p. 258. — Recueil de médec. vétér. 1824. Avril. p. 155.
2) 1829. Août. p. 474.

An dem Kitzler der Stuten kommt bisweilen Scirrhus und Krebs vor, der nur durch Ausrottung des kranken Theiles zu beseitigen ist. Wahrscheinlich ist aber dann das Thier nicht mehr empfänglich, weil das eigentliche Wollustorgan fehlt.

Von dem Euter oder den Brüsten.

§. 262.

Die ungewöhnliche Grösse des Euters männlicher Thiere ist fast immer mit einer mangelhaften Entwickelung der übrigen Geschlechtstheile vergesellschaftet, und macht einen niederen Grad der Zwitterbildung aus, daher wird auch dort das Nöthige darüber gesagt werden.

Jedoch findet man auch bei weiblichen Thieren das Euter im Verhältniss zum Alter zu gross, und schon Milch absondernd, ehe noch fruchtbare Begattung und ehe das Gebären geschah.

Im Kanton Zug gebar eine 15jährige Stute ein Stutfüllen, dessen Euter sehr gross war. Bei gelindem Druck floss aus den Zitzen ungefähr 1 ℔ eines gelblich weissen Saftes, von milchähnlicher Consistenz. Nach 24 Stunden hatte sich das Euter wieder gefüllt, die Flüssigkeit wurde wieder herausgedrückt, und so wurde fünf Tage hindurch dreimal gemolken. Durch den Gebrauch kalter Umschläge und zusammenziehender Mittel hörte die Absonderung auf, und das Euter hatte sein natürliches Verhältniss wieder erlangt. Aber nach 4 Wochen schwoll das Euter wieder an, bei dem Versuche, es zu melken, kam keine Flüssigkeit aus den Zitzen, indem sich ein Milchabscess gebildet hatte; dieser wurde geöffnet, es floss viel Milch aus, und von der Zeit an hörte die Absonderung ganz auf*). — Andere Fälle, wo die Milch-

*) Schweiz. Archiv. für Thierheilkunde. B. I. St. 2. S. 86.

absonderung bei grösseren aber noch nicht befruchteten weiblichen Thieren stattfand, sind mehrfach beobachtet worden.

Die Verwachsung der äussern Oeffnung der Zitzen, und die Erzeugung eines kleinen Auswuchses im Ausführungsgange ist bei Kühen beobachtet worden, auch sollen steinige Concremente darin gefunden worden seyn *).

§. 263.

Die Entzündung des Euters (*Mastitis*) entsteht durch äussere Ursachen, oft nach dem Gebären bei Erkältung, und geht leicht in Verhärtung, oder Eiterung über. Die Verhärtung findet gewöhnlich nur an einer Stelle statt, seltener am ganzen Euter, ist unschmerzhaft und hat keine andern nachtheiligen Folgen, als dass der verhärtete Theil der Drüse keine Milch absondern kann. Bisweilen verknöchern auch die verhärteten Stellen. Sehr gefährlich ist dagegen der im Euter oft vorkommende Scirrhus und Krebs, der sich freilich am lebenden Thiere nicht leicht von den Verhärtungen unterscheiden lässt, jedoch erregt jener gewöhnlich Schmerzen, nimmt an Grösse zu, wenn die Verhärtung dagegen immer im Umfang sich gleich bleibt. Bei Hündinnen ist diese Krankheit ziemlich häufig, und kann, wie dieses Aftergebilde überhaupt, nur durch Ausrottung geheilt, und das Thier vor dem gewissen Untergange bewahrt werden. — Seltener ist die partielle Wassersucht des Euters. Bei einer hier behandelten 6jährigen Hündin, die schon einigemal geboren hatte, und als sie wieder brünstig wurde, von der Begattung zurückgehalten worden war, fand ich an 2 ℔ Wasser in einem Theile des Euters, in grossen Fächern eingeschlossen, wobei die Drüsensubstanz ganz geschwunden war. Es scheint, dass diese beträchtliche Wasseransammlung in dem Zellgewebe zwischen den Drüsenläppchen, wo man im gesunden Zustande gewöhnlich Fett bemerkt, stattgefunden hat.

*) Ebend. B. IV. H. 4. S. 354. ff.

§. 264.

Die Milch der Kühe findet man quantitativ und qualitativ verändert.

Was zuerst die Quantität betrift, so wird sie bei vielen Krankheiten, und namentlich auch bei der Entzündung des Euters in sehr geringer Menge, oder gar nicht abgesondert; aber es hört auch die Absonderung bisweilen plötzlich auf, ohne dass genügende Ursachen aufgefunden werden.

In der Qualität ist die Milch bei verschiedenen Individuen, und bei verschiedenen Raçen sehr verschieden, indem bald viel und wässerige, bald weniger, aber fette Milch abgesondert wird, so dass im ersten Falle die Molken und der Milchzucker, im letzten der Rahm das Uebergewicht hat, was jedoch nicht als krankhafte Absonderung anzusehen ist. Es kommen aber Fehler der Milch vor, die in einer krankhaften Thätigkeit der Milchdrüsen, oder in einer regelwidrigen Beschaffenheit des Blutes, aus welchem die Milch bereitet wird, begründet sind. Dahin gehören:

1. die blaue Milch. Sie setzt gar keinen, oder nur sehr wenig Rahm ab, lässt bisweilen einen Bodensatz fallen, und wird oft bei fehlerhafter Verdauung bemerkt. Einige wollen den Grund in blauen Pflanzenstoffen, namentlich im Indigo, gefunden haben, was aber wenig Wahrscheinlichkeit für sich hat, da eben dieser Farbestoff nur in sehr wenigen Pflanzen vorkommt, und da bei dem Gebrauche bitterer Mittel die Milchabsonderung wieder regelmässig wird.

2. Die blutige Milch. Bei heftigem Andrange des Blutes zum Euter wird statt der Milch bisweilen ein dünnes Blut ausgeschieden, oder die Milch enthält doch einen beträchtlichen Theil davon. Oft entsteht aber dieser Fehler nach dem Genusse scharfer, harziger und adstringirender Pflanzenstoffe, welche die Milchdrüsen zu einer abnormen Thätigkeit veranlassen. Es ist bekannt, dass

viele nicht assimilirbare Substanzen, die aber in das Blut übergegangen sind, durch die Milchdrüsen aus dem Körper herausgeschafft werden *).

3. Die bittere Milch soll bei Krankheiten der Leber, wo ein Theil der Galle in das Blut übergeht, entstehen. Vielleicht sind auch manche scharf-bittere Nahrungsmittel die Veranlassung dazu, welche die Thiere, durch Hunger gezwungen, fressen müssen.

4. Die schleimige oder zähe Milch. Ohne Rahm abzusetzen ist diese Milch so dick und zähe, dass sie sich beim Ausgiessen in Fäden zieht. Es besteht hier wahrscheinlich eine innige Vermischung des Rahmes und der Molken, wie in einer öligen Emulsion, wobei der Eiweisstoff das Uebergewicht hat. Bei fehlerhafter Verdauung, und bei beständiger Geilheit ohne Empfängniss soll dieser Fehler der Milch am häufigsten entstehen.

---

*) Grognier (im Recueil de médec. vétér. 1828. Mars. p. 117) führt an, dass von der Milch einer Ziege, die Suppe in einem kupfernen Geschirr erhalten hatte, 12 Personen vergiftet wurden. Die Ziege starb, und man fand im den Mägen Kupferoxyd.

In Rust's Magazin für die gesammte Heilkunde, B. 27. S. 193., ist ein anderer Fall von Vergiftung durch Ziegenbuttermilch erzählt. Da in der Milch durchaus keine mineralische Beimischungen gefunden wurden, so ist die Vermuthung geäussert, dass die Ziege narkotische Kräuter, z. B. Aethusa Cynapium, im Futter erhalten habe. Da aber die Ziegen, wie bekannt, häufig und gern narkotische Pflanzen ohne Nachtheil für ihre Gesundheit fressen, so ist es nur zu bewundern, dass nach dem Genusse ihrer Milch nicht häufiger Vergiftungen vorkommen. —

Achtes Kapitel.

Von den Eihäuten und der Frucht.

§. 265.

Girard Sohn *) fand an der innern Fläche der Schafhaut eines beinah reifen Kalbs-Fötus 15 Hydatiden, wie man sie an der Leber antrifft; zwei davon sassen am Nabelstrange fest.

Derselbe fand auch an der Leder- und Schafhaut eines andern Kalbs-Fötus eine grosse Menge kleiner Knoten, obgleich sie an keinem Eingeweide vorkamen.

Dieses sind die einzigen Fälle, die mir von den Krankheiten der Eihäute bekannt sind, und es ist zu bedauern, dass über den Zustand der Mutter nichts gesagt ist; da die Erfahrung gelehrt hat, dass manche Krankheiten, besonders die ansteckenden, von der Mutter auch auf die Frucht übergehen.

In der Harnhaut eines Kalbs-Fötus fand der Thierarzt Schirlitz eine beträchtliche Quantität eines weissen Sediments, welches getrocknet ziemlich fest geworden, und den weissen, leicht zerreiblichen Harnsteinen sehr ähnlich ist. Das Sediment ist jetzt in der Sammlung der Thierarzneischule, und soll einer chemischen Untersuchung unterworfen werden.

§. 266.

Dass die Zahl der Früchte bei solchen Thieren, die gewöhnlich nur ein Junges, höchstens zwei tragen, bisweilen bis zu sechs steigt, ist schon oben §. 244. angeführt worden.

Wichtiger ist die Kenntniss von der abnormen Lage der Frucht, swohl innerhalb, als ausserhalb der Gebär-

---

*) Procès-verbal etc. à l'école vétér. d'Alfort. 1818. p. 24. cf. Annales de l'agric. franç. II. Serie. T. 4. p. 310.

mutter, weil in beiden Fällen das Gebären, ohne menschliche Hülfe, nicht von Statten gehen kann.

Die Lage der Frucht innerhalb der Gebärmutter ist regelwidrig, wenn der Kopf und die Vorderfüsse nicht dem Muttermunde zugekehrt sind. Man findet daher sehr verschiedenartige Lagen, durch welche die Geburt verzögert, oder erschwert wird. Die Frucht kann auf dreifache Art liegen, nämlich:

1) das Vordertheil ist dem Muttermunde zugekehrt, aber die Lage des Kopfes, eines, oder beider Vorderschenkel ist fehlerhaft;

2) das Hintertheil ist nach dem Muttermunde gerichtet (Steisslage), aber die Hinterschenkel liegen fehlerhaft;

3) die Frucht liegt in der Querachse der Gebärmutter und es ist eine Seite, der Bauch, oder der Rücken zunächst am Muttermunde.

Bei vorhandener Steisslage geht die Geburt oft noch ohne Hülfe von Statten, wenn die Wehen kräftig sind und das Becken weit genug ist. Die Querlage ist aber ein unbedingtes Hinderniss für die Geburt, und da bei den grossen Hausthieren wegen der Schwere des Fötus, bei den kleinen wegen des beengten Raumes die Wendung nur selten zu machen ist, so bleibt entweder die Frucht in der Gebärmutter, wo sie vertrocknet, oder verfault, oder sie muss stückweise, oder durch eine künstliche Oeffnung von der Mutter genommen werden.

§. 267.

Die Schwangerschaft ausserhalb der Gebärmutter (*Graviditas extrauterina*) kommt zwar überhaupt selten vor, ist aber auch bei den Thieren schon beobachtet worden, und zwar als Eierstocksschwangerschaft (*Gravid. ovarii*), Trompetenschwangerschaft (*Gravid. tubae Fallopianae*), und Bauchschwangerschaft (*Gravid. abdominalis*).

Von der Eierstocksschwangerschaft sind mir nur drei

Fälle bekannt. Rohlwes [1]) fand sie bei einer Stute, die 21 Tage trächtig war und an einem Entzündungsfieber starb. Der rechte Eierstock hatte das Doppelte der gewöhnlichen Grösse, und enthielt eine grosse Wasserblase, in welcher sich ein kleiner Embryo befand (Rohlwes hielt dies nicht für abnorm, sondern glaubte, der Fötus müsse sich bis zu einer gewissen Grösse in dem Eierstock ausbilden, ehe er in die Gebärmutter gelangen könne).

Bei einer Kuh [2]) und bei einer Sau [3]) wurde die Eierstocksschwangerschaft ebenfalls gefunden.

Obgleich ich keinen bestimmten Fall von einer Trompetenschwangerschaft bei den Hausthieren kenne, so zweifle ich doch nicht, dass sie bei ihnen vorkommt, da man sie bei dem menschlichen Weibe schon oft gefunden hat. Rohlwes [4]) sagt zwar, dass er die Knochen eines entwickelten Embryo's in der Röhre der rechten Trompete gefunden habe, indem das Fleisch und alle übrigen Theile verfault waren, allein dies scheint in sofern ein Irrthum zu seyn, als er das Gebärmutterhorn mit zur Trompete gerechnet hat, denn er sagt kurz vorher, dass man die Muttertrompeten auch „Mutterhörner oder valopische Röhren zu nennen pflegt" (Magaz. Bd. 1. S. 67), und es haben die Knochen also wahrscheinlich im rechten Horne der Gebärmutter gelegen.

Die in dem Eierstock, oder in der Trompete entwickelte Frucht erreicht niemals die Reife, weil die Theile wegen der beträchtlichen Ausdehnung reissen, und die Mutter an innerer Verblutung plötzlich stirbt.

§. 268.

Die Bauchschwangerschaft hat man bei mehreren Thieren gefunden.

---

1) Magazin für die Thierarzneikunde. B. 1. S. 68.
2) Plot, the natural history of Staffordshire.
3) Acta maris Balt. 1699. p. 47.
4) A. a. O. S. 72.

Ein trächtiges Schaf gebar zur gewöhnlichen Zeit nicht, und wurde nach einem Vierteljahre kränklich; es frass wenig und magerte ab. Es bildetet sich nun eine grosse Geschwulst in der rechten Seite, welche von selbst aufging, und aus welcher viel Eiter ausfloss. Zwei Tage nach dem Aufbrechen der Geschwulst traten die Hinterfüsse eines Lammes durch die Oeffnung heraus, und es wurde ein ganzes, schon etwas in Fäulniss übergegangenes Lamm herausgezogen. Die Schafmutter wurde wieder gesund [1]). — Ein ganz ähnlicher Fall wurde bei Zobten in Schlesien bei einem Schafe beobachtet [2]).

Coquet [3]) fand bei einer Kuh, die mehrere Knochen eines reifen Kalbes mit dem Miste entleert hatte, sich übrigens kränklich zeigte und endlich starb, dass die Windungen des Grimmdarmes eine Zoll dicke Wand hatten, die sehr hart war. An der rechten Seite hatte dieser Darm eine Oeffnung, in welcher mehrere Knochen eines reifen Kalbes steckten, die ihrer Grösse wegen nicht hatten ausgeleert werden können. Die Gebärmutter war am Grunde, wo sie an den kranken Darm grenzte, ebenfalls sehr verdickt, aber übrigens unverletzt, auch konnte keine Narbe entdeckt werden. Die sehr enge Höhle derselben war leer. Das Bauchfell und Gekröse waren in der Nähe des kranken Darmes angeschwollen und entzündet, und in der Bauchhöhle fand sich eine blutige, stinkende Flüssigkeit. —

Obgleich in diesen drei Fällen der Fötus nicht mehr in der Bauchhöhle liegend und von seinen Hüllen umgeben, gefunden wurde, so glaube ich doch, dass diese Fälle zur Bauchschwangerschaft gehören, denn wäre der Fötus in der Gebärmutter gewesen, und dort in Fäulniss übergegangen, so würde die stinkende Jauche gewiss durch

---

1) Veterinair-Bericht des Rheinischen Medicinal-Collegium's. 1824.
2) In v. Froriep's Notizen etc. B. IX. N. 14. S. 224.
3) In Chabert, Flandrin et Huzard instructions et observations sur les maladies des animaux domestiques. Nouv. edition. 1791. p. 286.

durch die Schaam entleert worden seyn, wie dies in den oben §. 258. 259. angeführten Fällen geschehen ist.

Josephi [1]) sah die Bauchschwangerschaft bei einer Hündin. Er glaubt, dass der Fötus 2 Jahr im Bauche gelegen habe, weil die Hündin so lange krank war. Der ganze Fötus wog noch 3½ Unze, seine Knochen waren so gross, wie bei einem neugebornen Hunde.

Eine ältere Beobachtung über Bauchschwangerschaft bei einem Schafe, wo die Mutterkuchen am Gekröse angeheftet waren, ist in der Breslauer Sammlung angeführt [2]).

Eines anderen Falles ist schon §. 258. gedacht worden.

§. 269.

Mannigfaltig sind die Abweichungen von der Regel in Beziehung auf die Gestalt der Frucht, und die einzelnen Formen nähern sich, oder entfernen sich mehr, oder weniger von der gewöhnlichen, und erhalten dann die Namen Naturspiele, oder Missgeburten, von welchen im zweiten Theile dieses Buches die Rede seyn wird.

Uebrigens regelmässig gebildete Früchte erreichen aber bisweilen eine colossale Grösse und ein enormes Gewicht, wenn die Mutter reichlich genährt wurde und die Frucht ebenfalls ein die Bildung mehr beförderndes Blut erhält; gewöhnlich ist auch die Frucht sehr gross, wenn die Schwangerschaft über die gewöhnliche Zeit dauert. — Die Frucht kann aber auch im Verhältniss zu den Geschlechtstheilen der Mutter, und besonders im Verhältniss zum Becken zu gross seyn (was bei kleinen Hündinnen nicht selten der Fall ist) wodurch das Gebären unmöglich wird.

Eine Kuh, die 44 Wochen trächtig gewesen war, hatte ein Kalb, welches ohne die Eingeweide und Füsse, 160 ℔ schwer war. Es hatte eine 10 Zoll breite Stirn,

1) De conceptione abdominali vulgo sic dicta, Dissertatio. Gotting. 1784. c. Tab. II.

2) Sammlung von Natur- und Medicin-, Kunst- und Literatur-Geschichten. Von einigen Acad. natur. curios. in Breslau. 4. Ann. 1723. November. S. 554.

und eine Länge von 7 franz. Fuss, vom Sprunggelenk bis an das Hinterhauptsbein (hängend gemessen); die Haut allein wog 28 ℔ [1]).

Ein anderes neugebornes Kalb wog 172 ℔, und wurde mit grosser Anstrengung von der Kuh genommen, wobei es starb [2]).

Plot [3]) erwähnt, dass ein 2 Tage altes Kalb 1 engl. Elle und 1 Zoll gross war, 1 Zoll lange Hörner, und Milch im Euter hatte (es war ein weibliches Kalb).

Die Sammlung der Thierarzneischule enthält das Skelett eines neugebornen Kalbes, welches 106 ℔ schwer war.

In dem Plot'schen Falle ist weniger die Grösse, als die sehr frühe Bildung der Hörner bemerkenswerth.

§. 270.

Mit regelmässig ausgebildeten Früchten kommen in der Gebärmutter auch bisweilen sehr kleine, und gewöhnlich verschrumpfte vor. So fand ich bei einer Sau zwischen regelmässig gebildeten Ferkeln, zwei, die nicht den dritten Theil der Grösse der übrigen hatten, ganz braun und fast vertrocknet waren. Bei einer Hündin enthielt das eine Horn gesunde Fötus, im andern lagen kleinere und ebenfalls fast vertrocknete. — Eine Stute in Trakehnen gebar nach einem ausgewachsenen Fohlen ein sehr kleines, welches tod, und verschrumpft war [4]).

Man hat geglaubt, dass dergleichen kleine Früchte, wenn sie zugleich mit grösseren vorkommen, von einer Ueberfruchtung zeugten. Dem ist aber wohl nicht so, sondern sie sind mit jenen zugleich gezeugt, aber in einer früheren Bildungsperiode aus irgend einer Ursache gestorben, und da die Ursache nicht so einwirkte, dass Abortus entstand, so blieben sie in der Gebärmutter,

1) Meyer, Notizen einiger gemachten Beobachtungen; im Archiv für Thierheilkunde B. 3. St. 1. S. 65.
2) Recueil de médec. vétér. 1829. Août p. 474.
3) The natural history of Staffordshire. p. 262.
4) Mittheilung des Herrn Gestüt-Inspector's Bachmann.

und vertrockneten, wie dies ja auch bisweilen mit solchen reifen Früchten geschieht, die nicht geboren werden konnten. Dennoch kommt die Ueberfruchtung (*Superfoetatio*) wirklich vor, denn es sind mehrere Fälle bekannt, dass Stuten ein Pferde- und ein Maulthier-Fohlen zugleich trugen, wenn sie sich mit einem Pferde- und Eselhengste begattet hatten*). Hündinnen werfen ja oft junge Hunde von sehr verschiedener Raçe, wenn sie sich mit verschiedenen Hunden begattet haben.

Neuntes Kapitel.

Von den Athmungsorganen.

I. Von den Nasenhöhlen und ihren Nebenhöhlen.

§. 271.

Eine an den Schleimhäuten allein vorkommende, und sich besonders an der Schleimhaut der Nase zeigende Krankheit, ist der Catarrh oder Schnupfen (*Catarrhus*), der bei allen Hausthieren am häufigsten im jugendlichen Lebensalter vorkommt, aber bei jeder Gattung eigenthümliche Modificationen und Complicationen hat. Daher nennt man ihn bei Pferden Druse, Kropf, Strengel; bei Rindern Nasen-Catarrh; bei Schafen Catarrhalfieber, Schafrotz; bei Schweinen catarrhalische Bräune; bei Hunden und Katzen Staupe, obgleich er bei den Katzen seltener vorkommt.

Bei allen Thiergattungen entsteht zuerst Entzündung der Nasenschleimhaut, die aber nie in Ausschwitzung, oder Eiterung übergeht, wodurch sich eben der Catarrh von der reinen Entzündung der Schleimhäute unterscheidet, sondern es tritt, nachdem die Entzündungsperiode

*) In Dupuy's Journal pratique. 1826. Avril. p. 170.

vorüber ist, die Absonderung eines dicken, gelben Schleimes ein, der durch beide Nasenlöcher ausfliesst.

In der Druse des Pferdes findet zugleich Entzündung der Lymphdrüsen im Kehlgange statt, nicht selten auch der Ohrspeicheldrüsen und in jenen bildet sich gewöhnlich Eiter; die Entzündung erstreckt sich auch auf die Schleimhaut der Luftsäcke, des Kohlkopfes und der Luftröhre, wo man dann den Namen Strengel gebraucht.

§. 272.

Der Nasen-Catarrh des Rindviehes besteht nach Cruzel [1]) und Castella [2]) in einer sehr gesteigerten Entzündung der Schleimhaut der Nase und ihrer Nebenhöhlen, an welcher sehr oft, wenn der Ausfluss des dicken Schleimes eintritt, Geschwüre entstehn. Die Krankheit ist sehr gefährlich, sich selbst überlassen, gewöhnlich tödlich, sehr viel seltener hat sie einen chronischen Verlauf.

Der Catarrh der Schafe ist entweder einfach, oder er nimmt einen fauligen Character an, und wird dann Schafrotz genannt; in diesem Falle zeigen sich die Erscheinungen des Faulfiebers neben denen des Catarrh's, und der Ausgang ist oft tödtlich. Bei den Schweinen geht der Catarrh leicht in Bräune und Lungen-Entzündung über, und wird dadurch um so gefährlicher.

Bei Hunden ist die Staupe sehr oft mit einem Nervenleiden complicirt, welches sich durch Zuckungen, oder wirkliche Krämpfe zu erkennen giebt, und ist dann fast immer unheilbar, wenigstens bleiben die Zuckungen zurück; häufig ist die Krankheit tödlich.

§. 273.

Die Rotzkrankheit (*Malleus humidus*, *Ocaena*),

1) In Dupuy's Journal pratique 1830. Janvier. p. 3. Mars. p. 89.
2) Im Schweiz. Archiv für Thierhk. B. 2. H. 3. S. 113.

dem Pferde, Esel und Maulthiere ursprünglich eigen, zeigt sich zwar zunächst als Leiden der Nasenschleimhaut, ist aber auch auf die Stirn- und Kieferhöhlen ausgebreitet und fast immer mit Knotenbildung in den Lungen verbunden, weshalb sie Dupuy zu den tuberculösen Kranheiten zählt. Sie characterisirt sich durch den Ausfluss einer dünnen, missfarbigen (d. h. mehr oder weniger ins Grünliche spielenden) Flüssigkeit, gewöhnlich nur aus einem Nasenloche; durch Verhärtung und feste Verwachsung der Lymphdrüsen im Kehlgange an der Seite, auf welcher der Ausfluss ist, und in den meisten Fällen durch Geschwüre an der Nasenschleimhaut, die zerstörende Jauche absondern und mehr in die Tiefe dringen, als sich im Umfange ausbreiten (wodurch sie sich von den Krebsgeschwüren unterscheiden). Die von Lassaigne *) untersuchte Flüssigkeit aus den Nasenhöhlen eines an der Rotzkrankheit leidenden Pferdes enthielt

Eiweisstoff,
Unter-kohlensaures Natrum,
Salzsaures Natrum,
Phosphorsauren Kalk,
Schleim,
Wasser,

sie reagirte alkalisch, und näherte sich durch eine grössere Menge von Eiweisstoff, gegen den gesunden Nasenschleim, dem Eiter. In den Stirn- und Kieferhöhlen findet man oft im Anfange der Krankheit eine gelbliche klare Flüssigkeit, von der Consistenz des Eiweisses, später die Schleimhaut verdickt und eine safrangelbe, consistentere Masse, die sich wie Gallert schneiden lässt. An der Stelle, wo später ein Geschwür entsteht, ist anfangs immer ein Knötchen, welches bald erweicht und platzt. Die knorpelige Scheidewand der Nase wird durch die fressende Jauche oft zerstört, nicht selten werden

*) In Dupuy's Journ. pratique de médec. vétér. 1826. Septbr. p. 417.

auch die Knochen, welche die Nasenhöhle bilden, cariös. Die Krankheit ist ansteckend, und erzeugt durch Impfung bei dem Menschen und den Hausthieren bösartige Geschwüre, wenn auch nicht wieder die Rotzkrankheit; ja es ist sehr wahrscheinlich, dass sie bei dem Menschen auch die schwarze Blatter hervorbringt.

§. 274.

In den Kieferhöhlen des Pferdes fand ich einigemal eine beträchtliche Menge von Blut; auch die Nasenhöhlen enthalten dessen bisweilen, und die Thiere leiden auch an Nasenbluten, gewöhnlich dann, wenn das Blut zur Entmischung geneigt ist, also bei typhösen und fauligen Krankheiten.

Bei einem Bruche eines Stirn- oder Hornzapfens beim Rindvieh ist oft eine beträchtliche Menge von Blut in die Höhle des Zapfens und in die Stirnhöhle derselben Seite ergossen, wo es coagulirt und nach Cruzel's [1]) Beobachtung folgende Zufälle hervorbringt. Aufhören der Fresslust und des Wiederkäuens, geräuschvolles Athmen durch die Nase, die Flanken sind aufgezogen, die Ohren sehr heiss, die Augen hervorstehend, die Bindehaut geröthet, der Kopf wird schief gehalten, die leidende Seite hoch; überhaupt zeigt das Thier Schmerzen durch das beständige Stöhnen Nach Entfernung des geronnenen Blutes aus der Stirnhöhle verschwinden alle diese Zufälle plötzlich.

§. 275.

Die in den Nasenhöhlen und ihren Nebenhöhlen vorkommenden fremdartigen Dinge, als Haare, Polypen, Eingeweidewürmer und Insectenlarven, erzeugen mehr, oder weniger grosse Beschwerden.

So wurden bei einer 3jährigen Spürhündin durch zwei starke Haare, wovon eins über zwei Zoll, das andere über einen Zoll lang war und die an der Schleim-

---

1) In Dupuy's Journ. pratique de médec. vétér. 1830. Mars. p. 103.

haut der untern Nasenmuschel in der Mitte der rechten Nasenhöhle festsassen, alle Symptome der Drehkrankheit hervorgebracht, die einen Monat anhielten [1]). Es ist wohl einleuchtend, dass durch den fortwährenden Reiz auf die empfindliche Nasenschleimhaut das Thier zu den anhaltenden Bewegungen gezwungen worden ist, freilich in der Absicht sich des Lästigen zu entledigen, und dass der Tod durch Erschöpfung herbeigeführt worden ist.

§. 276.

Durch einen Polypen, der entweder am Naseneingange, in der Mitte der Höhle, oder an der obern Nasenöffnung (Tab. IV. Fig. 3. 4.) festsitzt und sich dann gewöhnlich bis in die Rachenhöhle verlängert, wird das Athmen um so mehr beengt, je grösser er ist. Von dem Daseyn eines solchen Aftergebildes, wenn es nicht zu Tage liegt, wird man sich theils durch das beschwerliche Athmen, theils durch die Untersuchung der Nase, bei den grossen Hausthieren, mittelst eines Stäbchens, vergewissern. Die Entfernung eines an der obern Nasenöffnung, oder in der Mitte der Nase des Pferdes sitzenden Polypen ist dann möglich, wenn er nur so gross ist, dass er durch die Nase herausgezogen werden kann; ist er grösser, so kann dem Ersticken nur durch die Oeffnung der Luftröhre vorgebeugt werden. Bei dem Rindvieh kann man durch das Maul leicht bis in die Rachenhöhle gelangen, und ihn auf diesem Wege herausholen.

Rigot [2]) sah bei einem Pferde im rechten Nasenloche einen Polypen, der von der Schleimhaut der untern Muschel ausging, in drei Wochen die Grösse einer Faust erreicht, und die knorpelige Scheidewand so nach der linken Seite gedrängt hatte, dass auch das linke Nasenloch fast geschlossen war. Da ihm leicht beizukom-

1) Procès-verbal etc. à l'école vétér. d'Alfort. 1818. p. 37. cf. Annales de l'agric. franç. II. Serie. T. 4. p. 323.

2) Polype des cavités nasales du cheval; im Recueil de médec. vétér. 1827. Décembre. p. 605.

men war, so wurde er mit dem Messer exstirpirt und die Stelle mit dem glühenden Eisen gebrannt.

Zweimal fand ich bei Pferden, die getödtet wurden, an der obern Nasenöffnung Polypen, die sich in die Rachenhöhle verlängert hatten, und beide Choanen fast verschlossen. In der linken Nasenhöhle eines englischen Rennpferdes befand sich ein Polyp, der die meisten Knochen in der Umgebung zerstört hatte [1]).

Delafoy der Aeltere [2]) zog einer Kuh einen 12 Unzen schweren Polypen aus der Rachenhöhle, welcher in Folge der Maulseuche entstanden war, und das Schlucken so schwierig machte, dass die Kuh nahe daran war zu verhungern; das Athmen geschah zwar mühsam, aber ohne Geräusch.

Ein grosser Polyp wurde bei einer andern Kuh, die pfeifend athmete, gefunden; er reichte von den hintern Nasenöffnungen bis zum Gelenk des ersten und zweiten Halswirbels [3]).

Gohier [4]) zog einem Pferde einen 1½ ℔ schweren Polypen aus der linken Nasenhöhle.

Bei einem grossen Hunde, der getödtet wurde, enthielten beide Nasenhöhlen mehrere Polypen, die in der Gegend des Siebbeines sassen und 2 Unzen wogen. Ein zweiter Hund, der an Nasenpolypen litt, und durch weissen Arsenik getödtet werden sollte, genas, indem der Arsenik drei Wochen hindurch in steigender und grosser Dosis gegeben wurde.

In dem sogen. falschen Nasenloche oder in der Nasentrompete von Pferden fand Rohlwes [5]) mehreremal eine Balggeschwulst, die er durch einen Einschnitt entleerte, und so heilte. Die wallnussgrosse Geschwulst

1) Procès-verbal etc. d'Alfort. 1812. cf. Annales de l'agric. fr. T. 52. p. 109.
2) Recueil. 1826. Décembre. p. 594.
3) Procés-verbal etc. à l'école vétér. d'Alfort. 1821. cf. Annales de l'agric. franç. II. Serie. T. 18. p. 23.
4) Mém. et Observ. T. II. p. 77. et suiv.
5) Magazin. B. 3. S. 207.

soll anfangs eine dicke, zähe, gelbe Feuchtigkeit enthalten, die sich nach und nach verdickt, und einen weisslichen Brei, oder eine dem Fischrogen ähnliche Materie bildet. —

Ist der Polyp in einer Kiefer-, oder Stirnhöhle, so stört er zwar das Athmen nicht, aber die Knochen, auf welche er drückt, wenn er erst grösser geworden ist, schwinden. Bei Pferden fand ich einigemal die äussere Wand der Kieferhöhle über einen Zoll im Durchmesser auf diese Weise zerstört, und die Höhle ganz von dem Polypen ausgefüllt, der sich auch noch in die Nasenhöhle ausgebreitet hatte.

§. 277.

In den Stirnhöhlen des Hundes kommt bisweilen eine Species von Eingeweidewürmern vor, nämlich *Pentastoma taenioides* Rudolphi, und von den Franzosen wird behauptet, dass dieser Wurm auch in den Stirnhöhlen des Pferdes und Maulthieres vorkomme. Indessen sind die von Bourgelat [1]) bei einem Pferde gefundenen und *Prionoderme* benannten, vermeintlichen Würmer, wohl nur Oestrus-Larven gewesen, denn sie waren 3 — 4 Linien lang, zottig (*velus*) und mit deutlichen Ringen versehen. — Greve [2]) behauptet, diesen Wurm einmal bei einem Maulthiere in den Siebbeinzellen gefunden zu haben.

Sourdillac [3]) will aber zwei dieser Würmer (*Taenias lanceolés*), die er jedoch nicht weiter beschreibt, in den Siebbeinzellen eines Hundes gefunden haben. Man hatte den Hund getödtet, weil man ihn für toll hielt, denn er hatte mehrere Personen und auch seinen Herrn gebissen (ohne dass Wasserscheu bei den Gebissenen erfolgte). Es wurden folgende Erscheinungen an ihm be-

1) Mémoire sur les vers trouvés dans les sinus frontaux, dans l'estomac, et sur la surface extérieure des intestins d'un cheval; im Recueil de médec. vétér. 1826. Janvier. p. 28.

2) Erfahrungen u. Beobachtungen etc. B. 1. S. 184.

3) Taenias lanceolés développés dans les cellules éthmoïdales d'un chien; Recueil 1826. p. 62.

merkt. Anfangs zeigte sich der Hund traurig, indessen spielte er doch mit seinem Herrn; später hatte er geröthete Augen, einen verstörten Blick, das Maul voll schaumigen Speichels, selbst wenn er ruhig war; gewöhnlich ging er sehr niedergeschlagen umher, war unruhig und schien sehr zu leiden. Als man ihn in einen abgesonderten Hof sperrte, stürzte er sich mit Wuth auf die nahen Gegenstände, biss in sie, und schüttelte sie mit den Zähnen, wenn er sie fassen konnte. Dann kroch er in einen Winkel, kratzte sich oft mit den Pfoten die Nase, als ob er etwas herausziehen wollte. Bisweilen biss er in die Erde, wühlte sie mit der Nase und scharrte sie mit den Pfoten auf. Die Haare waren gesträubt, und er magerte sehr ab, da er nicht frass, sondern nur trank. In der ganzen Zeit der Krankheit (die Zeit ist nicht angegeben) erkannte er seinen Herrn und kam auf dessen Ruf mit dem Schwanze wedelnd an ihn heran. — Die meisten der hier genannten Erscheinungen finden sich auch bei wirklich tollen Hunden, und es geht daraus hervor, dass die Zeichen der Hundswuth nicht so characteristisch sind, um sie von ähnlichen Krankheiten, wie die eben beschriebene, mit Sicherheit zu unterscheiden.

Bei einem andern Hunde, der die meisten Zeichen der stillen Wuth äusserte, aber ruhig athmete, fand Colin [1]) einen solchen Wurm im Kehlkopfe, und bei einem sehr dreisten, beissigen Wolfe ebenfalls einen im Kehlkopfe und sieben in beiden Nasenhöhlen, zwei Stück in der rechten und fünf in der linken.

Rhynd [2]) will in einer Stirnhöhle eines Schafes einen 2 Zoll langen und $\frac{3}{8}$ Zoll breiten, milchweissen Wurm (?) gefunden haben.

---

1) Observations sur des vers trouvés dans le larynx et les cavités nasales d'un chien et d'un loup; im Recueil de médec. vétér. 1824. Novembre. p. 399.

2) The Hippiatrist and veterinary Journal. London 1830. September. p. 277.

§. 278.

In den Nasen-, Stirn- und Kieferhöhlen, und in den Stirnzapfen der gehörnten Schafe und Ziegen leben die Larven der Schafbremse (*Oestrus ovis*), oft in beträchtlicher Anzahl; sie erzeugen dann eine Krankheit, welche der Drehkrankheit sehr ähnlich ist, und die davon befallenen Thiere durch Ermattung endlich tödtet.

II. Von den Luftsäcken des Pferdes, Esels und Maulthieres.

§. 279.

Bei dem catarrhalischen Leiden der Nasenschleimhaut wird auch die Schleimhaut der Luftsäcke mit ergriffen, oder diese leiden auch allein, und füllen sich mit einer so grossen Menge von Schleim, dass sie den Kehlkopf drücken und Athmungsbeschwerden erregen. Oft ist das Uebel chronisch, und die Absonderung geschieht immer wieder, wenn auch die Entleerung des angehäuften Schleimes durch die Nase erfolgt ist. Daher hat man das Oeffnen derselben, nach verschiedenen Methoden, empfohlen.

In einem der Luftsäcke, seltener in beiden, findet man bisweilen Chondroïden, die wahrscheinlich durch eine Metamorphose aus dem nicht entleerten Schleime entstehen. Sie haben eine gelbliche, oder gelb-braune Farbe, die Consistenz des Knorpels, bestehen aus mehreren Schichten und haben, wenn viele vorhanden sind, gewöhnlich mehrere Flächen, welche durch die Bewegung der Körperchen an einander, die ihnen durch die Bewegung des Kopfes mitgetheilt ist, erst zu entstehen scheinen. Dass diese Körper nur aus dem Schleime entstehen, sah ich sehr deutlich an einem hier gefundenen Exemplare, dessen mittlerer Theil fest war und aus Lamellen bestand, dessen Umhüllung aber noch aus einer weichen, käsigen Masse bestand.

Wie es scheint, so verursachen sie keine auffallende Beschwerden, und ihr Daseyn ist daher am lebenden Thiere nicht zu bestimmen, wenn sie nicht zahlreich vorhanden sind.

Einmal wurden hier zwölf Stück bei einem Pferde in einem Luftsacke gefunden, die keine Beschwerden verursacht hatten; in viel grösserer Zahl fand man sie in Hannover und Dresden.

Leblanc [1]) zog einer Stute, die seit langer Zeit beschwerlich athmete, und eine Auftreibung in der Gegend der Ohrdrüse hatte, aus dem von aussen geöffneten Luftsacke mit den Chondroïden eine gelb-weisse, in's Röthliche spielende Masse, von der Consistenz des weichen Käses, die nach Houton de la Billardière's Untersuchung ganz aus Schleim bestand. Auch die in den Luftsäcken eines Esels gefundenen Chondroïden bestanden aus Schleim und einer Spur von salzsaurem Natron[2]).

III. Von dem Kehlkopfe, der Luftröhre und den Schilddrüsen.

§. 280.

Die Verengerung der Stimmritze, wobei das Athmen sehr beschwerlich und pfeifend geschieht (der sogenannte pfeifende Dampf) wird durch regelwidrige Lage der Giesskannenknorpel, durch Verdikkung der Schleimhaut, durch Geschwüre und durch Polypen bewirkt.

1) Ponction de la Poche gutturale chez une Jument; im Recueil de médec. vétér. 1826. Août. p. 395.

2) Procès-verbal etc. à l'école vétér. d'Alfort 1818. cf. Ann. de l'agric. fr. II. Serie. T. 4. p. 318.

Von der Verengerung durch abnorme Lage der Giesskannenknorpel ist schon oben §. 122. ein Beispiel angeführt; einen andern Fall beobachtete Dupuy [1]). Bei einem Hengste (Beschäler), der im hohen Grade an der Dämpfigkeit (*Asthma*) litt, wenig frass, sich schlecht nährte, keinen Trieb zur Begattung zeigte, und den man deshalb tödtete, waren die beiden Giesskannenknorpel einander sehr genähert und wenig beweglich, so dass die Stimmritze nur ¼ Zoll breit war; auch waren die freien Ränder derselben (die Lippen) dicker, als gewöhnlich. — Eine Eselin athmete auch im Zustande der Ruhe pfeifend, und man fand den Kehldeckel am Grunde sehr verdickt, die Schleimhaut desselben aufgetrieben und geschwürig, die Giesskannenknorpel voluminös und verknöchert. In jeder Kehlkopfstasche befand sich eine weiche Geschwulst, von der Grösse einer Haselnuss, mit einer Oeffnung, durch welche eine eiterähnliche Materie ausfloss. — In der Mitte des linken Giesskannenknorpels eines Pferdes fand Boulley ein falsches Gelenk, so dass der obere Theil dieses Knorpels am rechten Giesskannenknorpel lag, und die Stimmritze nur am Grunde des Kehldeckels offen war. Da das Athmen dieses Thieres im höchsten Grade beschwerlich war, selbst wenn es ruhig stand, so musste es getödtet werden [2]).

§. 281.

Bei drei Kühen wurden im Kehlkopfe und im obern Theile der Luftröhre Polypen gefunden; zwei Präparate der Art sind in der Thierarzneischule [3]); bei dem einen sitzt der Polyp unmittelbar hinter dem Kehldeckel (Tab. IV. Fig. 5), also vor der Stimmritze, bei dem andern nahe

---

1) Rapport sur les causes du Cornage; im Recueil de médec. vétér. 1825. Septembre. p. 383. 384.

2) Procès-verbal etc. à l'école vétér. d'Alfort 1821. cf. Annales de l'agric. fr. II. Serie. T. 18. p. 22.

3) Von dem Kreis-Thierarzte Weber und Thierarzte Schirlitz eingesandt.

hinter derselben; in dem dritten, vom Kreis-Thierarzte Küppers [1]) beobachteten Falle waren im oberen Theile der Luftröhre mehrere Polypen.

Wenn die Ursache des beschwerlichen Athmens allein im Kehlkopfe liegt, so können die grossen Hausthiere durch den Luftröhrenschnitt noch lange erhalten werden, Pferde kann man zu einem, nicht grosse Anstrengung erfordernden, Dienst gebrauchen, und Rinder können gemästet werden.

§. 282.

Das chronische beschwerliche Athmen hat aber auch in einer fehlerhaften Form der Luftröhre, oder in dem Vorhandenseyn krankhafter Gebilde, welche auf die Luftröhre drücken, seinen Grund, und dann hilft die Oeffnung dieses Kanales nichts. Wenn die Enden der Luftröhrenringe nicht verbunden sind, so wird die Röhre platt, so dass der Durchmesser von vorn nach hinten oft sehr klein ist; in dem §. 122. angeführten Falle betrug er bei einem an Dämpfigkeit leidenden Pferde nur 5 Linien. Durch die krankhafte Vergrösserung und Verhärtung der Lymphdrüsen, am Eingange in die Brusthöhle, auch an der Theilung der Luftröhre, wird diese mehr, oder weniger gedrückt, und in mehreren Fällen wurde dieses die Ursache des beschwerlichen Athmens bei Pferden [2]).

Ein Wagenpferd zeigte sich nur dämpfig, wenn es geritten wurde, oder wenn es eine schwere Last tragen musste, aber nicht beim Ziehen einer Last; auch bei ihm wurde die Luftröhre durch die kranken Bronchialdrüsen gedrückt [3]).

Dupuy [4]) erklärte die Dämpfigkeit eines Pferdes

1) Im Veterinair-Bericht des Rheinischen Medicinal-Collegiums für 1823 mitgetheilt.
2) Procès-verbal etc. d'Alfort. 1812. p. 20. cf. Ann. de l'agr. fr. T. 52. p. 111.
3) Recueil de médec. vétér. 1825. Septembre p. 388. Not. 1.
4) Ebend. p. 387.

aus dem Drucke auf die Lungen- Magen-Nerven, den diese von den am Eingange in die Brusthöhle liegenden kranken Lymphdrüsen erlitten.

§. 283.

Die Entzündung des Kehlkopfes (*Laryngitis, Angina laryngea*) und der Luftröhre (*Tracheïtis*) kommen gewöhnlich vereinigt vor, doch kann auch jedes dieser Organe für sich, und ohne das andere an dieser Krankheit leiden. Da mit dem Kehlkopfe auch der Schlundkopf gewöhnlich entzündet ist, wobei selbst die umgebenden Theile mehr, oder weniger mitleiden, so bezeichnet man die Krankheit mit dem Namen Hals-Entzündung oder Bräune (*Angina*). Die charakteristischen Zeichen sind: mehr, oder weniger beschwerliches, leises, oder geräuschvolles Athmen, Husten, und das Unvermögen zu schlucken, oder doch sehr beschwerliches Schlucken, wobei der grössere Theil der Nahrungsmittel und Getränke durch die Nase zurückkommt. Die Ursachen sind entweder schädliche atmosphärische Einflüsse, oder reizende Dinge, welche die Schleimhaut der Luftwege unmittelbar berühren; daher entsteht diese Krankheit oft nach dem Eingiessen flüssiger Arzneien durch die Nase, oder durch Futterstoffe, welche beim Schlucken in den Kehlkopf und in die Luftröhre gedrungen sind. Bei Schweinen entsteht die Krankheit überhaupt sehr leicht, auch wenn die flüssigen Arzneimittel durch das Maul eingegeben sind, weil oft, während sich das Thier sträubt und schreit, sogleich etwas davon in den Kehlkopf kommt, oder in dem blinden Sacke über dem Schlundkopfe zurückbleibt und dann, wenn der Kehldeckel wieder gehoben ist, in den offenen Kehlkopf fliesst. Da die durch fremdartige Dinge erzeugte Kehlkopf- und Luftröhren-Entzündung gewöhnlich in sehr kurzer Zeit tödtet, so findet man bei der Section die Schleimhaut mit vielen Blutgefässen durchzogen, wie injicirt, seltener ist schon Ausschwitzung von plastischer Lymphe erfolgt.

§. 284.

Eine andere, seltener vorkommende Form der Luftröhrenentzündung ist die häutige Bräune (*Tracheïtis exsudatoria, Angina membranacea, A. polyposa, Croup*) bei welcher durch Ausschwitzung von plastischer Lymphe mehr, oder weniger grosse Stücke von falschen Häuten gebildet und bei dem Husten oft ausgeworfen werden. Die Krankheit ist bis jetzt nur bei Pferden und Rindern beobachtet worden.

Delafond [1]) führt folgende Zeichen als characteristisch an: Krampfhaftes Husten, grosse Empfindlichkeit am Kehlkopfe, so dass der mindeste Druck das Husten erregt, beschwerliches Athmen mit weit geöffneten Nasenlöchern, bei dem Rindvieh mit offenem Maule und hervorgestreckter Zunge, verbunden mit einem pfeifenden und schnarrenden Tone; kleiner, sehr beschleunigter Puls, Anschwellung der oberflächlichen Venen, Geschwulst und Schweiss in der Gegend der Ohrdrüsen, Zittern der Vorderschenkel. Dieser Zustand dauert 30 — 40 Stunden, und endigt entweder mit dem Auswerfen der falschen Häute, oder mit Erstickung. Im ersten Falle tritt die Genesung bisweilen ein; seltener, wenn auch die Bronchien mit ergriffen sind. Bei der Section der an der Krankheit umgekommenen Thiere findet man die Schleimhaut der Luftwege sehr geröthet, die Gefässe erscheinen wie injicirt, die falschen Membranen sind 1 — 2 Linien dick, und hängen durch kleine Gefässe an der Schleimhaut, oft sind die Kehlkopfstaschen (beim Pferde) ganz damit ausgefüllt.

Bei Pferden wurde diese Krankheit siebenmal beobachtet, und in fünf Fällen erfolgte Genesung. —

Bei

1) Essai sur la monographie du croup dans les grands animaux domestiques; im Recueil de médec. vétér. 1829. Juin. p. 351. Juillet p. 369. Août. p. 425.

Bei dem Rindvieh, theils bei Kühen, theils bei Kälbern kam sie acht mal vor, und nur drei Thiere wurden geheilt, eine Kuh wurde geschlachtet. Gohier[1]) führt fünf Krankheitsfälle an, einen von einem Pferde, und vier von dem Rindvieh, wovon nur eine Kuh genas. Meyer[2]) beobachtete die häutige Bräune bei einem 2jährigen Ochsen, der wieder genas; eben so Zähndler[3]).

Eine mit der Lungenseuche behaftete Kuh, welche in der hiesigen Thierarzneischule behandelt wurde, hustete ebenfalls falsche Membranen aus, die meist zusammengerollt waren.

§. 285.

Die bis in den Kehlkopf gedrungenen Oestruslarven bei Pferden erzeugen grosse Beschwerden im Athmen.

Vitry[4]) machte die Beobachtung bei einem Pferde, welches die häutige Bräune zu haben schien. Länger als zwei Monate vor der Untersuchung hatte das Pferd an trocknem Husten gelitten, der nach und nach immer zugenommen hatte, wobei das Athmen beschwerlich und schnaufend ausgeübt wurde, so dass es Gefahr lief zu ersticken.

Als Vitry das Thier sah waren die Athmungsbeschwerden aufs höchste gestiegen, es hatte das Maul halb offen, Lippen und Nasenlöcher waren mit Schaum bedeckt, die Schleimhäute sehr roth, der Puls war klein, und sehr beschleunigt. In kurzen Zwischenräumen trat so heftiges Husten ein, dass das Pferd wie tod niederstürzte; dann sprang es wieder auf, und musste einige Minuten mit gespreizten Beinen stehen bleiben, ehe es gehen konnte. Die Beängstigung war sehr gross, die

1) Mémoires et Observations sur la Chirurgie et la Médécine vétérinaire. Lyon et Paris 1813. 8. T. I. p. 360 et suiv.
2) Im Archiv für Thierheilkunde B. IV. H. 3. S. 276.
3) Ebend. H. 4. S. 363.
4) Larves d'Oestre, situées sur la membrane muqueuse du larynx, qui ont produit tous les symptomes du croup; in Dupuy's Journ. prat. 1826. p. 106.

Augen waren hervorgedrängt, die Bindehaut geröthet; vom ganzen Körper rieselte der Schweiss. Bald darauf starb das Thier. An den Rändern der Stimmritze fanden sich fünf Oestruslarven, und die Schleimhaut war um das Doppelte verdickt.

Die zur gehörigen Zeit unternommene Oeffnung der Luftröhre würde das Thier wahrscheinlich gerettet haben.

Von den im Kehlkopfe eines Hundes gefundenen *Pentastoma taenioides* ist schon §. 277. die Rede gewesen.

§. 286.

In der Luftröhre, und noch mehr in den Bronchien der Lämmer und Kälber, entstehen und leben oft in grosser Zahl die Luftröhrenkratzer (*Strongylus Filaria*), die immer von einem schaumigen Schleim umgeben gefunden werden. Es scheint, dass diese Würmer erst in Folge eines cachectischen Zustandes entstehen, nicht dass sie als Ursache der Krankheit anzusehen wären, denn sie finden sich gewöhnlich auch bei den jungen Thieren, die an der Fäule (Bleichsucht) leiden. Einmal vorhanden, erregen sie gewiss den kurzen Husten, den man bei ihrer Gegenwart wahrnimmt, und der die Thiere so abmattet, dass sie endlich an Erschöpfung sterben.

Despallens*) beobachtete diese Krankheit bei den Kälbern, die auf den Gebirgen weideten, seuchenartig. Im Jahre 1795 erkrankten 55 Kälber, von 4 Monaten bis zu einem Jahre, und starben sämtlich. Im Jahre 1811 sah er 45 Stück, von demselben Alter, daran leiden, und von diesen starben 23 Stück, die übrigen 22 Stück genasen bei dem Gebrauche des empyreumatischen Oeles mit aromatischen Aufgüssen, und bei der Anwendung der Aether-Dämpfe (aus Schwefel-Aether). — Statt des theuren Aethers bedienen sich die deutschen Thierärzte der wohlfeileren Räucherungen durch Verbrennen solcher Dinge, die em-

*) Procès-verbal etc. à l'école vétér. de Lyon. 1812. cf. Ann. de l'agric. franç. T. 51. p. 70.

preumatisches Oel und Ammonium entwickeln, z. B. Wolle u. dgl., bisweilen mit gutem Erfolge.

In den Kehlkopf und in die Luftröhre dringen auch Nahrungsmittel und Getränke, wenn der Schlundkopf gelähmt ist, und flüssige Arzneimittel, die den Thieren zu stürmisch eingegossen werden, besonders wenn der Kopf hoch gehoben und die Zunge sehr hervorgezogen worden ist. In Alfort wurde bei einem Schweine ein Stück Sehne in der Luftröhre gefunden, an welchem es erstickt war [1]).

Ueber das Vorkommen der Blutegel im Kehlkopfe und in der Luftröhre s. oben §. 133.

§. 287.

Die Vergrösserung der Schilddrüsen, Kropf (*Struma*, *Bronchocele*) genannt, kommt bei Hunden bisweilen vor. In Lyon fand man sie bei einem Hunde wenigstens zehnmal grösser, als im Normalzustande; in der Mitte hatten sie einen Knochenkern, der ungefähr den vierten Theil des Ganzen ausmachte [2]). Ich habe sie auch bei Hunden und Ochsen beträchtlich vergrössert gesehen, und ebenfalls zum Theil verknöchert. Das Athmen wird durch den Druck auf die Luftröhre mehr, oder weniger beschwert. Heilversuche durch Arzneimittel sind, so viel mir bekannt ist, noch nicht gemacht worden, und als letztes Mittel bleibt immer noch die Exstirpation.

IV. Von der Brusthöhle und der Brusthaut.

§. 288.

Der innere Raum der Brusthöhle wird durch Aftergebilde, bisweilen auch durch Exostosen des Brust-

1) Otto, Handb. d. path. Anat. S. 227. Not. 20.
2) Procès-verbal etc. à l'école vétér. de Lyon. 1811. cf. Annales de l'agric. fr. T. 48. p. 66.

beines beengt, die jedoch in solcher Grösse, wie §. 107. angeführt wurde, höchst selten vorkommen.

Eine regelwidrige Vergrösserung dieser Höhle entsteht dadurch, dass die Zwischenrippenmuskeln von einem stumpfen Körper durchbohrt, und die auf einander folgenden Rippen von einander entfernt werden. Die Oeffnung ist dann durch die Haut und den Hautmuskel von aussen, durch das Brustfell von innen geschlossen, jedoch ist dieses gewöhnlich mitdurchbohrt, und es tritt dann nach Maassgabe der Grösse dieser Oeffnung ein entsprechender Theil der Lunge derselben Seite hervor, d. h. es entsteht ein Lungenbruch (s. §. 293).

Die durchdringenden Brustwunden, ohne Verletzung der Eingeweide haben dieselben Nachtheile wie die durchdringenden Bauchwunden, in manchen Fällen entsteht Brustfell-Entzündung, in anderen hingegen bleiben sie ohne nachtheilige Folgen, und schliessen sich durch Vernarbung. Der wegen der Brustwassersucht (*Hydrothorax*) gemachte Bruststich ist nie gefährlich, aber selten wird die Heilung durch die Entleerung des überflüssigen Serum's erreicht, weil in kurzer Zeit eine eben so grosse Quantität wieder erzeugt ist.

§. 289.

Die Brustfell-Entzündung (*Pleuritis*) hat in den meisten Fällen einen schnellen Verlauf, doch ist sie bisweilen auch chronisch; je schneller sie verläuft, desto weniger ist bei dem todten Thiere von der festen plastischen Lymphe in der Brusthöhle zu finden, sondern sie enthält eine grössere, oder kleinere Quantität (5 — 30 ℔ u. mehr) eines stinkenden, trüben Serums (hitzige Brustwassersucht — *Hydrops pectoris acutus*). Je länger aber die Krankheit gedauert hat, um desto grösser ist die Masse der falschen Membranen, wozu die chronische Lungenseuche des Rindviehes die Beläge liefert, denn in dieser Krankheit ist die neugebildete Masse oft mehrere Zoll dick. — Es ist wohl kaum ein Fall vorgekommen, dass die Brustfell-Entzündung in Eiterung, oder in Brand übergegangen wäre, dennoch halten Unkundige die frisch entstandene plastische Lymphe, welche die zusammengefallenen Lungen oft ganz bedeckt, für Eiter, und schliessen daraus, dass die Krankheit schon lange gedauert haben müsse. Sie ist immer tödlich, wenn sie ausgebreitet ist, und nicht vor dem Uebergange in Ausschwitzung zertheilt wird, kommt bei allen Hausthieren vor, und ist bei dem Pferde in der sogen. Influenza gewöhnlich das Hauptleiden. Die Entzündung ist oft nur auf einen kleinen Raum beschränkt, und wird dann an dem lebenden Thiere kaum bemerkt.

§. 290.

Die bei typhösen Krankheiten häufig vorkommenden Blutergiessungen an der rauhen Fläche der Rippen- und Lungenpleura werden von Vielen für ein Zeichen der Brustfell-Entzündung gehalten, was sie aber in der That nicht sind. Obgleich bei dieser Entzündung nicht selten auch Extravasate entstehen, so sind diese von jenen doch dadurch zu unterscheiden, dass sie nur an den kleinen Blutgefässen vorkommen und begrenzt sind, hingegen die Extravasate bei typhösen Krankheiten gewöhnlich ausgebreitet und mehr verwaschen erscheinen. Ueberdies ist das Vorhandenseyn der Entzündung nie aus dem Sectionsbefunde allein zu folgern, sondern die Erscheinungen im Leben müssen sehr berücksichtigt werden, und müssen mit dem Befunde am Kadaver übereinstimmen.

§. 291.

Die von Saussol *) für epizootische Lungen- und Brustfell-Entzündung erklärte Krankheit bei 400 Schweinen, welche im Sommer 1825 in der Umgegend von

*) Remarques sur une pleuropneumonie épizootique dans l'espèce du porc; im Recueil de médec. vétér. 1830. Mai. p. 293.

Mazamet herrschte, halte ich eher für Milzbrand. Er giebt folgende Beschreibung der Krankheit. Die ersten Zeichen des Krankseyns bestanden in dem Verschmähen fester Nahrungsmittel, in Begierde nach Getränk, in allgemeiner Traurigkeit, in beständigem Grunzen, und in dem Aufsuchen feuchter Orte. Hierauf zeigte sich brennende Hitze der Haut, Schmerz in der hintern Bauchgegend, Härte des Bauches, Trockenheit der Excremente, Verstopfung, seltenes Uriniren, beschwerliches Athmen mit starker Bewegung der Rippen; die Schleimhäute waren trocken und carmoisinfarbig, die Augen thränend, der Husten selten. Die Thiere legten sich nicht, und liessen sich nur schwer beikommen, daher konnte der Puls nur bei den ruhigsten untersucht werden, er war voll und hart. Diese Symptome entwickelten sich vom Abende bis zum andern Morgen. Hierauf wurden alle Erscheinungen beunruhigender, es trat Röcheln ein, die Thiere stellten die Füsse aus einander, schwankten, lehnten sich an, und stürzten kurz vor dem Sterben nieder, was gewöhnlich den dritten Tag der Krankheit geschah; einige starben unter Zuckungen der Glieder und des Gesichts.

Bei mehr als zwanzig Sectionen fand sich die Brusthöhle mit einer blutigen und ganz hellen Flüssigkeit angefüllt (bei der Brustfell-Entzündung würde die Flüssigkeit trübe, und übelriechend gewesen seyn); die Lungen waren sehr entzündet (?), eben so das Brustfell; am Zwerchfelle fanden sich schwarze Flecke, von der Grösse eines Frankenstückes, die Luftröhre und die Bronchien mit einem röthlichen Schaume angefüllt, das Gehirn mit einem röthlichen Serum befeuchtet. Bei den wenigen Thieren, die unter Convulsionen starben, fand sich die Brustwassersucht nicht.

Die Gelegenheitsursache glaubte Saussol in der grossen Hitze, wobei die Thiere viel Durst leiden mussten, zu finden. Aderlassen am Schwanze, Schwemmen im Wasser, saure Tränke mit Salpeter, und bei hohem Grade der Krankheit die Anwendung von Campher, und von Haarseilen an der Brust setzten der Sterblichkeit Grenzen, da schon an 80 Stück vor der Behandlung umgekommen waren.

§. 292.

Die Aftergebilde, welche am Brustfelle erzeugt werden, sind hauptsächlich die Knoten und Hydatiden; auch Fleischgeschwülste, die aber nur im Zellgewebe des vorderen Mittelfellraumes entstehen, und dann vom Brustfelle bedeckt, in die Brusthöhle hervordringen. Die Knoten kommen am häufigsten in der sogen. Franzosenkrankheit des Rindviehes vor, wo sie das Rippenfell oft ganz bedecken; auch sind die Wasserblasen, welche den Hülsenwurm (*Echinococcus veterinorum*) enthalten, bei dieser Krankheit nicht selten.

Bei einem alten Pferde wurde eine Fleischgeschwulst von 26 ℔ in der Brusthöhle gefunden; sie lag vor dem Herzen, und war mit dem Herzbeutel und mit den Lungen verwachsen. Das Thier hatte einige Symptome von Herzschlägigkeit gezeigt [1]. — In der Brusthöhle eines Hundes, der sehr mager und schwach war, sehr mühsam athmete und von dem man glaubte, dass er an Brust-Wassersucht leide, fand man die Bronchialdrüsen sehr vergrössert, so dass sie eine Masse von 4 Zoll im Durchmesser bildeten [2].

Die Fettgeschwülste sind in der Brusthöhle viel seltener, als in der Bauchhöhle, jedoch findet man bei Hunden, besonders bei Mopsen, oft so viel Fett in der Umgebung des Herzens, dass Engbrüstigkeit daraus entsteht.

In der Brusthöhle des Pferdes kommt bisweilen *Filaria papillosa* vor, aber sehr viel seltener, als in der Bauchhöhle.

---

1) Procès-verbal etc. à l'école vétér. de Lyon. 1809. p. 22.

2) Ebend. 1821. cf. Ann. de l'agric. fr. II. Serie. T. 17. p. 44.

V. Von den Lungen.

§. 293.

Bei Verletzungen einer Seitenwand der Brusthöhle tritt ein Theil der Lunge durch die Oeffnung hervor, und bildet entweder einen Lungenbruch (***Pneumatocele, Hernia pulmonalis***), wenn die Haut noch unverletzt ist, oder einen Lungenvorfall (***Prolapsus pulmonis***), wenn die Wunde alle Theile der Wand durchdringt. Der Lungenbruch ist an einer leicht zurückzudrängenden aber eben so leicht wieder entstehenden Geschwulst unter der Haut zu erkennen, und entsteht, wenn ein stumpfer Körper die auf und zwischen den Rippen liegenden Muskeln durchdrungen, die dehnbare Haut aber nicht verletzt hat. Ist zugleich ein Rippenbruch vorhanden, so wird das hervordringende Stück der Lunge auch bisweilen eingeklemmt, und es entsteht dann Lungen-Entzündung.

Tauzia *) erzählt einen Fall von einem partiellen Lungenvorfall bei einem Schweine, welches von einer Kuh gespiesst, und in die Höhe geschleudert worden war. Die 16—17 Linien lange Wunde war zwischen der 6ten und 7ten Rippe der linken Seite, und der vordere Lungenlappen war 1½ Zoll herausgetreten. Die Reposition wurde gemacht, die Wunde geheftet, und in 14 Tagen war das Thier völlig geheilt.

§. 294.

Das Volumen und Gewicht einer Lunge, selten, oder wohl niemals beider zugleich, wird durch vorhandene Knoten, noch mehr aber durch den Erguss plastischer Lymphe in die Substanz oft enorm vermehrt, was namentlich in der chronischen Lungenseuche des Rindviehes am auffallendsten ist. Nur bei einer chro-

*) Sur une hernie pulmonaire du porc; in Dupuy's Journal pratique 1830. Février. p. 67.

nischen Entzündung kann so viel plastische Lymphe erzeugt werden, dass eine Lunge 20 ℔ und mehr wiegt, (ich fand sie einmal über 60 ℔ schwer), denn eine acute Entzündung tödtet entweder schneller, oder wird geheilt, ehe sie in Ausschwitzung übergeht.

Da eine so vergrösserte Lunge derber und fester, als eine gesunde ist, und beim Anfühlen einige Aehnlichkeit mit der Leber hat, so nennt man diesen Zustand das Fleischig- oder Leberähnlichwerden (*Hepatisatio pulmonis*). Sie sinkt im Wasser zu Boden, weil die Lungenzellen keine Luft enthalten, sondern mit plastischer Lymphe, eben so wie das Zellgewebe zwischen den Läppchen, ausgefüllt sind. Am deutlichsten sieht man die Zwischenräume bei den Rindslungen, daher hat auch die kranke Lunge bei der chronischen Lungenseuche auf der Schnittfläche ein marmorirtes Ansehen, indem die Lungensubstanz dunkelroth, das verhärtete Zellgewebe zwischen den Läppchen aber gelblich-roth gefärbt ist.

Wenn an einer Lunge, bei welchem Thiere es auch sey, nur ein Theil hepatisirt ist, was bei der Pferdelunge am häufigsten an dem vordern Lappen und am untern Rande *) stattfindet, so unterscheidet sich der kranke Theil von dem gesunden auch durch die Farbe, indem jener immer dunkler ist; dann hört man bei dem Einschneiden nicht das knisternde Geräusch, weil eben die Luft ganz darin fehlt.

Es ist für gerichtliche Fälle von Wichtigkeit zu wissen, in welcher Zeit solche organische Veränderungen in den Lungen entstehen können; aber leider kann

---

*) Die Thatsache, dass die Lungen am untern (scharfen) Rande und am vorderen Lappen am häufigsten krank sind, ist vielleicht dadurch zu erklären, dass eben diese Stellen bei dem ruhigen Athmen nicht immer mit frischer Luft erfüllt werden, sondern nur bei tiefen Athmenzügen (bei dem Aufblasen der todten Lungen werden die genannten Stellen immer zuletzt mit Luft angefüllt), dass mithin der Stoffwechsel vielleicht träger, und den Aftergebilden mehr Ruhe zu ihrer Entwickelung gegeben ist.

man selbst durch genau angestellte Experimente nie mit Sicherheit die Zeit bestimmen, weil man an dem lebenden, zum Versuche bestimmten Thiere (die dazu bestimmten Pferde sind in der Regel zu keinem Dienste mehr brauchbar) etwa schon vorhandene, aber nicht beträchtliche organische Veränderungen in den Lungen nicht gewiss nachweisen kann. Deshalb kann man auch die von Günther*) an Pferden gemachten, übrigens sehr schätzbaren Versuche nicht für entscheidend halten.

Nach meiner individuellen Ansicht, die sich nur auf die Analogie bei der Entstehung von Aftergebilden an mehr sichtbaren Theilen stützt, sind zum Fleischigwerden einer ganzen Lunge, oder selbst nur eines beträchtlichen Theiles derselben, z. B. eines Drittheiles, auch zur Entstehung der grösseren Knoten (wie Haselnüsse) mehr als 14 Tage erforderlich.

§. 295.

Die Lungen-Entzündung (***Pneumonitis***) kann man im ersten Zeitraume, wenn sie noch keinen Ausgang gemacht hat, nicht durch die Section nachweisen, da diese Organe immer viel Blut enthalten, und ein geringeres, oder grösseres vorgefundenes Quantum nicht zum Beweise dienen kann. Die rothe Färbung anderer entzündeter Theile fehlt in der entzündeten Lunge ganz, weil das Blut wegen mangelhaften Athmens nicht entkohlt wird, daher es schwarz-roth erscheint. — Der Ausgang der Lungen-Entzündung in Eiterung ist viel seltener, als der in Ausschwitzung von plastischer Lymphe.

Der Brand der Lungen ist immer nur auf kleine, begrenzte Stellen beschränkt, niemals kann eine ganze Lunge, noch weniger können beide Lungen zugleich brandig seyn. Es ist daher ein Irrthum in der Beurtheilung, dass man den sogen. Milzbrand auch Lungenbrand genannt hat, wozu man wahrscheinlich durch die schwarze (oder

*) Ueber den Gebrauch der Tränke in der pferdeärztlichen Praxis. Hannöversches Magazin 1829. No. 84. S. 665 ff.

dunkelroth-schwarze) Färbung verleitet worden ist. Diese rührt aber nur von dem nicht entkohlten (*decarbonisirten*) Blute her, welches hauptsächlich in der Lunge angehäuft ist, auf deren Seite das Thier während des Sterbens und später gelegen hat. Dieselbe Erscheinung kommt übrigens bei allen den Thieren vor, die nicht grade an Blutmangel gelitten haben, wenn sie auch nicht am Milzbrande gestorben sind.

§. 296.

In der Knotenschwindsucht (*Phthisis tuberculosa*), die zwar bei allen Hausthieren, am häufigsten aber bei Pferden, Hunden und Rindern (besonders Kühen) vorkommt, enthalten die Lungen in ihrer Substanz Knoten von sehr verschiedener Grösse, die gewöhnlich in verschiedenen Bildungsperioden sich befinden. Ist die Lungensubstanz übrigens da gesund, wo sich die Knoten befinden, so halten sie ihre gewöhnlichen Perioden, ist sie hingegen durch eine früher da gewesene, oder erst später hinzugetretene chronische Entzündung verhärtet, so erleiden die Knoten eine faulige Auflösung, die sich durch den stinkenden Athem, oder durch einen stinkenden Ausfluss durch die Nase (bisweilen auch durch das Maul) schon am lebenden Thiere zu erkennen giebt, und am Kadaver findet man an den kranken Stellen eine grauröthliche (chocoladen- oder weinhefenfarbige), höchst übelriechende Flüssigkeit, und die Substanz selbst grünlich gefärbt. Diese faulige Auflösung wird durch eine neue Krankheit, namentlich durch Brustfell-Entzündung sehr beschleunigt, und man nimmt daher bei der Section die Producte beider Krankheitszustände wahr, von welchen aber jene, die faulige Auflösung der Knoten bezeichnenden nicht mit denen der Brustfell-Entzündung zugleich entstanden, sondern schon früher da gewesen sind, weil eben, wie schon angegeben, die Verhärtung und die Knoten nicht in einigen Tagen, in welcher Zeit die Brustfell-Entzündung verläuft, entstehen können.

In der Rotzkrankheit des Pferdes, Esels und Maulthieres enthalten die Lungen gewöhnlich unmittelbar unter ihrer Pleura viele kleine Knoten, von der Grösse der Hirse- oder Hanfkörner; jedoch fehlen diese bisweilen, und es liegen grössere Knoten tiefer im Gewebe der Lungen, oder es sind beiderlei vorhanden, oder in einzelnen Fällen fehlen in dieser Krankheit alle Knoten, namentlich dann, wenn sie schnell verlief und sich mehr auf die Schleimhaut der Nase und ihrer Nebenhöhlen beschränkte.

Die in der Lungensubstanz enthaltenen Knoten machen das Athmen um so beschwerlicher, je grösser ihre Zahl, oder ihr Volumen ist, daher geschieht es mit grosser Anstrengung und namentlich mit starker Bewegung der falschen Rippen (in der Dämpfigkeit der Pferde), um die Ausdehnung der noch gesunden Theile der Lungen zu begünstigen, was bei dem ruhigen Athmen mit gesunden Lungen nicht nothwendig ist, wo nur von Zeit zu Zeit ein tiefer Athemzug gethan werden muss, um einmal die ganze Lunge mit frischer Luft wieder zu füllen. Die Knotenschwindsucht ist unheilbar, und nur in solchen Fällen erfolgt eine Minderung der Krankheit, wenn der erweichte Knoten — den man fälschlich Eiterbeule (*vomica*) genannt hat, da überhaupt die Eiterbildung in den Lungen sehr selten vorkommt — sich in einen Bronchus entleert, und wenn die Masse ausgehustet wird. Ist aber das Thier dazu zu schwach, so beschleunigt dieses auch gerade den Tod, nämlich durch Erstickung.

§. 297.

Als eine höchst seltene Erscheinung muss hier noch angeführt werden, dass bei einem Maulthiere, welches an der Knotenschwindsucht starb, drei Viertel einer Lunge in eine steinige, schwere, an der Luft ganz austrocknende Masse verwandelt war *). Wahrscheinlich

*) Procès-verbal etc. à l'école vétér. de Lyon. 1814. p. 25. Annales de l'agric. franç. T. 60. p. 297.

ist hier viel phosphorsaurer Kalk abgelagert worden, wie dies in der Knotenschwindsucht überhaupt nicht selten der Fall ist, wo man die Knoten, und sogar die feineren Verzweigungen der Bronchien mit dieser Materie angefüllt findet.

Dupuy [1]) liess einen 6jährigen Ochsen tödten, der an der Knotenschwindsucht litt, und fand die linke Lunge über 50 ℔ schwer, voll von Tuberkeln, und selbst die Bronchien, welche die Stärke eines Federkiels hatten, mit einer kreideähnlichen Masse verstopft; in den Lungenvenen (?) soll dieselbe Masse enthalten gewesen seyn. Ueberdies enthielten die Leber und Därme dieses Thieres viele Knoten.

Nach Lassaigne's [2]) Untersuchung bestand ein Stück Lunge mit Knoten von einem Ochsen aus:

salzsaurer Soda,
phosphorsaurer Soda,
phosphorsaurem Kalk in grosser Menge;
Eiweis und gallertartiger Materie, einige Spuren;
thierischer Materie.

Bei einer zweiten Analyse fand er:

Viel Eiweisstoff;
Eine fette Materie;
Phosphorsauren Kalk (in einem grösseren Verhältniss, als in den Knochen);
Etwas weniger kohlensauren Kalk. [3])

§. 298.

Von den in den Bronchien der Kälber und Lämmer vorkommenden Eingeweidewürmern ist schon oben §. 286 gesprochen worden.

Das Vorkommen fremder Körper in den Lungen ist

1) De la Pomellere; im Journal pratique. 1830. Février. p. 49 et suiv.
2) Procès-verbal etc. à l'école vétér. d'Alfort 1818. cf. Ann. de l'agric. fr. II. Serie. T. 4. p. 316.
3) Ebend. 1821. cf. Ann. de l'agric. II. Serie T. 18. p. 25.

bisher nur selten beobachtet worden, und ich kenne nur den einen von Girard *) mitgetheilten Fall.

Es wurde nämlich bei einem gesunden, fetten Ochsen, der in Paris geschlachtet worden war, eine Nähnadel in einer Lunge gefunden (wo, ist nicht angeführt), die von einem häutigen, dicken Balge eingeschlossen war. Es ist sehr wahrscheinlich, dass die Nadel von dem Ochsen verschluckt worden war, und dass sie aus dem Wanste, oder der Haube beim Wiederkäuen durch das Zwerchfell in die Lunge gedrungen war, obgleich das Eindringen in das Herz häufiger geschieht.

Zehntes Kapitel.

Von dem Gefässsysteme.

I. Von dem Herzbeutel und dem Herzen.

§. 299.

Die regelwidrige Lage des Herzens und seines Beutels wird nie nach der Geburt herbeigeführt, sondern ist immer in einem ursprünglichen Bildungsfehler der Brusthöhlenwände begründet, daher gehört die Schilderung in den Theil, welcher die angebornen Missbildungen enthält. Durch grosse Geschwülste in der Brusthöhle können diese Theile zwar etwas verdrängt, aber nie ganz aus der bestimmten Lage gebracht werden. — Unbeträchtliche Abweichungen von der gewöhnlichen Form sind bei den Thieren sehr häufig, indem nämlich das Herz gegen die Spitze mehr verschmälert, oder die Spitze weniger vorspringend, sondern mehr abgerundet ist.

Das Gewicht und Volumen des Herzens sind über die Norm vermehrt, bei einem zu grossen Herzen

*) Recueil de médec. vétér. 1830. Juin. p. 322.

(*Cor magnum — Hypertrophia cordis*), indem es wirklich mehr Muskelsubstanz enthält, als es in andern Fällen im Verhältnisse zur Grösse des Thieres hat. Oder das Herz hat nur an Umfang zugenommen, indem die Kammern und Vorkammern sehr erweitert und die Wände dabei dünner als gewöhnlich sind, am meisten die Seitenwände der rechten oder venösen Hälfte — Erweiterung des Herzens (*Dilatatio cordis — Aneurysma cordis*).

An einem zu grossen Herzen bemerkt man nichts Krankhaftes, in Hinsicht auf Consistenz und Textur, nur muss es das Blut mit grösserer Gewalt forttreiben, als ein anderes, welches weniger Muskelsubstanz enthält, daher ist der Puls wahrscheinlich immer voll und stark, ohne dass dies wirkliche Krankheit ist.

§. 300.

Liégard *) glaubt zwar, dass durch die Hypertrophie der linken Kammer bei einem Pferde ein Lungenschlagfluss verursacht worden sey, da sich aber bei der Section manche andere Abnormitäten fanden, so scheint mir dies zweifelhaft zu seyn. Eine zum Reiten gebrauchte 11jährige Stute, die sich immer sehr gut gehalten und gesund befunden hatte, fing an abzumagern, obgleich sie noch gut frass, kam leicht ausser Athem und konnte daher zum gewöhnlichen Dienst (bei der Cavalerie) nicht mehr gebraucht werden. In drei Monaten kam sie dahin, dass, wenn sie angestrengt wurde, sie von dem Ersticken bedroht wurde. Bei ganz ruhigem Verhalten im Stalle traten plötzlich folgende Zufälle ein: sehr beschwerliches, geräuschvolles Athmen mit gestrecktem Halse und auf die Krippe gestütztem Kopfe, kleiner, fadenförmiger Puls, kalter, reichlicher Schweiss über den ganzen Körper, roth-schwarze Färbung der Bindehaut.

*) Apoplexie pulmonaire; im Journal de médec. vétér. théorique et pratique. 1830. Avril. p. 210 et suiv.

Nachdem etwa 6 ℔ Blut aus der Ader gelassen waren, stürzte das Thier ohnmächtig nieder und konnte erst nach einer Viertelstunde wieder aufstehen. Nach dem Gebrauche anderer Heilmittel und nach einem in zwei Stunden wiederholten kleinen Aderlass schien Besserung des Zustandes einzutreten, die jedoch nur trügerisch war, denn bald darauf fiel das Thier nieder, bekam wieder einen kalten Schweiss, war über den ganzen Körper eiskalt, wälzte sich auf der Streu heftig, und starb. Bei der Section fand sich folgendes: die Hautgefässe enthielten viel schwarzes Blut, womit auch die Lungen überfüllt waren, diese waren schwer, viele kleine Blutgefässe derselben waren gerissen; in der Luftröhre fand sich viel Schaum mit einigen Blutstreifen. Das Herz hatte ein beträchtliches Volumen, die Wände der linken Kammer waren um ein Drittheil dicker, als gewöhnlich; die Leber und Milz hatten ein enormes Gewicht (welches?) und sie waren, so wie die grossen Venen, mit schwarzem Blute überfüllt.

§. 301.

Die Ausdehnung und Verdünnung der Wände des Herzens kann nur bei starkem Blutandrange und zu geringem Widerstande, wegen Schlaffheit und verminderter Irritabilität, entstehen; sie wird daher bei typhösen und fauligen Krankheiten fast immer angetroffen, und kann bis zur Zerreissung gesteigert werden. — Die zu starke Erweiterung der rechten Hälfte des Herzens kommt aber auch bei chronischen Lungenkrankheiten vor, indem die Lungen nicht alles in der rechten Kammer enthaltene Blut bei jeder Systole aufnehmen können, und da die Kammer nicht leer wird, so kann auch die Vorkammer ihren Innhalt nicht ganz in diese entleeren, folglich müssen beide ausgedehnt werden, um das durch die Hohlvenen zugeführte Blut aufnehmen zu können.

§. 302.

§. 302.

Der Herzbeutel wird durch das in ihm krankhaft vermehrte Serum, in der Herzbeutelwassersucht (*Hydrops pericardii*), bisweilen enorm ausgedehnt. Die Quantität des Serums ist nach der Grösse der Thiere verschieden, und steigt von einem halben Pfunde bis zu 40 ℔ und darüber. Dieses zuletzt angegebene enorme Quantum wurde bei einem Pferde gefunden, dessen Krankheitsgeschichte hier folgt. Es musste, stark erhitzt, durch kaltes Wasser gehen, wodurch es sich eine Erkältung zuzog. Hierauf zeigte sich etwas beschwertes Athmen, der Puls war weich und schwach, die Schleimhäute erschienen ganz blass, der Gang des Thieres war langsam und schwankend. Dieser Zustand dauerte mehrere Tage, und trotz einer fleissigen Behandlung trat colliquativer Durchfall ein, welcher das Leben des Thieres endete. (Ueber den Herzschlag ist nichts angegeben, wahrscheinlich war er wellenförmig, durch das zugleich an die Brustwand anschlagende Serum.) Bei der Section fand man 22 Litres Serum im Herzbeutel, seine innere Fläche und die äussere des Herzens waren mit einer festen eiweissartigen Materie (plastische Lymphe) bedeckt; die Lungen enthielten Knoten und waren mit der Rippenpleura verwachsen [1]). Es scheint in diesem Falle eine acute Herzbeutelwassersucht zugegen gewesen zu seyn, was aus dem Vorhandenseyn der plastischen Lymphe geschlossen werden muss.

§. 303.

Olivier [2]) fand folgende Symptome bei einem an der Herzbeutelwassersucht leidenden Pferde: der Herzschlag wurde in einem sehr ausgedehnten Raume an der

---

1) Procès-verbal etc. à l'école vétér. de Lyon. 1820. p. 15 — Annales de l'agric. franç. II. Serie. T. 13. p. 238.

2) Recueil d' observations pratiques; im Recueil de médec. vétér. 1825. Juillet. p. 283.

linken Seite der Brust gefühlt; legte man das Ohr an diese Seite, so hörte man die starken und sehr beschleunigten Schläge des Herzens; mittelst des Stethoscop's wurde ein dumpfes Geräusch, wie von einer in einem Gefäss bewegten Flüssigkeit gehört; die Herzschläge und Pulse waren von gleicher Zahl, und gleichzeitig. Hierzu kommt noch das ödematöse Anschwellen der Gliedmaassen, der Geschlechtstheile, des Bauches, der Gegend am Schaufelknorpel, und der vordern Glieder. Das Athmen wurde nun keuchend, der Gang sehr schwerfällig, die Fresslust verlor sich, und das Thier starb am neunten Tage der Beobachtung. Im Herzbeutel waren 3 ℔ blutigen Serum's enthalten, die Seitenwand der linken Herzkammer war sehr dick, an der äussern und innern Fläche des Herzens befanden sich mehrere schwarze Flecke (Extravasate).

Bei einem Maulthiere fand er fast dasselbe, nur hatte das Herz seine gewöhnliche Grösse.

Diese Krankheit kommt bei Pferden und Hunden gar nicht selten vor, und zwar für sich, oder in Verbindung mit Brustwassersucht, aber nicht immer ist das Serum blutig, sondern oft nur gelblich und ganz klar.

§. 304.

Die Verwundung des Herzbeutels, ohne Verletzung des Herzens, kommt bei durchdringenden Brustwunden vor, und geschieht auch bei dem Bruststich, in der Brustwassersucht, wenn der Troikar zu tief und zu weit unten eingestochen wird. Sie ist, wie die Brustwunden überhaupt, oft gefährlich, doch nicht immer tödlich. Delafond *) fand sie bei einem grossen Hunde, der von einem Eber in die Brust gehauen worden war, so dass er zwischen der vierten und fünften Rippe der linken Seite mit dem Finger bis in den Herzbeutel kom-

*) Plaie pénétrant dans la poitrime et dans le péricarde, chez un chien; in Dupuy's Journal pratique. 1829. Septembre. p. 445.

men konnte. Die Wunde enthielt eine schaumige Flüssigkeit, man hörte ein eigenthümliches Brausen, das Athmen war kurz und beschwerlich, die Herzschläge stark und schnell. Die Brustwunde wurde geheftet, in acht Tagen war der Hund genesen und blieb noch lange gesund.

§. 305.

Die Verletzung des Herzbeutels und zugleich des Herzens geschieht bei den Wiederkäuern, und zwar mehr bei Kühen und Ziegen, als bei Ochsen und Schafen, durch spitzige Körper von der Bauchhöhle aus, indem diese mit dem Futter, oder aus Naschsucht verschluckten Körper bei dem Wiederkäuen die Haube, oder den Wanst, und dann das Zwerchfell durchbohren. In der Mehrzahl der Fälle hat man die Seitenwand, seltener auch die Scheidewand der linken Herzkammer verletzt gefunden, nur zweimal betraf die Verletzung die Seitenwand der rechten Kammer. Die an den lebenden Thieren wahrgenommenen Krankheitszeichen sind nicht in allen Fällen übereinstimmend, und dies mag theils in der Constitution des Kranken, theils in der Dauer der Krankheit seinen Grund haben.

Tissot [1]), der in 14 Jahren siebenmal diese Verletzung des Herzens bei Rindern beobachtete, glaubt, dass folgende Symptome diesen Zustand bezeichnen: Husten, beschwerliches Athmen, häufiges Rülpsen, Herzklopfen, ein Geräusch in der Brust, was man an der linken Seite durch Anlegen des Ohres wahrnimmt, wässrige Geschwulst am Brustlappen, die mehr, oder weniger ausgebreitet ist.

Biederlinden und Weinberg [2]) halten die ödematöse Geschwulst an der Brust, die oft bis zum Kopfe hinaufreicht, für characteristisch.

---

1) Procès-verbal etc. à l'école vétér. de Lyon. 1816. p. 27. — Annales de l'agric. franç. T. 67. p. 203.
2) Im Veterinair-Bericht des Rheinischen Medic. Colleg. für 1826. mitgetheilt.

Weinberg bemerkte auch, dass die Thiere nach dem Fressen aufblähten, an Verstopfung litten, wenig Fresslust zeigten und Schluksen hatten. Nach und nach stellte sich die Fresslust wieder ein, die Kothentleerung erfolgte, aber es entstand nun ein schleichendes Fieber, wobei der Herzschlag nicht fühlbar war. Die Thiere legten sich, husteten anfangs nicht, und nur dann erst, wenn die ödematöse Geschwulst bemerkt wurde, entstand ein dumpfer, kurzer Husten und die Abmagerung nahm zu.

Die hier angeführten Beobachtungen stimmen im Wesentlichen, in Beziehung auf die Erscheinungen am lebenden Thiere, mit den von Greve (Erfahrungen und Beobachtungen über die Krankheiten der Hausthiere u. s. w. B. 1. S. 70. ff.) gemachten überein.

§. 306.

Diese Krankheit hat immer einen chronischen Verlauf und endigt mit dem Tode, wenn nicht zufällig das Thier geschlachtet wurde, ehe sich deutliche Krankheitszeichen wahrnehmen liessen, wovon Girard [1]) ein Beispiel anführt.

Bei der Section der an Herzverwundung gestorbenen Thiere findet man den verletzenden Körper von Eiter, und bisweilen auch von Blut umgeben, welches aus dem Herzen geflossen ist. Dupuy [2]) fand bei einem Ochsen, bei welchem die Seitenwand der rechten Kammer durch ein Stück Eisendraht verletzt war, in der Brusthöhle einen Sack, in welchem geronnenes Blut und eine grünliche Flüssigkeit enthalten war, ähnlich der in der Haube gefundenen; er glaubt, dass sie aus diesem Magen in die Brusthöhle geflossen sey, was um so eher möglich wurde, da er mit dem Zwerchfelle an

1) Corps métalliques trouvés dans la substance du coeur et des poumons; im Recueil de médec. vétér. 1830. Juin. p. 321.

2) Ouverture d'un Taureau dans lequel un corps étranger avait pénétré jusque dans le ventricule droit du coeur; in dessen Journ. pratique. 1826. Janvier. p. 24.

der verletzten Stelle fest verbunden war; sogar in der rechten Kammer war etwas von der grünlichen Flüssigkeit mit dem Blute gemischt enthalten. Statt der Muskelsubstanz fand sich eine weissliche, knorpelartige Masse, von welcher Dupuy glaubt, dass sie eine ganz neue Bildung, nicht blos eine Degeneration der Muskelsubstanz sey; sehr wahrscheinlich war aber nur plastische Lymphe zwischen die Muskelfasern ergossen und erhärtet, wodurch diese ein ganz fremdartiges Ansehen erhalten.

Dandrieu [1]) fand bei einer Kuh auch die Seitenwand der rechten Kammer von einer Nähnadel verletzt, und zwar in der Gegend der venösen Oeffnung.

Ziller [2]) fand bei einer Kuh eine grosse Stopfnadel, die vom Löser [3]) aus in die Spitze des Herzens eingedrungen war, wo sich eine fast knorpelartige Verhärtung gebildet hatte, so dass einige Gewalt angewendet werden musste, um die Nadel aus dem Herzen herausziehen zu können. Neun Tage vor dem Tode war das Thier sehr matt, stöhnte viel, hielt den Kopf gesenkt; die Haare waren gesträubt, die Hörner, Ohren und Gliedmaassen marmorkalt, der Herzschlag war sehr deutlich fühlbar, der Puls klein und geschwind, das Athmen war nicht krankhaft, die Fresslust und das Wiederkäuen hatten ganz aufgehört, die Koth- und Harn-Entleerung geschah regelmässig. Bisher hatte das Thier immer gestanden, aber 6 Tage vor dem Tode legte es sich nieder und konnte auch wegen der zunehmenden Schwäche nicht mehr aufstehen.

Bei einem 15 Monat alten Kalbe, welches Bouin [4]) 14 Tage vor dem Tode beobachtet, und bei welchem er

---

1) Recueil de médéc. vétér. 1826. Octobre. p. 486. et suiv.
2) In André's und Elsner's ökonom. Neuigkeiten. 1830. N. 83. S. 664.
3) Der einzige mir bekannte Fall, wo die Verletzung nicht von dem Wanste, oder der Haube aus geschehen war, wenn es nicht vielleicht: Haube, heissen soll.
4) Procès-verb. etc. à l'école vétér. de Lyon. 1815. p. 25. — Annales de l'agric. T. 64. p. 33.

heftiges Fieber mit epileptischen Anfällen bemerkt hatte, wurde die Stopfnadel auch in der Spitze des Herzens gefunden.

Bei einer Ziege wurde hier die Verletzung des Herzens an der linken Seitenwand gefunden.

§. 307.

Die Verletzung des Herzbeutels und Herzens geschieht auch durch Splitter bei Rippenbrüchen, wovon Rohlwes [1]) ein Beispiel anführt. Der Rippenbruch war wahrscheinlich in der Nacht, durch den Schlag von einem andern Pferde, entstanden. Am andern Morgen ging das Pferd noch eine Viertelstunde, dann aber schwankte es, und fiel vorn nieder. Als es Rohlwes sah lag es ganz ruhig, konnte nicht zum Stehen gebracht werden, bisweilen sah es sich nach der linken Seite um. Der Puls war nicht zu fühlen, der ganze Körper war kalt, am auffallendsten aber waren es die Beine. Ungefähr 24 Stunden nachdem es den Schlag erhalten hatte, starb es. Bei der Section fand sich ein langer Splitter einer gebrochenen Rippe im Herzen; Herzbeutel und Brusthöhle enthielten viel Blut.

Die innere Verblutung würde in kürzerer Zeit erfolgt seyn, wenn nicht der verletzende Knochensplitter die Oeffnung etwas verengt hätte.

§. 308.

Die Zerreissung des Herzens kommt nicht oft vor, ausser bei heftiger Erschütterung der Brust, und wenn die Muskelsubstanz schon an einer Stelle geschwunden ist. Bei einer Hündin, die 18—20 Fuss hoch aus einem Fenster herabgesprungen, und mit der Brust auf das Steinpflaster gefallen war, worauf sie bald starb, fand Rodet Sohn [2]) den Herzbeutel und beide Herz-

1) Magazin für die Thierarzneik. B. 1. S. 309. ff.
2) Observation de deux oreillettes du coeur etc. im Recueil de méd. vétér. 1826. Février. p. 101.

ohren, die überdies sehr ausgedehnt waren, und deren Muskelsubstanz geschwunden war, gerissen. Otto [1]) führt an, dass in Alfort bei einem an der Wuth gestorbenen Schweine das Herz der Länge nach gerissen gefunden worden sey.

Mehreremal fand ich bei Pferden und Hunden das Herz an verschiedenen Stellen so geschwunden, dass nur die äussere und innere Haut die Höhle noch schlossen, und dass mithin leicht eine Zerreissung hätte eintreten können. Bei einem dieser Pferde war das rechte Herzohr fast ganz, und an der Seitenwand der Kammer dieser Seite eine Stelle von ½ Zoll Durchmesser geschwunden. Auch an der Seitenwand der linken Kammer wurde dies in andern Fällen gefunden, und bei einem in Lyon [2]) untersuchten Pferde fand sich zugleich ein *Aneurysma* der hintern Aorta, in der Gegend der Nierenarterien.

Die Ursachen dieses Schwindens der Muskelsubstanz im Herzen sind noch ganz unbekannt, auch hat noch Niemand Symptome angegeben, durch welche dieser Zustand am lebenden Thiere erkannt werden könnte.

§. 309.

Verwachsung des Herzbeutels mit dem Herzen entsteht nach einer exsudativen Entzündung der serösen Haut, und ist entweder nur auf eine Stelle beschränkt, oder betrifft das ganze Herz. Die Verbindung beider Theile ist dann so innig, dass eine Trennung, ohne Verletzung, nicht mehr möglich ist; daher mögen auch wohl die unrichtigen Angaben, dass der Herzbeutel bei dem in der Brusthöhle liegenden, übrigens regelmässigen Herzen, gefehlt habe, entstanden seyn; und da die äussere Fläche des Herzbeutels immer mit Fett und Zellgewebe bedeckt ist, so nennt man dieses ein zottiges Herz (*Cor villosum*). Bei Pferden, Rindern und Hunden fand

1) Handb. d. path. Anat. S. 99. Not. 86.
2) Procès-verbal. 1810. p. 4.

ich diese Verwachsung mehrmals, doch weiss ich über den Zustand des lebenden Thieres nichts anzugeben.

§. 310.

Die Herz-Entzündung (*Carditis*) und die Entzündung des Herzbeutels (***Pericarditis***) sind überhaupt bei den Thieren nicht selten, die Fälle ungerechnet, wo sie durch Verletzung verursacht sind; gewöhnlich aber ist zugleich ein Lungenleiden vorhanden, weshalb sie als besondere Krankheiten nicht leicht zu erkennen sind.

In den meisten Fällen ist nur der Herzbeutel und die äussere Haut des Herzens entzündet, daher findet man diese, bei chronischem Verlaufe der Krankheit, oft beträchtlich verdickt. Bei einer Kuh fand ich den Herzbeutel sehr dick und die ganze äussere Fläche des Herzens runzelich, indem zwischen der serösen Haut und der Muskelsubstanz die Ausschwitzung von plastischer Lymphe stattgefunden hatte *); hier bestand die Ursache in einer Verletzung durch eine Nadel. Indessen sind auch Fälle vorgekommen, dass in Folge der Entzündung der innern Herzhaut Exsudate entstanden und fest geworden sind, an welche sich nach und nach von dem Faserstoffe des vorbeifliessenden Blutes immer mehr anhing und das Aftergebilde vergrösserte. Auf gleiche Weise mag auch die Verdickung der Klappen an den Vorkammern entstehen. Durch Metamorphose entsteht aus dem Faserstoffe Knorpel und in diesem wird dann bald phosphorsaurer Kalk abgesetzt, d. h. der Knorpel verknöchert. Einigemal fand ich bei Pferden, Kühen Schweinen und Hunden diese Vedickung und beginnende Verknöcherung der Klappen, bald in der rechten, bald in der linken Hälfte des Herzens. Der Eingang aus der Vorkammer in die Kammer wird dadurch um ein Merkliches verengt,

*) Von dem Thierarzte Siebert eingesandt.

jedoch wurde an den lebenden Thieren kein darauf Bezug habendes Symptom wahrgenommen. Die Verknöcherung der Aortenklappen fand Otto [1]) bei Pferden; und in Alfort sah derselbe die Verknöcherung am linken Herzohre eines Pferdeherzens, in Utrecht starke Verknöcherungen an einem Schafherzen [2]). — Eiterung und Brand fand ich noch nie am Herzen; aber in Lyon wurde an dem Herzen eines Hundes, der an Harnbeschwerden gelitten hatte, ein Abscess von der Grösse eines Hühnereies an dem vorderen Theile gefunden, und der Herzbeutel war ganz mit dem Herzen verwachsen [3]). Uebrigens war der Kreislauf nicht gestört.

§. 311.

An der äussern Fläche des Herzens kommen auch bisweilen Fettgeschwülste und Knoten, an der innern und äussern aber Fleischgeschwülste und Hydatiden vor. Da das Herz bei gutgenährten Thieren mit Fett bedeckt ist, so ist die Entstehung der Fettgeschwülste hier eben so gut möglich, wie an andern Stellen des Körpers; aber sie kommen dennoch sehr selten vor, und ich kann hier nur Otto's [4]) Beobachtung anführen, der im Hunterian-Museum zu London eine, Knochenmasse enthaltende, Speckgeschwulst an der Spitze eines Ochsenherzens sah. — Knoten fand ich nur einmal an dem Herzen eines Hundes, die unmittelbar unter der äusseren Haut lagen, und sich in das Fleisch etwas eingedrückt hatten. — Eine Fleischgeschwulst fand Otto [5]) bei einem scheinbar gesunden Kalbe; sie hatte die Grösse einer Haselnuss, sass auf der Mitte der mützenförmigen Klappe mit flacher Basis auf, und zwar an der, der linken Vorkammer zugewandten, Fläche. Sie

1) Lehrb. d. path. Annal. S. 293. Anm. 9.
2) A. a. O. S. 292. Anm. 5.
3) Procès-verb. etc. à l'école vétér. de Lyon 1812. cf. Annales de l'agric. T. 51. p. 58.
4) A. a. O. S. 295. Anm. 4.
5) Neue seltene Beobachtungen etc. Berlin 1824. S. 53.

war fest, elastisch, glatt, fleischartig, war mit einer feinen, serösen Haut, der Fortsetzung der innern Herzhaut, überzogen, und hatte eine dunkle, fast braunrothe Farbe. Die Klappe war da, wo die Geschwulst aus ihr hervor gewachsen war, etwas dicker und fester, als an ihrem übrigen Theile. Bei einigen Kalbsmissgeburten fand er auch diese Geschwülste. —

Folgende Beobachtung scheint auch hierher zu gehören. Bei einem an allgemeiner Wassersucht gestorbenen Hunde war der Herzbeutel durch eine Flüssigkeit, die dem Venenblute in Consistenz und Farbe völlig glich, ausgedehnt. Die innere Fläche dieses Sackes hatte fast das Ansehen der Schleimhaut der Gallenblase, und enthielt mehrere röthliche, weiche, polypenartige (?) Gebilde von verschiedenartiger Grösse, von welchen das grösseste einem kleinen Hühnerei glich und an der Seitenwand der rechten Herzkammer festsass. Die Zipfel der dreispitzigen Klappe hingen mit der innern Herzwand so fest zusammen, dass sie nicht aufgerichtet werden konnten [1].

Zwei Fälle von Geschwülsten in den Herzkammern des Pferdes und Rindes sind auch in Tennecker's Zeitung für die Pferdezucht etc. [2]) angeführt.

§. 312.

Die Finnen kommen bei dem Schweine auch am Herzen vor, und ich fand sie einmal am Herzen eines sehr fetten Hundes, zugleich aber in ungeheurer Zahl zwischen den Muskeln und an andern Organen. Viel seltener sind die grösseren Hydatiden, die bis jetzt nur zweimal an Ochsenherzen gefunden wurden; bei einem hatte die Hydatide die Grösse eines Apfels [3].

---

1) Procès-verbal etc. à l'école vétér. d'Alfort 1818. cf. Ann. de l'agric. fr. II. Serie. T. 4. p. 325.
2) B. I. S. 297. 298.
3) Vergl. Otto's Lehrb. d. path. Anat. S. 295. Anm. 5.

Die wahren Polypen, so wie man sie an den Schleimhäuten findet, kommen im Herzen nicht vor, denn das, was man dafür gehalten hat, war sehr wahrscheinlich nur ein Exsudat an der innern Haut (s. oben). In Lyon will man bei einem Hunde einen Polypen an dem obern Theile der linken Herzkammer gefunden haben, der die Grösse eines kleinen Hühnereies hatte! [1])

Falsche Polypen nennt man die in den Höhlen des Herzens und der grossen Gefässstämme, nach dem Tode erst, entstandenen Massen von geronnenem Faserstoff, die an keiner Stelle festsitzen, daher leicht herausgezogen werden können, wenn sie nicht durch das netzartige Gewebe der Herzohren festgehalten werden. Ist das Serum verdunstet, so hängen sie auch wohl an den Herzohren etwas fester an, ohne dass eine innige Verbindung, die auf das Vorhandenseyn im lebenden Thiere schliessen liesse, besteht.

§. 313.

Ausser den Finnen sollen auch andere Eingeweidewürmer im Herzen gefunden worden seyn, namentlich will Peysson [2]) in dem Herzen eines Hundes mehrere Ascariden (wahrscheinlich *Strongylus trigonocephalus*) gefunden haben.

Fremde Körper, z. B. Nadeln, Nägel, Drathstücken, die im Herzen der Wiederkäuer gefunden wurden, sind in den meisten Fällen von den beiden ersten Magen aus eingedrungen, und Kugeln, oder Schrotkörner, nach Schusswunden, bleiben in seltenen Fällen, wo der Tod nicht sogleich durch Verblutung erfolgte, auch längere Zeit in der Substanz, oder in den Höhlen des Herzens, oder in der Höhle des Herzbeutels liegen; wovon jedoch die Beispiele bei den Hausthieren sehr selten sind.

---

1) Procès-verb. 1811. Annales de l'agric. T. 48. p. 66.
2) In Annales de la Société. de Médec. prat. de Montpellier. T. XV. p. 49.

II. Von den Arterien.

§. 314.

Bei übrigens regelmässig gebildeten und gesunden Thieren findet man mancherlei Abweichungen in Hinsicht der gewöhnlichen Zahl und des Ursprunges der Arterien, da sie aber, so viel bis jetzt bekannt ist, weder Krankheit erzeugen, noch sonst hinderlich, oder nachtheilig geworden sind, so übergehe ich sie hier.

Die Pulsadergeschwulst (*Aneurysma*) gehört zu den nicht selten vorkommenden Krankheiten der Arterien, und besteht in einer begrenzten Ausdehnung der Gefässwände, die entweder nur eine Seite des Gefässstammes einnimmt, oder das ganze Gefäss betrift. Die Grösse der Geschwulst variirt von der einer Nuss, bis zu der eines Menschenkopfes, eben so verschieden ist ihre Gestalt, am häufigsten jedoch ist sie rund, oder länglich. Die Faser- und Zellhaut der erweiterten Arterie werden in der Regel dicker (oft Zoll-dick), verknöchern, und da in diesen erweiterten Stellen das Blut langsamer fliesst, so scheidet sich ein Theil des Faserstoffes ab, der sich schichtweise an die innere Wand der Geschwulst anlegt, und oft sehr innig damit verbindet. Sehr oft enthalten die Aneurysmen am Stamme der vorderen Gekrösarterie des Pferdes, und auch die an ihren Aesten, die kleine Varietät des *Strongylus armatus*, und zwar in grosser Zahl. Greve hielt sie für die veranlassende Ursache der Pulsadergeschwulst, jedoch gewiss mit Unrecht, denn diese Würmer kommen nicht immer vor, und in dem Aneurysma des Menschen werden sie nie gefunden. — Es kommt höchst selten vor, dass eine Pulsadergeschwulst platzt, ausser wenn die Wände durch Geschwüre zerstört sind. Am lebenden Thiere kann die Pulsadergeschwulst nur durch das Gefühl erkannt werden, und wo dies nicht angeht, giebt es kein characteristisches Zeichen, durch welches ihr

Vorhandenseyn angedeutet wird, da in vielen Fällen die damit behafteten Thiere kaum ein Symptom von Krankheit zeigen. Die Ursachen sind wohl immer mechanische, namentlich Zerrung der Arterienhäute durch schwere Eingeweide, bei vorhandener Disposition, indem nämlich die Häute nicht gehörig Widerstand leisten. Die Folgen sind selten von Bedeutung, denn es sind nur wenige Beobachtungen bekannt, wo eine Zerreissung der Pulsadergeschwulst, oder ein anderer Krankheitszustand bemerkt worden ist.

§. 315.

Die wahre Pulsadergeschwulst ist am häufigsten bei dem Pferde, und zwar an der Bauchaorta und an den von ihr abgehenden Eingeweide-Arterien; an andern Arterien des Körpers wurde sie bis jetzt sehr selten gefunden.

Die zootomische Sammlung der Thierarzneischule enthält eine grosse Zahl von Pulsadergeschwülsten, die an den eben bezeichneten Gefässen bei Pferden gefunden wurden. Hering *) fand diese Krankheit an der Eingeweidepulsader (*Art. coeliaca*) zweimal, an der Leberarterie dreimal, an einer Nierenarterie einmal, und an der hintern Gekrösarterie zweimal. Bei 65 Pferden fand er sie an der vordern Gekrösarterie und ihren Aesten, nämlich am Stamme 7mal, an den Grimmdarmarterien 59mal, an der Blinddarmarterie 18mal, an den Arterien des Dünndarmes 16 mal (mithin bei einem Pferde an verschiedenen Arterien); woraus er den Schluss zieht, dass selten bei einem Pferde das Aneurysma fehle (bei sehr jungen Füllen ausgenommen), und dass es eher zwei habe als keins. Diese Annahme ist nach meinem Dafürhalten etwas übertrieben, denn unter den 60—70 Pferden, die jeden Winter unter meiner Aufsicht zergliedert

*) Mémoires sur les anévrysmes internes dans le cheval; im Recueil de Médec. vétér. 1830. Août p. 433. et suiv.

werden, finde ich die Pulsadergeschwülste zwar oft, aber doch nicht so häufig.

In den sogleich anzuführenden Fällen wurde ein krankhafter Zustand bemerkt, der zu der vorhandenen Pulsadergeschwulst in Beziehung stand.

§. 316.

Bei einem ungefähr 15 Jahr alten Pferde, welches einige Tage vor dem Tode an allgemeiner Schwäche, und an Blutabgang durch den After gelitten hatte, wurde ein Aneurysma an einer der Grimmdarmarterien, zwei Zoll von ihrem Ursprunge entfernt, gefunden, welches 10 Zoll innern Umfang hatte, sich dann verschmälerte, so dass es 8 Zoll davon entfernt noch einen innern Umfang von 4 Zoll hatte; es enthielt Faserstoff, Knochenlamellen und eine braune Jauche; im Grimmdarme fand sich ein röthliches Gemenge von zersetztem Blute, von Nahrungsstoffen und Arzneien. Die übrigen Aeste der vordern Gekrösarterie waren erweitert, die Aorta mit dickeren Wänden versehen, und zwei Venen des Grimmdarmes waren, auf einer Strecke von 1¼ Fuss, bis auf 1 Zoll Durchmesser durch geronnenen Faserstoff erweitert *).

Bei einem andern Pferde wurden leichte Kolikzufälle, die von Zeit zu Zeit wiederkehrten, bemerkt, ohne dass eine Ursache aufgefunden wurde; ferner zeigte sich Hinken mit Anschwellung der hintern Gliedmaassen, bald der einen, bald der andern, und dem plötzlich erfolgten Tode ging allgemeine Schwäche voraus. Bei der Section fand man an der Aorta und vorderen Gekrösarterie eine Pulsadergeschwulst, die mit ihrem Innhalt an Faserstoff 5 ℔ wog. Wegen der Grösse und Consistenz des Blutpfropfes in der Geschwulst konnte nur eine kleine Quantität Blut zu den Aesten der vordern Gekrösarterie und zu den hinteren Stämmen der Bauchaorta

*) Hering, a. a. O. p. 441.

gelangen, woraus die wahrgenommenen Zufälle erklärt werden [1]).

§. 317.

Chouard [2]) beobachtete bei einem 7jährigen Pferde, welches an einem Widerrüstschaden gelitten hatte, und von Neuem operirt werden sollte, dass sein Gang beschwerlich und schwankend war, so dass es das Hintertheil kaum nachschleppen konnte. Bei weiterer Untersuchung fand er den Puls hart und sehr beschleunigt, den Herzschlag stark und schnell. Da er einen Halbschlag oder Querschlag (*Paraplegia*) befürchtete, so machte er einen Aderlass, zog Haarseile an den Hinterbacken, machte trockne warme Umschläge auf die Lenden, und gab Salpeter. Am andern Morgen war der Zustand noch derselbe, aber es brach ein allgemeiner Schweiss aus, der einen Theil des Tages anhielt, wobei die Excretionen nicht gestört waren; übrigens zeigte das Thier bei der Berührung viel Empfindlichkeit. Bei gleicher Behandlung dauerte dieser Zustand 6 Tage, worauf der Tod unter heftigem Herzklopfen erfolgte.

Bei der unmittelbar nach dem Tode vorgenommenen Section fanden sich der Magen und die Därme leicht geröthet, die Milz aufgetrieben, die Leber schwarz und ebenfalls aufgetrieben, die Nieren und Harnblase entzündet. An der Bauchaorta, deren innere Fläche roth war, befand sich in der Gegend der Nierenarterien ein Aneurysma von der Grösse eines Hühnereies, an welchem sich unten eine kleine Oeffnung fand, die sich in Form eines Stiels verlängerte, und mit einer Geschwulst von der Grösse eines Kinderkopfes, die mit Faserstoff angefüllt war, in Verbindung stand. Auch in der Aorta war ein Blutpfropf, welcher sie und die hintern Aeste derselben ausfüllte. Das Herz, etwas grösser als gewöhn-

1) Im Recueil de médec. vétér. 1829. Août p. 471.
2) Anévrysmes de l'Aorte posterieure avec rupture et complication de Paraplegie; in Dupuy's Journ. prat. 1826. Septembre p. 390. et suiv.

lich, war mit Extravasaten bedeckt, die Kammern erweitert, und mit schwarzem Blute angefüllt. Die Rückenmarkshäute waren in der Lendengegend wie injicirt (von den heissen Umschlägen?), das Rückenmark sehr weich und von Serum umgeben.

§. 318.

Derselbe Thierarzt erzählt noch eine zweite Beobachtung.

Ein schönes 7jähriges Wagenpferd (Stute) war immer nur mittelmässig beleibt, obgleich es stets gute Fresslust besass. Einige Monate vor der sogleich zu beschreibenden Krankheit zeigte die Stute weniger Feuer und Beweglichkeit, ohne deutliche Krankheitserscheinungen.

Nach einem ziemlich schnellen Laufe wurde sie traurig und verlor den Appetit, der Gang wurde beschwerlich, in der Nierengegend schien sie heftige Schmerzen zu empfinden, denn sie beugte den Rücken nicht, wenn man in dieser Gegend darauf drückte; der Puls war voll und beschleunigt, der Herzschlag stark und schnell. Sie litt ferner auch an Verstopfung, und nachdem die Kothentleerung durch Klystiere bewirkt wurde, geschah diese, so wie die Entleerung des Urins mit Schmerzen. Alles dieses veranlasste Chouard an das Vorhandenseyn einer Nieren-Entzündung zu glauben. Daher wurde antiphlogistisch verfahren, und auf die Lendengegend wurden warme Umschläge gelegt. Nach einigen Tagen zeigte sich Besserung, und nach einem Monat wurde das Thier wieder zum leichten Dienst gebraucht, worauf aber die frühere Krankheit sogleich wieder erschien. Bei derselben therapeutischen Behandlung erfolgte eine nur kurze Zeit dauernde scheinbare Genesung, denn es entstand bald eine Entzündung des unteren Theiles der hinteren Gliedmaassen, und in der Haut derselben bildeten sich kleine Oeffnungen, aus welchen Serum und selbst Blut ausfloss. Bei einer Bewegung im Schritt entstand eine Art von Krampf im linken Hinterschenkel, der

die

die Bewegung für einen Augenblick hinderte, und heftiges Herzklopfen, welches eine Viertelstunde anhielt, dann aber verschwanden auch diese Symptome. Seit dem ersten Erkranken bis jetzt waren 4 Monate vergangen, und da man nun das Pferd für gesund hielt, so sollte es eine kleine Reise machen; es war aber nur eine kleine Strecke lebhaft, wie sonst, gegangen, so trat plötzlich eine Lähmung des Hintertheiles ein, und es konnte nur mit Hülfe mehrerer Personen in den Stall zurück gebracht werden. Das Pferd lag nun auf der rechten Seite, liess öfters ein Geschrei hören, ähnlich dem Brüllen eines wilden bösen Stieres, die vordern Gliedmaassen wurden krampfhaft zusammengezogen, und es kehrte den Kopf bisweilen nach der Flankengegend hin. Ueber den ganzen Körper brach der Schweiss aus, die gerötheten Augen wurden in den Augenhöhlen rollend bewegt, die Pupille war zusammengezogen und unbeweglich, die sichtbaren Schleimhäute waren geröthet, der Puls war stark und bis auf 90 Schläge in der Minute beschleunigt, der Herzschlag stark und schnell, kurz das Thier verrieth die höchste Angst. Bei derselben Behandlung, wie früher, verminderte sich zwar die Zahl und Stärke der Herzschläge und Pulse, aber das Hintertheil blieb gelähmt, doch verlor es seine Empfindlichkeit nicht. Kurz vor dem Tode, der nach einigen Tagen erfolgte, stand das Pferd auf.

Bei der am folgenden Tage vorgenommenen Section zeigte sich folgendes: Magen und Darmkanal gesund, die Leber voluminös und mürbe, die Nieren vergrössert und entzündet, die Harnblase leer und ihre Schleimhaut geröthet. An der Bauchaorta, hinter den Nierenarterien fand sich ein Aneurysma, doppelt so gross wie die Arterie im gesunden Zustande, mit theils verknöcherten, theils knorpeligen Wänden, und einer Oeffnung, durch welche ungefähr eine mässig grosse Wallnuss gebracht werden konnte, deren Ränder dünn und wie abgenutzt waren. Die innere Haut der Arterie war roth und ent hielt Geschwüre, ein grosser und fester Pfropf aus Faserstoff füllte die Geschwulst aus und reichte bis in die Theilung der Aorta, er hatte auch das Ausfliessen des Blutes in die Bauchhöhle verhindert. Das Herz war weich, die Höhlen waren sehr erweitert, und enthielten schwarzes Blut, die Lungen mit Extravasaten bedeckt. Das Rückenmark war in der Lendengegend eher fester, als im gesunden Zustande, und von einer blutigen Flüssigkeit umgeben; im Gehirn nichts Krankhaftes. —

Gerissene Pulsadergeschwülste fand Greve [1]) fünfmal bei Pferden, viermal an der Bauchaorta (die er grosse Rückenpulsader nennt) und einmal am Stamme der vordern Gekrösarterie. Der Tod erfolgte plötzlich durch innere Verblutung.

Moreau [2]) fand bei einem Pferde, welches mehrmals starke Blutungen aus dem Maule gehabt hatte, und auch daran starb, ein grosses Aneurysma der linken Gaumenarterie in der Gegend der beiden hintern Backenzähne. Sowohl der Knochen, als auch die Gaumenhaut waren geschwunden, wo das Aneuryma sich befand, dessen Wände zwar dick, aber nicht fest waren, daher war es an mehreren Stellen geborsten.

§. 319.

Einzelne Arterien des Körpers findet man ausgedehnt, wenn die Organe, welchen sie das Blut zuführen, krank sind, und das Blut aus den grossen Aesten nicht leicht in die kleinen eindringen kann, oder auch im umgekehrten Falle, wenn nämlich das Organ zu wenig Widerstand leistet, und deshalb zu viel Blut hinströmt. Aus dem zuerst angeführten Grunde sind auch in der Dämpfigkeit des Pferdes die Lungenarterien oft sehr erweitert. Als Beispiel des zweiten Falles dürfte vielleicht die örtliche, begrenzte Erweiterung der Gefässen-

1) Erfahrungen und Beobachtungen etc. B. 1. S. 172.
2) Procès-verbal etc. à l'école vétér. d'Alfort. 1811. cf. Ann. de l'agric. fr. T. 47. p. 344.

den (*Angiectasis*, *Telangiectasis*, *Aneurysma per anastomosin*, *Splenoïd* Heusinger) dienen, welche nur in der Haut, und zwar an solchen Stellen des Körpers vorkommt, wo sie weicher und mit einer dünnen Oberhaut versehen ist, nämlich an den Lippen, den Augenliedern, der Vorhaut und am Euter, an welchen Stellen sie bis jetzt allein von Rigot [1]) bei dem Pferde und Hunde beobachtet worden ist. Er fand nämlich bei einem Pferde mit weisser Oberlippe an dieser einen bräunlichen Fleck, von der Grösse eines Fünffrankenstückes (wie ein preuss. Thaler), wenig erhaben, genau begrenzt, mit einer dünnen, kleienartig sich abschuppenden Oberhaut bedeckt, mit vielen feinen, seidenartigen Haaren besetzt, welche dieselbe Farbe hatten, wie der Fleck. Nachdem das Pferd durch Verblutung getödtet war, hatte der Fleck eine gelbliche Farbe angenommen, und bestand aus einer Menge kleiner Zellen, die unter sich in Verbindung standen und leicht durch Venenzweige zu injiciren waren. Dieses Gewebe nahm die ganze Dicke der Haut ein, und glich ganz dem schwammigen Körper der Eichel. Ueber die Entstehung und die Dauer war nichts zu erfahren. Drei andre Beobachtungen wurden an Hunden gemacht, nämlich am Brusttheile des Euters, am untern Augenliede und an der Vorhaut; die Geschwulst am Euter hatte sich in kurzer Zeit sehr vergrössert, und bei der Exstirpation war die Blutung sehr stark.

§. 320.

Zufällige Verletzungen der Arterien kommen bei dem Aderlassen nicht selten vor, und zwar an den Drosselarterien und an den Gaumenarterien (bei dem sogenannten Kernstechen), wenn nämlich das Aderlassinstrument die Vene durchdringt und bis in die Arterie eindringt, oder von der Vene abgleitet und nur die Arterie

---

[1]) Observations d'Anévrysmes per anastomoses; im Recueil de méd. vétér. 1827. Avril. p. 145. suiv.

trifft. Es fliesst dann das Arterienblut in die Vene, aus dieser durch die äussere Wunde nach aussen, und es entsteht die sogenannte krampfadrige Pulsadergeschwulst (*Aneurysma varicosum*, *Varix aneurysmaticus*); oder das Blut wird in das benachbarte Zellgewebe ergossen und die falsche Pulsadergeschwulst (*An. spurium*) gebildet. Das aus der Aderlasswunde ausfliessende hellrothe Blut — wenn die Arterie allein verletzt ist — das fortwährende Ausfliessen eines gemischten Blutes, wenn die Vene über und unter der Wunde zugedrückt wird, bestimmen diese Verletzung. Nur durch schnelle Unterbindung, oder durch Compression kann der tödlichen Verblutung vorgebeugt werden, denn obgleich einige Fälle bekannt sind [1]), dass der Blutfluss aus der verletzten Drosselarterie ohne Unterbindung gestillt wurde, so sind dies nur seltene Ausnahmen.

Die Verwundung der Arterien, und besonders der vordern, oder hintern Aorta, geschieht bisweilen vom Schlunde her durch verschluckte Nadeln.

Olivier [2]) fand bei einer Ziege die vordere Aorta durch einen grossen Blutpfropf beträchtlich ausgedehnt, in welchem eine Nähnadel eingeschlossen war. Das Thier hatte diese Nadel wahrscheinlich ungefähr 8 Tage vor dem Tode mit dem Futter verschluckt, es hatte nämlich Kleie bekommen, worauf es bald heftige Anstrengungen zum Erbrechen machte, und auch Flüssigkeit durch das Maul und die Nase auswarf. Von der Zeit an wurde die Ziege traurig, sie versagte das Futter, und warf nach grosser Anstrengung oft schaumige Flüssigkeit aus. Drei Tage vor dem Tode, wo Olivier die Ziege sah, war sie sehr aufgetrieben, verstopft, und brach noch immer eine weisse Flüssigkeit aus. Durch die Behandlung wurde zwar die Trommelsucht und die Verstopfung beseitigt, aber das Erbrechen dauerte noch einen Tag

---

1) Recueil de médec. vétér. 1824. Février. p. 45. — Mai. p. 161

2) In Dupuy's Journ. pratique. 1829. Décembre. p. 603 et suiv.

fort, worauf auch dieses aufhörte, und die Ziege zeigte einige Fresslust. Am 7ten, oder 8ten Tage der Krankheit, am 3ten der Behandlung, war der Zustand sehr verändert; die Ziege athmete beschwerlich und geräuschvoll, das Maul war mit Schaum angefüllt, die Ohren und Nase wurden kalt, der Puls war klein und geschwind, und das Thier konnte nicht mehr stehen. Am Mittage dieses Tages starb es.

Olivier glaubt zwar, dass die Nähnadel aus dem Magen in die vordere Aorta gekommen sey; indessen halte ich dieses nicht für möglich, und es ist sehr wahrscheinlich, dass die Nadel den Schlund durchbohrt hat und in die Aorte gedrungen ist, wo sie nun stecken geblieben und die Veranlassung zur Bildung des Blutpfropfes geworden ist.

Einen Fall von Verwundung der hintern Aorta habe ich schon S. 159 angeführt.

Auch bei der Entfernung fremder Körper aus Wunden entstehen tödliche Verletzungen der Arterien. So wurde die linke Armarterie eines zweijährigen Stutfüllens verletzt, indem Taiche *) ein Stück Holz, beinahe 1 Fuss lang, welches von der Brust her unter die Schulter gedrungen war, durch die Wunde an der Brust herauszog. Die Verblutung endete in Zeit von einer halben Stunde das Leben des Thieres.

§. 321.

Die Entzündung der Arterienhäute, und besonders der innern Haut, entsteht oft ohne bekannte Ursache, oft nach der Einwirkung starker Reize auf die Haut, wie des Feuers, der scharfen Stoffe u. d. m. Sie ist entweder nur örtlich, oder sie ist ausgebreitet, geht von einer Stelle aus, wo die heftige Reizung der Haut stattfand, und verbreitet sich über den ganzen Stamm der

*) Extraction d'un corps étranger; in Dupuy's Journal prat. 1829. Septembre. p. 433.

Arterie. Dieses fand ich bei einem Pferde, welches wegen Spat an den Sprunggelenken gebrannt worden war, wo die Schenkelbein-Arterien (*a. a. tibiales*) und die Schenkelarterien (*a. a. crurales*) bis in das Becken hinauf entzündet waren. Es war plastische Lymphe ausgeschwitzt und zugleich hatte sich so viel Faserstoff an den nun nicht mehr glatten Wänden der Gefässe angesetzt, dass sie beinah verschlossen waren. Ein beständig unregelmässiger Puls, ohne andere Fieberbewegungen, war das einzige auffallende Symptom am lebenden Thiere.

An der innern Haut der Aorta bei Pferden, an verschiedenen Stellen, fand ich einigemal festsitzende plastische Lymphe, ohne dass jedoch an dem lebenden Thiere etwas Krankhaftes bemerkt wurde.

§. 322.

Von der Arterien-Entzündung muss man die nach verschiedenen Krankheiten und bei allen Kadavern vorkommende dunkelrothe Färbung der innern Arterienhaut, die durch Waschen nicht zu vertilgen ist, unterscheiden, denn diese entsteht nur, wenn das zur Zersetzung geneigte, oder schon wirklich zersetzte Blut die Haut durchdringt, was wahrscheinlich erst unmittelbar nach dem Tode geschieht. Daher findet man bei fauligen, oder typhösen Krankheiten fast immer die Lungenarterie an der innern Fläche dunkel-braunroth gefärbt, die Aorta und ihre grossen Aeste nur dann, wenn die Blutzersetzung schon weiter gediehen ist, und wenn sie anstatt des hellrothen, dunkelrothes, schwarzes Blut führten. Trousseau und Rigot *) haben interessante Versuche über diesen Gegenstand angestellt, um zu beweisen, dass diese Färbung nicht von Entzündung herrühre. Sie bewirkten die Färbung der todten Arterie in krankem Venenblute schon in einigen Minuten, und um so später,

*) Mémoire sur les colorations cadaveriques des artères et des veines; im Récueil de médec. vétér. 1827. Août. p. 371. suiv.

je weniger das Blut vom Normalzustande abwich, aber immer erst, wenn die Zersetzung desselben eintrat.

§. 323.

Die Verknöcherung der Arterienhäute kommt nicht so selten vor; bei den Pulsadergeschwülsten des Pferdes ist sie fast immer vorhanden, und bei der allgemeinen Knotenbildung, wie in der sogen. Franzosenkrankheit des Rindviehes, wo überhaupt ein Ueberfluss an phosphorsaurem Kalke zu bestehen scheint, finde ich die Brustaorta und andere grosse Arterienstämme, die Lungenarterie ausgenommen, bisweilen so stark verknöchert, dass das Gefäss einer knöchernen Röhre gleicht, der natürlich alle Elasticität fehlt.

Balggeschwülste fand ich bis jetzt noch nie in den Arterienhäuten, aber Otto [1]) sah zwei in der Thierarzneischule zu München, die eine wie eine Wallnuss, die andere wie eine Pommeranze gross, die sich in der Zellhaut der Aorta bei zwei Pferden befanden. In Alfort [2]) wurde bei einem Pferde, welches anfangs die Symptome der Lungen-Entzündung zeigte, Blutfluss aus der Nase hatte und endlich an Schwindsucht starb, im Stamme der Lungenarterie eine polypenähnliche (?) Geschwulst gefunden, die bis in den linken Ast reichte, ohne ihn ganz zu verschliessen.

Die Arterien findet man nur blutleer, wenn das Thier an Verblutung gestorben ist, oder wenn die Thätigkeit des Herzens allmählig erlischt; wo diese aber plötzlich aufhört enthalten sie immer Blut, was besonders von den Aesten der mittleren Ordnung und den kleinen Zweigen gilt.

Von den in den Aneurysmen der Eingeweidearterien bei Pferden, Eseln und Maulthieren vorkommenden

---

1) Lehrb. d. path. Anat. B. 1. S. 343. Anm. 3.
2) Procès-verbal, etc. d'Alfort 1812. p. 18. Annales de l'agric. franç. T. 52. p. 108.

Würmern, nämlich der kleinen Varietät von *Strongylus armatus* Rudolphi, ist schon oben die Rede gewesen, auch an der Aorta eines Hundes fand Morgagni [1]) einen Knoten, der Würmer enthielt (vielleicht *Strongylus trigonocehpalus* Rud.).

III. Von den Blutadern oder Venen.

§. 324.

Die Venen von mittlerer Stärke sind in Hinsicht auf Zahl und Lage von der Norm oft abweichend, seltener die grossen Stämme, ausser bei Missbildung des ganzen Körpers. Da jenes aber fast immer unschädliche Varietäten sind, so werden sie hier nicht weiter angeführt.

Die zu grosse Ausdehnung der Venen ist noch häufiger, als sie bei den Arterien gefunden wird, weil sie dem andringenden Blute weniger Widerstand leisten können. Die vermehrte Ausdehnung betrift entweder ein ganzes Gefäss, oder mehrere, oder sie ist auf eine Stelle beschränkt. Im ersten Falle erfolgt nicht selten Zerreissung und schnell tödtende Verblutung, wenn es eine der grossen Blutadern betrift, ist aber nur ein Gefäss der zweiten Ordnung, oder ein noch kleineres zerrissen, so ist der Verblutung leicht vorzubeugen, wenn das Gefäss erreicht werden kann.

Sanitas [2]) will die hintere Hohlvene eines Pferdes sehr ausgedehnt, und zwei Pfund einer weisslichen, stinkenden Flüssigkeit in ihr gefunden haben (die Angabe des Sections-Befundes ist so unbestimmt, daher zweifelhaft, dass ich ihn nicht näher anführe).

Die örtliche Erweiterung der Venen wird Blutadergeschwulst, Blutader- oder Krampfaderkno-

---

1) Epist. anatom. IX. art. 44—46.
2) Recueil de médec. veter. 1825. p. 58.

ten (*Varix, Cirsus, Phlebeurysma*) genannt, und kommt an den oberflächlichen Venen nicht selten vor, namentlich an den Drosselvenen, an den innern Hautvenen der Hinterschenkel (*V. saphena magna*); die an dem Sprunggelenk vorkommende Ausdehnung dieser Vene nennt man Blutspat.

§. 325.

Dass die zu starke Ausdehnung der Blutadern zur Zerreissung derselben disponirt, ist schon angeführt, und ich führe hier nur einige Fälle an, wo sie beobachtet wurde.

Bei einem Pferde, welches Schmerzen im Bauche hatte, mit dem Hintertheile des Körpers schwankte und oft hinfiel, und welches nach 15 Stunden unter leichten Zuckungen starb, wurde in der Bauchhöhle ein halber Eimer Blut gefunden. Die hintere Hohlvene war nämlich durch das Zerren einer Fleischgeschwulst von der Grösse eines Menschenkopfes, welche auch die linke Niere herabgezogen hatte, sehr erweitert und gerissen.[1]).

Ein Pferd, welches gebremset wurde und sich sehr sträubte, fiel plötzlich nieder, zuckte noch einigemal und starb. Man fand bei der Section die hintere Hohlvene hinter den Nieren, gerissen, und das Blut in die Bauchhöhle ergossen[2]). — Da während des Einathmens die hintere Hohlvene nur wenig Blut durch das Zwerchfell hindurchführt, und da bei tiefem Einathmen, oder bei dem Zurückhalten des Athems gar nichts hindurchgeht (wovon ich mich am lebenden Pferde durch Einbringen der Hand in die Brusthöhle, von der Bauchhöhle aus, überzeugt habe), so kann die Zerreissung unter den oben angeführten Umständen leicht erfolgen, besonders wenn das Gefäss schon krankhaft erweitert war. —

---

1) Grognier, compte rendu des travaux de l'Ecole de Lyon pend. l'année scolaire 1823—24; im Recueil de médec. vétér. 1825. Juillet. p. 308.

2) Procès verbal etc. de Lyon. 1810. p. 4.

Balestra *) beobachtete die Zerreissung einer Drosselvene bei einem Pferde, während es stark laufen musste.

Eine Beckenvene fand ich bei einem Pferde von einem Knochensplitter, von einem Beckenbruche, zerrissen, wodurch eine schnell tödtende Verblutung herbeigeführt wurde. — Kleine Verletzungen der Venen, besonders Schnittwunden, welche der Länge des Gefässes nach gehen, heilen gewöhnlich sehr leicht.

§. 326.

Die Venen-Entzündung (*Phlebitis*) entsteht nach Verletzungen, nach der Einwirkung giftiger, oder fauliger Soffe auf die innere Wand des Gefässes, und bisweilen ohne bekannte Ursachen. Die Ausschwitzung von plastischer Lymphe erfolgt sowohl an der äussern Fläche, wodurch die Wand sehr verdickt wird, als auch an der innern, worauf der Faserstoff des Blutes an der rauhen Wand sich anhängt und endlich das Gefäss verstopft, und zwar jenseits der gemachten Oeffnung, d. h. auf der dem Herzen abgewandten Seite. Die Thiere empfinden an der Stelle, wo die entzündete Vene liegt bei Berührung der Haut grosse Schmerzen, ist aber erst die Verdickung und Anfüllung mit Faserstoff erfolgt, so fühlt man einen harten, aber nicht mehr schmerzhaften Strang unter der Haut. Die sogenannte Aderfistel entsteht immer nur nach der Verletzung einer Vene, wahrscheinlich durch das Eindringen von Luft, oder durch öftere Berührung der innern Wand, mit einem festen Körper; daher sieht man sie so oft, wenn mehrere mal Arzneimittel in dieselbe Vene eingespritzt, oder infundirt werden. Aus der sehr aufgetriebenen Vene, und aus der Hautwunde fliesst beständig Eiter, welcher in Folge der voraus gegangenen Entzündung entstanden ist, wovon auch die Krankheit den Namen hat. Sie ist nicht immer gefahrlos, wie Greve glaubt, sondern nicht selten

*) Ebend. 1815. p. 21. — Annales de l'agric. franç. T. 64. p. 29.

sterben die Thiere daran, wahrscheinlich durch Schlagfluss, indem das Blut nicht schnell genug durch die noch gesunde Drosselvene, wo eben diese Aderfistel am häufigsten vorkommt, und durch die Wirbelvenen vom Gehirn abgeführt werden kann.

Einigemal fand ich bei Pferden die Hautvenen der Vorder- und Hinterschenkel in Folge der Entzündung beträchtlich verdickt und verengt, auch das umgebende Zellgewebe verhärtet, daher die Schenkel aufgetrieben und die Krankheit glich im Aeusseren sehr dem Hautwurm, ohne dass jedoch die Lymphgefässe und Lymphdrüsen krank waren. — Auch in Lyon [1]) fand man dasselbe bei einem Pferde, welches an Schwindsucht starb. — Otto [2]) fand bei einem an der Staupe gestorbenen Hunde die Lungenvenen stellenweise entzündet.

Der Ausgang der Venen-Entzündung in Eiterung wird gewöhnlich bei der Aderfistel beobachtet; Brand sah ich an den Blutadern niemals.

Auch die Verknöcherung der Venenhäute ist ungleich seltener, als an den Arterien. Otto [3]) sah in München die Schlauchvenen eines Pferdes verknöchert.

§. 327.

Die Afterbildungen in und an den Venen gehören ebenfalls zu den seltenen Erscheinungen. Peyer [4]) will in der Pfortader eines Schweines eine flache Hydatide gefunden haben (vielleicht eine Finne?). Otto [5]) fand bei einem zahmen Hirsche eine sarkomatöse Geschwulst von der Grösse einer Haselnuss in der hintern Hohlvene neben der Leber.

Die dunkelrothe Färbung der inneren Venenhaut entsteht auf dieselbe Weise, wie die der Arterien (s. §. 322.).

1) Procès-verbal etc. à l'école vétér. de Lyon. 1809. p. 9.
2) Lehrb. der path. Anat. S. 357. Anm. 6.
3) A. a. O. S. 358. Anm. 11.
4) Misc. Acad. N. C. Dec. II. An. 7. 1688. p. 385.
5) A. a. S. 359. Anm. 5.

In den kleinen Venen des Gekröses, sowohl am Dünn- als Dickdarme fand ich einigemal bei Pferden kalkartige Konkrement, die man Venensteine (*Phlebolithi*) nennt. Sie sassen an der inneren Wand der Venen an einigen Stellen dicht an einander, an anderen mehr entfernt, aber die Venen waren nicht varikös ausgedehnt. Einmal fand ich in einer erweiterten Vene am Schlauche eines Pferdes eine freiliegende, auf der Oberfläche verknöcherte Masse, die im Innern noch weich war, und sich deutlich als geronnener Faserstoff characterisirte.

§. 328.

In Beziehung auf die Menge und Beschaffenheit des Blutes ist hier noch etwas anzuführen.

Was zuerst die Menge betrift, so enthält der Körper entweder zu wenig Blut (*Oligaemia*), ja in einzelnen, aber seltenen Fällen, so wenig, dass man in den grossen Venen des Kadavers keinen Tropfen findet; oder im entgegengesetzten Falle sind alle Venen und selbst die mittleren Arterienäste strotzend voll von Blut (*Polyaemia*).

Der relative Mangel des Blutes wird in den meisten Abzehrungskrankheiten, die mit Wassersucht verbunden sind, beobachtet, namentlich in der Bleichsucht der Schafe, wo es auch sehr dünn und wässerig ist, indem ein Missverhältniss zwischen Serum und Faserstoff stattfindet. Seltener ist die Blutlosigkeit (*Anaemia*), die man in Lyon*) bei zwei Hunden wahrnahm. Sie lagen beständig auf der Seite, zeigten nirgends Schmerzen, konnten kein Glied willkürlich bewegen, und der Theil, den man aufhob, fiel wie tod wieder herab, die Haut und Schleimhäute waren ausserordentlich blass. Beide starben nach einigen Tagen. Bei der Section floss kein Tropfen Blut aus der durchgeschnittenen Haut, selbst in den Hohlvenen war keins enthalten, und in beiden Herzkammern

*) Procès-verb. à l'école vétér. de Lyon. 1823. Annales de l'agric. II. Serie. T. 25. p. 72.

fanden sich kleine Blutpfröpfe. Ausser der auffallenden Blässe und Schlaffheit wurden die Eingeweide nicht verändert gefunden. Man glaubte, dass grosse Anstrengung beim Laufen, plötzliche Erkältung nach vorhergegangener Erhitzung als Gelegenheitsursachen anzusehen wären.

Die Consistenz, und wahrscheinlich auch die chemische Beschaffenheit, ist ebenfalls regelwidrig. Das Blut ist zu dünn und wässerig bei allen Cachexien, reich an Faserstoff, daher leicht gerinnbar bei Entzündungen, und theerartig dick bei typhösen und fauligen Krankheiten, namentlich im Milzbrande. Hier scheint der Faserstoff die Eigenschaft, sich vom Serum durch Gerinnen zu trennen, ganz verlohren zu haben, daher bildet er mit jenem eine gleichartige, dickliche, schwarze Masse, die nur sehr langsam aus der geöffneten Ader des lebenden Thieres fliesst, und die im Kadaver bis zur schnell eintretenden Fäulniss unverändert bleibt.

In der Gelbsucht hat das Blutwasser eine auffallend gelbe Farbe, und es theilt diese Farbe auch weissen Zeugen mit, die eingetaucht werden, selbst an dem Blutkuchen bemerkt an einen gelblichen Schiller.

Lassaigne *) fand die gelbe Materie der Galle (Gallenharz) darin.

IV. Von den Lymphgefässen und Lymphdrüsen.

§. 329.

Die Zahl und die Lage der Lymphgefässe und Lymphdrüsen variirt sehr oft, und selbst der Milchbrustgang (*Ductus thoracicus*) hat nicht immer genau denselben Verlauf, da indessen aus dergleichen Varietäten weder eine bestimmte Krankheit, noch eine Krankheitsanlage entsteht, so können sie hier übergangen werden.

---

*) Dupuy Journ. pratiq. de médec. vétér. 1826. Déc. p. 567.

Wichtiger für die Pathologie ist die Erweiterung der Lymphgefässe und Vergrösserung der Lymphdrüsen; das erste ist gewöhnlich Folge des letzten. Die Drüsen sind angeschwollen und verhärtet bei nicht zertheilter Entzündung, z. B. in der Rotzkrankheit der Pferde, oder sie erreichen oft einen beträchtlichen Umfang durch die in ihnen erzeugte Knotensubstanz, was namentlich in der sogen. Franzosenkrankheit, wo die Erzeugung der Knoten vorherrscht, sehr auffallend ist.

Ich fand bei Kühen, die an dieser Krankheit gestorben waren, die grosse Lymphdrüse der Kniefalte bis auf 10 Zoll im Längen- und 4 Zoll im Querdurchmesser vergrössert, und eine käsige mit unendlich vielen kalkhaltigen Körperchen vermischte Masse enthaltend; eben so waren die Bronchialdrüsen beschaffen, nur hatten sie nicht die enorme Grösse erreicht. — Bei einem an Knotenschwindsucht (*Phthisis tuberculosa*) gestorbenen Stiere fand man die Bronchial-Drüsen sehr vergrössert, die kleinste war wie eine geballte Faust *). Mehrere andere Fälle s. oben §. 282.

§. 330.

Die Entzündung der Lymphgefässe ist entweder gleichzeitig mit Entzündung der Lymphdrüsen vorhanden, oder die einen leiden ohne die anderen. In dem sogen. Hautwurme der Pferde (*Malleus farciminosus*) leiden hauptsächlich die oberflächlichen Lymphgefässe der Haut an den Gliedmassen, auch die unter der sehnigen Binde liegenden (Tab. III. Fig. 3. 4.) an Entzündung, die in den meisten Fällen den Ausgang in Ausschwitzung macht; weniger sind die Lymphdrüsen ergriffen. Die Thiere äussern daher im ersten Stadium grosse Schmerzen bei Berührung der Hautstellen, wo die Lymphgefässe verlaufen; ist aber die Ausschwitzung der plastischen Lpmphe und dadurch die Verdickung der Gefäss-

*) Procès-verbal etc. à l'école vétér. de Lyon. 1821. p. 25.

wände erfolgt, so fehlen die Schmerzen. Die so krankhaft veränderten Lymphgefässe, welche oft wie ein Finger dick werden, erscheinen nun als harte, knotige Stränge unter der Haut, die man da um so deutlicher fühlen kann, wo sie einzeln liegen, z. B. an den Seiten des Halses und der Schulter; wo sie aber in grösserer Zahl zusammenliegen, wie an den innern Flächen der Gliedmaassen, da sind sie durch das umgebende und ebenfalls verhärtete Zellgewebe zu einer gleichförmig en, festen, beinahe harten Masse verbunden, und die einzelnen Stränge sind nicht zu unterscheiden. Die kranken Lymphgefässe enthalten, wenn der Zustand schon cachekisch geworden ist, eine gelbe, krümliche Masse, und fast gar keine Lymphe, die Höhle ist in dem Grade verengt, als die Wände an Stärke zugenommen haben. Die Wurmbeulen sind die an den Lymphgefässen und zwar an den Klappen entstandenen Anftreibungen, welche nicht selten aufbrechen, und Jauche liefernde Geschwüre bilden. Ich finde aber neben diesen Auftreibungen auch seröse Bälge, die nur an den Lymphgefässen liegen, aber nicht mit ihrer Höhle in Verbindung stehen, und die ich für krankhaft vergrösserte Haut-Schleimbeutel (*bursae mucosae subcutaneae*) halte. Dass der Wurm und Rotz nicht zwei verschiedene Krankheiten, sondern nur zwei Formen derselben Krankheit sind, ist ein bekannter Erfahrungssatz, so dass die, gesunden Pferden eingeimpfte, Rotzmaterie bald Rotz, bald Wurm erzeugt, und dass der idiopathische, d. h. nicht durch Ansteckung entstandene Wurm endlich in Rotz übergeht, oder dass auf den zuerst vorhandenen Rotz der Wurm folgt.

§. 331.

Die Entzündung der Lymphdrüsen, ohne dass die Lymphgefässe zugleich ergriffen sind, kommt in catarrhalischen Krankheiten, besonders bei der sogen. Druse der Pferde vor, wo die Entzündung leicht in Eiterung übergeht. Auch bei der Rotzkrankheit und sogenannten verdächtigen Druse muss ein Entzündungszustand vorausgehen, weil die Drüsen später verhärtet, und durch das ebenfalls verdichtete umhüllende Zellgewebe mit den benachbarten Theilen fest verbunden angetroffen werden; zugleich aber findet man auch die Knotensubstanz in ihnen enthalten. In der Staupe der Hunde findet man die Gekrösdrüsen bisweilen sehr vergrössert und fester, als im gesunden Zustande.

Leblanc [1]) beobachtete einigemal die Entzündung der Kehlgangs- und oberen Halsdrüsen beim Rindvieh. Es entstand entweder in der schmerzhaften Geschwulst Eiter, oder die Drüsen verhärteten, wenn die Entzündung chronisch war, was häufiger geschah, als das erstere. Die in Eiterung begriffenen Drüsen bildeten Geschwüre mit schwammigen Auswüchsen, welche um so stärker wucherten, je mehr sie gereizt wurden, so dass sie selbst die Grösse eines Menschenkopfes erreichten. Oft entstanden Beschwerden beim Athmen und Schlucken, und die kranken Drüsen mussten exstirpirt, oder der Abscess musste geöffnet werden, wenn er noch nicht von selbst aufgebrochen war.

§. 332.

Unter dem Namen: Wurm bei dem Rindvieh (*farcin dans le boeuf*) beschreibt Sorillon [2]) eine Krankheit, die aber, ausser einigen äussern Erscheinungen, mit dem Wurm des Pferdes nichts gemein hat.

Er fand nämlich an der äussern Seite des Schienbeins (Vorder-Mittelfussknochens) in der Haut Beulen von der Grösse einer Wallnuss, und in einem Falle einen Strang, der sich vom Arme über die innere Seite des Vorarmes herab bis an die äussere Seite des Schienbeines

1) Observations sur une maladies des ganglions lymphatiques de la région gutturale, dans le boeuf; im Recueil de médec. vétér. 1824. Juillet. p. 240. et suiv.

2) Exemples de farcin dans le boeuf; im Rec. de médec. vétér. 1829. Novembre. p. 631.

beines fortsetzte, und unter dem Vorderknie kleinere Knoten, von der Grösse der Haselnüsse enthielt. In einem andern Falle waren sie am Rumpfe zerstreut, fehlten aber am Halse und an den Gliedmaassen. Sowohl die von selbst aufgegangenen, als auch die mit dem Messer geöffneten Beulen lieferten eine weisse, eiterartige, krümliche Materie. Der Strang enthielt dieselbe Materie, in welcher einige Blutstreifen zu bemerken waren. Nach dem Oeffnen brannte er die Beulen mit dem glühenden Eisen und vertrieb sie, aber gewöhnlich entstand häufiges Husten darauf, welches in einem Falle nach 2 Monaten erst aufhörte, nachdem neue Beulen entstanden waren.

Er bemerkt noch, dass die Krankheit nicht ansteckend sey, indem damit behaftete Thiere mit anderem Rindvieh zusammengestanden haben, ohne dass dieses erkrankte.

§. 333.

Verknöcherung der Lymphdrüsen sah Otto*) bei Pferden, Schafen und Hunden; ich habe sie noch nie gefunden.

Die schwarzen Knoten (*Melanosen*) habe ich öfters bei Pferden auch in den Lymphdrüsen gefunden, besonders in den Lenden- und Bronchialdrüsen, da diese Materie überhaupt in den meisten Weichgebilden vorkommt.

Der Scirrhus und Krebs entstehen in den Lymphdrüsen nur consecutiv, wenn nämlich die Lymphgefässe aus einem Krebsgeschwür die Jauche aufgenommen und sie den Drüsen zugeführt haben. So fand ich einigemal bei Pferden, die am Hautkrebs am Schlauche litten, die Leisten- und Lendrüsen scirrhös. — Die Gekrösdrüsen der Ziege enthalten bisweilen, in kleinen mit Chylus und Blut angefüllten Höhlen, das gezahnte Fünfloch (*Pentastoma denticulatum*), in nicht unbeträchtlicher Anzahl.

---

*) Lehrb. d. path. Anat. S. 370. Anm. 10.

Wenn die Lymphgefässe und Lymphdrüsen an mehreren Stellen des Körpers krankhaft beschaffen sind, so ist die Aufsaugung vermindert, und es entstehen wässrige Anschwellungen, der Chylus wird nicht gehörig aufgenommen und verarbeitet, und die Blutbereitung ist mangelhaft, woraus endlich die Abzehrung entsteht.

Eilftes Kapitel.

Von dem Nervensysteme.

I. Von den Hirnhäuten und dem Gehirne.

§. 334.

Die Lage des ganzen Gehirns kann weder bei dem reifen, neugebornen, noch bei dem erwachsenen Thiere, wegen der Beschränkung durch die knöchernen Schädelhöhlenwände, abweichend seyn, sondern bei zufällig entstandenen, oder absichtlich gemachten Oeffnungen in den Schädelwänden, z. B. durch Trepaniren bei Knochenbrüchen, tritt ein kleiner Theil des Gehirns hervor, was man Hirnbruch (*Hernia cerebri, Encephalocele*) nennt, wenn es noch mit den Hirnhäuten bedeckt ist; sind aber auch diese verletzt, so muss man es Hirnvorfall nennen.

Formabweichungen sind immer angeboren und gehören nicht hierher.

Die Ausdehnung der Kammern geschieht immer auf Kosten der Wände, die in dem Grade schwinden, als jene an Umfang zunehmen. Sie geschieht durch vermehrte Absonderung des Serum's, namentlich im Dummkoller der Pferde, und durch Hydatiden, oder Aftergebilde, besonders durch *Coenurus cerebralis* in der Drehkrankheit der Schafe.

§. 335.

Im Dummkoller wird zwar in der Mehrzahl der Fälle die Menge des Serum's in den Hirnkammern grösser gefunden, und es ist eine wahre chronische Hirnhöhlen-Wassersucht (*Hydrops ventriculorum cerebri*) vorhanden, aber es gehört nicht zu den durchaus wesentlichen Erscheinungen, indem wirklich Fälle vorkommen, wo nur sehr wenig Serum, d. h. das normale Quantum, angetroffen wird; daher muss das Wesen der Krankheit in einer abnormen Thätigkeit des Gehirns begründet seyn, die man freilich durch die Anatomie nicht nachweisen kann. Auch ist diese chronische Hirnhöhlen-Wassersucht nicht in Folge einer Gehirn-Entzündung entstanden, wie noch von Vielen angenommen wird, sondern sie ist eben Folge, und nicht Ursache der vorhandenen Gehirnkrankheit, denn es ist weder am lebenden Thiere, noch am Cadaver irgend eine Spur einer vorausgegangenen Entzündung nachzuweisen, und das Serum verhält sich wie das gesunde, nur ist es, wie in der chronischen Wassersucht der anderen mit serösen Häuten ausgekleideten Höhlen, in der Quantität abnorm. Die Fälle, wo nach der Gehirn-Entzündung die Erscheinungen des Dummkollers bemerkt werden, und die sehr selten vorkommen, sind natürlich nicht hierher zu rechnen.

Wenn bei dem an der Drehkrankheit oder Drehsucht leidenden Thiere die Wasserblase in einer Seitenkammer entstanden ist, — denn nicht immer wird sie nur dort gefunden, sondern sie kann sich an jeder Stelle der Schädelhöhle bilden, wo die seröse Haut ist, ja es können sogar mehrere zugleich und an verschiedenen Stellen verhanden seyn, — so wird die halbdurchsichtige Scheidewand, das Gewölbe, die obere Decke der Kammern, und endlich auch der Knochen da zum Schwinden gebracht, wohin sich die Blase ausgedehnt hat. Auch hier ist die Blase nicht eigentlich die Ursache der Krankheit, eben so wenig, wie der an der Bauchhaut vorkommende *Cysticercus tenuicollis* Ursache der Fäule ist, sondern in beiden Fällen verdanken sie ihr Entstehen einer krankhaften Bildungsthätigkeit in den serösen Häuten. Prinz [1]) ist zwar der Meinung, dass die Entstehung der Wasserblasen in der Drehkrankheit durch Entzündung der Hirnhäute bedingt werde, indessen bedarf dies noch der Bestätigung durch andere Beobachtungen.

Nicht blos bei Schafen kommt der *Coenurus cerebralis* vor, sondern auch bei dem Rindvieh, obgleich viel seltener, und er erzeugt bei diesen dieselben Zufälle.

Auch bei einem Pferde fand ihn Bousset [2]). Nur kurz vor dem Tode schien es an Gehirn-Entzündung zu leiden; früher hatte man nichts Krankhaftes an ihm bemerkt.

Frenzel [3]) fand die Wurmblase bei einem zweijährigen Fohlen zwischen dem grossen und kleinen Gehirne; das Thier hatte seit einem Jahre die Symptome des Dummkollers gezeigt und starb sehr abgezehrt.

§. 336.

Im Dummkoller und in der Drehsucht werden die Zufälle durch den vermehrten Druck des Serum's, oder der Wasserblase auf das Gehirn verschlimmert, ja es wird die schon lange bestandene Krankheit nun erst in die Augen fallend, die früher nur dem Sachkenner bemerkbar war, oder sich so wenig äusserte, dass sie auch diesem entging. Bei dem Pferde treten nun auch die tobsüchtigen Paroxismen ein, die unter dem Namen rasender Koller bekannt sind, und die von starken Congestionen des Blutes nach dem Kopfe und von dem Drucke des Serum's herrühren.

Dass die am meisten belästigenden Zufälle nur dem Drucke auf das Gehirn zuzuschreiben sind, kann man

1) Schriften und Verhandlungen der ökonomischen Gesellschaft im Königreiche Sachsen. Dresden 1829. 21ste Lieferung. S. 79. ff.
2) Procés-verb. etc. à l'école vétér. d'Alfort. 1822. cf. Ann. de l'agric. fr. II. Serie. T. 23. p. 53.
3) In Tennecker's Zeitung. B. IV. S. 61.

am sichersten bei den an der Drehsucht leidenden Schafen sehen. Lässt man bei diesen das Serum durch einen Einstich in die Blase (wenn sie oberflächlich liegt) ausfliessen, so hört plötzlich die Stumpfsinnigkeit auf, das Thier zeigt sich für den Augenblick munter; wenn aber die Wasserblase nach wenigen Stunden sich wieder gefüllt hat, so kehrt der vorige Zustand zurück. Bei den am Dummkoller (im hohen Grade) leidenden Pferden würde gewiss dasselbe bemerkt werden, wenn man das Serum ohne so beträchtliche Verletzung des Gehirns aus den Seitenkammern entfernen könnte.

§. 337.

Dass das grosse Gehirn für die vegetativen Functionen des Thierkörpers entbehrlich ist, geht schon aus den oben §. 106. angeführten Fällen hervor, wo es zum grössten Theil durch enorme innere Exostosen verdrängt und zerstört war. Aber noch kürzlich bin ich durch zwei andere Fälle davon überzeugt worden; nämlich bei zwei Kälbern, von welchen das eine 10 Wochen, das andere 3 Wochen alt war, fehlte das grosse Gehirn mit Ausnahme der an der Grundfläche liegenden Theile. Beide Thiere waren wohl genährt und befanden sich übrigens wohl. Wie sich ihre geistigen Fähigkeiten verhielten, kann ich leider nicht sagen, da ich selbst die Thiere nicht sah, sondern nur die Köpfe erhielt.

Krankheiten des kleinen Gehirns, und namentlich das Schwinden desselben, bringen weit mehr Störungen in den Verrichtungen des Thieres hervor, wie die nachstehenden Beobachtungen zeigen.

§. 338.

Eine 4jährige Kuh, bei der beträchtliche Störungen in der Organisation des kleinen Gehirns gefunden wurden, zeigte folgende Symptome. Triefende Augen, den Kopf nach links gebogen und so gedreht, dass das rechte Ohr nach oben, das linke nach unten gekehrt war; sie konnte immer gradeaus gehen ohne zu hinken, das Sehen war nicht gestört. In der letzten Zeit fiel sie oft nieder, und drängte nach der linken Seite. Im letzten Monate der Krankheit, die über 6 Monate gedauert hatte, war die Fresslust vermindert, die Magerkeit nahm zu, das Thier war beständig schläfrig, und schlief oft, indem es das Maul auf die Krippe stützte. Man glaubte eine periodische Ab- und Zunahme mit dem Mondeswechsel bemerkt zu haben, denn bei abnehmendem Monde war die Kuh mehr angegriffen.

Thion [1]), der die Untersuchung des Kopfes machte, fand den linken Lappen des kleinen Gehirns zwar in Beziehung auf die Textur gesund, aber bis zur halben Grösse geschwunden, eben so den Wurm; vom rechten Lappen fehlten $\frac{4}{5}$ und waren durch eine unregelmässig eiförmige Masse, von der Grösse einer Halbkugel des grossen Gehirns, aber noch schwerer als diese, ersetzt. Diese Masse hing sehr fest mit der Knochenwand zusammen, hatte diese, so wie auch die linke Hälfte des kleinen Gehirns zum Schwinden gebracht, und bestand aus einzeln stehenden und bis zu 6 auf einem Stiel gruppirten Knöpfen (Knoten?), die theils knorpelig, und verknöchert, theils erweicht waren. — Wahrscheinlich sind diese Aftergebilde von dem rechten Adergeflechte des kleinen Gehirns ausgegangen.

Dupuy [2]) fand bei einem einjährigen Lamme den linken Lappen des kleinen Gehirns durch eine den *Coenurus cerebralis* enthaltende Hydatide plattgedrückt. Das Thier hatte nicht die gewöhnlichen Symptome der Drehsucht gezeigt, sondern es war nur betäubt, lag beständig, drängte immer rückwärts und konnte nicht einen Schritt vorwärts thun. Die Empfindlichkeit bestand nur noch an der vordern Körperhälfte; Koth und Urin wurden leicht abgesetzt.

1) Observation sur une maladie du cervelet chez une Vache; im Recueil de médec. vétér. 1826. Août. p. 381. et suiv.
2) Ebend. 1829. Octobre. p. 399.

§. 339.

Oberflächliche Verletzungen der Halbkugeln des grossen Gehirns, die nicht mit starker Erschütterung des ganzen Kopfes folglich nicht mit Gehirn-Erschütterung (*Commotio cerebri*) complicirt sind, bleiben gewöhnlich gefahrlos, und heilen wieder, durch Bildung einer festeren, aber heterogenen Substanz; wenn hingegen alle andere Gehirntheile auch die geringen Verletzungen weit weniger ertragen. Selbst die tief dringenden Wunden in den Halbkugeln sind nicht auf der Stelle tödlich, wovon ich mich bei Pferden, welchen ein beträchtlicher Theil der Gehirnsubstanz mit einem Theelöffel durch eine mit dem Trepane gemachte Oeffnung herausgenommen wurde, überzeugt habe, und wozu auch die folgende Beobachtung einen Belag liefert; aber der Tod erfolgt gewiss durch Entzündung und durch Eiterbildung.

Eine Kuh hatte einen Stoss mit einem Horn an der rechten Seite der Stirn über dem Auge erhalten, und das Horn war bis in die Schädelhöhle gedrungen. Bei der unvorsichtigen Untersuchung mit dem Finger stürzte das Thier nieder, stand aber sogleich wieder auf. Zwei Tage befand sich die Verletzte wie im gesunden Zustande, sie ging, frass und käute wieder wie gewöhnlich, nur am Abende des zweiten Tages bemerkte man, dass sie sich mit dem Kopfe auf den Strick legte, mit dem sie angebunden war. Als man sie am dritten Tage auf die Weide bringen wollte, drehte sie immer nach der rechten Seite, weshalb man sie tödtete.

Die Section ergab, dass nicht allein die Stirnhöhle, die Schädelhöhlenwand und der vordere (untere) Lappen der rechten Halbkugel des grossen Gehirns durchbohrt war, sondern das Horn war auch bis an die hintere Wand der Schädelhöhle gedrungen. Es war eine starke Entzündung aller verletzten Theile eingetreten, welche schon sehr übel rochen *).

*) Berthe, observat. sur un coup de corne pénétrant dans le crâne d'une Vache; im Recueil de méd. vét. 1825. p. 416.

Dupuy[1]) hat bei alten Pferden häufig eine innige Verbindung der Ammonshörner mit der obern Wand der Seitenkammer gefunden, so dass sie ohne Verletzung der Theile nicht von einander entfernt werden konnten. Ueber das Verhalten der Thiere im Leben ist jedoch nichts bemerkt. Ich habe bei alten Pferden mehrmals dasselbe gesehen, so dass die absteigenden Hörner der Seitenkammern nur noch sehr enge Gänge waren, ohne an den lebenden Thieren auffallende Krankheitszeichen wahrgenommen zu haben.

§. 340.

Die Entzündung der Hirnhäute (*Meningitis*) und die Entzündung des Gehirns (*Encephalitis*) sind wahrscheinlich immer gleichzeitig vorhanden, wenigstens wird man am lebenden Thiere beide von einander nicht unterscheiden können. Da die Gehirn-Entzündung sehr schnell verläuft, so macht sie sehr selten den Ausgang in Ausschwitzung, oder in Eiterung, und an dem Cadaver sind daher die Erscheinungen, welche die Entzündung andeuten, von denen einer vorhanden gewesenen blossen Congestion des Blutes, wie man sie nach vielen anderen Krankheiten im Gehirne findet, nicht mit Sicherheit zu unterscheiden. Nach der Entzündung findet man die Haargefässe, sowohl die arteriellen als venösen, mit Blut angefüllt, nach einer blossen Congestion enthalten gewöhnlich nur die Venen noch Blut, indessen sind auch diese Merkmale oft zweifelhaft, daher müssen die Zeichen im Leben, welche theils die gewöhnlichen der Entzündung sind, theils aber das heftige Toben des Thieres, zur Bestimmung nothwendig gekannt seyn. — Bei jungen Schweinen, in dem Alter von 5 bis 11 Wochen beobachtete Ryhner[2]) sehr oft die Gehirn-Entzündung, und er glaubt, dass sie mit dem Ausbruche der

1) Procès-verbal etc. à l'école vétér. d'Alfort. 1823. Annales de l'agric. II. Serie. T. 26. p. 40.
2) Im Schweiz. Archiv für Thierhk. B. IV. H. 3. S. 288.

Zähne in ursächlicher Verbindung stand. Bei den Gestorbenen fand er eine röthliche, trübe Flüssigkeit in den Kammern und überdies viel Blut in den Gefässen.

Die durch Ausschwitzung entstandene trübe, übelriechende Flüssigkeit in den Hirnkammern und geronnene plastische Lymphe habe ich noch nie bei den an Gehirn-Entzündung gestorbenen Thieren gesehen, aber einmal fand ich bei einem Pferde eine geringe Quantität Eiter zwischen der äussern Fläche des grossen Gehirns und der harten Hirnhaut. Schwab [1]) fand bei einem Pferde an der linken Seite des Hirnknotens einen Abscess, welcher einen Esslöffel voll Eiter enthielt. Das Thier hatte mehrere Wochen gekränkelt, das linke Ohr und die linke Hälfte beider Lippen waren gelähmt, aber am Körper war es auf dieser Seite sehr empfindlich.

Chevrier [2]) will zweimal bei Rindern die Spinnwebenhaut nach der Gehirn-Entzündung verdickt gefunden haben.

In Lyon [3]) fand man bei einem alten Pferde, welches getödtet wurde und im Leben keine auffallenden Krankheitserscheinungen zeigte, tief dringende, und ausgebreitete Geschwüre am grossen und kleinen Gehirn, auch am verlängerten Marke. —

Die Consistenz des Gehirns ist bisweilen fester, häufiger aber weicher als gewöhnlich, indessen kennt man noch keine Beziehung zu bestimmten Krankheiten.

§. 341.

Bei Schweinen, und einmal bei einer Hündin fanden sich Finnen an den Hirnhäuten. Ausser den schon oben angeführten Hydatiden kommen im Gehirn noch andere Aftergebilde vor, namentlich an den Adergeflechten der Seitenkammern.

1) Materialien zur path. Anat. der Hausthiere. München 1815. 1ste Lief.
2) Observat. de Gastro-arachnoïdite dans l'espèce bovine; im Recucil de médec. vétér. 1827. Août. p. 502.
3) Procès-verbal etc. à l'école vétér. de Lyon. 1811. p. 6. Annales de l'agric. T. 48. p. 57.

Ich finde nämlich bei der Rotzkrankheit fast immer in einem Adergeflecht, oder in beiden, eine gelbe, gallertartige Masse, über deren Entstehung und Wesen ich nichts anzugeben weiss; dass sie aber ohne nachtheilige Folgen vorhanden seyn können, ist gewiss. Dieselbe Masse bildet sich, wie ich glaube, mit der Zeit zu einer grösseren Geschwulst, die bis zur Grösse eines Hühnereies anwächst, entweder fest ist, oder im Innern eine eiterähnliche Flüssigkeit enthält.

Lassaigne [1]) fand, dass sie aus einer eiweisstoffigen Materie, einer kleinen Quantität fettiger Substanz, und aus phosphorsaurem Kalke und phosphorsaurer Magnesia in ziemlich grossem Verhältnisse, bestehen. Ich halte sie für wahre Tuberkeln, die nur in der Farbe ein wenig von den gewöhnlichen abweichen. So lange diese Geschwülste die Grösse eines Taubeneis nicht überschreiten, scheinen sie, ohne besondere Zufälle zu erregen, bestehen zu können. Werden sie aber grösser, so bringen sie Betäubung, Schwindel und selbst Dummkoller mit Raserei hervor. Ich fand sie mehrmals bei Pferden, die zur Zergliederung getödtet wurden, und bei denen nichts Krankhaftes, was sich auf Störung der Gehirnfunctionen bezogen hätte, bemerkt wurde.

Hugues [2]) fand eine solche Geschwulst von 1½ Zoll Durchmesser am mittleren Adergeflecht des grossen Gehirns und eine trübe, flockige Flüssigkeit enthaltend. Das Pferd bekam, nachdem es einen Weg von 6 Lieues bei grosser Hitze zurückgelegt hatte, alle Zufälle des Dummkollers mit Raserei (rasender Koller) und starb auch daran.

Ein von Vitry [3]) behandeltes Pferd, welches die Geschwulst in der rechten Seitenkammer hatte, litt an Schwindel und Betäubung, woran es starb.

1) Procès-verbal etc. à l'école vétér. d'Alfort. 1822. cf. Ann. de l'agric. II. Serie. T. 14. p. 15.
2) In Dupuy's Journal pratique etc. 1826. Décembre. p. 531.
3) Ebend. 1827. Novembre. p. 531.

Auch Schlumpf [1]) beobachtete einen ähnlichen Fall.

Otto [2]) fand bei einem Pferde an dem äussern Blatte der Spinnwebenhaut fünf fast zwei Zoll lange Anhänge, von denen einige cylindrisch waren.

Bei einem alten Pferde wurde die rechte Hälfte des Querblutleiters bis zur Grösse eines Hühnereies ausgedehnt gefunden. Er war mit einem festen Blutpfropf ausgefüllt, der in der Mitte nur einen Kanal von der Stärke einer Federspule zum Durchgang des Blutes hatte. Das Pferd hatte den Kopf immer links geneigt, und bei der Arbeit nach der rechten Seite gedrängt. Nachdem es den ganzen Tag hindurch gearbeitet hatte, hob es plötzlich den Kopf hoch, und drängte unaufhaltsam rückwärts; einige Stunden darauf starb es [3]).

II. Von dem Rückenmarke und seinen Häuten.

§. 342.

Verletzungen des Rückenmarkes auf mechanische Weise, oder durch den von aussen eingedrungenen Eiter bei Krankheiten der Wirbelsäule, namentlich bei Caries, haben immer weit schlimmere Zufälle zur Folge, als die entsprechenden Verletzungen im (grossen) Gehirn. Die erste und auffallendste Erscheinung ist Lähmung aller der Muskeln, die ihre Nerven von dem Theile des Rückenmarkes erhalten, der hinter der verletzten Stelle ist, mithin leiden um so mehr Theile, je näher am Gehirn das Rückenmark krank ist.

Selbst der anhaltende Druck auf das Rückenmark, z. B. von einem verrenkten, oder gebrochenen Wirbel bewirkt auf der Stelle dieselben Erscheinungen, ehe die

---

1) Im Archiv f. Thierhkde. Jahrg. 1. H. 4. S. 49.
2) Lehrb. d. p. A. S. 395. Anm. 3.
3) Procès-verbal etc. à l'école vétér. d'Alfort 1820. cf. Ann. de l'agric. II. Serie. T. 14. p. 81.

Substanz des Rückenmarkes noch eine Veränderung erleidet.

Es ist gar nicht selten, dass durch das Niederfallen der grossen Hausthiere, noch mehr aber durch das Niederwerfen unbändiger Pferde (zu Operationen, oder zum Beschlagen) die Wirbelsäule in der Lendengegend zerbricht, und das Rückenmark zerreist, was aus der plötzlich eingetretenen Unbeweglichkeit und Unempfindlichkeit des Hintertheiles mit Bestimmtheit zu erkennen ist. Die Verletzung ist immer tödlich, wenn auch nicht auf der Stelle, weil eine Wiedervereinigung des ganz getrennten Rückenmarkes nicht denkbar ist, und sollte selbst eine kleinere Verletzung wieder vereinigt werden, so bleibt wahrscheinlich die Lähmung der Muskeln dennoch beständig.

Bei Pferden, die an Widerrüstfisteln leiden, und bei andern Thieren, bei welchen die Caries durch eine äussere Verletzung der Wirbelsäule entstanden ist, tritt bisweilen plötzlich, nachdem die Knochenkrankheit fast gehoben ist, die Lähmung der hintern Gliedmaassen ein, indem der Eiter in den Wirbelkanal gedrungen ist, die Rückenmarkshäute zerstört, und das Rückenmark selbst angegriffen hat. Auch diese Verletzungen haben immer einen tödlichen Ausgang.

§. 343.

Das Schwinden des Rückenmarkes (*Atrophia medullae spinalis*) ist bei den kleinen Hausthieren, besonders bei Hunden nicht selten, aber immer nur auf eine kleine Stelle beschränkt, und ist fast immer mit breiiger Erweichung des Markes verbunden. Oft sind die Gelegenheitsursachen ganz unbekannt, in einzelnen Fällen ist aber eine Wasserblase des *Coenurus cerebralis*, oder sogar einige, bei Schafen die veranlassende Ursache. Diese Blase wurde an verschiedenen Stellen gefunden, namentlich am Halse und in der Lendengegend, sie erreicht aber nie die Grösse, wie im Gehirn, indem die damit behafteten Thiere nicht so lange leben. Es entsteht Lähmung und Unempfindlichkeit (diese jedoch nicht immer) des Hintertheiles, Abmagerung, obgleich die Fresslust und übrigens die Munterkeit eine Zeit lang fortbesteht.

Die Thierärzte Spinola und Knoch haben diese Wasserblasen mehrmals bei Lämmern gefunden und die Präparate der Thierarzneischule übersandt. Auch Yvart[1]) und Dupuy [2]) fanden sie.

Sehr oft ist Schwäche und endlich Lähmung des Hintertheiles vorhanden, ohne dass am Rückenmarke eine krankhafte Erscheinung wahrgenommen wird, wie z. B. in der sogen. Traber- und Gnubberkrankheit der Schafe.

§. 344.

Die Entzündung des Rückenmarkes (*Myelitis*) zeigt sich am lebenden Thiere durch dieselben Symptome, wie die meisten übrigen Krankheiten dieses Organes, und ist folglich nicht mit Sicherheit zu unterscheiden. Am Cadaver findet man eine Stelle (wohl nie das ganze Rückenmark) geröthet, indem die Haargefässe sowohl an den Häuten, als im Marke selbst, stark mit Blut angefüllt sind, in manchen Fällen aber auch Exsudate, wie ich es einigemal beobachtete. Die Krankheit ist in den meisten Fällen durch chemisch einwirkende Ursachen herbeigeführt, z. B. durch versenkte Knochenjauche, seltener durch mechanische, und kommt nicht so oft vor, wie man sie gefunden zu haben glaubt; noch nie fand ich sie z. B. im Starrkrampfe, obgleich ich viele Thiere deshalb untersucht habe. Die gleichmässige Röthung der Rückenmarkshäute ist nie ein Zeichen der vorhanden gewesenen Entzündung, sondern entsteht durch das aus den Gefässen herausgedrungene, aufgelöste Blut, und wird daher gewöhnlich bei fauligen Krankheiten, oder

1) Im Recueil de médec. vétér. 1827. Août. p. 394.
2) Journal pratique. 1830. Février. p. 64.

bei solchen gefunden, die kurz vor dem Tode den fauligen Character angenommen haben. Unter denselben Umständen wird auch das Fett im Wirbelkanale, welches im gesunden Zustande und bei gut genährten Thieren nie fehlt, mit Blut durchdrungen gefunden, und hat eine Krankheit lange gedauert, oder war das Thier schlecht genährt, so enthält das Fettgewebe nur blutiges Serum, was man ganz mit Unrecht für Exsudate angesehen hat.

§. 345.

Die Rückenmarks-Wassersucht (*Hydrorrhachis*) ist zwar gewöhnlich angeboren, jedoch findet man auch bei erwachsenen Thieren nach verschiedenen Krankheiten das Serum in der Hôhle der Rückenmarkshäute auffallend vermehrt, ohne dass man bestimmte Symptome für das Vorhandenseyn derselben anzugeben vermöchte; ja es scheint fast, dass die Verrichtungen gar nicht gestört werden, indem nie der ganze Kanal damit angefüllt ist, und daher kann die Flüssigkeit bei den Bewegungen des Thieres den Ort leicht verändern und sich vertheilen, folglich findet kein anhaltender Druck auf das Mark Statt.

III. Von den Nerven.

§. 346.

Die Nerven variiren viel weniger in Beziehung auf Zahl und Lage ihrer Stämme und Aeste, als die Gefässe; am Antlitz-Nerven fand ich es noch am häufigsten.

Das Schwinden der Nerven (*Atrophia nervorum*) entsteht, wenn das Organ, dem sie angehören, lange unthätig ist, oder wenn sie durch eine Geschwulst gedrückt werden, oder auch idiopathisch, ohne diese Veranlassungen. Der geschwundene Nerv ist fester als gewöhnlich, gelblich und nicht leitungsfähig; daher entbehrt das Organ der Bewegung und Empfindung, wenn er beiden Verrichtungen vorsteht, oder nur der einen, wenn für jede dieser Verrichtungen besondere Nerven vorhanden sind.

Sehr oft findet man einen Sehnerven, oder beide geschwunden; ist es nur einer, so zeigt sich das Schwinden hinter dem Chiasma an der entgegen gesetzten Seite, nämlich so, dass der Sehnerv des rechten Auges vor dem Chiasma auf der rechten, hinter demselben auf der linken Seite krank ist.

Ein Hund hatte seit vier Monaten an Zuckungen des linken Vorderschenkels gelitten, bis dieser endlich völlig gelähmt war. Nachdem er länger als 6 Wochen ohne Erfolg behandelt worden war, wurde er getödtet, und man fand die Armnerven und die grossen Gefässe dieser Gliedmaasse durch die scirrhösen Lymphdrüsen am Eingange in die Brust zusammengedrückt *).

§. 347.

Die in ihrem Zusammenhange getrennten Nerven vereinigen sich durch ein dichtes, festes Gewebe, welches einen länglichen Knoten bildet, und sie sind dann wieder leitungsfähig. Man findet dies oft an den Zehenästen des Speichen- oder Schenkelbeinnerven an den Füssen der Pferde, welchen wegen unheilbaren Hinkens ein Stück des Nervens herausgeschnitten worden ist. Nachdem die Vereinigung geschehen, zeigt sich das frühere Hinken wieder. Auch an den Schwanznerven anglisirter Pferde, wo ein Stück des Nervens mit den Herabziehern herausgeschnitten war, fand ich es.

Die Entzündung der Nerven (*Neuritis*), welche mehr die Scheiden, als das Mark betrifft, entsteht selten idiopathisch, öfter durch Verletzungen, oder durch Ein-

*) Procès-verbal etc. à l'école vétér. d'Alfort. 1822. cf. Ann. de l'agric. II. Serie. T. 23. p. 31.

wirkung von Jauche aus einem benachbarten Geschwüre. Einigemal fand ich solche Nerven durch ausgeschwitzte plastische Lymphe verdickt.

Rigot *) fand an den beiden Aesten des Speichennervens (*Nerv. radialis*) und des Schenkelbeinnervens (*N. tibialis*) in der Gegend der Mittelfussknochen Geschwülste, von der Grösse einer Bohne, bis zu der eines Taubeneïes, jedoch nur immer eine bei einem Thiere. Eine weisse, feste, scirrhöse (?) Masse umgab entweder den Nerven, den sie zusammendrückte, oder die Nervenfäden waren durch die Geschwulst nach aussen gedrängt, nur zweimal enthielt die Geschwulst in einer Höhle eine gallertartige mit wenig Blut gemischte Substanz. Das lebende Thier äusserte bei dem leisesten Drucke auf die Geschwulst heftige Schmerzen, und hinkte beständig; die Haut, welche die Geschwulst deckte, war immer gesund, und hing nur mit ihr zusammen, wenn sie gross war, über die kleine Geschwulst liess sich die Haut verschieben. Bei einem Pferde wurde vollständige Heilung, d. h. das Aufhören des Hinkens und des Schmerzes, durch das Ausschneiden des kranken Nerventheils erreicht, da hingegen bei einem anderen durch Brennen mit dem glühenden Eisen der Zustand schlimmer wurde.

---

*) Tumeurs des nerfs plantaires du cheval; im Recueil de médec. vétér. 1829. Novembre. p. 624.

Zwölftes

Zwölftes Kapitel.

Von den Sinnesorganen.

I. Von den Augen.

§. 348.

Die äussern Theile des Auges, zunächst die Augenlieder, findet man, ausser zufälligen Verwundungen, selten krankhaft. Ein bei dem Menschen so oft vorkommender Fehler, nämlich der, dass die Augenwimpern der obern Augenlieder nach dem Augapfel zugekehrt sind (*Trichiasis*), wodurch eine beständige Reizung des Auges entsteht, ist bei den Thieren auch sehr selten.

Scirrhus der Thränendrüse fand ich nur einmal bei einem Pferde, wovon aber am lebenden Thiere nichts bemerkt wurde. Hingegen finde ich jedes Jahr in den Ausführungsgängen der Thränendrüse des Pferdes eine Species eines kleinen Rundwurmes (*Thelazie de Rhodes Bosc.* — *Filaria lacrymalis mihi*), gewöhnlich mehrere zusammen, die auch keine auffallenden Erscheinungen verursachen. Bisweilen sind auch die Würmer aus den Gängen herausgekrochen, oder durch die Thränen herausgespühlt, und sie liegen dann zwischen den Augenliedern, wo Rhodes *) einen bei einem Ochsen fand.

Durch das von Unwissenden bisweilen noch ausgeführte Ausschneiden des Blinzknorpels (das Nagelschneiden) wird eine heftige Entzündung der Bindehaut verursacht, die nicht selten mit der Erzeugung schwammiger Auswüchse endigt. Bei der Entzündung der Bindehaut des Augapfels (*Inflammatio conjunctivae*), die entweder idiopathisch, oder secundär ist, und dann nach der vorhandenen Krankheit, namentlich bei dem Rheumatis-

*) Journal de physique. 1819. Mars p. 214.

mus, Catarrh, oder bei Hautausschlägen, einen verschiedenen Character hat, entstehen oft Auflockerungen und Auswüchse, die sich zuweilen über die ganze Hornhaut fortsetzen, und durch das Messer entfernt werden müssen. In Folge dieser äussern Augen-Entzündung entstehen nicht selten weissliche Flecken in der Hornhaut (*Maculae Corneae*), auch Bläschen und Geschwüre (*Phlyctaenae*), die Narben hinterlassen, und das Sehen beeinträchtigen.

§. 349.

Die Lage des Augapfels wird in sofern verändert, als er aus der Augenhöhle hervorgedrängt, und durch die erschlafften Muskeln nicht wieder zurückgezogen wird. Man nennt dies Vorfall des Augapfels (*Prolapsus oculi*, *Exophthalmos*), der bei Hunden nicht selten nach einem empfangenen Biss an die Augengegend entsteht. Nur bei diesem Thiere kann dies auf diese Weise geschehen, weil seine Augenhöhle an der äussern Seite nur durch ein Band geschlossen ist. Der Augapfel wird auch bei einem Bruch des Jochbeines, wenn es in die Augenhöhle eindringt, hervorgetrieben.

Rewel *) sah dies bei einem Pferde; er reponirte den Knochen und dann den Augapfel, der auch in der Höhle ohne eine Bandage zurückblieb, und nicht gelitten hatte.

Die Fälle, wo der Augapfel durch eine Geschwulst, oder einen Knochenauswuchs aus der Augenhöhle hervorgedrängt wäre, sind mir bei den Hausthieren noch nicht vorgekommen. Da der hervorgepresste Augapfel nicht in der Augenhöhle erhalten werden kann, und da durch die Zerrung des Sehnervens doch Blindheit entsteht, so bleibt nichts übrig, als die Exstirpation.

---

*) Fracture de la partie superieur du grand sus-maxillaire et du zygomatique avec exophthalmie etc. im Recueil de médec. vétér. 1830. Novembre. p. 614.

§. 350.

In Beziehung auf die Abänderung in der Gestalt des Auges bemerke ich nur, dass man bisweilen an der Hornhaut des Pferdes eine seichte Vertiefung findet, die aus unbekannten Ursachen entsteht; dabei ist die Hornhaut völlig durchsichtig. — Bei krankhafter Beschaffenheit der Hornhaut, namentlich durch Geschwüre, entsteht auch eine kegel- oder zapfenförmige Hervorragung (*Staphyloma*), die dem Lichte um so weniger den Durchgang gestattet, je grösser sie ist. Bei Hunden kommt diese Bildung bisweilen vor; auch an einem Ochsenauge sah Otto *) ein über einen Zoll langes und wie eine Schreibfeder dieses Staphylom.

In der Wassersucht des Augapfels (*Hydrops oculi* — *Hydrophthalmus*), welche in zu reichlicher Absonderung der wässerigen Feuchtigkeit und Verflüssigung des Glaskörpers besteht, erreicht der Augapfel einen enormen Umfang und tritt aus der Augenhöhle hervor. Bei Hunden kommt diese Krankheit bisweilen vor; sie ist immer unheilbar.

§. 351.

Der Augapfel ist sehr klein und zusammengefallen, wenn der Glaskörper geschwunden und zum Theil verknöchert ist, wie ich es bei Pferdeaugen mehrmals fand. Die Hornhaut und Regenbogenhaut sind dann gewöhnlich mit einander verwachsen, die Sclerotica aber faltig und oft stellenweise verknöchert. Dass ein solches Auge völlig unbrauchbar zum Sehen ist, versteht sich von selbst. Der Zustand ist wohl in den meisten Fällen durch heftige Erschütterung des Auges, besonders durch Schläge, verursacht.

---

*) Handbuch d. path. Anat. S. 195. Anm. 17.

Nach oft wiederkehrender **Entzündung** der **Regenbogenhaut** (*Iritis*), wie in der periodischen Augenentzündung oder Mondblindheit der Pferde, entsteht Ausschwitzung von plastischer Lymphe, die dünne Fäden bildet, bisweilen aber erfolgt eine völlige Verwachsung der Pupille; anfangs bilden sich nur einzelne Fäden, die aber immer zahlreicher und dichter werden, bis die Oeffnung ganz damit ausgefüllt ist.

Da die Bildung der künstlichen Pupille bei den Thieren bis jetzt noch nicht mit Glück gemacht worden ist, so muss natürlich eine bleibende Blindheit daraus entstehen.

In Folge jener Entzündung sammelt sich Blut, auch eine **trübe Flüssigkeit** in der vordern Augenkammer (*Hypogala*), bisweilen auch **Eiter** (*Hypopyum*), der immer am Grunde der Augenkammer liegt.

Unter der normalen Pupille fand ich einigemal an Pferdeaugen einen Querriss, der einer zweiten Pupille glich; über dessen Entstehung weiss ich jedoch nichts.

Einen Ueberrest der Pupillar-Membran fand ich einmal an einem sogen. Glasauge eines Pferdes.

§. 352.

Die Verdunkelung der Krystall-Linse, **grauer Staar** (*Cataracta*) genannt, kommt bei alten Thieren, namentlich bei alten Pferden und Hunden häufig vor, und scheint hier durch Ablagerung von zu vielem phosphorsauren Kalke zu entstehen, der im Alter ja überhaupt zu reichlich abgelagert wird. Uebrigens ist auch der graue Staar schon bei neugebornen Thieren gefunden worden. Das Sehvermögen ist hierbei noch nicht aufgehoben, und das Thier sieht, wenn die Pupille durch die örtliche Anwendung narkotischer Mittel erweitert, folglich dem Lichte der Durchgang neben der verdunkelten Linse verschafft wird. Die Staaroperation hat bis jetzt bei den Thieren noch keine günstige Resultate gezeigt. — Es tritt aber, wenn die Reizung der Netzhaut durch das Licht lange Zeit unterblieben ist, wirkliche Blindheit ein, nämlich der schwarze Staar (*Amaurosis*), und der Sehnerv des kranken Auges schwindet. Dieser schwarze Staar entsteht aber auch oft plötzlich bei Reizung des Nervensystems durch schnelle Unterdrückung von Hautausschlägen, oft durch äussere Gewaltthätigkeiten.

Der grüne Staar (*Glaucoma*) besteht in einer graugrünen Färbung und Verdunkelung des Glaskörpers, die entweder nach rheumatischen Augen-Entzündungen, oder auch ohne diese, als Folge des Alters entsteht. Die hierdurch verursachte Blindheit ist unheilbar.

§. 353.

Von der am Rande der Hornhaut, auf der Bindehaut bei Hunden bisweilen vorkommenden, mit Haaren besetzten, neu erzeugten Haut ist schon oben §. 80. die Rede gewesen.

In der vordern Augenkammer des Pferdes und Rindes sind mehrmals Würmer gefunden worden; ich fand einen bei einem alten Pferde, den ich für ein Männchen von *Filaria papillosa* R. erkannt habe. Durch die beständige Bewegung des lebenden Wurmes entsteht gewöhnlich Augen-Entzündung, Trübung der wässerigen Feuchtigkeit und Verdunkelung der Hornhaut. In dem von mir beobachteten Falle war der Wurm eines Tages plötzlich aus der vordern Augenkammer verschwunden, als aber das Pferd sogleich getödtet und das Auge untersucht wurde, fand ich ihn zwischen der harten Haut und Aderhaut, wo er sich um einen Büschel der Ciliargefässe gewickelt hatte und gestorben war. Durch einen vorsichtig und nicht zu gross gemachten Hornhautschnitt kann der lebende Wurm aus der vordern Augenkammer leicht entfernt werden, ohne dass dem Auge ein bleibender Nachtheil daraus entsteht.

In den Pferdeaugen fanden diesen Wurm: Sick [1]), Michaelis [2]), Hopkinson [3]), J. Morgan [4]), Will [5]) Kennedy [6]), Seb. Franc. de Mendo Trigozo [7]), Franc. Garria Cabero [8]) und Kantler [9]).

Boudgourd [10]) zog einem Maulthiere zwei Würmer aus einem Auge, und zwanzig Tage nachher zeigte sich ein noch grösserer, als einer von den beiden ersten war.

Déguilhen (oder Deguillème) [11]), Santin [12]) und Chaignaud [13]) fanden diesen Wurm bei dem Rindvieh.

II. Von den Ohren.

§. 354.

Die an der innern Haut der Ohrmuschel bei Hunden nicht selten vorkommenden Warzen sind biswei-

---

1) In Rudolphi's Bemerkungen u. s. w. B. I. S. 14.
2) Medizinisch-praktische Bibliothek. B. II. S. 241.
3) In Transact. of the americain Philosoph. Society. Vol. II.
4) On a living Snake in a living horses eye. Ebend.
5) In Teuffel's Magazin für theor. und prakt. Thierheilk. B. I. H. 3. S. 278.
6) In Edinb. Philos. Transact. Vol. IX. p. 107. (nennt den Wurm Ascaris pellucida.)
7) In Hist. e Memor. da Acad. R. das sciencias da Lisboa T. V. P. 1. p. 60. cf. Bulletin des Scienc. médic. Janv. 1829. p. 31.
8) Institutiones de Albeitaria. Madrid 1755. 4. (?)
9) In v. Tennecker's Zeitung für die Pferdezucht u. s. w. B. II. S. 136.
10) Procès-verb. etc. à l'école vétér. de Lyon. 1823. cf. Annal. de l'agric. fr. II. Serie. T. 25. p. 79. — Recueil de médec. vétér. 1824. Mars. p. 119.
11) Procès-verbal etc. à l'école vétér. de Lyon. 1814. p. 31. cf. Ann. de l'agric. fr. T. 60. p. 304. — Gohier, Mémoires et observ. T. II. p. 435.
12) Huzard pére, in Mém. de la Societ. Roy. de l'agricult. T. I. 1822.
13) Im Recueil de médec. vétér. 1827. Novembre. p. 573.

len in so grosser Zahl vorhanden, dass sie die Oeffnung zum äussern Gehörgange schliessen, und folglich das Hören erschweren.

Das Paukenfell fand ich einmal bei einem alten Pferde verdickt, doch weiss ich nicht, ob es taub war, auch kann dies nicht ermittelt werden, wenn das Thier noch mit einem Ohr hört.

A n h a n g.

Beschreibung und Abbildungen der bei den Haus-Säugethieren vorkommenden Eingeweidewürmer.

Erste Familie.

Faden- oder Rundwürmer. *Nematoidea.*

Leib drehrund, elastisch; der Nahrungskanal am Munde anfangend, am After endigend; Geschlechter getrennt.

I. *Filaria.* Fadenwurm, Zwirnwurm

Leib drehrund, elastisch, lang, fast gleichförmig; Kopf nicht abgesetzt, Mund kreisförmig, nackt, oder mit Wärzchen besetzt; das männliche Glied ein einfacher Stachel (*spiculum*), vor der Schwanzspitze; weibliche Geschlechtsöffnung näher am Kopfe, als am Schwanze.

a. Mund nackt.

1. *F. lacrymalis* mihi (*Thelazia Rhodii* Bosc), Thränen-Fadenwurm. Tab. V. Fig. 1—6.

Sehr kurz und dünn, Leib vorn und hinten verschmächtigt, männliches Glied sehr kurz, oft hervorgestreckt.

In den Ausführungsgängen der Thränendrüse des Pferdes und Rindes, bisweilen zwischen den Augenliedern und dem Augapfel, nicht selten vorkommend; ich finde ihn fast in jedem Winter bei Zergliederungen.

Das Männchen (F. 1.) ist 5 — 6 Linien, das Weibchen (Fig. 2.) 7 — 8 Linien lang. Mund eng, Speiseröhre und Magen kurz, durch eine Einschnürung vom Darme gesondert; After bei dem Weibchen vor der runden Schwanzspitze (Fig. 4.), bei dem Männchen etwas vor dem Ende (Fig. 5.), aus welchem der Penis hervorragt, Schwanz des Männchens einfach gekrümmt. Weibliche Geschlechtsöffnung am vordern Theile des Leibes (Fig. 3.), durch welche die Vagina oft vorgefallen ist. Eier (Fig. 6.) länglich, stumpf. Der Wurm bringt lebendige Junge und scheint keine übele Zufälle zu verursachen.

b. Mund mit Wärzchen besetzt.

2. ***F. papillosa*** Rudolphi (***F. equi*** Gmelin. ***Gordius equinus*** Abilgaard), warziger Fadenwurm. Tab. V. Fig. 7—12.

Der kreisförmige Mund mit sechs, und der Hals mit acht Wärzchen besetzt, Leib nach hinten verschmächtigt, Schwanz gekrümmt, oft schraubenförmig.

Lebt gesellig in der Bauchhöhle, bisweilen in der Brusthöhle des Pferdes, Esels und Maulthieres, selten in der vorderen Augenkammer dieser Thiere und des Rindes (hier einzeln, selten zu zweien), kommt auch bisweilen im Zellgewebe ausserhalb des Bauchfelles vor, und soll nach Abilgaard auch zwischen dem äussern und innern Blatte der Spinnwebenhaut des Gehirns bei dem Pferde gefunden worden seyn.

Er ist 2 bis 7 Zoll lang, das Männchen (Fig. 7.) immer kleiner, als das Weibchen (Fig. 8.), $\frac{1}{3}$ bis $\frac{1}{2}$ Linie dick, weisslich, hat an jeder Seite eine gelbliche Linie (wie ***Ascaris***) und der dunkle Darm schimmert oft durch. Die Wärzchen am Halse sind grösser, als die am Munde (Fig. 9.); Schlund und Magen kurz, After am Ende des platten, gedrehten Schwanzes (Fig. 10). Das Schwanzende des Männchens hat schmale Randflügel, der sehr dünne Penis ist mit einer Scheide (Vorhaut) versehen (Fig. 11.). Die weibliche Geschlechtsöffnung ist nahe am Kopfe, aus ihr fällt der zweihörnige Uterus oft vor (Fig. 9.); Eier (Fig. 12.) oval. Bringt lebendige Junge. Es scheint, dass der Wurm für die Thiere, in welchen er lebt, nicht nachtheilig ist.

II. *Trichocephalus.* Haarkopf. Peitschenwurm.

Der vordere Theil des drehrunden, elastischen Leibes ist haarförmig, der hintere Theil viel dicker, welcher bei Männchen gewunden, bei Weibchen grade, oder einfach gekrümmt ist. Mund kreisförmig, am dünnen Theile, After am Ende des dicken Theiles; männliches Glied einfach, mit einer Scheide, oder mit Scheide und Schwanzbeutel.

3. *Tr. crenatus* R. (*Tr. suis* Schrank. — *Tr. apri* Gmelin. — *Mastigodes apri* Zeder), gekerbter Haarkopf. Tab. V. Fig. 19—25.

Kopf sehr klein (aber nicht spitzig), haarförmiger Theil des Leibes sehr lang, dicker Theil bei Männchen spiralförmig, bei Weibchen fast grade; der einfache Penis mit einfacher, trichterförmiger Scheide, oder diese ist noch von einem grösseren glockenförmigen Schwanzbeutel umgeben.

Im Dickdarme des zahmen und wilden Schweines nicht selten.

Gewöhnlich über 2 Zoll lang wovon über die Hälfte auf den haarförmigen Theil kommt, $\frac{1}{3}$—$\frac{1}{2}$ Linie dick (Fig. 19. Männchen, Fig. 20. Weibchen), weiss, bisweilen von dem durchscheinenden Darme graubraun. Der haarförmige Theil hat Querstreifen, und erscheint an den Rändern bisweilen wie gekerbt. Kopf stumpf, Mund sehr klein, Darm am haarförmigen Theile sehr deutlich, am dicken Theile in beiden Geschlechtern von den Geschlechtstheilen umwickelt, After am Ende (Fig. 22.). Der kurze Penis ist selten vorgestreckt, aber beständig ist die durchsichtige, trichterförmige Scheide desselben sichtbar (Fig. 23.), und diese ist bisweilen von einem glockenförmigen Schwanzbeutel (Fig. 24.), den Rudolphi zweilappig fand, umgeben.

Die weibliche Geschlechtsöffnung ist am Anfange des dicken Theiles, und rund; Eier (Fig. 25.) oval, an beiden Enden mit Knötchen.

4. *Tr. affinis* R. (*Mastigodes affinis* Zed.), verwandter Haarkopf. Tab. V. Fig. 26—29.

Der haarförmige Theil des Leibes ist mehrmal länger, als der dicke, der bei Männchen schneken-, oder spiralförmig gewunden, bei Weibchen gebogen ist; Penis sehr lang mit einer am Ende birnförmig erweiterten Scheide.

Im Dickdarme des Rindes, Schafes, der Ziege und mehrerer anderer Wiederkäuer, nicht selten.

Der Wurm ist weiss, über 2 Zoll lang, wovon der dicke Theil des Leibes der kürzere ist, bei den Männchen (Fig. 26.) schwächer, als bei dem Weibchen (Fig. 27.). Mund, Magen, Darm und After wie bei dem gekerbten Haarkopfe, männliches Glied sehr lang, oft hervorgestrekt, und an dem grösseren Theile seiner Länge mit einer durchsichtigen Scheide, die am Ende birnförmig erweitert ist, umgeben (Fig. 28.); die Saamenblase ist sehr deutlich sichtbar. Die weibliche Geschlechtsöffnung (*vulva*) ist am Anfange des dicken Theiles des Leibes; die Eier (Fig. 29.) oval, an beiden Enden spitzig.

5. *Tr. depressiusculus* R. (*Tr. vulpis* Gmel. Fröhlich. — *Mastigodes vulpis* Zed.), gedrückter Haarkopf. Tab. V. Fig. 30—34.

Im Aeussern den beiden vorigen Arten gleich, nur ist der Hals und der dicke Theil des Leibes etwas platt; Penis sehr lang, mit durchsichtiger cylindrischer Scheide.

Im Blinddarme des Hundes (selten) und Fuchses.

Die Länge des Wurmes, Mund, Magen, Darm und After, weibliche Geschlechtsöffnung wie bei den andern Arten. Eier (Fig. 34.) elliptisch, an beiden Enden mit durchsichtigen Knötchen.

III. *Oxyuris*. Pfriemenschwanz.

Mund kreisförmig, Leib drehrund, elastisch, am hintern Ende pfriemenförmig, männliches Glied mit einer Scheide.

6. *O. curvula* R. (*Trichocephalus equi* Auctor. — *Mastigodes equi* Zeder), krummer Pfriemenschwanz. Tab. V. Fig. 13—18.

Kopf nackt (ohne Randflügel), pfriemenförmiger Theil des Weibchens die Eierleiter enthaltend; Männchen mit zugespitztem Schwanze, Penis vor der Schwanzspitze, hervorgestreckt.

Im Blind- und Grimmdarme des Pferdes und Esels zahlreich, aber nicht häufig vorkommend.

Das Weibchen (Fig. 14. 15.) ist 1—3½ Zoll lang, indem der pfriemenförmige Theil sehr variirt, weiss mit durchscheinenden Eingeweiden, am Ende des ½ Linie dicken Theiles des Leibes gewöhnlich gekrümmt; das erwachsene Männchen habe ich nie gesehen, Fig. 13. ist ein junges Männchen (welches ich dem Herrn Dr. Mehlis verdanke). Schlund und Magen sehr kurz, durch eine Einschnürung abgesetzt, Darm grade, weit, After bei Weibchen im zweiten Drittheile (Fig. 16.), bei Männchen am hintern Ende des Leibes (Fig. 17.). Penis aus dem After hervorgestreckt, mit einer Scheide versehen; weibliche Geschlechtsöffnung im vordern Drittheile (Fig. 16.); Eier (Fig. 18.) oval, an beiden Enden spitzig.

IV. *Spiroptera.* Rollschwanz.

Mund kreisförmig, nackt, oder mit Wärzchen besetzt; Leib drehrund, elastisch, an beiden Enden verschmächtigt; Schwanz des Männchens in einfacher, oder mehrfacher Schraubenwindung, mit häutigen, herabgebogenen Randflügeln, zwischen welchen der Penis hervorragt.

a. Mund nackt.

7. *Sp. megastoma* R., grossmäuliger Rollschwanz. Tab. V. Fig. 35—40. Tab. VI. Fig. 1—4.

Kopf abgesetzt, Mund nackt (ohne Wärzchen), Schwanz des Weibchens grade, des Männchens mit einfacher Schraubenwindung, Randflügel schmal, Penis kurz.

In den vergrösserten Schleimbälgen an der rechten Hälfte der Schleimhaut des Magens vom Pferde; eine grössere Varietät in der Höhle des Pferdemagens, oft sehr zahlreich.

Das Männchen der kleinen Varietät (Tab. V. Fig. 35.) ist 4—5 Linien, das der grösseren (Tab. VI. Fig. 2.) 9—10 Linien lang; das Weibchen der kleinen Varietät (Tab. V. Fig. 36.) ist 5—6 Linien, das der grösseren Varietät (Tab. VI. Fig. 1.) ist 12—15 Linien lang, beide dünn. Kopf nackt (ohne Wärzchen), mit zwei Lippen (Tab. V. Fig. 37.) und bei dem todten Wurme ist oft ein Theil der Schlundhaut wie eine Manchette hervorgetreten, dann ist der Mund kreisförmig und gross (Tab. V. Fig. 38.). Der Schlund ist lang und weit, der Darm dünner, grade, After vor der Schwanzspitze, ohne merkliche Erhöhung. Die Randflügel am Schwanzende des Männchens sind schmal, der Penis kurz, oft hervorgestreckt (Tab. V. Fig. 39.). Die weibliche Geschlechtsöffnung ist im zweiten Viertheile von vorn, und klein (Tab. V. Fig. 37.). Eier länglich cylindrisch (Tab. V. Fig. 40.), bringt lebendige Junge (Tab. VI. Fig. 4.).

8. *Sp. strongylina* R., pallisadenwurmähnlicher Rollschwanz. Tab. VI. Fig. 11—16.

Kopf nicht abgesetzt, Mund nackt (ohne Wärzchen); Schwanz des Weibchens an der Spitze platt, des Männchens mit einfacher Windung, Randflügel breit, faltig, Penis sehr lang.

Im Magen des zahmen und wilden Schweines, nicht häufig.

Er ist dünn und weiss, das Männchen (Fig. 11.) 5—6 Linien, das Weibchen (Fig. 12.) 7—9 Linien lang. Mund (Fig. 13.) klein, Darm grade, After unmittelbar vor der Schwanzspitze. Die Randflügel am Schwanze des Männchens sind breit und gefaltet, der dünne Penis sehr lang (Fig. 14.) Weibliche Geschlechtsöffnung

öffnung nahe vor dem After (Fig. 15.); Eier (Fig. 16.) länglich, cylindrisch.

b. Mund mit Wärzchen besetzt.

9. *Sp. sanguinolenta* R. (*Strongylus Lupi* Heyse), blutiger Rollschwanz. Tab. VI. Fig. 5—10.

Mund mit Wärzchen besetzt; Schwanz des Weibchens an der Spitze platt und stumpf, des Männchens mit doppelter Windung, Penis mit fadenförmiger, einfacher Scheide.

In Knoten am Magen des Hundes und Wolfes nicht selten, seltener in der Höhle des Magens und im Zwölffingerdarme.

Gewöhnlich von dem eingesaugten Blute roth; das Männchen (Fig. 5.) 1½—2 Zoll, das Weibchen (Fig. 6.) 2—3 Zoll lang, dicker, oft wie ein Pfropfenzieher gedreht, oder wie eine Brezel verschlungen. Vorn verschmächtigt, Mund gross, mit (sehr kleinen) Wärzchen besetzt (Fig. 8.), oder nur wellenförmig gerandet; Schlund und Magen gerade, Darm doppelt so stark, After unmittelbar vor der Schwanzspitze (Fig. 9.). Die Randflügel am Schwanze des Männchens schmal, mit mehreren dünnen Queerstreifen, Penis doppelt, ziemlich lang (aber selten vorgestreckt), nur zum Theile von der Vorhaut bedeckt, welche immer hervorgeschoben ist (Fig. 7.). Weibliche Geschlechtsöffnung nahe vor dem After (Fig. 9.); Eier (Fig. 10.) länglich.

V. *Strongylus.* Pallisadenwurm.

Mund kreisförmig, oder eckig; Leib drehrund, elastisch, an beiden Enden verschmächtigt; Männchen an der Schwanzspitze mit einem offnen Beutel, welcher den Penis umgiebt.

a. Mund mit hornigen Zähnen, oder mit hornigen Lippen. *Slerostomata* R.

10. *Str. armatus* R. (*Str. equinus* Auctor.), be-

waffneter Pallisadenwurm. Tab. VI. Fig. 33 — 43.

Kopf rund, vorn abgestutzt, Mund kreisförmig, mit schrägen Zänchen dicht besetzt, Schwanzbeutel des Männchens dreilappig, Schwanz des Weibchens stumpf, weibliche Geschlechtsöffnung von der Schwanzspitze entfernt.

Kommt in zwei Varietäten vor; die grössere lebt häufig im Blind- und Grimmdarme des Pferdes, Esels und Maulthieres, selten in der Bauchspeicheldrüse, im Zwölffingerdarme und in der besondern Scheidenhaut des Hodens. Die kleinere Varietät findet sich in dem Stamme und den Aesten der aneurysmatischen vorderen Gekrösarterie dieser Thiere.

Das Männchen der grössern Varietät (Fig. 33.) ist über einen Zoll, das Weibchen (Fig. 34.) ist 1½—2 Zoll lang, beide sind fast steif, bräunlich, die weissen Geschlechtsorgane und der dunkle Darm schimmern durch; bei dem Esel (Fig. 42. Männchen, Fig. 43. Weibchen) sind beide Geschlechter kleiner.

Die kleinere Varietät ist gewöhnlich von dem eingesaugten Blute roth, das Männchen (Fig. 40.) ist ungefähr ½ Zoll lang, das Weibchen (Fig. 41.) etwas länger. — Der Kopf mit horniger, fast kugeliger Mundblase, die am innern Rande mit hornigen, spitzigen, schräg nach innen gerichteten Zähnen dicht besetzt ist (Fig. 36.); der Wurm gebraucht sie, um sich an den Darmwänden festzuhängen. Speiseröhre, Magen und Darm gerade, mit dunklem Kothe angefüllt; After bei Männchen im Schwanzbeutel, bei Weibchen vor der Schwanzspitze, in einer Querspalte. Der Schwanzbeutel des Männchens (Fig. 37.) ist dreilappig, der mittlere (obere) Lappen ist schmaler, als die runden Seitenlappen, von welchen jeder mit vier am Grunde dicken Strahlen versehen ist; der Penis ist doppelt, mässig lang. Die weibliche Geschlechtsöffnung ist ungefähr 5 — 6 Linien von der Schwanzspitze entfernt (Fig. 34 35. u. 38), und besteht aus einer ovalen Querspalte, Gebärmutter zweihörnig, mit langen Eierstöcken. Eier (Fig. 39.) elliptisch, in der Mitte eingeschnürt. Bei der Begattung, die vom December bis zum Juni stattfindet, sind die beiden Geschlechter in einem rechten Winkel verbunden (Fig. 35.), und das Männchen saugt sich mittelst seines Schwanzbeutels so fest an die aufgetiebene Vulva, dass die Thiere selbst nach dem Tode und im Weingeiste zusammenhängend bleiben.

11. *Str. tetracanthus* Mehlis *) (*Proles Strongyli armati* R.), vierstacheliger Pallisadenwurm. Tab. VI. Fig. 23 — 32.

Mund gross, aussen mit vier stumpfen Stacheln, innen mit vielen kleinen Zähnen besetzt; Leib an beiden Enden verschmächtigt; Schwanzbeutel des Männchens an der Rückenseite verlängert, Schwanz des Weibchens am After aufgetrieben und mit kurzer Spitze, weibliche Geschlechtsöffnung nahe am After.

Kommt in zwei Varietäten im Blind- und Grimmdarme des Pferdes vor.

Die grössere Varietät ist gewöhnlich blutroth, und kommt mehr einzeln vor; das Männchen (Fig. 23.) ist 6—7 Linien lang, das Weibchen (Fig. 24.) 7—8 Linien.

Die kleinere Varietät ist zahlreicher, das Männchen (Fig. 25.) nur 4 Linien, das Weibchen (Fig. 26.) über 5 Linien lang. Am äussern Rande des kreisrunden Mundes stehen vier stumpfe Spitzen (Fig. 27.), der innere Rand ist mit vielen, nach innen gekehrten, kleinen Zähnen (Fig. 28.) besetzt. Der Schlund und Magen kurz, Darm gerade, After bei Männchen an der untern Seite des Schwanzbeutels, bei Weibchen (Fig. 29.) vor der Schwanzspitze. Die männliche Ruthe ist doppelt, sehr lang, die Schwanzblase auf der Rückenseite verlängert, hat gabelästig getheilte Strahlen (Fig. 30.). Die weib

*) Die noch nicht gedruckte Diagnose hat mir Herr Dr. Mehlis gütigst mitgetheilt.

liche Geschlechtsöffnung nahe vor dem After (Fig. 29.); die Eier (Fig. 32.) sind oval. Bei der Begattung ist die Schwanzspitze des Weibchens nach oben gebogen, um die Vulva herum ein dunkler Rand (Fig. 31.), wo die Schwanzblase des Männchens gelegen hat. Auch die kleinere Varietät findet man in der Begattung. Die jungen Würmer liegen zusammengekrümmt in der Substanz der Schleimhaut, wo sie wie schwarze Punkte erscheinen.

12. *Str. dentatus* R., gezahnter Pallisadewurm. Tab. VII. Fig. 20—24.

Kopf stumpf, Mund kreisförmig mit auswärts gekrümmten Zähnen, Schwanzbeutel des Männchens dreilappig, Schwanz des Weibchens mit pfriemenförmiger Spitze.

Im Darmkanale, besonders im Dickdarme des zahmen und wilden Schweines, nicht selten, aber nicht zahlreich.

Der durchscheinende Darm giebt dem Wurme ein schwärzliches Ansehen; das Männchen (Fig. 20.) ist 5—6 Linien, das Weibchen (Fig. 21.) 6—7 Linien lang. Der Kopf ist stumpf, fast abgestutzt, dünner als der Leib, mit 10—12 kurzen, auswärts gebogenen Zähnen besetzt (Fig. 23.); der Leib ist vorn und hinten verschmächtigt; an beiden Seiten mit einer dünnen Haut versehen, die bei dem todten Wurme oft gekerbt erscheint; Schlund und Magen kurz, dieser erweitert, Darm gerade, vom Kothe schwärzlich, After an der Schwanzspitze. Schwanzbeutel des Männchens stumpf, die Lappen mit ungetheilten Strahlen, Penis doppelt (Fig. 22.). Vulva in einem Höckerchen vor der Schwanzspitze (Fig. 23.), Eier (Fig. 24.) oval.

13. *Str. hypostomus* *) R., Pallisadenwurm mit abwärts gekehrtem Maule. Tab. VII. Fig. 7—12.

*) Diese Species gehört nach den Beobachtungen von Mehlis (Isis 1831.), die ich bestätigt gefunden habe, zu der Abtheilung der Pallisadenwürmer mit bewaffnetem Munde.

Kopf fast kugelig, höckerig, Mund halb nach vorn, halb nach unten gekehrt, mit einwärts gerichteten Zähnen besetzt; Leib fast gleichförmig; Schwanzbeutel des Männchens ganz, stumpf; Schwanz des Weibchens mit kurzer Spitze.

Im Dickdarme des Schafes, der Ziege, der Gemse, zwar nicht selten, aber nicht zahlreich.

Gewöhnlich ganz weiss und steif; das Männchen (Fig. 7.) 5—8 Linien, das Weibchen (Fig 8.) 9—13 Linien lang. Am Kopfe ragt der obere Theil (Nacken) über den untern hervor, daher ist die Mundöffnung halb vorwärts, halb abwärts gekehrt, und ihr innerer Rand ist mit vielen nach innen gekehrten Zähnen besetzt (Fig. 9.); Leib an beiden Enden nur wenig verschmächtigt. Schlund und Magen kurz, Darm gerade, After vor der Schwanzspitze (Fig. 11). Schwanzbeutel des Männchens stumpf, ungetheilt, mit einfachen und getheilten Strahlen, Penis doppelt (Fig. 10.). Vulva in einem kaum merklichen Höckerchen vor dem After (Fig. 11.); Eier (Fig. 12.) fast rund.

14. *Str. cernuus* Creplin*), übergebogner Pallisadenwurm. Tab. VI. Fig. 17—22.

Kopf fast herabgebogen, Mundöffnung abwärts, ungleich, mit hornigen Lippen; Leib an beiden Enden verschmächtig; Schwanzbeutel des Männchens zweilappig, Lappen gleich gross, Schwanz des Weibchens kegelförmig, fast stumpf.

Im Dünndarme des Schafes und der Ziege, bisweilen auch im Dickdarme, nicht oft, aber zahlreich.

Das Männchen (Fig. 17.) ist ungefähr 8 Linien lang und meist weiss, das Weibchen (Fig. 18.) ist 10—11 Linien lang, und hat von dem durchscheinenden Darme gewöhnlich ein schmutziges Ansehen. Der Kopf ist herabgebogen, der ungleiche Mund hat hornige Lippen

*) Novae observationes de Entozois. Berol. 1829. 8. p. 2.

(Fig. 19.); Schlund und Magen ziemlich weit, Darm gerade, After vor der Schwanzspitze bei Weibchen (Fig. 20.), innerhalb des Schwanzbeutels bei Männchen. Dieser ist sehr deutlich sichtbar, und hat starke, nach dem Rande hin gabelig getheilte Strahlen in jedem Lappen (Fig. 21.), Penis doppelt, selten hervorgestreckt. Die weiblichen Geschlechtstheile schimmern durch, der Schwanz ist gerade, wenig spitzig, die Vulva im ersten Viertheile von vorn. Die Eier (Fig. 22,) sind oval.

b. Mund mit Wärzchen besetzt.

15. ***Str. paradoxus*** Mehlis (***Gordius pulmonalis apri*** Ebel. — ***Ascaris filiformis cauda rotundata*** Goeze. — ***Asc. bronchiorum suis*** Modeer. — ***Fusaria apri*** Zeder), seltsamer Pallisadenwurm. Tab. VI. Fig. 44 — 49.

Mund eng, mit drei Knötchen besetzt; Leib fadenförmig, lang; Schwanzbeutel des Männchens herabgebogen, zweitheilig, Schwanz des Weibchens am After aufgetrieben und mit kurzer Spitze, Vulva nahe vor dem After.

In den Luftröhrenästen des zahmen und wilden Schweines; selten.

Das Männchen (Fig. 44.) ist 8—9 Linien, das Weibchen (Fig. 45.) über 1½ Zoll lang, beide sehr dünn und weiss. Der Mund ist sehr klein, mit drei sehr kleinen Knötchen besetzt (Fig. 46.), Schlund und Magen enger, als der Darm, After in einem Höckerchen vor der Schwanzspitze (Fig. 47.). Der Schwanzbeutel des Männchens ist ohne Vergrösserung sichtbar, die Strahlen sind an den Enden getheilt; Penis doppelt und lang (Fig. 48). Die Vulva (Fig. 47.), durch welche die Scheide oft vorgefallen gefunden wird, ist nahe vor dem After in dem Höckerchen; der Wurm bringt lebendige Junge (Fig. 49.).

16. *Str. micrurus* Mehlis (*Strongylus vitulorum* R. — *Gordius viviparus* Bloch — *Fusaria vituli* Zeder), kleinschwänziger Pallisadenwurm. Tab. VI Fig. 50 — 54.

Mund eng, mit drei Knötchen; Leib fadenförmig, lang; Schwanzbeutel des Männchens ganz, abgestutzt, Schwanz des Weibchens etwas spitzig, Vulva vor der Mitte des Körpers.

In den Luftröhrenästen der Kälber, häufig; in denen des Esels selten.

Beide Geschlechter sind dünn, das Männchen (Fig. 50.) ist 1½ Zoll, das Weibchen (Fig. 51.) etwas dicker und 3 Zoll lang. Der Mund ist klein, mit drei kleinen Knötchen besetzt; Schlund und Magen kurz, durch eine Einschnürung von dem viel weiteren Darme gesondert (Fig. 52.); After etwas von der Schwanzspitze entfernt (Fig. 53.). Schwanzbeutel des Männchens ohne Vergrösserung nicht sichtbar, abgerundet, die Strahlen stehen immer zu zweien, der Penis ist doppelt, aber selten vorgestreckt (Fig. 54.); der Wurm bringt lebendige Junge.

17. *Str. filicollis* R. (*Fusaria filicollis* Zeder), dünnhalsiger Pallisadenwurm. Tab. VII. Fig. 40—46.

Kopf mit Randflügeln, Mund mit drei undeutlichen Knötchen, Hals haarförmig, sehr lang; Schwanzbeutel des Männchens ungetheilt, oben vorstehend, Schwanz des Weibchens etwas stumpf.

Im Dünndarme des Schafes und Rehes, nicht häufig.

Er ist sehr dünn, besonders der vordere Theil, gewöhnlich weiss, selten röthlich; der haarförmige Hals, welcher gewöhnlich länger ist, als der Hinterleib, geht allmählig in diesen über, und ist auf verschiedene Weise gebogen. Das Männchen (Fig. 40.) ist 4—5 Linien, das Weibchen (Fig. 41.) 8—10 Linien lang. Der sehr kleine Kopf ist stumpf und hat zwei schmale Randflügel, der Mund kreisförmig und mit drei nicht deutlich zu unterscheidenden Knötchen besetzt (Fig. 43.); der Schlund und Magen sind sehr eng, der Darm erweitert sich nach hinten zu und ist gewunden. Der Schwanzbeutel des

Männchens (Fig. 42, 44.) ungetheilt, an den Seiten etwas verlängert, aussen convex, mit 2—3 theiligen Strahlen, Penis einfach. Vulva in einiger Entfernung von der Schwanzspitze, Eier (Fig. 46.) bei dem so kleinen Wurme sehr gross, und oval.

18. *Str. contortus* R. (*Str. ovinus* Auctor.), gedrehter Pallisadenwurm. Tab. VII. Fig. 13—19.

Kopf stumpf (bisweilen mit Randflügeln), Mund mit drei kleinen Knötchen besetzt; Schwanzbeutel des Männchens zusammengedrückt, vierlappig, Schwanz des Weibchens spitzig, oft gekrümmt.

Im Labmagen des Schafes oft und zahlreich vorkommend.

Der dünne Wurm ist von dem eingesaugten Blute roth, und scheint schraubenförmig gedreht zu seyn, indem die Eierstöcke bei Weibchen um den Darm gewikkelt sind. Das 5—8 Linien lange Männchen (Fig. 13.) ist dünner, als das Weibchen (Fig. 14.), welches 9—18 Linien lang ist. Kopf stumpf, bisweilen mit schmalen Randflügeln, Leib an beiden Enden verschmächtigt, doch vorn stärker, aber bei weitem nicht so dünn, wie bei dem dünnhalsigen Pallisadenwurme. Mund rund, klein, mit drei kleinen Knötchen besetzt, Schlund und Magen kurz, Darm roth durchscheinend, After vor der Schwanzspitze (Fig. 18). Der röthliche Schwanzbeutel des Männchens ist vierlappig (Fig. 17.), die beiden Seitenlappen sind dreifach grösser, als der obere und untere, und so nach innen gebogen, dass sie fast einen Ring darstellen; Penis doppelt, selten vorgestreckt. Die Vulva ist nahe vor dem After (Fig. 18.), durch ein kleines Höckerchen angedeutet; Eier (Fig. 19.) elliptisch.

19. *Str. Gigas* R. (*Ascaris visceralis*, *A. renalis* Gmelin, — *Fusaria renalis* Zeder), Riesen-Pallisadenwurm. Tab. VII. Fig. 25—28.

Kopf stumpf, Mund mit sechs flachen Wärzchen besetzt; Schwanzbeutel des Männchens ungetheilt, abgestutzt, Schwanz des Weibchens rund und dick.

In den Nierenbecken (bisweilen in der Harnblase) des Menschen, Pferdes, Rindes, Hundes und einiger anderer Fleischfresser.

Der Riese unter den Rundwürmern; ist gewöhnlich blutroth, wird aber im Wasser und Weingeiste blass. Das Weibchen (Fig. 25.) erreicht eine Länge von 5 Zoll bis zu 3 Fuss, und wird 2—6 Linien dick. Das Männchen ist viel kleiner. Der Kopf ist klein, der Leib mit acht Längenstreifen, nach hinten zu stärker, so dass das Schwanzende des Weibchens am dicksten ist. Mund mit sechs flachen Wärzchen besetzt (Fig. 26.), Schlund und Magen sind eng, dieser durch eine Einschnürung von dem viel weitern Darme gesondert, After bei Weibchen am Ende, eckig, und grösser, als der Mund. Schwanzbeutel des Männchens (Fig. 27.) klein, fast halbkugelig, ohne Strahlen, Penis sehr dünn, am Grunde mit einem Höckerchen, welches den After enthält. Der Uterus des Weibchens ist einhörnig, die Vulva 2—3 Zoll hinter dem Kopfe (Fig. 25.), Eier oval; bringt lebendige Junge (Fig. 28.).

c. Mund nackt.

20. *Str. Filaria* R., fadenförmiger Pallisadenwurm, Luftröhrenkratzer. Tab. VII. Fig. 1—6.

Kopf stumpf, Leib fast gleichförmig, Schwanzbeutel des Männchens ungetheilt, schief, Schwanz des Weibchens spitzig, Vulva nahe am After.

In der Luftröhre und den Luftröhrenästen des Schafes und der Ziege, besonders der Lämmer, oft und zahlreich.

Der Wurm ist weiss, fadenförmig, 1—3½ Zoll lang, das Männchen (Fig. 1.) etwas kürzer und dünner, als das Weibchen (Fig. 2.). Der Kopf ist stumpf und hat sehr schmale Randflügel (Fig. 3.); der Leib ist an beiden Enden, besonders aber am vorderen verschmächtigt. Schlund und Magen kurz, etwas weiter, als der gerade Darm, After vor der Schwanzspitze. Schwanzbeutel des Männchens (Fig. 4.) ungetheilt, stumpf und schief, Strahlen zwei- und dreitheilig, Penis doppelt, Vulva (Fig. 5.) nahe vor dem After, Eier (Fig. 6.) oval. Der Wurm bringt lebendige Junge.

21. *Str. radiatus* R., strahliger Pallisadenwurm. Tab. VII. Fig. 35—39.

Kopf stumpf, Schwanzbeutel des Männchens zweilappig, Lappen ungleich, rund, Schwanz des Weibchens pfriemenförmig.

Im Dünndarme des Rindes.

Ist weiss, bisweilen roth; das Männchen (Fig. 35.) 5—8 Linien, das Weibchen (Fig. 36.) 12—18 Linien lang, beide dünn. Kopf stumpf, Leib an beiden Enden verschmächtigt; Mund gross, rund (Fig. 37.), Schlund und Magen kurz, Darm gerade, After vor der Schwanzspitze. Schwanzbeutel des Männchens (Fig. 38.) zweilappig, die Lappen ungleich, mehrstrahlig, Penis sehr lang. Schwanz des Weibchens (Fig. 39.) pfriemenförmig, Vulva nahe vor dem After. Eier kugelig.

22. *Str. venulosus* R., geaderter Pallisadenwurm. Tab. VII. Fig. 47—51.

Kopf stumpf, Schwanzbeutel des Männchens fast zweilappig, abgestutzt, Schwanz des Weibchens fast stumpf.

Im Dünndarme der Ziege.

Der weissliche Wurm ist einen Zoll und darüber lang, das Männchen (Fig. 47.) nicht viel kürzer, als das Weibchen (Fig. 48.). Kopf stumpf, Leib vorn und hinten verschmächtigt; Mund kreisförmig, gross (Fig. 49.), Speiseröhre und Magen kurz, Darm gerade, After vor der Schwanzspitze. Schwanzbeutel des Männchens (Fig. 50.)

abgestutzt, fast zweilappig, vielstrahlig, Penis einfach, ziemlich lang. Schwanz des Weibchens (Fig. 51.) fast stumpf, Vulva unweit des Afters, Eier kugelig. — Dieser Wurm ist dem strahligen Pallisadenwurme sehr ähnlich, aber die Gestalt des Schwanzbeutels unterscheidet beide.

23. *Str. trigonocephalus* R., Pallisadenwurm mit dreieckigem Kopfe. Tab. VII. Fig. 29—34.

Kopf mit dreieckiger Lippe, Schwanzbeutel des Männchens zweilappig, Schwanz des Weibchens mit kurzer Spitze.

Im Magen und Dünndarme, in Knoten an den Eingeweiden, besonders am Magen, und im Herzen des Hundes; nicht häufig.

Er ist dünn, 4—12 Linien lang, das Männchen (Fig. 29.) etwas kleiner, als das Weibchen (Fig. 30). Kopf klein, mit dreieckiger Lippe, Leib vorn und hinten verschmächtigt. Schlund und Magen kurz, dieser aber weit, und durch eine Einschnürung von dem gewundenen Darme getrennt (Fig. 31.), After vor der Schwanzspitze (Fig. 34). Schwanzbeutel des Männchens (Fig. 33.) fast kugelig, zweilappig, ungleich, vielstrahlig, Penis einfach, ziemlich lang. Vulva im vorderen Theile des Leibes (Fig. 31.), Uterus zweihörnig. Eier (Fig. 32.) fast kugelig. Rudolphi (*entozoorum s. verm. intest. hist. nat.* II. P. I. p. 231.) fand die Vulva nicht weit von der Schwanzspitze entfernt; ich sehe sie bei dem frischen, ganz durchsichtigen Wurme sehr deutlich im vorderen Theile des Leibes, und kann den zweihörnigen Uterus bestimmt wahrnehmen.

24. *Str. tubaeformis* Zeder, trompetenförmiger Pallisadenwurm.

Kopf mit viereckiger Lippe, Schwanzbeutel des Männchens verkehrt-kegelförmig, Schwanz des Weibchens spitzig.

Im Zwölffingerdarme der Katze (ich habe ihn noch nicht gefunden).

Das Männchen drei, das Weibchen vier Linien lang, dünn. Kopf stumpf, mit viereckiger Lippe, Leib an beiden Enden verschmächtigt, bei dem Männchen am Schwanzbeutel verdickt. Dieser ist zweilappig, abgestutzt, jeder Lappen ist mit drei Strahlen versehen. Schwanz des Weibchens kurz, kegelförmig und spitzig.

VI. *Ascaris.* Spulwurm.

Kopf mit drei beweglichen Knötchen, zwischen welchen die Mundöffnung ist, Leib an beiden Enden verschmächtigt, drehrund, elastisch; männliche Ruthe doppelt.

Leib an beiden Enden fast gleichmässig verschmächtigt.

a. Kopf nackt (ohne Randflügel).

25. *Asc. lumbricoides* Linné (*Asc. lumbricoides* Auctorum. — *Ascaris Gigas* Goeze. — *Fusaria lumbricoides* Zeder), regenwurmähnlicher Spulwurm. Tab. VIII. Fig. 1—4.

Kopf nackt, Mundknötchen einfach, Leib an jeder Seite mit einer Längenfurche, Schwanz fast stumpf.

Im Dünndarme des Menschen, Rindes und Schweines, ziemlich oft vorkommend.

Das Männchen (Fig. 1.) ist 4—5 Zoll, das Weibchen (Fig. 2.) 8—12 Zoll lang, in der Mitte 2 Linien dick, weiss, oder röthlich, halb durchsichtig, so dass der Darm und die Geschlechtstheile durchscheinen. Kopf (Fig. 3.) mit drei runden, einfachen Knötchen, die vorn einen seichten Eindruck haben, und die Mundöffnung fast verschliessen, wenn sie einander genähert sind. Leib in der Mitte dicker, mit zwei gelblichen, vertieften Längenstreifen, und mit zwei schmaleren Streifen, wovon einer an der Rückenseite, der andere an der Bauchseite verläuft. Schlund und Magen kurz, durch eine Einschnürung von dem geraden, besonders nach hinten sehr wei ten Darme gesondert, After etwas von der Schwanzspitze entfernt. Die doppelte männliche Ruthe ist selten hervorgestreckt; die Vulva befindet sich im zweiten Drittheile, an einem etwas vertieften Gürtel und wird von dem Bauchstreifen durchschnitten. Die Eier (Fig. 4.) sind oval.

26. *Asc. megalocephala* Cloquet (*Asc. lumbricoides equi* Auct.), grossköpfiger oder Pferde-Spulwurm Tab. VIII. Fig. 5—10.

Kopf nackt, Mundknötchen gross, jedes nach vorn mit einem runden Fortsatze, Leib an jeder Seite mit einer Längenfurche, Vulva im vorderen Viertheile des Leibes.

Im Dünndarme des Pferdes und Esels, oft in sehr grosser Zahl.

Gewöhnlich weiss, halbdurchsichtig, mit durchscheinenden Eingeweiden; das Männchen (Fig. 6.) ist 7—8 Zoll, das Weibchen (Fig. 7.) 8—10 Zoll lang, jedes 3 Linien dick. Am Kopfe (Fig. 8.) hat jedes der drei Knötchen vorn einen rundlichen Fortsatz, und dieser einen schwachen Eindruck; Leib in der Mitte am dicksten, an beiden Enden verschmächtigt, mit vier Längenstreifen versehen. Schlund und Magen kurz, enger als der Darm, After in einer Querspalte etwas vor dem Schwanzende. Aus dem After ist die doppelte männliche Ruthe (Fig. 9.), mit unbewaffnetem Auge noch erkennbar, gewöhnlich hervorgestreckt, und lässt sich gesondert in den Leib verfolgen. Die Vulva befindet sich im vorderen Viertheile des Leibes, an einer gürtelförmigen Vertiefung, und wird von dem Bauchstreifen durchschnitten; sie ist eine kleine, mit schwach erhabenem Rande umgebene Querspalte, von welcher die dünne Scheide anfängt, die sich zu dem ziemlich grossen, zweihörnigen Uterus (Fig. 7.) erweitert. Die Eier (Fig. 10.) sind rundlich-oval, und nicht grösser, als bei dem regenwurmähnlichen Spulwurme.

b. Kopf mit Randflügeln.

27. *Asc. marginata* R. (*Asc. canis* Gmel. — *Asc. caniculae* Schrank. — *Fusaria Werneri* Zeder), geränderter Spulwurm. Tab. VIII. Fig. 11—15.

Randflügel am Kopfe halb-lanzettförmig, bisweilen wellenförmig, Randflügel am stumpfen Schwanze kaum sichtbar, Leib gleichmässig an beiden Enden verschmächtigt.

Kommt oft im Dünndarme des Hundes vor.

Das Männchen (Fig. 11.) ist 2—2½ Zoll lang, das Weibchen (Fig. 12.) wohl 4—5 Zoll, doch fand ich noch keins von 7 Zoll Länge, wie Rudolphi anführt; das Weibchen ist kaum eine Linie dick, das Männchen noch dünner; beide sind weiss, oder röthlich. Die Knötchen am Kopfe sind länglich, sehr klein, der Leib gleichmässig dick, nur an den Enden wenig dünner, der Schwanz stumpf. Die Randflügel am Kopfe und Halse sind schmal, halb-lanzettförmig (Fig. 14.), oder bisweilen wellenförmig gefaltet (Fig. 13.). Schlund und Magen kurz, Darm gerade, After vor der Schwanzspitze. Penis doppelt, selten vorgestreckt; Vulva am Ende des vordern Drittheiles (Fig. 12.), Eier (Fig. 15.) länglich-rund.

28. *Asc. Mystax* Zeder (*Asc. felis* Auctor.), Katzen-Spulwurm. Tab. VIII. Fig. 16—20.

Randflügel am Kopfe halb-eiförmig, die an dem etwas spitzigen Schwanze linienförmig, Leib gleichmässig an den Enden verschmächtigt.

Sehr oft im Dünndarme der Katze und des Luchses.

Männchen (Fig. 16.) 2—2½ Zoll lang, Weibchen (Fig. 17.) 3—4 Zoll lang, beide kaum eine Linie dick, weisslich, oder röthlich. Knötchen am Kopfe sehr klein, länglich, Randflügel (Fig. 19.) breit, halb-eiförmig, Leib nach und nach gegen die Enden abnehmend, Schwanz des Männchens fast spitzig. Verdauungsorgane wie bei dem geränderten; männliche Ruthe (Fig. 18.) doppelt, bisweilen aus dem After hervorgestreckt. Vulva im vordern Drittheile des Leibes (Fig. 17.); Eier (Fig. 21.) rundlich.

Zweite Familie.

Hakenköpfige Würmer. *Acanthocephala.*

Kopf mit einem zurückziehbaren und reihenweise mit Häkchen besetzten Rüssel; Leib fast drehrund, elastisch, schlauchförmig; Geschlechter getrennt.

VII. *Echinorhynchus.* Hakenkopf. Kratzer.

Rüssel verschieden geformt, immer mit hornigen Häkchen besetzt; Hals und Leib unbewehrt, oder auch mit Häkchen versehen, Hals lang, oder sehr kurz.

29. ***E. Gigas*** **Goeze (*E. Gigas* Auctor.), Riesen-Kratzer. Tab. VIII. Fig. 21 — 24.**

Kopf fast kugelig, Hals scheidenförmig, Leib sehr lang, nach hinten verschmächtigt.

Im Dünndarme des zahmen und wilden Schweines, gemein.

Er ist weisslich, oder bisweilen bläulich; das Männchen (Fig. 22.) 2½ — 3½ Zoll, das Weibchen (Fig. 21.) 12 — 16 Zoll lang, am vordern Theile des Leibes 2 — 3 Linien dick. Die Männchen sind seltener, als die Weibchen, und Cloquet (*anatomie des vers instestinaux* p. 66.) fand unter 227 Würmern nur 44 Männchen. — Der Rüssel (Fig. 23.) ist fast kugelrund, und hat sechs Querreihen ziemlich starker, horniger, rückwärts gekehrter Häkchen (Cloquet fand den Kopf durch einen dünnen

Stiel mit dem Halse verbunden, was ich jedoch nicht sah). Der Leib ist nach hinten verschmächtigt, oft ganz schlaff und runzelig, oft an einzelnen Stellen knotig aufgetrieben, an anderen zusammengefallen, aber im Wasser schwillt er stark auf, und ist dann überall eben. Obgleich der Rüssel einen kleinen Kanal enthält, der einem Munde und Schlunde analog ist, so fehlt doch den Hakenköpfen der Magen, Darm und After, und die Ernährung scheint durch Einsaugen mittelst der Haut zu geschehen. Die Geschlechtstheile des Männchens bestehen in zwei länglichen, cylindrischen Hoden, die im vordern Theile des Körpers liegen, deren Ausführungsgänge sich hinten vereinigen, und mit mehreren Saamenbläschen in Verbindung stehen; ferner in einem hohlen, cylindrischen, 3 — 4 Linien langen Penis, der, wenn er hervorgezogen ist, eine doppelte glockenförmige Vorhaut hat; ist er aber in den Leib zurückgezogen, so tritt auch diese Vorhaut mit zurück, und das Schwanzende des Männchens hat dann nur eine kleine Spalte. Die weiblichen Geschlechtstheile bestehen in zwei weiten, dünnhäutigen Eierstöcken, die über einander liegen, genau mit einander verbunden sind, und die Länge des ganzen Leibes haben. Der obere (Rücken-Eierstock) endigt am hintern Theile des Leibes blind, mündet aber am vordern Theile in den untern oder Bauch-Eierstock. Dieser ist weiter, und geht hinten verschmälert in den sehr kurzen Eierleiter über, welcher am Ende des Schwanzes mit einer kleinen Oeffnung, der Vulva, nach aussen mündet. — Die Eier (Fig. 24.) sind von verschiedener Grösse, die kleinen sind länglich, an beiden Enden spitzig, die grösseren sind oval, und an den Enden stumpf. Die Begattung geschieht so, dass das Männchen mit seiner hervorgezogenen glockenförmigen Vorhaut das Schwanzende des Weibchens umfasst, während beide Würmer sich mit ihren Rüsseln in die Darmwand eingebohrt haben (Cloquet a. a. O. p. 99).

Dritte Familie.

Saugwürmer. *Trematoda.*

Leib platt, oder etwas rund, weich, mit Sauggruben an verschiedenen Stellen; beiderlei Geschlechtsorgane in einem Individuum.

VIII. *Amphistoma.* Endloch. Zapfenwurm.

Leib weich, meist drehrund, oder etwas platt, vorn schmäler und mit einem kleinen, einfachen Munde, hinten breiter, mit einer mehr oder weniger ausgehöhlten Sauggrube.

30. *A. conicum* R. (*Monostoma conicum* Zeder. — *Amphistomum conicum* Nitzsch), kegelförmiges Endloch. Tab. VIII. Fig. 25—28.

Leib rund, hinten dicker, stumpf, gekrümmt, Mund sehr klein, Sauggrube gross, mit ganzem Rande.

Im Pansen des Rindes, Schafes, Hirsches, Dammhirsches und Rehes, nicht häufig, aber zahlreich vorkommend.

Er ist 3—6 Linien lang, hinten 1½ Linie dick (Fig. 25.), gewöhnlich roth, im Weingeist aber entfärbt; er nimmt in die Sauggrube eine Zotte des Pansens auf, und umschliesst sie sehr fest. Von der Mundöffnung, durch welche die Nahrung aufgenommen wird, gehen zwei Därme durch den Körper, die an den blinden Enden etwas erweitert sind; ein After fehlt. Die äussern Geschlechtstheile bestehen in einem kleinen Wärzchen an der Bauchseite (Fig. 26. 27.), näher am vordern, als am hintern Ende, welches hervorgestreckt und zurückgezogen werden kann. In der Höhle des Leibes liegen drei rundliche Hoden hinter einander, von welchen ein ziemlich weites Saamengefäss nach vorn läuft und an der linken Seite des Geschlechtswärzchens (den Wurm von der Bauchseite gesehen) mündet. Ueber den Där. men liegen die Eierstöcke, von welchen zwei Gänge zu einem weissen hohlen Körperchen führen, welches neben dem hintern Hoden unmittelbar vor der Sauggrube liegt. Aus diesem entspringt der gewundene Uterus oder Eierschlauch, der hinter dem Saamenleiter mehr in der Mitte des Geschlechtswärzchens mündet, und ovale Eier (Fig. 20.) enthält. Die Befruchtung muss bei zwei Individuen gegenseitig geschehen, da ein eigentlicher Penis fehlt, welcher in die weibliche Geschlechtsöffnung, die so nahe an der männlichen liegt, eindringen könnte.

IX. ***Distoma.*** Doppelloch.

Leib weich, platt, oder rundlich; vorn die Mundöffnung, am Bauche die Sauggrube; Mund meist unbewehrt, bisweilen mit Wärzchen, oder hornigen Häkchen besetzt.

31. ***D. hepaticum*** Abilgaard. R. (*Fasciola hepatica* Auctor. — ***Planaria latiuscula*** Goeze), Leber-Doppelloch. Leberegel. Tab. VIII. Fig. 29 — 33.

Leib verkehrt eiförmig, platt, Hals fast kegelförmig, sehr kurz, Mundöffnung und Sauggrube fast dreieckig, diese grösser, als jene.

In den Lebergängen und der Gallenblase des Menschen, des Pferdes, Esels, Rindes, Schafes, der Ziege, des Schweines und mehrerer anderer Thiere; bisweilen im Darme, wohin es aber erst durch den Gallengang gekommen ist; oft und zahlreich vorkommend.

Der Wurm hat bei den verschiedenen Thieren eine etwas verschiedene Grösse und Gestalt; man findet ihn 8 — 14 Pariser Linien lang, und 4 — 6 Linien breit, oft eiförmig, oft länglich, und gewöhnlich dunkelbraun gezeichnet, in der Mitte an der Bauchseite weisslich. Der Kopf fehlt; der Hals ist kegelförmig, an der Rückenseite gewölbt, an der Bauchseite flach; der Leib ist vor der Mitte am breitesten, nach hinten schmäler und zugerundet (Fig. 29. 30.). Die jüngeren Würmer (Fig. 31.) sind viel kleiner, und mehr länglich. Die am vorderen Theile des Leibes, an der Bauchseite liegende Sauggrube hat eine ovale äussere Oeffnung mit wulstigem Rande, und ist nach innen dreieckig. Am vorderen Ende des Halses liegt die äusserlich runde nach innen dreieckige Mundöffnung, welche in den trichterförmigen, rückwärts verengten Schlund (Fig. 32.) führt, von welchem zwei gefässartige Därme neben der Mittellinie nach hinten gehen, sich vielfach verzweigen und die eingesogene Galle enthalten (Fig. 30.); man sieht sie auf der Rückenseite am deutlichsten, und kann sie leicht mit einer gefärbten Flüssigkeit, oder mit Quecksilber durch die Mundöffnung einspritzen. Die Mundöffnung vertritt auch die Stelle des Afters. Unter der Haut sah Mehlis (*observat. anatom. de Distomate hepatico et lanceolato* Gottingae 1825. fol. c. tab.) ein anderes Gefässnetz, welches die dunkle Flüssigkeit aus dem Darme aufnahm, während der Wurm starb. — Die männliche Ruthe hat ihre Lage unmittelbar vor der Sauggrube, und erscheint schraubenförmig, wenn sie hervorgestreckt ist (Fig. 32.). Die Hoden sind vielfach geschlängelte und verästelte milchweisse Gefässe, die an der weisslichen Stelle des Wurmes, etwas hinter der Sauggrube liegen und fast die Hälfte des Raumes vom ganzen Leibe einnehmen; von ihnen gehen zwei sehr dünne Gefässe (die Saamenleiter) ab, zwischen den Windungen des Eierschlauches nach vorn, und endigen in der ovalen Saamenblase, welche am Grunde des Penis über der Sauggrube liegt. — An den Seiten und am hintern Ende des Körpers liegen die gelblichen Eierstöcke, welche unzählige kleine Eierchen enthalten, und von welchen Gefässe abgehen, die zwischen den geschlängelten Hodengefässen hindurchgehend sich in dem rundlichen Körper, der von der Grösse eines Hirsekornes ist, und in der Gegend der Sauggrube liegt, endigen. Von diesem rundlichen Körperchen nimmt der gewundene, einfache Eierschlauch oder Uterus seinen Anfang; er liegt hinter der Sauggrube, enthält grössere, braun-gelbe Eier, und mündet äusserlich mit einer kleinen Querspalte neben dem Grunde des Penis, an der linken Seite, wenn der Penis rechts gewunden ist, an der rechten, wenn der Penis nach der linken Seite gekehrt ist.

Man ist noch in Zweifel, ob diese Würmer sich selbst befruchten, oder ob zwei Individuen sich gegenseitig befruchten; mir scheint es, dass der Bau der Geschlechtstheile kein Hinderniss der Selbstbefruchtung darbiete.

32. *D. lanceolatum* Mehlis (*Fasciola lanceolata* Rud. — *Distomatis hepatici pullus* Auctor), lanzettförmiges Doppelloch. Tab. VIII. Fig. 37—38.

Leib lanzettförmig, platt, Hals vom Leibe nicht abgesetzt, Mund fast kugelförmig, Sauggrube kreisrund, grösser.

In der Gallenblase und den Lebergängen des Menschen, Rindes, Schafes, Schweines, der Ziege und einiger anderer Thiere; bisweilen auch im Darme, wohin es mit der Galle gekommen ist.

Der Wurm ist platt, lanzettförmig, vorn gewöhnlich mehr verschmächtigt, als hinten, wo er stumpf ist. Er hat die Länge von 2—3, seltener 4 Linien; ist kaum eine Linie breit und völlig durchsichtig, weshalb die gelblichen und braunen Windungen des Uterus und die gelblichen rundlichen Hoden deutlich durchschimmern. Die Sauggrube ist grösser, als der Mund, und von ihm über ½ Linie entfernt. Die Mundöffnung führt zu einem fast kugelförmigen, oder länglichen Schlunde, von welchem zwei durchsichtige, röthliche Därme entspringen, die an beiden Rändern des Leibes etwas geschlängelt nach hinten gehen, und etwas vor dem hintern Ende des Leibes blind endigen. — Der Penis ist gerade (nicht gewunden), bisweilen hervorgestreckt, und liegt vor der Sauggrube, zwischen ihr und dem hintern Ende des Schlundes. Drei weisse, rundliche, mit Unebenheiten versehene Hoden, von welchen der mittlere der grösseste, der hintere der kleinste ist, liegen hinter der Sauggrube, und werden von den vordern Windungen der mit braunen Eiern gefüllten Gebärmutter zum Theil gedeckt; von ihnen geht ein deutliches, aber schwaches Saamengefäss zur Ruthe, indem von jedem Hoden ein dünnes Gefäss zum Hauptgefässe, welches an der Seite und geschlängelt nach vorn läuft, hinführt. — Die beiden Eierstöcke liegen an den beiden Rändern des Leibes, sind milchweiss, und erscheinen fast ästig. An dem innern Rande eines jeden läuft das eierführende Gefäss (*Tuba Fallopiana*) nach vorn, ist jedoch an einigen Stellen etwas gedeckt, und an dem vordern Ende geht dieses Gefäss nach der Mitte zu, um in dem weissen Körperchen, welches hinter dem dritten Hoden liegt (und an der Rückenseite am besten zu sehen ist), zu endigen. Von diesem weissen Körperchen entspringt der einfache Eierschlauch (Uterus), welcher anfangs eng, dann weiter und am Ende wieder eng ist, in vielen Windungen durch den ganzen Körper läuft, hinten mit gelblichen, vorn mit dunkleren, braunen Eiern gefüllt ist, und endlich als einfacher, enger Gang zwischen den Hoden nach vorn läuft und nach Mehlis (l. c.) an der Rückenseite da endigt, wo gegenüber an der Bauchseite die Wurzel des Penis ist. (Ich habe zwar die nach vorn zu mehr einzeln im Gange liegenden Eier gesehen, aber die äussere Oeffnung oder Vulva konnte ich nicht sehen, da die von mir untersuchten Würmer, welche ich Mehlis's Güte verdanke, schon einige Zeit im Weingeiste gelegen hatten.) Die Eier sind oval, etwas platt, und nach Verschiedenheit der Reife weiss, gelblich, oder braun; diese letzten findet man in der Vagina.

33. ***D. Conus*** Creplin, kegelförmiges Doppelloch. Tab. VIII. Fig. 34—36.

Leib platt, länglich, Hals kegelförmig, so lang wie der Hinterleib, oder beträchtlich kürzer; Mund und Sauggrube kreisförmig, fast von gleicher Grösse.

In der Gallenblase und den Lebergängen der Katze und des Fuchses; ziemlich selten.

Creplin (*observationes de Entozois*, Gryphiswald. 1825. p. 50.) fand den Hals bei diesem, nur eine Linie langen Wurme kegelförmig, und halb so lang, wie das ganze Thier; die Sauggrube in der Mitte des Leibes. Bei den von Rudolphi gefundenen und mir zur Untersuchung mitgetheilten, 4 Linien langen Würmern (Fig. 34.) finde ich den Hals wenig abgesetzt, sondern allmählig in den Hinterleib übergehend, die Sauggrube ungefähr im vordern Viertheile des Körpers. Die Mundöffnung führt zu einem kurzen, bauchigen Behälter (Schlund und Magen), von welchem ein doppelter Darm ausgeht, der an beiden Rändern des Körpers, innerhalb der Eierstöcke, bis gegen das stumpfe Schwanzende nach hinten läuft, dort etwas erweitert ist, und blind endigt; er ist überall völlig durchsichtig, und hat kleine, durch innere Vorspünge gebildete Abtheilungen (Fig. 35.). — Die männlichen Geschlechtstheile bestehen in drei 2—5 lappigen Hoden, die im hintern Drittheile des Körpers hinter einander liegen, und von welchen der letzte der grösseste, der erste der kleinste ist. Von diesem fängt das ziemlich geräumige Saamengefäss an, geht zwischen den beiden hintern Hoden geschlängelt hindurch, erhält von ihnen zuführende Gefässe, und erweitert sich nahe am Schwanzende zu einer Saamenblase, welche bis an den sehr kleinen, am hintersten Theile des Leibes liegenden Penis reicht. — Die beiden Eierstöcke liegen an den Seitenrändern, in 7 — 8 Abtheilungen, und sind weisslich, an jedem verläuft ein dunkles, sehr dünnes Gefäss (der eierführende Gang), welcher von jeder Abtheilung ein kleines Gefäss aufnimmt, und sich in der Gegend des vordersten Hodens mit dem der andern Seite verbindet, um in einem kleinen, hohlen, mit durchsichtigen, ungefärbten Eiern gefüllten Behälter zu endigen, der unmittelbar an dem ersten Hoden liegt. Aus diesem Behälter (dem Anfange des Uterus) entspringt der einfache, hin und her gewundene Eierschlauch, der nach der Mitte des Leibes weiter wird, bis an die Sauggrube nach vorn reicht, und dort sich wieder verengert, um vor der Sauggrube und hinter der Theilung des Darmes als Vagina zu endigen, und mit einer kleinen Oeffnung, der Vulva, nach aussen und zwar an der Bauchseite zu münden. Die in ihm enthaltenen Eier (Fig. 36.) sind oval, theils gelb, theils bräunlich.

34. ***D.* *alatum*** Zeder, Rudolphi (***Planaria alata*** Goeze. — ***Distoma vulpina*** Abilgaard. — ***Fasciola vulpis*** Gmel. — ***Alaria vulpis***; ***Festucaria alata*** Schrank. — ***Holostomum alatum*** Nitzsch), geflügeltes Doppelloch. Tab. VIII. Fig. 39. 40.

Vorderleib fast platt, ausgebreitet, oder zusammengeschlagen, Hinterleib rundlich; Mund und Sauggrube kreisförmig, fast gleich gross.

Im Zwölffingerdarme des Hundes, Fuchses und Wolfes, nicht ganz selten.

Er ist $1\frac{1}{2}$ — 3 Linien lang (Fig. 39.), $\frac{1}{2}$ — 1 Linie breit, ganz weiss, oder der Vorderleib ist gelb. Der Hals fehlt; der Vorderleib ist flügelartig dünn, ausgebreitet, oder nach unten zusammengeschlagen, und geht vorn in zwei Spitzen aus, die wie Fühler hervorragen. Nicht weit hinter dem Munde liegt die Sauggrube, die oft von den zusammengeschlagenen Flügeln bedeckt ist. (Nitzsch — in Ersch und Gruber allgemeiner Encyclopädie der Wissenschaften und Künste, Th. III. S. 399. — läugnet zwar das Daseyn der Sauggrube, und hat deshalb den Wurm von den Distomen getrennt, allein ich habe sie bestimmt gesehen und kann daher die früheren Beobachtungen von Abilgaard, Zeder und Rudolphi bestätigen.) Der Mund ist kreisförmig, liegt am vorderen Ende zwischen den beiden hervorragenden Spitzen, und führt zu einem kurzen Schlunde, der sich in zwei sehr dünne, gewöhnlich durchsichtige Därme theilt, die nach hinten laufen und blind endigen. — Die beiden Hoden (Bauchwülste bei Nitzsch) liegen in der Mitte des Vorderleibes; sie sind länglich, werden von den Eierstöcken fast ganz bedeckt, und von jedem geht ein Saamenleiter nach vorn, neben der Sauggrube vorbei, um sich mit dem der andern Seite in dem Raume zwischen dem Munde und der Sauggrube zu verbinden, wo auch der kurze, gerade Penis liegt (Fig. 40.). — Die Eierstöcke sind im ganzen Vorderleibe ausgebreitet; an der Grenze des drehrunden Hinterleibes gehen zwei eierführende Gänge von ihnen ab, die sich vereinigen, und der nun einfache Gang führt, sich nach oben krümmend, zum Uterus. Dieser ist ein einfacher, gewundener Schlauch, der den ganzen Hinterleib einnimmt, bis an die Hoden nach vorn reicht, ovale Eier enthält, und nahe am hintern Ende an der Bauchseite mündet (die Vulva).

X. *Pentastoma.* Fünfloch.

Leib rundlich, oder platt, am vorderen Ende fünf halbmondförmig gestellte, mit hornigen Häkchen versehene Oeffnungen, von welchen die mittlere der Mund ist, die übrigen sind Sauggruben.

35. ***P. taenioides*** R. (***Polystoma taenioides*** R. — ***Taenia rhinaria*** Pilger. — ***Tenia lanceolé*** Chabert), bandwurmähnliches Fünfloch. Tab. X. Fig. 5 — 7.

Leib platt, länglich, hinten verschmächtigt, mit Querfalten, an den Rändern gekerbt.

In den Stirnhöhlen und Siebbeinzellen des Pferdes (Chabert), des Maulthieres (Greve), des Hundes (Rudolphi) und des Wolfes (Bremser); selten im Kehlkopfe des Hundes und Wolfes (Colin; im Recueil de médec. vétér. 1824. p. 399.).

Der Wurm, welcher sehr selten vorkommt, ist 2—5 Zoll lang, vorn 3—4 Linien, hinten eine Linie breit, weiss, mit durchscheinenden rostfarbigen Eierschläuchen. Die mittlere Oeffnung ist der Mund, die zwei an beiden Seiten liegenden sind Sauggruben, und jede mit einem hornigen Häkchen versehen, womit sich der Wurm festhält.

Ueber die Eingeweide fehlen noch genaue Untersuchungen, die ich auch nicht machen konnte, indem ich kein frisches Exemplar erhalten konnte. Die Eier (Fig. 7.) sind oval.

36. ***P. denticulatum*** R. (***Taenia capraea*** Abilgaard. — ***Taenia caprina*** Gmel. — ***Halysis caprina*** Zeder. — ***Echinorhynchus caprae*** Braun), gezähneltes Fünfloch. Tab. X. Fig. 8. 9.

Der lebende Wurm ist platt, der todte fast cylindrisch, länglich, nach hinten zu verschmächtigt, mit Querreihen feiner Zähnchen, an den Seitenrändern mit spitzigen Zähnen; Mund und Sauggruben mit mehreren starken Häkchen.

Auf und in der Leber und in den kranken Gekrösdrüsen der Ziege, nicht selten.

Er ist weiss, fast durchsichtig, 1½ — 4 Linien lang, vorn ¼ — ½ Linie breit. Aus jeder der vier länglichen Sauggruben streckt der lebende Wurm drei Hakenspitzen hervor, wovon zwei am Grunde vereinigt sind, der äussere Haken aber ist gesondert. Der Doppelhaken, dessen Spitzen einander fast entgegen stehen (was in der Figur 9. nicht richtig gemacht ist), ist mit einem hornigen, länglichen, tiefer liegenden Körper, welcher das Hypomochlion desselben bildet, beweglich verbunden; die beiden am Munde liegenden Häkchen scheinen unbeweglich zu seyn. Von Verdauungs- und Geschlechtsorganen habe ich nichts deutlich gesehen.

37. ***P.*** (***Pentastomum***) ***Fera*** Creplin, Fünfloch der Fleischfresser.

Leib platt, länglich, nach hinten verschmächtigt, an beiden Enden stumpf, mit Querfalten, an den Rändern gesägt, jede seitliche Sauggrube mit zwei Häkchen.

Auf der Leber der Katze.

Dieser Wurm ist bisher nur von Creplin gefunden, und von ihm in: novae observationes de Entozois. Berl. 1829. p. 76., beschrieben worden. Er ist fast 2 Linien lang, vorn ungefähr ½ Linie breit, oben convex, an der Bauchseite der Länge nach ausgehöhlt. Nur in den beiden seitlichen Sauggruben, die übrigens, so wie die Mundöffnung, nicht deutlich zn sehen waren, fanden sich zwei Häkchen; die inneren Sauggruben waren dagegen sehr bestimmt zu sehen. (Ich vermuthe, dass diese Species von ***P. denticulatum*** nicht verschieden ist.)

Vierte Familie.

Bandwürmer. *Cestoidea.*

Leib lang, platt, weich, ununterbrochen, oder gegliedert. Kopf bei Wenigen mit einfachen Lippen, bei den Meisten mit zwei, oder vier Gruben, oder Saugmünden, Beiderlei Geschlechtsorgane in einem Individuum.

XI. *Botriocephalus.* Grubenkopf.

Leib lang, platt, gegliedert, Kopf fast viereckig, mit zwei, oder vier gegenüber stehenden, nackten, oder mit Stacheln besetzten Saugmünden.

38. *B. Felis* Creplin, Katzen-Grubenkopf.

Im Dünndarme der Katze.

Creplin fand nur zwei junge Würmer, wovon der eine 2 Linien, der andere 3 Linien lang war, beide sehr dünn und weiss. Kopf länglich, vorn kaum dicker, als hinten, stumpf, an den Seitenrändern wenig convex. Die seitlichen Saugmünde vorn mit klaffenden, am grösseren Theile aber genäherten Lippen; Leib ununterbrochen und runzelig, am hintern Theile plötzlich verschmächtigt.

XII. *Taenia.* Bandwurm. Kettenwurm.

Leib lang, platt, gegliedert; Kopf mit vier Sauggruben, mit einem einziehbaren, unbewaffneten, oder mit Häkchen besetzten Rüssel, oder ohne diesen.

a. Kopf ohne Rüssel.

39. ***T. plicata*** R. (***Taenia equina*** Pallas. — ***T. equi*** Müller. — ***T. magna*** Gmel. Abilg. — ***Halysis plicata*** Zeder), gefalteter Bandwurm. Tab. IX. Fig. 1. 2.

Kopf viereckig, gross, überall aufliegend, Hals und Glieder des Leibes sehr kurz, die Seitenwinkel dieser spitzig.

Im Dünndarme des Pferdes, nicht oft vorkommend.

Er ist weiss, 6 — 30 Zoll lang, 3 — 8 Linien breit, und höchstens eine Linie dick. Der Kopf ist bei keinem anderen Bandwurme so gross; er ist stumpf viereckig, vorn abgestutzt, breiter, als lang, hinten mit Falten umgeben, welche den Hals bedecken. Die vier Saugmünde sind durch zwei durchkreuzte seicht vertiefte Linien geschieden, und jeder liegt vorn an einem stumpfen Winkel. Der Hals ist sehr kurz, und von dem aufliegenden Kopfe gedeckt; der Leib ist an beiden Enden verschmächtigt, hinten aber am dünnsten (oft fehlt dieses hintere Stück dem Wurme). Die Eier (Fig. 2.) liegen in der Substanz der Glieder, und sind theils rund, theils unregelmässig, mit durchscheinendem Embryo.

40. ***T. perfoliata*** Goeze (***T. quadrilobata*** Abilg. — ***T. quadriloba*** Gmel. — ***Halysis perfoliata*** Zed.),

durchwachsener Bandwurm. Tab. IX. Fig. 3—6.

Kopf viereckig, nach hinten an jeder Fläche mit zwei Läppchen; Hals fehlt, Glieder durchwachsen.

Im Blind- und Grimmdarme des Pferdes häufig.

Der Wurm (Fig. 3.) ist 1—3 Zoll lang, und $1\frac{1}{2}$—4 Linien breit, nach hinten beträchtlich verschmächtigt. Der viereckige, stumpfe Kopf hat nach hinten an jeder Seite zwei rundliche Läppchen (Fig. 4.), und vorn vier ziemlich tiefe, an den stumpfen Ecken liegende runde Saugmünde, zwischen welchen sich seichte Vertiefungen, oder kleine Höckerchen befinden; der Hals fehlt. Die vordern Glieder des Leibes sind breiter, als der Kopf, die hinter ihnen liegenden nehmen bis gegen die Mitte an Breite zu, und die hintersten sind wieder schmaler, als der Kopf; alle sind gleichsam durchwachsen. Die Eier (Fig. 6.) sind rundlich, und bei den reifen schimmert der Embryo deutlich durch.

41. *T. mamillana* Mehlis. n. spec. *), kleiner Pferde-Bandwurm. Tab. IX. Fig. 11. 7.

Kopf viereckig, abgestutzt, Saugmünde länglich, an den Seiten; Hals fehlt, Leib nach hinten etwas schmäler, mit sehr kurzen, fast keilförmigen Gliedern, die Fransen (*lemnisci*) hängen an einer Seite aus ziemlich grossen Papillen hervor.

Im hintern Theile des Dünndarmes des Pferdes.

Er ist 5—6 Linien lang, und 2 Linien breit. Der Kopf besteht aus vier runden Höckerchen, in welchen die Saugmünde, in Form von Längenspalten liegen, und zwischen ihnen liegt eine kleine Erhöhung in der Mitte. Der Hals fehlt; die vordern Glieder des Leibes sind breiter, als der Kopf, die ziemlich langen Fransen hängen an einer Seite aus den deutlich hervorgetretenen Papillen hervor. Eier habe ich nicht gesehen.

---

*) Die Diagnose ist noch nicht gedruckt.

42. *T. expansa* R. (*T. ovina* Auctor. *Halysis ovina* Zeder), Schaf-Bandwurm. Tab. X. Fig. 1. 2.

Kopf sehr klein, stumpf; Hals und die vorderen Glieder des Leibes sehr kurz und schmal, die mittleren am breitesten, die folgenden fast viereckig und die hintersten wieder sehr kurz und schmal, Randlöcher gegenüber.

Im Dünndarme der Schafe, besonders der Lämmer häufig, auch im Reh und einigen Antilopen, vielleicht auch bei der Ziege.

Der Wurm kommt in verschiedener Länge und Breite vor, bisweilen ist er nur wenige Zoll lang, oft erreicht er aber eine Länge von 100 Fuss, und ist dann fast einen Zoll breit. Kopf sehr klein, stumpf, die vier Saugmünde genähert, Hals kurz (Fig. 2.). Eier kugelrund.

43. *T. denticulata* R., gezähnelter Bandwurm. Tab. X. Fig. 3—4.

Kopf viereckig, Hals fehlt, Glieder des Leibes sehr kurz, mit gegenüberstehenden Randlöchern und zahnförmigen Fransen (*lemnisci*).

Im Darme des Rindes, nicht häufig.

Dieser Bandwurm ist weisslich, 15—16 Zoll lang, vorn 2—5 Linien und hinten fast 1 Zoll breit. Der Kopf ist klein, viereckig; die Saugmünde sind rund und fast wie Röhren gebildet (Fig. 4.). Die Glieder des Leibes sind vorn nur wenig breiter, als der Kopf, dann nehmen sie an Breite zu, alle sind aber sehr kurz; das hintere Ende ist wahrscheinlich wieder verschmälert. Aus den gegenüberstehenden Randlöchern treten die kleinen, spitzen Fransen hervor. Die Eier habe ich nicht gesehen.

b. Kopf mit unbewehrtem Rüssel.

44. *T. cucumerina* Bloch (*T. canina* L. — Pallas. — *T. cateniformis* Goeze. — *T. elliptica* Batsch. — *T. moniliformis* Schrank), kürbiskernähnlicher Bandwurm. Tab. IX. Fig. 12—16.

Kopf mit stumpfem, kegelförmigem Rüssel, Hals kurz, Leib mit elliptischen Gliedern und mit gegenüber stehenden Randlöchern.

Im Dünndarme des Hundes häufig.

Der Wurm ist gewöhnlich über einen Fuss lang, da er aber so leicht zerreisst, so wird er selten ganz gefunden, die breitesten Glieder sind fast 2 Linien breit. Der mit unbewaffnetem Auge kaum sichtbare Kopf ist länglich, und hat einen kegelförmigen, unbewehrten Rüssel (Fig. 13.), der aber häufig zurückgezogen ist (Fig. 14.), und dann erscheint der Kopf vorn stumpf; die Saugmünde sind fast rund. Der Hals ist kurz, und etwas schmaler, als der Kopf. Die vordern Glieder des Leibes sind sehr kurz und schmal, eben so die hintersten, die mittleren sind nach vorn zu länglich, und an einem Theile fast so breit, wie lang, nach hinten zu aber elliptisch und mehrmal länger, als breit. Die Glieder mit reifen Eiern (Fig. 15.) sind an einer Seite aufgetrieben; die Eier (Fig. 16.) sind kugelig, und liegen in Gruppen von 4—6 zusammen.

45. *T. elliptica* Batsch (*Halysis cuneiceps* Zed.), elliptischer Bandwurm. Tab. IX. Fig. 20—23.

Kopf fast kugelig, mit birnförmigem Rüssel, Hals kurz, vordere Glieder des Leibes sehr kurz, die mittleren fast viereckig und elliptisch, die hintern perlschnurförmig.

Im Dünndarme der Katze ziemlich häufig.

Die Länge des Wurmes ist verschieden, gewöhnlich ist er einige Fuss lang, aber fast immer in Stücken, da er ebenfalls leicht reisst. Der Kopf ist fast länglich viereckig, wenn der stumpfe Rüssel vorgeschoben ist (Fig. 21.), oder beinahe kugelig, wenn der Rüssel zurückgezogen ist (Fig. 22.). Die Glieder des Leibes sind denen des kürbiskern-ähnlichen Bandwurmes sehr ähnlich. Die unreifen Eier (Fig. 23.) liegen in ovalen Gruppen zusammen.

c. Kopf mit bewehrtem Rüssel.

46. *T. serrata* Goeze (*T. cucurbitina* Pallas. — *T. canina solium* Werner. — *T. serrata canis* Batsch. Gmel. — *Halysis serrata* Zed.), gesägter Bandwurm. Tab. IX. Fig. 8 — 10.

Kopf fast halbkugelig (oder eiförmig) mit stumpfem bewehrtem Rüssel, vordere Glieder des Leibes sehr kurz, breiter, als lang, die übrigen fast viereckig, die letzten fast dreieckig spitzig, Randlöcher abwechselnd, zerstreut.

Im Dünndarme des Hundes oft, aber nicht zahlreich.

Er ist 2 — 4 Fuss lang, 2 — 3 Linien breit. Kopf deutlich abgesetzt, Saugmünde klein, fast rund, Häkchen am stumpfen Rüssel in doppelter Reihe (Fig. 10.) Die unreifen Eier in kleinen, runden Gruppen.

47. *T. crassicollis* R. (*T. serrata felis* Goeze. — *Alyselminthus serratus* Zeder), dickhalsiger Bandwurm. Tab. IX. Fig. 17 — 19.

Kopf ziemlich dick, mit cylindrischem stark bewehrtem Rüssel, Hals kurz, die vorderen Glieder des Leibes kurz, an beiden Enden gleich breit, die hintern fast keilförmig, Randlöcher abwechselnd, zerstreut.

Im Dünndarme der Katze gemein.

Ist 6—24 Zoll lang, hinten 2—3 Linien breit. Der Kopf geht vorn in den starken, cylindrischen, mit mehreren Reihen starker Häkchen besetzten Rüssel, nach hinten in den dicken Hals über; die Saugmünde sind kreisförmig, oder oval (Fig. 18.). Die unreifen Eier (Fig. 19.) liegen in kleinen rundlichen Häufchen zusammen.

Fünfte Familie.

Blasenwürmer. *Cystica.*

Kopf mit zwei, oder vier Gruben, oder Saugmünden und mit einem Hakenkranze, oder mit vier mit Häkchen besetzten Rüsseln. Leib platt, oder rundlich, hinten in eine mit Serum gefüllte Blase ausgehend, die jeder Wurm für sich hat, oder in die viele Würmer gemeinschaftlich endigen. Geschlechtsorgane noch unbekannt.

XIII. *Cysticercus.* Blasenschwanz.

Eine äussere einfache Blase (Balg) schliesst einen Wurm ein, dessen Kopf vier Saugmünde und einen mit Häkchen besetzten Rüssel hat (wie bei den bewaffneten Bandwürmern); Leib rundlich, oder platt, geht in eine mit Serum gefüllte Schwanzblase aus.

48. *C. fistularis* R., röhrenförmiger Blasenschwanz. Tab. X. Fig. 10.

Kopf viereckig, Leib sehr kurz, rundlich, Schwanzblase lang.

Am Bauchfelle des Pferdes, sehr selten.

Der ganze Wurm ist $2\frac{1}{2}$—5 Zoll lang, hinten 3—7 Linien dick; er ist dünn, wenn er lang, und dicker, wenn er kurz ist, durchscheinend, weisslich. Der Kopf ist sehr klein, viereckig, vorn mit Häkchen besetzt, die vier Saugmünde sind rund, und auch sehr klein; er ist gewöhnlich zurückgezogen.

48. *C. tenuicollis* R. (*Hydra Hydatula* L. — *Taenia Hydatigena* Pallas. — *Hydatigena orbicularis* — Goeze. — *Hydatig. oblonga* Batsch. — *Vesicaria orbicularis* Schrank. — *Cysticercus clavatus, globosus, caprinus* Zeder), dünnhalsiger Blasenschwanz. Tab. X. Fig. 11—12.

Kopf

Kopf viereckig, Hals kurz, Leib rundlich, Schwanzblase kugelig, weit.

Am Bauch- und Brustfelle des **Rindes**, **Schafes**, der **Ziege**, des **Schweines** und mehrerer anderer Thiere, oft, und bisweilen zahlreich, vorkommend.

Der Leib ist ½—1 Zoll lang, die Grösse der Schwanzblase variirt von der einer Haselnuss, bis zu der eines Apfels. Kopf gewöhnlich eingezogen (durch mässigen Druck hervorzudrängen), Rüssel rund, mit ziemlich starken Häkchen in doppelter Reihe, Saugmünde länglich (Fig. 12.).

50. *C. cellulosae* R. (*Taenia hydatigena suilla* Fischer. — *Taenia Finna* Gmel. — *Vesicaria Finna* Schrk.— *Hydatis Finna* Blumenbach.— *Cysticercus Finna* Zeder), Zellgewebs-Blasenschwanz. Finne. Tab. X. Fig. 13—15.

Kopf viereckig, Hals sehr kurz, nach vorn dicker, länger als der cylindrische Leib, Schwanzblase querelliptisch.

Im Zellgewebe und an den serösen Häuten des Menschen, **Schweines** und **Hundes** (wo ich sie fand), bei Schweinen sehr häufig und zahlreich.

Die äussere Blase (Fig. 13.) ist unregelmässig; der Wurm ist kaum ½ Zoll lang, 1 Linie dick, die Schwanzblase ½ Zoll breit (Fig. 14.). Der fast immer zurückgezogene Kopf ist, im Verhältniss zum Leibe, ziemlich gross, der Rüssel rund, mit Häkchen besetzt, die Saugmünde rund (Fig. 15.).

XIV. *Coenurus.* Gemeinschwanz. Vielkopf.

Schwanzblase ohne äussere Hülle, vielen Würmern gemeinschaftlich, Leib eines jeden Wurmes länglich, platt; Kopf mit vier Saugmünden und einem mit Häkchen besetzten Rüssel.

51. ***Coen. cerebralis*** R. (***Taenia vesicularis*** Goeze. — ***Hydatula cerebralis*** Batsch. — ***Vesicaria socialis*** Schrk. — ***Polycephalus ovinus*** Zeder), Gehirn-Vielkopf. Tab. X. Fig. 16—17.

Die einzige Art, daher die Beschreibung wie bei der Gattung.

An der Spinnwebenhaut des Gehirns und Rükkenmarkes bei Pferden, Rindern und am häufigsten bei Schafen, die an der Drehkrankheit leiden.

In den meisten Fällen kommt nur eine Blase vor, nicht selten aber mehrere im Gehirn der an der Drehkrankheit leidenden Schafe. Die am Rückenmarke vorkommende ist immer klein, im Gehirn erreicht sie aber bisweilen die Grösse eines mässig grossen Apfels. Die Würmer ragen oft über die Blase hervor, oft sind sie eingestülpt.

XV. *Echinococcus.* Hülsenwurm.

Schwanzblase mit, oder ohne äussere Hülle, die wie Sandkörner aussehenden Wurmkörper einschliessend. Leib des Wurmes verkehrt eiförmig, aber je nach der Zeit der Entwickelung verschieden gestaltet; Kopf und Rüssel wie bei den Vorigen.

52. ***E. veterinorum*** R. (*Hydatigena granulosa* Batsch. — *Vesicaria granulosa* Schrk. — ***Polycephalus granulosus*** Zeder), Thier-Hülsenwurm. Körniger Blasenwurm. Tab. X. Fig. 18—19.

Die Beschreibung wie bei der Gattung.

An den Lungen und der Leber des Rindes, Schafes und Schweines.

Die Blase variirt sehr in der Grösse, auch hat der Kopf des Wurmes mancherlei Gestalten.

Uebersicht

der Eingeweidewürmer nach den Thieren, bei welchen sie vorkommen.

I. Bei dem Pferde.

1. ***Filaria lacrymalis***, in den Ausführungsgängen der Thränendrüse.
2. ***Filaria papillosa***, in der Bauch- und Brusthöhle, im Zellgewebe, im Auge.
3. ***Oxyuris curvula***, im Blind- und Grimmdarme.
4. ***Spiroptera megastoma***, in den erweiterten Schleimbälgen des Magens, und im Magen.
5. ***Strongylus Gigas***, in dem Nierenbecken.
6. ***Strongylus armatus var. major***, im Blind- und Grimmdarme, in der Bauchspeicheldrüse, besondern Scheidenhaut des Hodens.
7. ***Strongylus armatus var. minor***, in den Geschwülsten der Gekrösarterien.
8. ***Strongylus tetracanthus***, im Blind- und Grimmdarme.
9. ***Ascaris megalocephala***, im Dünndarme.
10. ***Distoma hepaticum***, in den Lebergängen.
11. ***Pentastoma taenioides***, in den Stirnhöhlen (zweifelhaft).
12. ***Taenia plicata***, im Dünndarme.
13. ***Taenia perfoliata***, im Blind- und Grimmdarme.
14. ***Taenia mamillana***, im Dünndarme.
15. ***Cysticercus fistularis***, am Bauchfellüberzuge der Leber.
16. ***Coenurus cerebralis***, im Gehirn und Rückenmark.

II. Bei dem Esel.

1. *Filaria papillosa*, 2. *Oxyuris curvula*, 3. *Strongylus armatus major et minor*,	Wohnort wie bei dem Pferde.

4. *Str. micrurus*, in den Luftröhrenästen.

5. *Ascaris megalocephala*, 6. *Distoma hepaticum*,	wie bei dem Pferde.

III. Bei dem Maulthiere.

1. *Strongylus armatus*, im Blind- und Grimmdarme.
2. *Pentastoma taenioides*, in den Stirnhöhlen.

IV. Bei dem Rinde.

1. *Filaria lacrymalis*, in den Ausführungsgängen der Thränendrüse
2. *Trichocephalus affinis*, im Blind- und Grimmdarme.
3. *Strongylus Gigas*, im Nierenbecken.
4. *Strongylus radiatus*, im Darmkanale.
5. *Strongylus vitulorum s. miscrurus*, in den Luftröhrenästen (der Kälber).
6. *Ascaris lumbricoides*, im Dünndarme.
7. *Amphistoma conicum*, im Pansen und in der Haube.
8. *Distoma hepaticum*, in der Gallenblase und in den Lebergängen.
9. *Distoma lanceolatum*, ebendort.
10. *Taenia denticulata*, im Darmkanale.
11. *Cysticercus tenuicollis*, am Brust- und Bauchfelle.
12. *Coenurs cerebralis*, im Gehirn.
13. *Echinococcus veterinorum*, an den Lungen u. d. Leber.

V. Bei dem Schafe.

1. *Trichocephalus affinis*, im Blind- und Grimmdarme.
2. *Strongylus contortus*, im Labmagen und Dünndarme.

3. *Strongylus filicollis*, im Dünndarme.
4. *Strongylus Filaria*, in den Luftröhrenästen (der Lämmer).
5. *Strongylus hypostomus*, im Dickdarme.
6. *Strongylus cernuus*, im Dünndarme.
7. *Ascaris* ?, im Dünndarme.
8. *Amphistoma conicum*, im Wanste und in der Haube.
9. *Distoma hepaticum*, in der Gallenblase und in den Lebergängen.
10. *Distoma lanceolatum*, ebendort.
11. *Taenia expansa*, im Dünndarme.
12. *Cysticercus tenuicollis*, am Brust- und Bauchfelle.
13. *Coenurus cerebralis*, im Gehirn und Rückenmarke.
14. *Echinococcus veterinorum*, an den Lungen u. d. Leber.

VI. Bei der Ziege.

1. *Trichocephalus affinis*, im Blind- und Grimmdarme.
2. *Strongylus venulosus*, im Darmkanale.
3. *Strongylus hypostomus*, im Dickdarme.
4. *Strongylus cernuus*, im Dünndarme.
5. *Distoma hepaticum*, in der Gallenblase und den Lebergängen.
6. *Distoma lanceolatum*, ebendort.
7. *Pentastoma denticulatum*, auf der Oberfläche der Leber, und in den Gekrösdrüsen.
8. *Taenia* (*expansa*?), im Dünndarme.
9. *Cysticercus tenuicollis*, am Brust- und Bauchfelle.

VII. Bei dem Schweine.

1. *Trichocephalus crenatus*, im Blind- und Grimmdarme.
2. *Spiroptera strongylina*, im Magen.
3. *Strongylus dentatus*, im Darmkanale.
4. *Strongylus paradoxus*, in den Luftröhrenästen.
5. *Ascaris lumbricoides*, im Dünndarme.
6. *Echinorhynchus Gigas*, im Dünndarme.

7. ***Distoma hepaticum***, in der Gallenblase und den Lebergängen.
8. ***Distoma lanceolatum***, ebendort.
9. ***Cysticercus tenuicollis***, am Brust- und Bauchfelle.
10. ***Cysticercus cellulosae***, an allen serösen Häuten und im Zellgewebe.
11. ***Echinococcus veterinorum***, an den Lungen u. d. Leber.

VIII. Bei dem Hunde.

1. ***Trichocephalus depressiusculus***, im Blinddarme.
2. ***Spiroptera sanguinolenta***, in Knoten am Magen.
3. ***Strongylus Gigas***, in den Nieren und der Harnblase.
4. ***Strongylus trigonocephalus***, in Knoten am Magen, in der Höhle desselben und des Schlundes, selten im Herzen.
5. ***Acaris marginata***, im Dünndarme.
6. ***Distoma alatum***, im Zwölffingerdarme.
7. ***Pentastoma taenioides***, in den Stirnhöhlen und Siebbeinzellen.
8. ***Taenia serrata***, } im Dünndarme.
9. ***Taenia cucumerina***, } im Dünndarme.
10. ***Cysticercus cellulosae***, an allen serösen Häuten und im Zellgewebe.

IX. Bei der Katze.

1. ***Strongylus tubaeformis***, im Zwölffingerdarme.
2. ***Ascaris Mystax***, im Dünndarme.
3. ***Pentastoma Fera***, an der Leber.
4. ***Botriocphalus* Felis**, } im Dünndarme.
5. ***Taenia crassicollis***, } im Dünndarme.
6. ***Taenia elliptica***, } im Dünndarme.

Register

zum ersten Theile.

Druckfehler.

S. 1	Z. 9	von oben lies Indessen statt Iedessen
- 3	- 4	v. unten l. acquisita st. acquiſita
- 10	- 17	v. u. streiche hinter bisweilen das , und setze es Z. 16 v. u. hinter äussern
- 11	- 4	v. u. l. femden st. st. fredenm
- 12	- 19	v. o. l. Inflammatio st. Inflammatis
- 16	- 14	v. o. fehlt hinter gerinnbare ein ,
- 20	- 1	v. u. l. gefährlichsten st. gefährlichsten
- 25	- 6	v. u. l. Salze st. Salz
- 26	- 16	v. o. l. und st. uud
- —	- 12	v. u. l. bei st. dei
- 84	- 13	v. o. l. Er. st. Es
- 94	- 7	v. u. l. verbindet st. derbindet
- 153	- 9	v. u. l. legte st. legt
- 185	- 13	v. o. fehlt nach ist ein ,
- 193	- 12	v. u. setze nach Schafen: so wie bei Schweinen und Ziegen
- 194	- 11	v. o. l. Milz-Magenbande, st. Milz-Magenbrande
- 201	- 8	v. o. fehlt hinter Nephritis ein ,
- 202	- 15	v. o. l. stand st. fand
- 203	- 9	v. u. fehlt hinter wurde ein ,
- 273	- 17	v. u. fehlt hinter sah ein ,
- 294	- 15	v. o. fehlt hinter sah ein ,
- 314	- 13	v. o. l. Stoffe st. Soffe
- 316	- 4	v. o. l. Konkremente st. Konkrement
- 317	- 12	v. u. l. man st. an.
- 319	- 13	v. o. l. cachektisch st. cachekisch
- 321	- 6	v. u. l. Lendendrüsen st. Lendrüsen
- 339	- 14	v. o. l. dickes st. dieses
- 353	- 13	v. u. l. Theil st. Theile
- 384	- 6	v. u. l. 49. st. 48.

Fig.2.

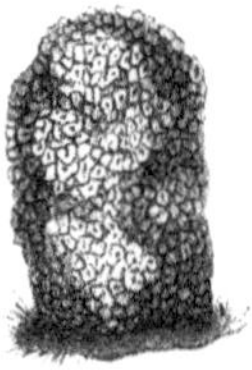

Fig.

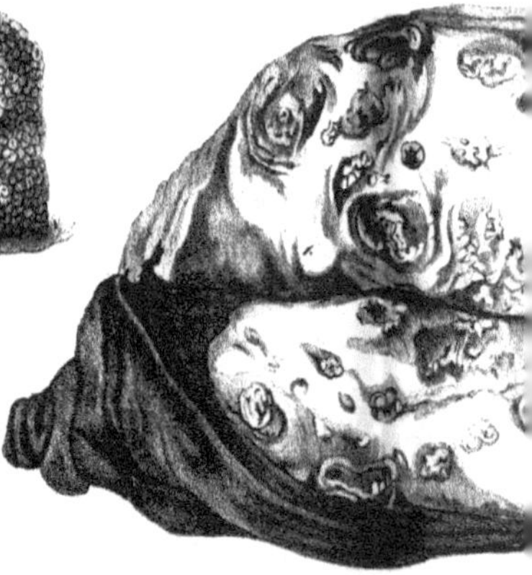

Fig.4.

Fig

Fig.7a

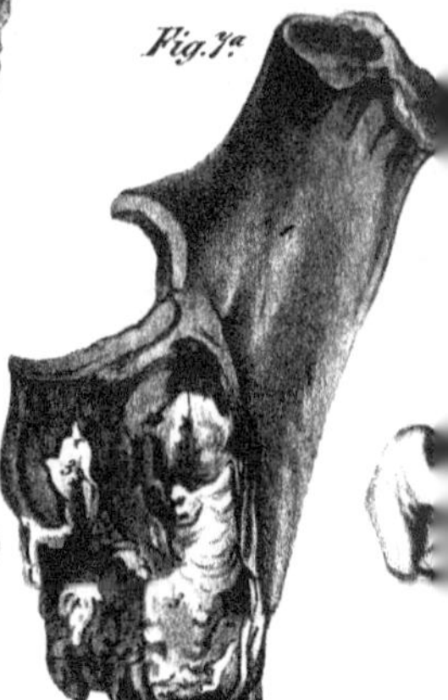

v. Trost ad nat. del.

Fig.3.

Fig.7.

Fig.6.

Tab. II.

Fig. 1.

Fig. 4.

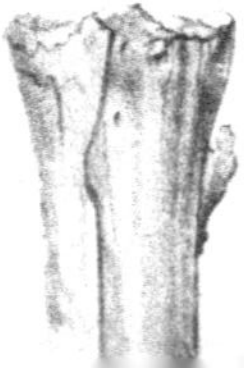

Fig. 2.

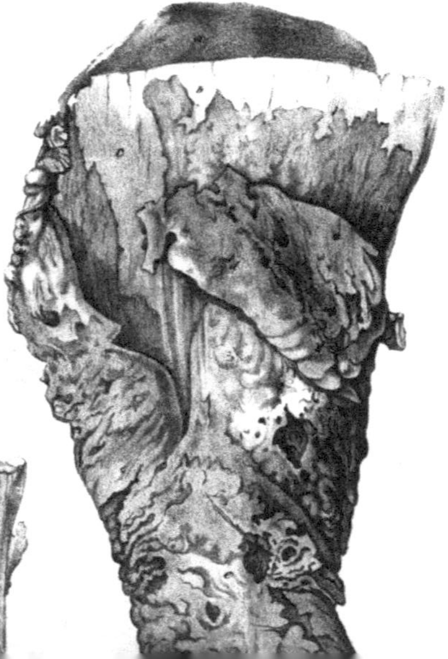

Fr. v. Trost ad nat. del.

Tab: III

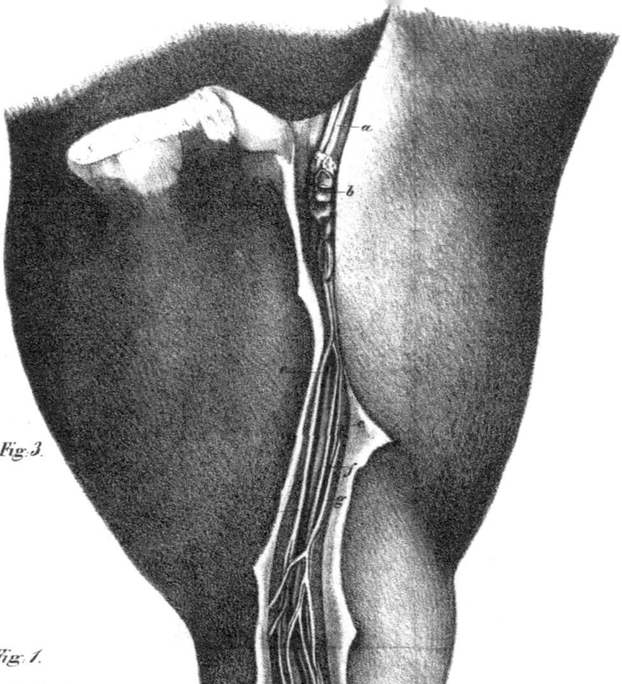

Fig: 3.

Fig: 1.

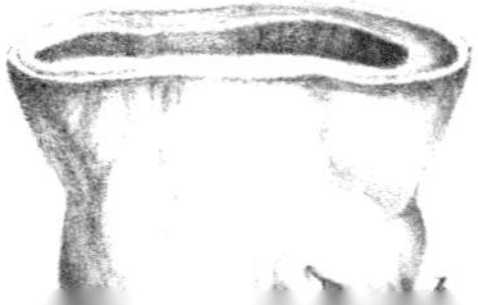

Fig: 4.

Fig. 2.

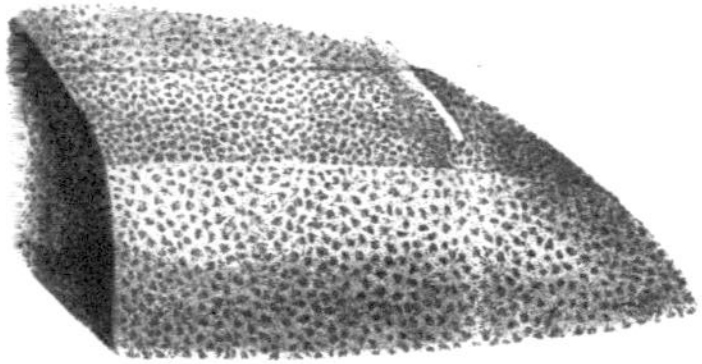

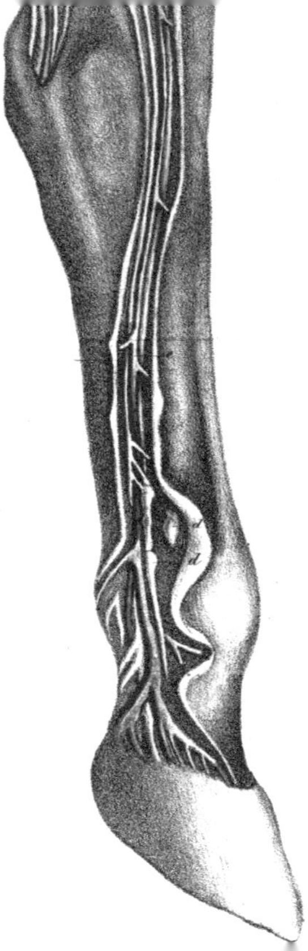

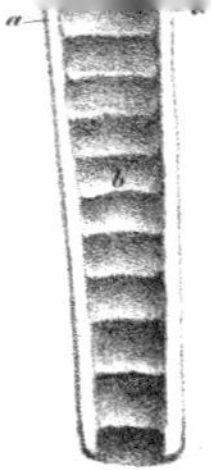

Tab. IV.

Fig. 1.

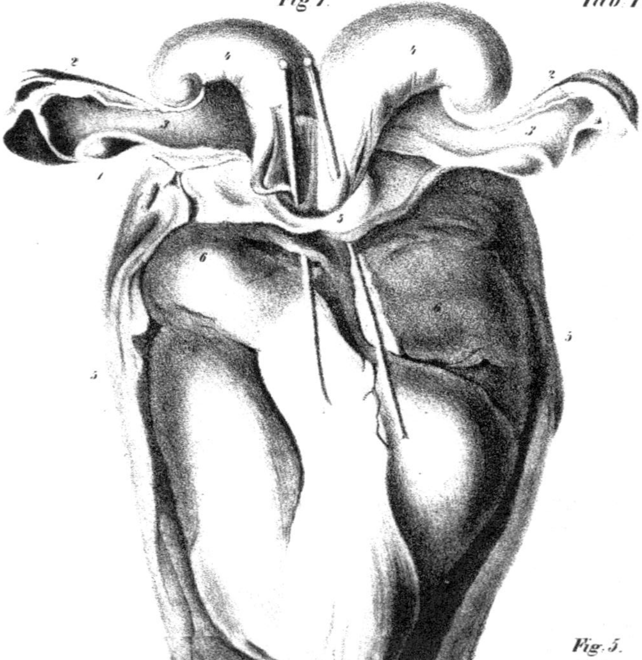

Fig. 2.

Fig. 5.

Fig. 3.

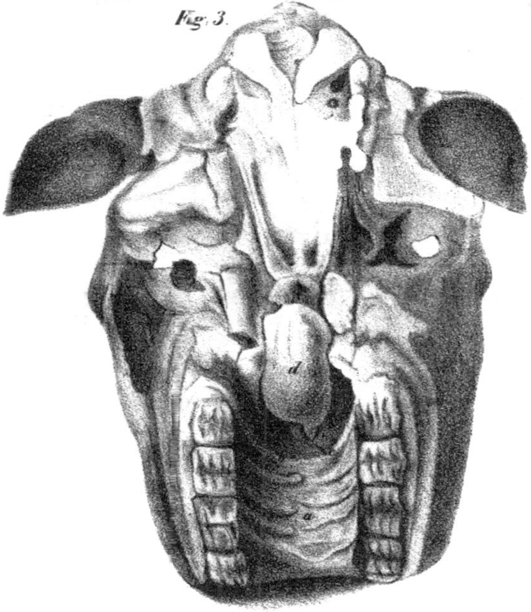

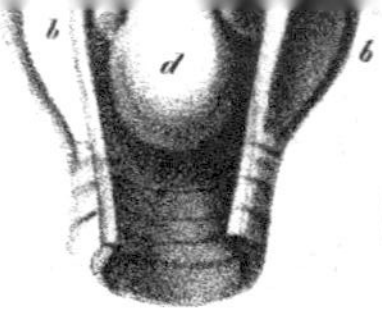

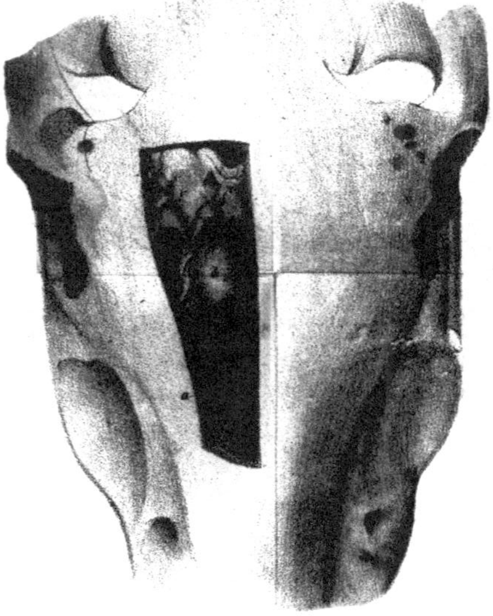

Fr. v. Trost ad nat. del.

Lith. u. Druck v. L. Steffen

v. Troſt et Müller del.

Tab. V.

I.B. Höfsel sc.

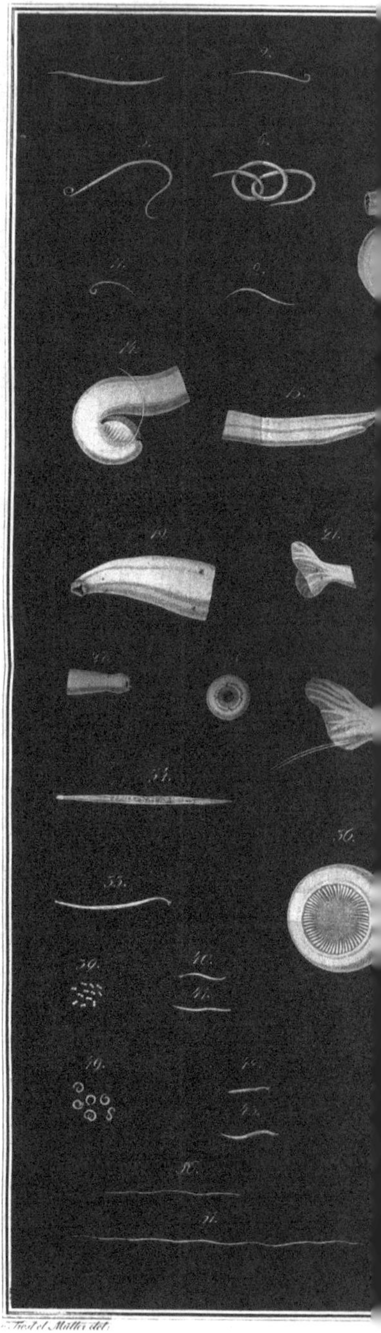

Tied et Müller del.

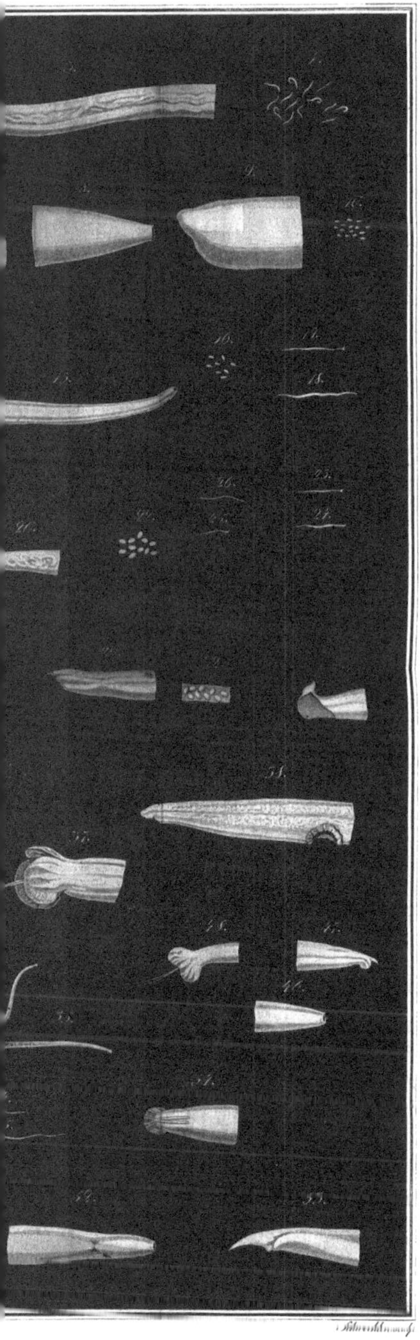

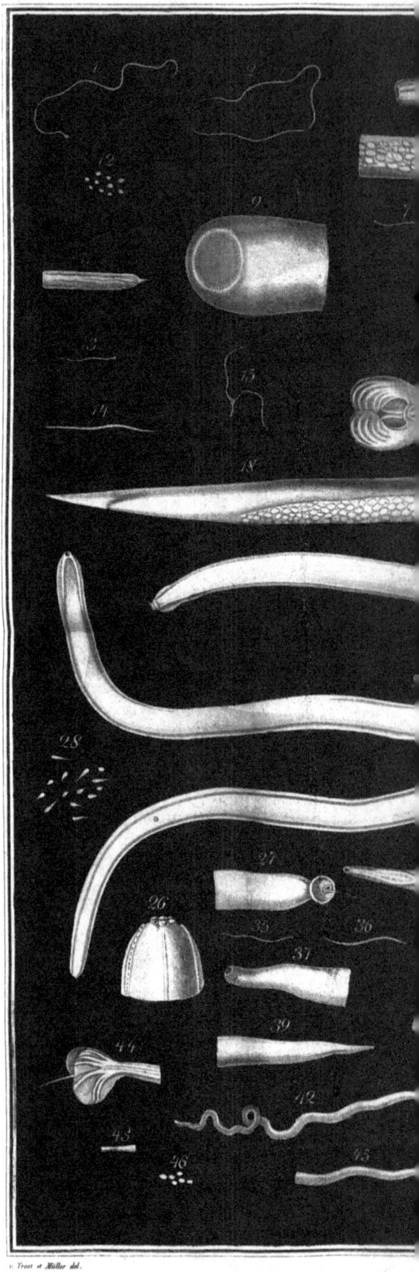

v. Trost et Müller del.

TAB. VII.

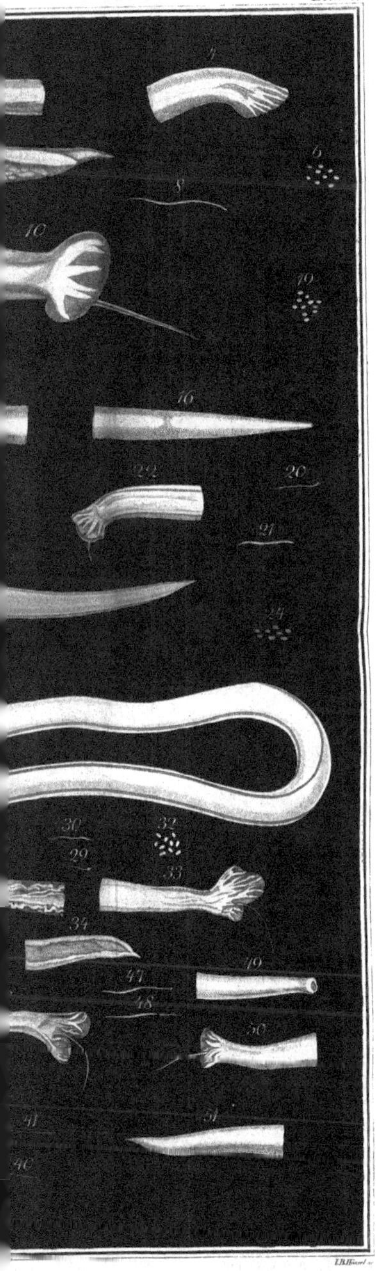

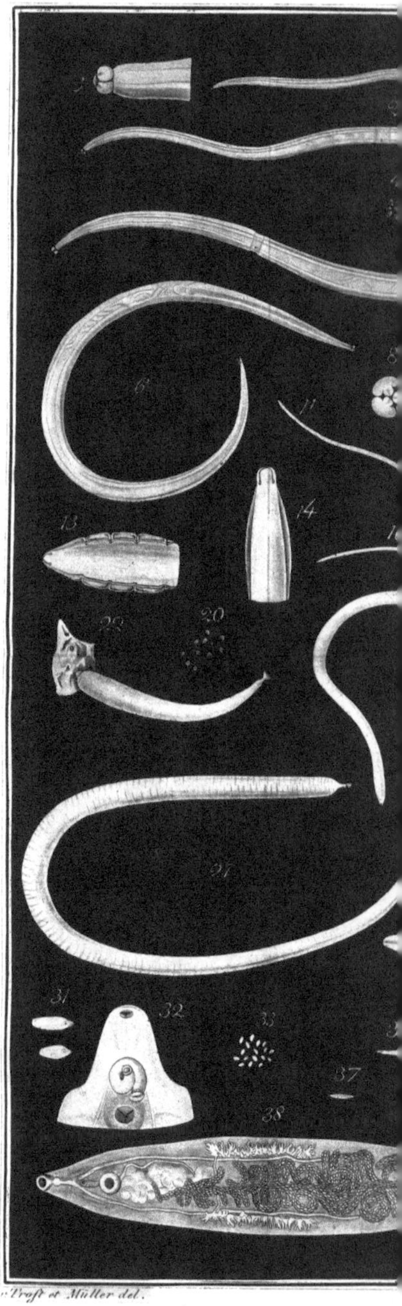

:Traft et Müller del.

Tab. VIII.

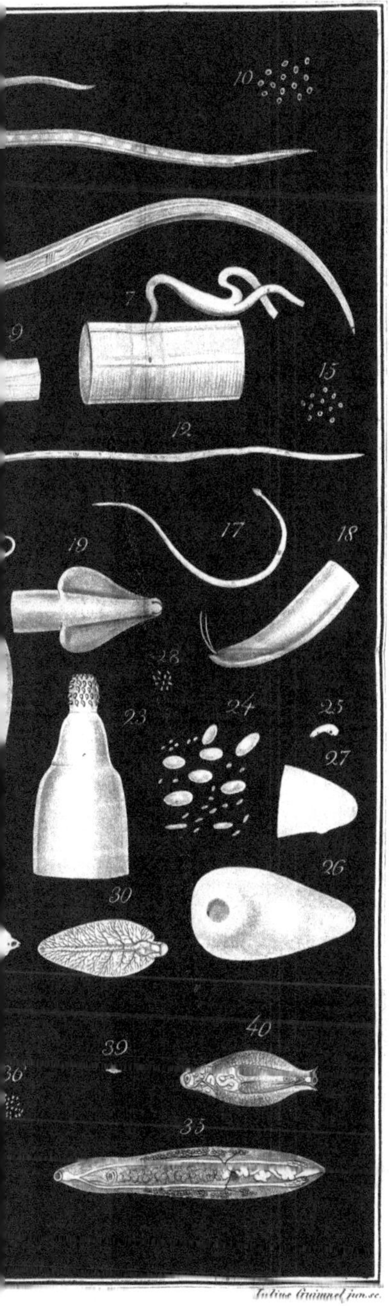

Julius Grimmel jun. sc.

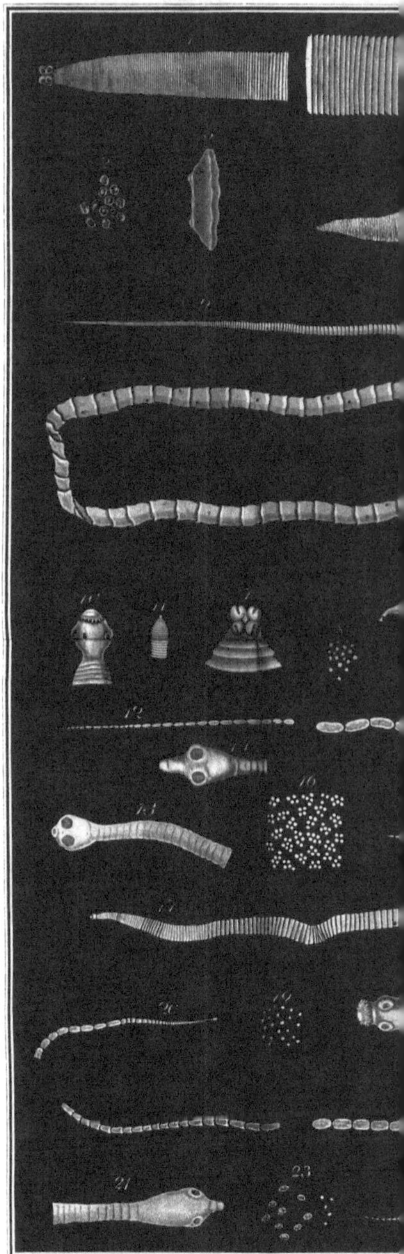

v. Troſt et Müller del.

Tab. IX.

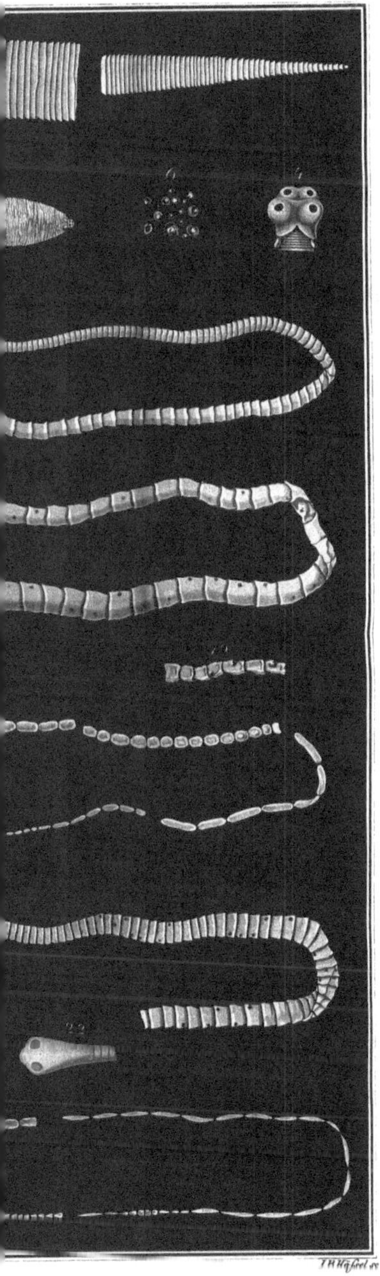

J. B. Häfeel sc.

v. Trapp et Müller del.

Tab. X

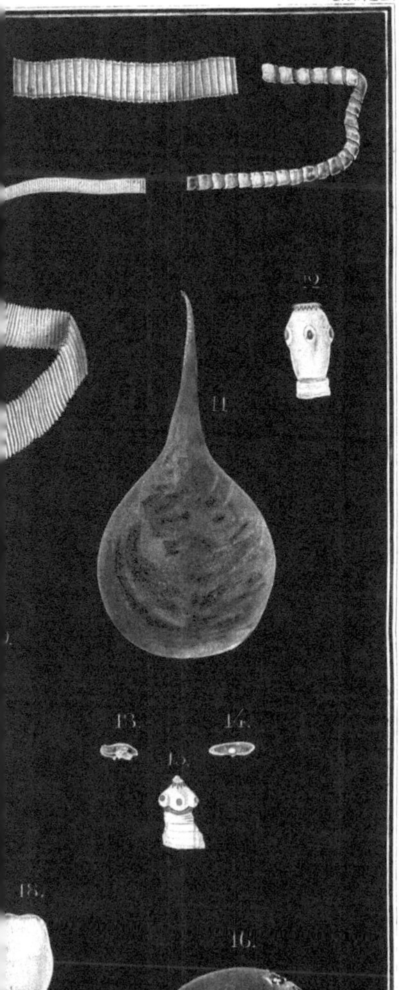

Bilius Outapel jun. sculp.

FSC
www.fsc.org
MIX
Papier | Fördert
gute Waldnutzung
FSC® C083411

Kolibri 360 GmbH
Ferdinand-Jühlke-Straße 7
99095 Erfurt, Deutschland
produktsicherheit@kolibri360.de